U0187545

**教育部高等学校电子信息类专业教学指导委员会规划教材**

高等学校电子信息类专业系列教材

# 信息论与编码
# 基础教程

李轩　李玉峰◎主编

孙山林　袁华　嵇建波◎副主编

清华大学出版社

北京

## 内 容 简 介

本书是一部系统论述信息论基础与编码理论基础的立体化教程(教学课件、习题、实验指导书)。全书分为两部分共 9 章。第一部分为信息论基础(第 1 章～第 6 章),介绍了单符号离散信源与信道,包括信源的数学模型、信息度量、信息熵的性质、信道模型、平均互信息、信道容量;多符号离散信源与信道,包括扩展信源、马尔可夫信源、信源极限熵、各类扩展信道及其容量等;单维连续信源与信道,包括连续信源的相对熵、相对熵的数学特性、最大相对熵定理、熵功率与信息变差、相对熵的变换、连续信道与平均交互信息量、平均交互信息量的不变性、连续信道的信道容量、高斯加性信道的信道容量;多维连续信源与信道,包括随机过程的离散化、多维连续信源的相对熵、最大多维相对熵定理、多维连续信道、香农公式等。第二部分为编码理论基础(第 7 章～第 9 章),介绍了无失真信源编码,包括信源编码器、唯一可译码和即时码、无失真变长信源编码定理(香农第一定理)、香农编码、霍夫曼编码、费诺编码、游程编码、数字传真编码、算术编码、字典码等;有噪信道编码,包括错误概率和译码规则、有噪信道编码定理(香农第二定理)、线性分组码、循环码、卷积码、交织码、级联码、Turbo 码等;限失真信源编码,包括失真测度、信息率失真函数、信息率失真函数的定义域、限失真信源编码定理(香农第三定理)、$R(D)$ 函数的计算、数据压缩、现代静态图像编码技术等。

本书可作为通信工程、电子信息工程、信息工程等专业高年级本科生教材,也可作为研究生参考用书。

**图书在版编目(CIP)数据**

信息论与编码基础教程/李轩,李玉峰主编.—北京:清华大学出版社,2022.9
高等学校电子信息类专业系列教材
ISBN 978-7-302-60273-6

Ⅰ.①信…　Ⅱ.①李…②李…　Ⅲ.①信息论—高等学校—教材 ②信源编码—高等学校—教材
Ⅳ.①TN911.2

中国版本图书馆 CIP 数据核字(2022)第 036834 号

责任编辑:赵　凯
封面设计:李召霞
责任校对:郝美丽
责任印制:朱雨萌

出版发行:清华大学出版社
网　　　址:http://www.tup.com.cn, http://www.wqbook.com
地　　　址:北京清华大学学研大厦 A 座　　邮　　编:100084
社　总　机:010-84370000　　邮　　购:010-62786544
投稿与读者服务:010-62776969, c-service@tup.tsinghua.edu.cn
质量反馈:010-62772015, zhiliang@tup.tsinghua.edu.cn
课件下载:http://www.tup.com.cn,010-83470236
印　装　者:三河市铭诚印务有限公司
经　　销:全国新华书店
开　　本:185mm×260mm　印　张:19.75　　　字　　数:481 千字
版　　次:2022 年 10 月第 1 版　　　印　　次:2022 年 10 月第 1 次印刷
印　　数:1～1500
定　　价:69.00 元

产品编号:091683-01

# 前言
## PREFACE

信息论是通信工程、电子信息工程、信息工程等电子信息类专业必备的学科基础知识，是信息科学中最成熟、最完整、最系统的组成部分，已经渗透到其他相关的自然科学领域甚至社会科学领域，包括生物医学、遗传工程、人工智能、量子信息论等。

本书主编多年从事"信息论与编码"课程教学，该课程是省级精品资源共享课，在广泛借鉴国内外相关教材内容的基础上，不求大而全等科普式的论述，力求以点带面，突出知识结构的系统性、核心概念阐述的准确性和必要理论证明的完整性；教材编写坚持"是什么"的同时，还要说清楚"为什么"的理念，核心概念阐述结束后，尽量安排典型例题，帮助消化吸收抽象的理论知识。在突出理论讲解的同时，为达到强化工程实践的目的，部分章节增加实践环节；对信道编码部分的处理，充分借鉴国外经典教材内容，在表述方式和知识结构体系安排上尽量不做大的改动，以使国内学生能够领略国外通信领域专家的思维方式和特点，拓宽学生视野。另外，本书在一流课程建设的基础上体现了两性一度：

**1. 提升高阶性**

教材内容体现知识、能力、素质有机融合，强调广度和深度，培养学生解决复杂问题的综合能力和高级思维。

**2. 突出创新性**

教材内容体现前沿性与时代性，及时将学术研究、科技发展前沿成果引入教材。

**3. 增加挑战度**

教材增设项目设计等实践内容，加大学生学习投入，科学"增负"，让学生体验"跳一跳才能够得着"的学习挑战。

本书内容总体包含信息论基础和编码理论基础两部分：

第一部分：第 1 章～第 5 章介绍单维连续信源与信道，第 6 章介绍多维连续信源与信道。本部分主要阐述信源与信道的模型建立及其特性，以一维模型为基础，然后再扩展到多维模型，循序渐进，深入浅出，适合初学。

第二部分：第 7 章介绍无失真信源编码，第 8 章介绍有噪信道编码，第 9 章介绍限失真信源编码。香农三大定理融合到对应章节中阐述。

香农简介、教学课件、习题、信源编码与信道编码的实验部分放到电子资源，供学习者参考选用。

为突出产教融合，体现以学生为中心、能力目标导向的教学理念，在本书的编写过程中得到沈阳飞机设计研究所高级工程师徐宏伟的悉心指导，同时其参与了部分章节的编写。

感谢信息领域前辈的精心耕耘、汗水和付出，使作者得以借鉴高水平的著作，完成教材的编写，希望本教材的编写是一次有益的开端和尝试；感谢沈阳航空航天大学教务处规划教材立项和经费支持；在此，也特别感谢研究生王茜、刘小祎和张雪冰的内容录入和校对工作。

由于时间仓促，加之作者水平有限，书中错漏之处在所难免，还望同仁不吝赐教。

作　者

2022 年 7 月

**本书配套资源**

香农简介　　　　教学课件　　　　实验

# 目录
CONTENTS

## 第一部分　信息论基础

# 第二部分　编码理论基础

# 第一部分

# 信息论基础

# 第 1 章

# 绪　　论

　　信息论或称为通信的数学理论,是应用近代数理统计方法研究信息的度量、传输、存储和处理的科学。信息是信息论中最基本、最重要的概念,是一个既复杂又抽象的概念。

　　本章介绍信息论和编码理论的基本情况,包括信息的概念、信息传输系统的构成、信息论和编码理论的研究内容及演变进程。

## 1.1　信息的概念

### 1.1.1　什么是信息

　　信息是消息或信号中的内容和意义,消息或信号是信息的载体。通信的本质在于传输信息。最简单的通信系统包括信源、信道和信宿三个部分,如图 1.1 所示。

　　信源产生能够被感觉器官所感知的消息,如文字、符号、数据、语音、图像等,这些消息进一步转变成适于电子系统传输和处理的信号。

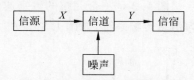

图 1.1　简单通信系统模型

　　狭义信道从表面上看是将载有消息的物理信号从发送端传送到接收端的传输媒质,从信息论角度看是信息传输通道,往往用符号的转移概率或转移概率密度函数来表示信道。

　　信宿是消息传送的目的地,即接收消息的人或机器。

　　通信系统中形式上传输的是消息,但实质上传输的是信息。通信过程是对消息不确定性消除或部分消除的过程。不确定性消除得越多,获得的信息越多。

### 1.1.2　如何度量信息

　　事件信息量与不确定性消除程度有关,而事件的不确定度又可用其出现的概率来描述。要使得信息的定义符合人们的常识性认知,则消息事件 $x_i$ 发生所提供的信息量 $I(x_i)$ 与事件发生概率 $P(x_i)$ 应具有如下规律:

　　(1) 事件中所含信息量是该事件出现概率的函数。

　　(2) 事件出现概率大小与该事件所含信息量多少成反比关系。概率小,信息量大;概率大,信息量小。

　　(3) 信息具有可加性,即彼此统计独立的消息提供的总信息量等于各消息提供的信息量之和。

引进对数函数定义自信息量,可满足上述三项要求:

$$I(x_i) = \log_a \frac{1}{P(x_i)} = -\log_a P(x_i)$$

这就是香农关于自信息的定义,单位与对数的底有关。$I(x_i)$ 可以表达两种含义:

(1) 信源输出消息前,该消息客观存在的不确定度。

(2) 信源输出消息后,该消息提供的信息量。

另外,通信系统接收端收到一个消息后,获得关于信源某个消息的信息量是多少呢? 由此引入互信息的概念。

通信前 $I(x_i)$ 代表事件 $x_i$ 的先验不确定度,通信后

$$I(x_i \mid y_j) = \log_a \frac{1}{P(x_i \mid y_j)}$$

代表事件 $x_i$ 的后验不确定度。通信前后关于事件 $x_i$ 不确定度的消除量定义为互信息。即

$$I(x_i ; y_j) = I(x_i) - I(x_i \mid y_j) = \log_a \frac{1}{P(x_i)} - \log_a \frac{1}{P(x_i \mid y_j)}$$

为信宿获得的信息量。

## 1.2　信息传输系统

图 1.2 是一个完整的数字通信系统模型,是信息传输系统的一个典型应用,可将其抽象为信息传输系统,如图 1.3 所示。

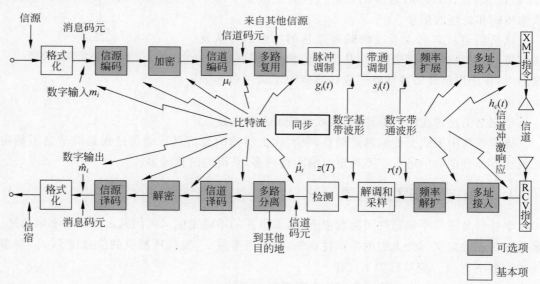

图 1.2　数字通信系统模型

该简化的信息传输系统模型可以概括为以下几部分。

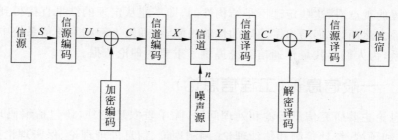

图1.3　信息传输系统模型

**1. 信源**

产生消息的源,可以是人、机器或者其他事物,消息可以是文字、语言、图像等。信源可以用随机变量、随机向量以及随机过程加以描述。

**2. 编码**

1）信源编码

将信源输出的消息进行适当的变换和处理,提高信息传输的有效性。

2）信道编码

对消息进行变换和处理,提高信息传输的可靠性。

3）加密编码

确保消息只能被授权者接收,且接收到的消息是真实的,提高信息传输的保密性和认证性。

**3. 信道**

将调制和解调扩展为物理信道的一部分,只关注编码器输出符号和译码器输入符号的统计依赖关系,新的等效信道称为编码信道。

**4. 译码**

和编码相对应,是发端编码部分的逆变换,包括信源译码、解密译码、信道译码,最大可能正确地恢复出原始消息序列。

**5. 信宿**

信息传送的对象,即接收信息的人、机器或其他事物。

## 1.3　信息论的研究内容

信息论是信息科学的主要理论基础之一,是在长期通信工程实践和理论基础上发展起来的。发展历史虽然短,但它对科学技术的影响是相当深刻的,已发展为一门独立的理论学科。

### 1.3.1　狭义信息论(经典信息论)

狭义信息论主要研究信息的测度、信道容量以及信源和信道编码理论等问题。这部分内容是信息论的基础理论,又称为香农信息论。

香农理论的核心:在通信系统中,采用适当的编码后,能够实现高效率和高可靠地传输信息,并给出信源编码定理和信道编码定理。从数学观点看,这些定理是最优编码的存在定理。但从工程的观点看,这些定理不是结构性的,即不能从定理的结果直接得到实现最优编码的具体途径。然而,它们给出了编码的性能极限,在理论上阐明了通信系统中各种因素之间的相互关系,为人们寻找最佳通信系统提供了重要的理论依据。

### 1.3.2  一般信息论(工程信息论)

一般信息论主要研究信息传输和处理问题,除了香农理论外,还包括编码理论、噪声理论、信号滤波和预测、统计检测和估计理论、调制理论、信息处理理论、保密理论等。

### 1.3.3  广义信息论

广义信息论是现代信息科学理论,它是一门新兴的综合性学科,不仅包括上述两方面的内容,而且包括所有与信息有关的领域,如模式识别、计算机翻译、心理学、遗传学、生物学、神经生理学、语言学、语义学等,甚至包括了社会、人文、经济等学科中有关信息的问题。

第 1 章习题

# 第2章

# 单符号离散信源

最简通信系统由信源、信道和信宿三部分构成。离散信源可用离散随机向量来描述,其中每个随机变量都是离散取值的。当随机向量只含一个离散随机变量时,这种信源就称为单符号离散信源,单符号离散信源是研究各类信源的基础。

## 2.1 单符号离散信源的数学模型

如果信源 $X$ 符号集为 $A=\{a_1,a_2,\cdots,a_r\}$,$r$ 为符号集大小,信源符号对应某一概率分布:$\{P(a_i),i=1,2,\cdots,r\}$,则称此信源为单符号离散信源,信源空间数学模型可由式(2.1)描述。

$$\begin{bmatrix} X \\ P \end{bmatrix} = \begin{bmatrix} a_1 & \cdots & a_n \\ P(a_1) & \cdots & P(a_n) \end{bmatrix} \tag{2.1}$$

其中,$P(a_i) \geqslant 0, \sum_{i=1}^{n} a_i = 1$。

【例 2.1】 一个三元无记忆信源 $X$,符号集 $A=\{0,1,2\}$,概率分布为 $P(0)=\dfrac{1}{2}$,$P(1)=\dfrac{1}{3}$,$P(2)=\dfrac{1}{6}$,写出信源空间模型。

**解**:信源空间模型为

$$\begin{bmatrix} X \\ P \end{bmatrix} = \begin{bmatrix} 0 & 1 & 2 \\ \dfrac{1}{2} & \dfrac{1}{3} & \dfrac{1}{6} \end{bmatrix}$$

【例 2.2】 某箱子中共有 32 个质地均匀的球,其中红球 16 个,黄球 8 个,蓝球和白球各 4 个。每次拿出一个球,拿出后又放回,各种彩球出现的先验概率分别为

$$P(红)=\frac{16}{32}=\frac{1}{2}$$

$$P(黄)=\frac{8}{32}=\frac{1}{4}$$

$$P(蓝)=\frac{4}{32}=\frac{1}{8}$$

$$P(白)=\frac{4}{32}=\frac{1}{8}$$

用随机变量 $X$ 表示这个信源,其信源空间为

$$\begin{bmatrix} X \\ P \end{bmatrix} = \begin{bmatrix} 红 & 黄 & 蓝 & 白 \\ \dfrac{1}{2} & \dfrac{1}{4} & \dfrac{1}{8} & \dfrac{1}{8} \end{bmatrix}$$

由上述两个例子看出,信源空间包含两个基本要素:随机变量 $X$ 的状态空间和概率空间,而概率空间又是决定性要素。概率可测是香农信息论的基本前提。

## 2.2 信源符号的自信息量

设信源发出某符号 $a_i$,由于信道中存在噪声或其他干扰,接收端收到的是 $a_i$ 的某种变型 $b_j$,收信者收到 $b_j$ 后,从 $b_j$ 中获取关于 $a_i$ 的信息量,用 $I(a_i;b_j)$ 表示,则

$$I(a_i;b_j) = [收到 b_j 前,收信者对信源发 a_i 的不确定性] -$$

$$[收到 b_j 后,收信者对信源发 a_i 仍然存在的不确定性]$$

$$= 收信者收到 b_j 前后,对信源发 a_i 的不确定性的消除 \qquad (2.2)$$

若信道是无噪无损信道,即——对应信道,收信者收到 $b_j$ 就是 $a_i$ 本身,那么就完全消除了对信源符号 $a_i$ 的不确定性,即

$$I(a_i;a_i) = [收到 a_i 前,收信者对信源发 a_i 的不确定性] \qquad (2.3)$$

把 $I(a_i;a_i)$ 定义为信源符号 $a_i$ 的自信息量,并用 $I(a_i)$ 表示,即

$$I(a_i) = [收到 a_i 前,收信者对信源发出 a_i 的不确定性] \qquad (2.4)$$

信源符号的自信息量度量问题,相当于信源符号的不确定性度量问题,是先验概率的函数

$$I(a_i) = f[P(a_i)] \qquad (2.5)$$

根据自信息量定义所需的 4 个公理性条件,自信息量函数 $I(a_i)$ 定义如下:

$$I(a_i) = \log \frac{1}{P(a_i)} = -\log P(a_i) \qquad (2.6)$$

自信息量 $I(a_i)$ 随 $P(a_i)$ 变化的曲线如图 2.1 所示。

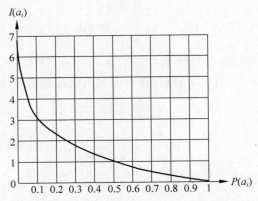

图 2.1 自信息量 $I(a_i)$ 随 $P(a_i)$ 变化的曲线

自信息量的单位与对数的底有关,要求对数的底大于1。

若以 2 为底,则自信息量单位为"比特"(bit),即

$$I(a_i) = \log_2 \frac{1}{P(a_i)} = -\log_2 P(a_i) \text{ (bit)}$$

若以 e 为底,则自信息量单位为"奈特"(nat),即

$$I(a_i) = \ln \frac{1}{P(a_i)} = -\ln P(a_i) \text{ (nat)}$$

若以 10 为底,则自信息量单位为"哈特"(hat, Hartley),即

$$I(a_i) = \lg \frac{1}{P(a_i)} = -\lg P(a_i) \text{ (hat)}$$

若以正整数"$r$"为底,则自信息量单位为"$r$ 进制信息单位",即

$$I(a_i) = \log_r \frac{1}{P(a_i)} = -\log_r P(a_i) \text{ ($r$ 进制信息单位)}$$

不同信息单位之间可以进行换算。本书如不加说明,信息度量默认为以 2 为底,且略去底数 2 不写。

香农信息量的度量,是信息论发展史上的里程碑,奠定了信息论发展成为一门学科的基础。

【例 2.3】 箱中有 80 个红球,20 个白球,现从箱中随机取出两个球。

(1) 求解"两个球中红、白各一个"的不确定性;

(2) 求解"两个球都是白球"所提供的信息量;

(3) "两个球都是白球"和"两个球都是红球"相比较,哪个事件的发生更难测?

**解**:设 $x$ 为红球数,$y$ 为白球数,则

$$P_{xy}(1,1) = \frac{C_{80}^1 C_{20}^1}{C_{100}^2} = \frac{32}{99}, \quad I(1,1) = 0.490$$

$$P_{xy}(0,2) = \frac{C_{20}^2}{C_{100}^2} = \frac{19}{495}, \quad I(0,2) = 1.416$$

$$P_{xy}(2,0) = \frac{C_{80}^2}{C_{100}^2} = \frac{316}{495}, \quad I(2,0) = 0.195$$

从上述计算结果来看,1.416 大于 0.195,显然事件"两个球都是白球"要比事件"两个球都是红球"更难测。

【例 2.4】 设二元随机序列 $X^N = X_1 X_2 \cdots X_N$,序列中每个变量 $X_i (i = 1, 2, \cdots, N)$ 为独立同分布随机变量,且有一个符号概率 $\omega (0 \leqslant \omega \leqslant 1)$。求序列 $\boldsymbol{x} = 101100100$ 的自信息量。

**解**:$I(\boldsymbol{x}) = -\log P(\boldsymbol{x}) = -\log \omega^4 (1-\omega)^5 = -4\log \omega - 5\log(1-\omega)$

## 2.3 信源的信息熵

自信息量 $I(a_i)$ 是针对具体的特定事件 $a_i$ 在发生前存在的不确定度的度量,或发生后提供给接收者的信息量。自信量的度量具有个体差异性,不具备对信源总体不确定度的度

量能力。对信源 $X$ 总体进行信息度量,即信源熵,它表示信源平均每个符号所含有的不确定性或平均输出一个符号提供给观测者的信息量,是自信息量的统计均值,即有

$$H(X) = E[I(a_i)]$$
$$= P(a_1)I(a_1) + P(a_2)I(a_2) + \cdots + P(a_r)I(a_r)$$
$$= -P(a_1)\log P(a_1) - P(a_2)\log P(a_2) - \cdots - P(a_r)\log P(a_r)$$
$$= -\sum_{i=1}^{r} P(a_i)\log P(a_i) \tag{2.7}$$

熵的单位即自信息量的单位,取决于对数的底。

【例 2.5】 (1) 设有一信源 $X$ 由两个事件 $a_1, a_2$ 组成,其概率空间如下:

$$\begin{bmatrix} X \\ P(x) \end{bmatrix} = \begin{bmatrix} a_1 & a_2 \\ 0.99 & 0.01 \end{bmatrix}$$

则其信息熵为

$$H(X) = -0.99 \times \log 0.99 - 0.01 \times \log 0.01 = 0.08$$

(2) 设有另一信源 $Y$ 如下:

$$\begin{bmatrix} Y \\ P(y) \end{bmatrix} = \begin{bmatrix} b_1 & b_2 \\ 0.5 & 0.5 \end{bmatrix}$$

则

$$H(Y) = -0.5 \times \log 0.5 - 0.5 \times \log 0.5 = 1$$

可见有 $H(Y) > H(X)$,即信源 $Y$ 的平均不确定性要大于信源 $X$ 的平均不确定性。直观地分析也可得出这样一个结论:信源中各事件的出现概率越接近,则事先猜测某一事件发生的把握性越小,即不确定性越大。从后述信息熵的极值性质,可知:当信源各事件等概率出现时具有最大的信源熵,即信源的平均不确定性最大。

【例 2.6】 设二元信源 $X$ 的信源空间为 $\begin{bmatrix} X \\ P(x) \end{bmatrix} = \begin{bmatrix} 0 & 1 \\ p & 1-p \end{bmatrix}$,其中 $0 \leqslant p \leqslant 1$。

(1) 试计算当 $p = 1/2$ 和 $p = 0$(或 $p = 1$)时信息熵 $H(X)$ 的值;

(2) 信息熵 $H(X)$ 是概率分量 $p$ 的函数 $H(p)$。画出 $H(p)$ 的函数曲线,并指明函数 $H(p)$ 的特性。

解:(1) 信源 $X$ 的信息熵

$$H(X) = -p \times \log p - (1-p) \times \log(1-p) = H(p)$$

这表明,二元信源 $X$ 的信息熵 $H(X)$ 是概率分量 $p$ 的函数。

当 $p = 1-p = 1/2$ 时,二元信源 $X$ 称为二维等概信源,其信息熵

$$H(X) = H(p) = H\left(\frac{1}{2}\right) = -\frac{1}{2} \times \log \frac{1}{2} - \frac{1}{2} \times \log \frac{1}{2} = 1$$

这表明,二元等概信源 $X$,每一个符号(不论是"0"还是"1")含有的平均信息量是 1 bit,每发一个符号(不论是"0"还是"1")提供的平均信息量是 1 bit;每一个符号(不论是"0"还是"1")存在的平均不确定性是 1 bit;收信者能确切无误的收到信源 $X$ 的"0"或"1"时,收信者收到信源 $X$ 的一个符号,获取的平均信息量是 1 bit。

当 $p = 0$(或 $p = 1$)时,二元信源 $X$ 是一个确知信源,其信息熵

$$H(X) = H(p) = -p\log p - (1-p)\log(1-p) = -0\log 0 - 1\log 1$$

（2）因为，对任意小的正数 $\varepsilon > 0$，以 e 为底的对数 $\ln\varepsilon$ 可展开成级数

$$\ln\varepsilon = 2 \cdot \left[ \frac{\varepsilon-1}{\varepsilon+1} + \frac{1}{3}\left(\frac{\varepsilon-1}{\varepsilon+1}\right)^3 + \frac{1}{5}\left(\frac{\varepsilon-1}{\varepsilon+1}\right)^5 + \cdots \right]$$

当 $\varepsilon \to 0$ 时，$\varepsilon\ln\varepsilon$ 的极限值等于零，即有

$$\lim_{\varepsilon\to 0}\{\varepsilon\ln\varepsilon\} = 0$$

所以，

$$\lim_{\varepsilon\to 0}\{\varepsilon\log\varepsilon\} = \lim_{\varepsilon\to 0}\left\{\varepsilon\,\frac{\ln\varepsilon}{\ln 2}\right\} = \frac{1}{\ln 2}\lim_{\varepsilon\to 0}\{\varepsilon\ln\varepsilon\} = 0$$

这样，可合理的约定

$$0\log 0 = 0$$

则当 $p=0$（或 $p=1$）时，信源 $X$ 的信息熵 $H(X) = H(0) = H(1) = 0$。

这表明，以概率 1 发符号"0"或"1"的二元确知信源，不存在任何不确定性，不含有任何信息量。

当 $0 < p < 1$ 时，$p$ 取不同的值，可计算出二元信源 $X$ 的信息熵

$$H(p) = -p\log p - (1-p)\log(1-p)$$

相应地，得到 $H(p)$ 函数曲线如图 2.2 所示。

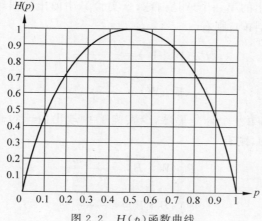

图 2.2　$H(p)$ 函数曲线

从图中可见，若二元信源 $X$ 发符号"0"（或"1"）是确定事件，即 $p=0$（或 $p=1$）时，则 $H(p) = H(1)$（或 $H(0)$）$=0$。这意味着确知信源 $X$ 不提供任何信息量；若二元信源 $X$ 以相同概率 0.5 发符号"0"或"1"，即 $p=1/2$，$H(p)=1$。这意味着等概信源 $X$ 每发一个符号提供的平均信息量达到最大值 1 bit/信源符号。二元信源 $X$ 发"0"（或"1"）的概率 $p(0<p<1)$ 越接近 $1/2$，发"1"（或"0"）的概率 $1-p$ 亦越接近 $1/2$。"0"和"1"的概率越接近，$H(p)$ 的值越大。这意味着二元信源 $X$ 的平均不确定性越大，每符号（不论是"0"还是"1"）含有的平均信息量越大；相反，二元信源 $X$ 发"0"（或"1"）的概率 $p(0<p<1)$ 越远离 $1/2$，发"1"（或"0"）的概率 $1-p$ 亦越远离 $1/2$。发"0"和"1"的概率相差越大，$H(p)$ 的值就越小。这意味着二元信源 $X$ 的平均不确定性越小，每个符号（不论是"0"还是"1"）含有的平均信息量就越小。这体现出 $H(p)$ 是概率分量 $p$ 的上凸型函数的基本特性。

**【例 2.7】** 在一个箱子中装有 $m$ 个黑球和$(n-m)$个白球。设实验 $X$：随机地从箱子中取出一个球而不再放回箱子；实验 $Y$：从箱子中取出第二个球。

(1) 计算实验 $X$ 所获取的平均信息量；

(2) 若实验 $X$ 摸取的第一个球的颜色未知,计算实验 $Y$ 所获取的平均信息量。

**解**：令 $W$ 代表白球；$B$ 代表黑球。

(1) 设实验 $X$ 中取出的球是黑球的概率为 $P_X(B)$；实验 $X$ 中取出的球是白球的概率为 $P_X(W)$,则有

$$P_X(B) = \frac{m}{n}$$

$$P_X(W) = \frac{n-m}{n}$$

信源 $X$ 的信源空间可表示为

$$\begin{bmatrix} X \\ P \end{bmatrix} = \begin{bmatrix} B & W \\ \dfrac{m}{n} & \dfrac{n-m}{n} \end{bmatrix}$$

实验 $X$ 所获取的平均信息量,就是信源 $X$ 的信息熵

$$H(X) = -\frac{m}{n}\log\frac{m}{n} - \frac{n-m}{n}\log\frac{n-m}{n}$$

(2) 若实验 $X$ 中取出的第一个球是白球,令实验 $Y$ 中取出的白球的概率为 $P_Y(W|W)$；取出黑球的概率为 $P_Y(B|W)$,则有

$$P_Y(W \mid W) = \frac{n-m-1}{n-1}$$

$$P_Y(B \mid W) = \frac{m}{n-1}$$

若实验 $X$ 中取出的第一个球是黑球,令实验 $Y$ 中取出白球的概率为 $P_Y(W|B)$,取出黑球的概率为 $P_Y(B|B)$,则有

$$P_Y(W \mid B) = \frac{n-m}{n-1}$$

$$P_Y(B \mid B) = \frac{m-1}{n-1}$$

设实验 $Y$ 中出现白球的概率为 $P_Y(W)$,出现黑球的概率为 $P_Y(B)$,则有

$$P_Y(W) = P_X(W)P_Y(W \mid W) + P_X(B)P_Y(W \mid B)$$

$$= \frac{n-m}{n} \times \frac{n-m-1}{n-1} + \frac{m}{n} \times \frac{n-m}{n-1} = \frac{n-m}{n} = P_X(W)$$

$$P_Y(B) = P_X(W)P_Y(B \mid W) + P_X(B)P_Y(B \mid B)$$

$$= \frac{n-m}{n} \cdot \frac{m}{n-1} + \frac{m}{n} \cdot \frac{m-1}{n-1} = \frac{m}{n} = P_X(B)$$

信源 $Y$ 的信源空间可表示为

$$\begin{bmatrix} Y \\ P \end{bmatrix} = \begin{bmatrix} B & W \\ \dfrac{m}{n} & \dfrac{n-m}{n} \end{bmatrix}$$

实验 $Y$ 所获取的平均信息量,就是信源 $Y$ 的信息熵

$$H(Y) = -\frac{m}{n}\log\frac{m}{n} - \frac{n-m}{n}\log\frac{n-m}{n} = H(X)$$

这说明,实验 $X$ 和实验 $Y$ 的平均不确定性或获取的平均信息量是相等的。

## 2.4　信息熵的性质

在介绍熵的性质之前,给出几个在信息论证明中有用的定义和定理,并将单个随机变量的熵推广到两个或者多个变量熵的情形。

### 2.4.1　联合熵与条件熵

**定义 2.1**　对于服从联合分布为 $P(x,y)$ 的一对离散随机变量 $(X,Y)$,其联合熵(joint entropy) $H(X,Y)$ 定义为

$$H(X,Y) = -\sum_{x \in X}\sum_{y \in Y}P(x,y)\log P(x,y) \tag{2.8}$$

上式也可表示为

$$H(X,Y) = -E\log P(X,Y) \tag{2.9}$$

也可以定义一个随机变量在给定另一随机变量下的条件熵,先求条件分布熵 $H(Y|X=x)$,然后对条件分布熵再求统计均值既得条件熵。

**定义 2.2**　若 $(X,Y) \sim P(x,y)$,条件熵(conditional entropy) $H(Y|X)$ 定义为

$$\begin{aligned}
H(Y|X) &= \sum_{x \in X}P(x)H(Y|X=x) \\
&= -\sum_{x \in X}P(x)\sum_{y \in Y}P(y|x)\log P(y|x) \\
&= -\sum_{x \in X}\sum_{y \in Y}P(x,y)\log P(y|x) \\
&= -E\log P(Y|X)
\end{aligned} \tag{2.10}$$

联合熵和条件熵定义的这种自然性可由一个事实得到体现,就是一对随机变量的熵等于其中一个随机变量的熵加上另一个随机变量的条件熵。

**定理 2.1**　(链式法则)

$$H(X,Y) = H(X) + H(Y|X) \tag{2.11}$$

**【证明】**

$$\begin{aligned}
H(X,Y) &= -\sum_{x \in X}\sum_{y \in Y}P(x,y)\log P(x,y) \\
&= -\sum_{x \in X}\sum_{y \in Y}P(x,y)\log P(x)P(y|x) \\
&= -\sum_{x \in X}\sum_{y \in Y}P(x,y)\log P(x) - \sum_{x \in X}\sum_{y \in Y}P(x,y)\log P(y|x) \\
&= -\sum_{x \in X}P(x)\log P(x) - \sum_{x \in X}\sum_{y \in Y}P(x,y)\log P(y|x) \\
&= H(X) + H(Y|X)
\end{aligned} \tag{2.12}$$

等价地记为

$$\log P(X,Y) = \log P(X) + \log P(Y \mid X) \tag{2.13}$$

等式的两边同时取对数期望,即得本定理。

**推论**

$$H(X,Y \mid Z) = H(X \mid Z) + H(Y \mid X,Z) \tag{2.14}$$

### 2.4.2 相对熵

若 $P$ 和 $Q$ 为定义在同一概率空间的两个概率测度,定义 $P$ 相对于 $Q$ 的相对熵为

$$D(P \parallel Q) = \sum_x P(x) \log \frac{P(x)}{Q(x)} \tag{2.15}$$

相对熵又称散度、鉴别信息、方向散度、交叉熵、Kullback-Leibler 距离等。注意,在式(2.15)中,概率分布的维数不限,可以是一维,可以是多维,也可以是条件概率。

在证明下面的定理前,首先介绍一个在信息论中常用的不等式。

对于任意正实数 $x$,下面不等式成立,即

$$1 - \frac{1}{x} \leqslant \ln x \leqslant x - 1 \tag{2.16}$$

实际上,设 $f(x) = \ln x - x + 1$,可求得函数的稳定点为 $x=1$,并可求得在该点的二阶导数小于 0,从而可得 $x=1$ 为 $f(x)$ 取极大值的点,即 $f(x) = \ln x - x + 1 \leqslant 0$,仅当 $x=1$ 时,式(2.16)右边等号成立。令 $y = \frac{1}{x}$,可得 $1 - \frac{1}{y} \leqslant \ln y$,再将 $y$ 换成 $x$,就得到左边的不等式。

**定理 2.2** 如果在一个共同有限字母表概率空间上给定两个概率测度 $P(x)$ 和 $Q(x)$,那么

$$D(P \parallel Q) \geqslant 0 \tag{2.17}$$

仅当对所有 $x$, $P(x) = Q(x)$ 时,等号成立。

**【证明】** 因 $P(x), Q(x) \geqslant 0$, $\sum_{x \in X} P(x) = \sum_{x \in X} Q(x) = 1$,所以根据式(2.16),有

$$-D(P \parallel Q) = \sum_x P(x) \log \frac{Q(x)}{P(x)} \leqslant \sum_x P(x) (\log e) \left[ \frac{Q(x)}{P(x)} - 1 \right]$$

$$= (\log e) \left[ \sum_x Q(x) - \sum_x P(x) \right] = 0 \tag{2.18}$$

仅当对所有 $x$, $P(x) = Q(x)$ 时,等号成立。

式(2.17)称为散度不等式(divergence inequality)。该式说明,一个概率测度相对于另一个概率测度的散度是非负的,仅当两测度相同时,散度为零。散度可以解释为两个概率测度之间的"距离",即两个概率测度不同程度的度量。不过,散度并不是通常意义下的距离,因为它不满足对称性,也不满足三角不等式。

**【例 2.8】** 设一个二元信源的符号集为{0,1},有两个概率分布 $P$ 和 $Q$,并且 $P(0) = 1-r$, $P(1) = r$, $Q(0) = 1-s$, $Q(1) = s$,求散度 $D(P \parallel Q)$ 和 $D(Q \parallel P)$,并分别求当 $r=s$ 和 $r = 2s = 1/2$ 时散度的值。

**解**:根据式(2.15),得

$$D(P \parallel Q) = (1-r) \log \frac{1-r}{1-s} + r \log \frac{r}{s}$$

$$D(Q \parallel P) = (1-s) \log \frac{1-s}{1-r} + s \log \frac{s}{r}$$

当 $r=s$ 时,有 $D(P||Q)=D(Q||P)=0$。

当 $r=2s=\dfrac{1}{2}$ 时,有

$$D(P \| Q)=\left(1-\frac{1}{2}\right)\log\frac{1-\frac{1}{2}}{1-\frac{1}{4}}+\frac{1}{2}\log\frac{\frac{1}{2}}{\frac{1}{4}}=1-\frac{1}{2}(\log 3)=0.2075$$

$$D(Q \| P)=\left(1-\frac{1}{4}\right)\log\frac{1-\frac{1}{4}}{1-\frac{1}{2}}+\frac{1}{4}\log\frac{\frac{1}{4}}{\frac{1}{2}}=\frac{3}{4}\times\log 3-1=0.1887$$

**定理 2.3** (熵的不增原理)

$$H(Y \mid X)\leqslant H(Y) \tag{2.19}$$

**【证明】** 设 $P(y)=\sum\limits_{x\in X}P(x)P(y\mid x)$,那么

$$H(Y)-H(Y\mid X)=-\sum_y P(y)\log P(y)+\sum_x\sum_y P(x)P(y\mid x)\log P(y\mid x)$$

$$=-\sum_y\sum_x P(x)P(y\mid x)\log P(y)+\sum_x\sum_y P(x)P(y\mid x)\log P(y\mid x)$$

$$=\sum_x P(x)\sum_y P(y\mid x)\log\frac{P(y\mid x)}{P(y)}=\sum_x P(x)D(P(y\mid x)\|P(y))\geqslant 0$$

上面利用了散度不等式,仅当 $X,Y$ 相互独立时,等式成立。

式(2.19)表明,条件熵总是不大于无条件熵,这就是熵的不增原理:在信息处理过程中,已知条件越多,结果的不确定性越小,也就是熵越小。

### 2.4.3 Jensen 不等式及其结果

**定义 2.3** 若对于任意的 $x_1,x_2\in(a,b)$ 及 $0\leqslant\lambda\leqslant 1$,满足

$$f(\lambda x_1+(1-\lambda)x_2)\leqslant\lambda f(x_1)+(1-\lambda)f(x_2) \tag{2.20}$$

则称函数 $f(x)$ 在区间 $(a,b)$ 上是凸的(convex)。如果仅当 $\lambda=0$ 或 $\lambda=1$,上式成立,则称函数 $f$ 是严格凸的(strictly convex)。

**定义 2.4** 如果 $-f$ 为凸函数,则称函数 $f$ 是凹的。如果函数总是位于任何一条弦的下面,则该函数是凸的;如果函数总是位于任何一条弦的上面,则该函数是凹的。

**定理 2.4** (Jensen 不等式)若给定凸函数 $f$ 和一个随机变量 $X$,则

$$E[f(X)]\geqslant f(EX) \tag{2.21}$$

进一步,若 $f$ 是严格凸的,那么式(2.21)中的等式蕴含 $X=EX$ 的概率为1(即 $X$ 是个常量)。

**【证明】** 只证明离散分布情形,且对分布点的个数进行归纳证明。当 $f$ 为严格凸函数时,等号成立条件的证明留给读者。对于两点分布,不等式变为

$$p_1 f(x_1)+p_2 f(x_2)\geqslant f(p_1 x_1+p_2 x_2) \tag{2.22}$$

这由凸函数的定义可直接得到。假定当分布点的个数为 $k-1$ 时,定理成立,此时记 $p_i'=p_i/(1-p_k)(i=1,2,\cdots,k-1)$,则有

$$\sum_{i=1}^k p_i f(x_i)=p_k f(x_k)+(1-p_k)\sum_{i=1}^{k-1}p_i' f(x_i)$$

$$\geqslant p_k f(x_k) + (1-p_k)f\left(\sum_{i=1}^{k-1} p'_i x_i\right)$$

$$\geqslant f\left(p_k x_k + (1-p_k)\sum_{i=1}^{k-1} p'_i x_i\right)$$

$$= f\left(\sum_{i=1}^{k} p_i x_i\right) \tag{2.23}$$

### 2.4.4 信息熵的基本性质

**1. 对称性**

概率向量 $\boldsymbol{P} = (p_1, p_2, \cdots, p_n)$ 中,各分量的次序任意改变,熵不变,即

$$H(p_1, p_2, \cdots, p_n) = H(p_{j_1}, p_{j_2}, \cdots, p_{j_n}) \tag{2.24}$$

其中,$j_1, j_2, \cdots, j_n$ 是 $1, 2, \cdots, n$ 的任意一种 $n$ 级排列。该性质说明熵仅与随机变量总体概率特性(即概率分布)有关,而与随机变量的取值及符号排列顺序无关。

**2. 非负性**

$$H(\boldsymbol{P}) = H(p_1, p_2, \cdots, p_n) \geqslant 0 \tag{2.25}$$

仅当对某个 $p_i = 1$ 时,等号成立。

因为自信息量是非负的,熵为自信息的平均,所以也是非负的。不过,非负性仅对离散熵有效,而对连续熵来说这一性质并不成立。

**3. 确定性**

$$H(1,0) = H(1,0,0) = H(1,0,\cdots,0) = 0 \tag{2.26}$$

这就是说,当随机变量集合中任一事件概率为 1 时,熵为 0。这个性质意味着,从总体来看,事件集合中虽含有许多事件,但是如果只有一个事件几乎必然出现,而其他事件几乎都不出现,那么这就是一个确知的变量,其不确定性为 0。

**4. 扩展性**

$$\lim_{\varepsilon \to 0} H_{n+1}(p_1, p_2, \cdots, p_n - \varepsilon, \varepsilon) = H_n(p_1, p_2, \cdots, p_n) \tag{2.27}$$

利用 $\lim_{\varepsilon \to 0} \varepsilon \log \varepsilon = 0$ 可得到上面的结果,其含义是,虽然小概率事件自信息大,但在计算熵时所占比重很小,可以忽略。

**5. 极值性**

**定理 2.5** (离散最大熵定理)对于有限离散随机变量,当符号集中的符号等概率发生时,熵达到最大值。

**【证明】** 设随机变量有 $n$ 个符号,概率分布为 $P(x)$;$Q(x)$ 为等概率分布,即 $Q(x) = 1/n$。根据散度不等式,有

$$D(P \parallel Q) = \sum_x P(x) \log \frac{P(x)}{Q(x)}$$

$$= \sum_x P(x) \log P(x) - \sum_x P(x) \log \frac{1}{n}$$

$$= -H(X) + \log n \geqslant 0 \tag{2.28}$$

即

$$H(X) \leqslant \log n$$

当且仅当 $P(x)$ 等概分布时取等号。

【注意】　离散最大熵定理仅适用于有限离散随机变量,对于无限可数符号集,只有附加其他约束求最大熵才有意义。

**6. 上凸性**

$H(\boldsymbol{P})=H(p_1,p_2,\cdots,p_n)$ 是概率向量 $\boldsymbol{P}$ 的严格的上凸函数。

这就是说,若 $\boldsymbol{P}=\theta\boldsymbol{p}_1+(1-\theta)\boldsymbol{p}_2$,那么 $H(\boldsymbol{P})>\theta H(\boldsymbol{p}_1)+(1-\theta)H(\boldsymbol{p}_2)$,其中 $\boldsymbol{P},\boldsymbol{p}_1,\boldsymbol{p}_2$ 均为 $n$ 维概率向量,$0\leqslant\theta\leqslant1$。该性质可用凸函数性质(1)来证明(提示:先证明 $-p_i\log p_i$ 是严格上凸的)。

**7. 一一对应变换下的不变性**

离散随机变量的变换包含两种含义:一是符号集中符号到符号的映射;二是符号序列到序列的变换。首先研究第一种情况。设两随机变量 $X,Y$,符号集分别为 $A,B$,其中 $Y$ 是 $X$ 的映射,可以表示为 $A\to B,x\to f(x)$。因此有

$$P(y\mid x)=\begin{cases}1, & y=f(x)\\0, & y\neq f(x)\end{cases} \tag{2.29}$$

所以 $H(Y|X)=0$, $H(XY)=H(X)+H(Y|X)=H(X)$;而另一方面,$H(XY)=H(Y)+H(X|Y)\geqslant H(Y)$,所以 $H(X)\geqslant H(Y)$,仅当 $f$ 是一一对应映射时等号成立,此时 $H(X|Y)=0$。应用类似的论证也可推广到多维随机向量的情况,因此得到如下定理。

**定理 2.6**　离散随机变量(或向量)经符号映射后的熵不大于原来的熵,仅当一一对应映射时熵不变。

【例 2.9】　设二维随机向量 $XY$,其中 $X,Y$ 为独立同分布随机变量,符号集为 $A=\{0,1,2\}$,对应的概率为 $\{1/3,1/3,1/3\}$,作变换 $u=x+y,v=x-y$,得到二维随机向量 $UV$;求 $H(U),H(V),H(UV)$。

**解**:$U,V$ 取值空间如表 2.1、表 2.2 所示。

表 2.1　$U=X+Y$ 取值

| $X$ | $Y$ | | |
|---|---|---|---|
| | 0 | 1 | 2 |
| 0 | 0 | 1 | 2 |
| 1 | 1 | 2 | 3 |
| 2 | 2 | 3 | 4 |

$U$ 的符号集为 $\{0,1,2,3,4\}$。

$$P_U(0)=\frac{1}{3}\times\frac{1}{3}=\frac{1}{9}$$

$$P_U(1)=\frac{1}{3}\times\frac{1}{3}\times2=\frac{2}{9}$$

$$P_U(2)=\frac{1}{3}\times\frac{1}{3}\times3=\frac{1}{3}$$

$$P_U(3) = \frac{1}{3} \times \frac{1}{3} \times 2 = \frac{2}{9}$$

$$P_U(4) = \frac{1}{3} \times \frac{1}{3} = \frac{1}{9}$$

$$H(\boldsymbol{U}) = H\left(\frac{1}{9}, \frac{2}{9}, \frac{1}{3}, \frac{2}{9}, \frac{1}{9}\right) = 2.1972$$

表 2.2  $\boldsymbol{V = X - Y}$ 取值

| X | Y | | |
|---|---|---|---|
| | 0 | 1 | 2 |
| 0 | 0 | −1 | −2 |
| 1 | 1 | 0 | −1 |
| 2 | 2 | 1 | 0 |

$\boldsymbol{V}$ 的符号集为 $\{-2, -1, 0, 1, 2\}$。

$$P_V(-2) = \frac{1}{3} \times \frac{1}{3} = \frac{1}{9}$$

$$P_V(-1) = \frac{1}{3} \times \frac{1}{3} \times 2 = \frac{2}{9}$$

$$P_V(0) = \frac{1}{3} \times \frac{1}{3} \times 3 = \frac{1}{3}$$

$$P_V(1) = \frac{1}{3} \times \frac{1}{3} \times 2 = \frac{2}{9}$$

$$P_V(2) = \frac{1}{3} \times \frac{1}{3} = \frac{1}{9}$$

$$H(\boldsymbol{V}) = H\left(\frac{1}{9}, \frac{2}{9}, \frac{1}{3}, \frac{2}{9}, \frac{1}{9}\right) = 2.1972$$

因为是一一对应变换,所以

$$H(\boldsymbol{UV}) = H(\boldsymbol{XY}) = H(\boldsymbol{X}) + H(\boldsymbol{Y}) = 2\log 3 = 3.1699$$

看到 $H(\boldsymbol{UV}) < H(\boldsymbol{U}) + H(\boldsymbol{V})$,所以 $\boldsymbol{U}, \boldsymbol{V}$ 不独立。

## 本章要点

**1. 单符号离散信源数学模型**

$$\begin{bmatrix} X \\ P \end{bmatrix} = \begin{bmatrix} a_1 & a_2 & \cdots & a_n \\ P(a_1) & P(a_2) & \cdots & P(a_n) \end{bmatrix}$$

**2. 定义  自信息量函数 $\boldsymbol{I(a_i)}$**

$$I(a_i) = \log \frac{1}{P(a_i)} = -\log P(a_i)$$

**3. 定义  信源的信息熵**

$$H(X) = E[I(a_i)]$$

$$= -\sum_{i=1}^{r} P(a_i)\log P(a_i)$$

**4. 定义 联合熵 $H(X,Y)$**

$$H(X,Y) = -\sum_{x\in X}\sum_{y\in Y} P(x,y)\log P(x,y)$$

**5. 定义 条件熵**

$$H(Y\mid X) = \sum_{x\in X} P(x)H(Y\mid X=x)$$

$$= -E\log P(Y\mid X)$$

**6. 链式法则**

$$H(X,Y) = H(X) + H(Y\mid X)$$

**7. 定义 $P$ 相对于 $Q$ 的相对熵**

$$D(P\parallel Q) = \sum_{x} P(x)\log\frac{P(x)}{Q(x)}$$

**8. Jensen 不等式**

若给定凸函数 $f$ 和一个随机变量 $X$,则 $Ef(X) \geqslant f(EX)$

**9. 信息熵的性质**

对称性 $H(p_1,p_2,\cdots,p_n) = H(p_{j_1},p_{j_2},\cdots,p_{j_n})$

非负性 $H(\boldsymbol{P}) = H(\boldsymbol{p}_1,\boldsymbol{p}_2,\cdots,\boldsymbol{p}_n) \geqslant 0$

确定性 $H(1,0) = H(1,0,0) = H(1,0,\cdots,0) = 0$

扩展性 $\lim_{\varepsilon\to 0} H_{n+1}(p_1,p_2,\cdots,p_n-\varepsilon,\varepsilon) = H_n(p_1,p_2,\cdots,p_n)$

极值性 $H(X) \leqslant \log n$

上凸性 $H(\boldsymbol{P}) = H(\boldsymbol{p}_1,\boldsymbol{p}_2,\cdots,\boldsymbol{p}_n)$ 是概率向量 $\boldsymbol{P}$ 的严格上凸函数。

变换不变性 离散信源经过一一对应变换后熵不变。

第 2 章习题

# 第3章 单符号离散信道

**CHAPTER 3**

信息论中有关信道问题的讨论,使用编码信道模型,即用信道输入/输出符号转移概率或转移概率密度函数表征信道特性。

如果信道输入/输出的是随机过程,则对应的是波形信道;如果信道的输入/输出是随机向量,而且向量中每个随机变量的取值是连续的,则对应的信道是连续信道,每个随机变量的取值是离散的,则对应的信道是离散信道。离散信道中,若输入/输出分别仅有一个随机变量,则这种信道称为单符号离散信道。

本章将对单符号离散信道的信息传输、信道容量计算等一系列基本问题展开谈论。

## 3.1 信道的数学模型

单符号离散信道模型如图 3.1 所示。

输入变量 $X$ 有 $r$ 种取值,即输入符号集 $X = \{a_1, a_2, \cdots, a_r\}$,输出变量 $Y$ 有 $s$ 种取值,即输出符号集 $Y = \{b_1, b_2, \cdots, b_s\}$。信道转移概率

$$P(Y = b_j \mid X = a_i) = p(b_j \mid a_i) = p_{ij}$$

共有 $r \times s$ 个取值,体现了信道的符号传递特性。

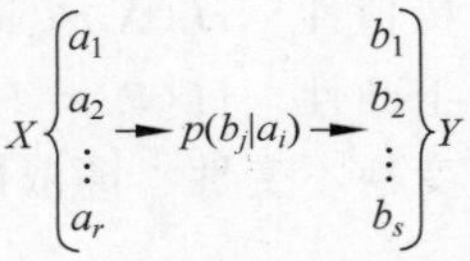

图 3.1 单符号离散信道模型

写成矩阵形式,形成一个 $r \times s$ 矩阵,矩阵行数代表信道输入符号个数,矩阵列数代表输出符号个数。

$$\boldsymbol{P} = \begin{bmatrix} p_{11} & p_{12} & \cdots & p_{1s} \\ p_{21} & p_{22} & \cdots & p_{2s} \\ \vdots & \vdots & \ddots & \vdots \\ p_{r1} & p_{r2} & \cdots & p_{rs} \end{bmatrix}$$

而且满足 $0 \leqslant p_{ij} \leqslant 1$,$i$ 是行的标号,$j$ 是列的标号。

其中,$\sum_{j=1}^{s} p(b_j \mid a_i) = 1 (i = 1, 2, \cdots, r)$,表明信道矩阵行和是 1。信道特性也可以形象、直观地用信道转移图表示,如图 3.2 所示。

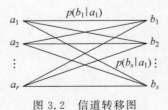

图 3.2 信道转移图

【例 3.1】 二进制对称信道(Binary Symmetric Channel, BSC),输入/输出符号集分别为 $X = \{0, 1\}$,$Y = \{0, 1\}$,信道转移概率满足 $P_{Y|X}(0 \mid 0) =$

$P_{Y|X}(1|1)=1-p, P_{Y|X}(1|0)=P_{Y|X}(0|1)=p, p$ 为错误传输概率。写出信道的转移概率矩阵,并画出转移概率图。

**解**:转移概率矩阵为 $\boldsymbol{P}=\begin{bmatrix}1-p & p \\ p & 1-p\end{bmatrix}$,相应的信道转移概率矩阵如图 3.3 所示。

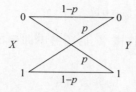

图 3.3  二进制对称信道转移概率图

【**例 3.2**】  二进制删除信道(Binary Erasure Channel,BEC),输入符号集 $X=\{0,1\}$,输出符号集 $Y=\{0,2,1\}$,转移概率如图 3.4 所示。写出信道的转移概率矩阵。

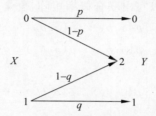

图 3.4  二进制删除信道转移概率图

**解**:信道的转移概率矩阵为

$$\boldsymbol{P}=\begin{bmatrix}p & 1-p & 0 \\ 0 & 1-q & q\end{bmatrix}$$

## 3.2  信道的交互信息量

在求解信道输入/输出单个符号对应互信息量前,先讨论信道输入/输出变量的统计特性。

为方便讨论,首先定义几种概率的名称。

**1. 先验概率**

信源 $X$ 输出符号 $a_i$ 的概率 $P(X=a_i)=p(a_i)$ 称为先验概率。

**2. 正向转移概率**

从信道输入符号 $a_i$ 到信道输出符号 $b_j$ 的条件概率

$$P(Y=b_j \mid X=a_i)=p(b_j \mid a_i)=p_{ij} \quad (i=1,2,\cdots,r; j=1,2,\cdots,s) \tag{3.1}$$

称为正向转移概率。

**3. 后验概率**

从信道输出符号 $b_j$ 到输出符号 $a_i$ 的条件概率

$$P(X=a_i \mid Y=b_j)=p(a_i \mid b_j)=p_{ji} \quad (i=1,2,\cdots,r; j=1,2,\cdots,s) \tag{3.2}$$

称为后验概率,又称为反向转移概率。

利用 $P(X|Y) = \dfrac{P(XY)}{P(Y)}$,则有

$$p(a_i \mid b_j) = \frac{p(a_i b_j)}{p(b_j)} = \frac{p(a_i)p(b_j \mid a_i)}{\displaystyle\sum_{i=1}^{r} p(a_i)p(b_j \mid a_i)} \quad (i=1,2,\cdots,r; j=1,2,\cdots,s) \quad (3.3)$$

可以看到,已知先验概率和信道转移概率、后验概率即为确定。

**4. 联合概率**

信源符号 $a_i$ 和信道输出符号 $b_j$ 的联合概率

$$P(X=a_i; Y=b_j) = p(a_i b_j) = p(a_i)p(b_j \mid a_i) \quad (i=1,2,\cdots,r; j=1,2,\cdots,s)$$

$$(3.4)$$

由信源概率和信道转移概率唯一确定。

类似信道转移概率矩阵,可以写出联合概率矩阵,也是 $r$ 行 $s$ 列矩阵,即

$$\boldsymbol{P}_{XY}(a_i b_j) = \begin{bmatrix} p(a_1 b_1) & p(a_1 b_2) & \cdots & p(a_1 b_s) \\ p(a_2 b_1) & p(a_2 b_2) & \cdots & p(a_2 b_s) \\ \vdots & \vdots & \ddots & \vdots \\ p(a_r b_1) & p(a_r b_2) & \cdots & p(a_r b_s) \end{bmatrix} \quad (3.5)$$

**5. 信宿概率**

信道输出符号概率 $P(Y=b_j) = p(b_j)$,$p(b_j) = \displaystyle\sum_{i=1}^{r} p(a_i b_j) = \sum_{i=1}^{r} p(a_i)p(b_j \mid a_i)$。

已知信源符号概率和信道转移概率,即可求得信道输出符号概率。现在转入互信息量的讨论。

在通信系统中,信源发出某符号 $a_i$,由于受到噪声的随机干扰,在信道的输出端输出符号 $a_i$ 的某种变型 $b_j$,按信息的定义,信宿收到 $b_j$ 后,从 $b_j$ 中获取关于 $a_i$ 的信息量 $I(a_i; b_j)$,等于信宿收到 $b_j$ 前、后,对符号 $a_i$ 的不确定性的消除,即有

[信宿收到 $b_j$ 后,从 $b_j$ 中获取关于 $a_i$ 的信息量]$I(a_i; b_j)$

=[收到 $b_j$ 前,收信者对信源发出 $a_i$ 的不确定性]−

[收到 $b_j$ 后,收信者对信源发出 $a_i$ 仍然存在的不确定性]

=收信者收到 $b_j$ 前、后,对信源发出 $a_i$ 的不确定性的消除 $\qquad$ (3.6)

信宿收到 $b_j$ 前,对信源发出符号 $a_i$ 的先验不确定性

$$I(a_i) = \log \frac{1}{p(a_i)} \quad (i=1,2,\cdots,r) \quad (3.7)$$

信宿收到 $b_j$ 后,对信源发出的符号 $a_i$ 的后验不确定性

$$I(a_i \mid b_j) = \log \frac{1}{p(a_i \mid b_j)} \quad (i=1,2,\cdots,r; j=1,2,\cdots,s) \quad (3.8)$$

则可得互信息为

$$I(a_i; b_j) = I(a_i) - I(a_i \mid b_j) = \log \frac{1}{p(a_i)} - \log \frac{1}{p(a_i \mid b_j)}$$

$$= \log \frac{p(a_i \mid b_j)}{p(a_i)} \quad (i=1,2,\cdots,r;\ j=1,2,\cdots,s) \tag{3.9}$$

信宿收到 $b_j$ 后,从 $b_j$ 中获取关于 $a_i$ 的信息量 $I(a_i;b_j)$ 称为输入符号 $a_i$ 和输出符号 $b_j$ 之间的交互信息量,简称为互信息。它表示信道在把输入符号 $a_i$ 传递为输出符号 $b_j$ 的过程中,信道所传递的信息量。式(3.9)称为符号 $a_i$ 和 $b_j$ 之间的互信息函数。

现在就互信息量表达式所代表的物理含义做进一步说明。

(1) 当 $p(a_i|b_j)=1$ 时,有

$$I(a_i;b_j) = \log \frac{1}{p(a_i)} = I(a_i) \quad (i=1,2,\cdots,r) \tag{3.10}$$

$p(a_i|b_j)=1$ 表明收到 $b_j(j=1,2,\cdots,s)$ 后,即可确切无误地判断发端符号为 $a_i$,消除对 $a_i$ 的全部不确定性,接收端获得关于 $a_i$ 的全部信息量 $I(a_i)(i=1,2,\cdots,r)$。

(2) 当 $p(a_i)<p(a_i|b_j)<1$ 时,有

$$I(a_i;b_j) = \log \frac{p(a_i \mid b_j)}{p(a_i)} > 0 \quad (i=1,2,\cdots,r;\ j=1,2,\cdots,s) \tag{3.11}$$

这就意味着,收信者收到 $b_j$ 后,判断信源发出 $a_i(i=1,2,\cdots,r)$ 的可能性,比对于收到 $b_j(j=1,2,\cdots,s)$ 前判断信源发出 $a_i(i=1,2,\cdots,r)$ 的可能性更大;也就是说收到 $b_j(j=1,2,\cdots,s)$ 后对信源发出 $a_i(i=1,2,\cdots,r)$ 的不确定性,比收到 $b_j(j=1,2,\cdots,s)$ 前有所减小,收信者从 $b_j(j=1,2,\cdots,s)$ 中就可获取关于 $a_i(i=1,2,\cdots,r)$ 的一定信息量。

(3) 当 $p(a_i|b_j)=p(a_i)$ 时,有

$$I(a_i;b_j) = \log \frac{p(a_i \mid b_j)}{p(a_i)} = \log 1 = 0 \quad (i=1,2,\cdots,r;\ j=1,2,\cdots,s) \tag{3.12}$$

由 $p(a_ib_j)=p(a_i)p(b_j|a_i)=p(a_i)p(b_j)$ 得到,符号 $a_i$ 与符号 $b_j$ 统计独立。

说明,收信者收到 $b_j(j=1,2,\cdots,s)$ 前、后,判断信源发出 $a_i(i=1,2,\cdots,r)$ 的可能性大小没有任何变化,收信者在收到 $b_j(j=1,2,\cdots,s)$ 前、后,对判断信源发出 $a_i(i=1,2,\cdots,r)$ 的不确定性没有任何减小,收信者从 $b_j(j=1,2,\cdots,s)$ 中得不到关于 $a_i(i=1,2,\cdots,r)$ 的任何信息量。

(4) 当 $0<p(a_i|b_j)<p(a_i)$ 时,有

$$I(a_i;b_j) = \log \frac{p(a_i \mid b_j)}{p(a_i)} < 0 \quad (i=1,2,\cdots,r;\ \cdots j=1,2,\cdots,s) \tag{3.13}$$

由于信道噪声的干扰,收到符号 $b_j(j=1,2,\cdots,s)$ 后,猜测符号 $a_i(i=1,2,\cdots,r)$ 的难度反而加大。

互信息量 $I(a_i;b_j)$ 的另外两种表达形式:

第一种表达形式为

$$I(a_i;b_j) = \log \frac{p(a_i \mid b_j)}{p(a_i)}$$

$$= \log \frac{p(a_ib_j)}{p(a_i)p(b_j)}$$

$$= \log \frac{1}{p(a_i)p(b_j)} - \log \frac{1}{p(a_ib_j)} \quad (i=1,2,\cdots,r;\ j=1,2,\cdots,s) \tag{3.14}$$

其含义是:通信前事件 $a_i$ 与 $b_j$ 统计独立,即 $p(a_ib_j)=p(a_i)p(b_j)$, $\log \dfrac{1}{p(a_i)p(b_j)}$

表达联合事件 $a_i b_j$ 不确定性；通信后，事件 $a_i$ 与事件 $b_j$ 建立统计关联，$\log \dfrac{1}{p(a_i b_j)}$ 表达通信后，联合事件 $a_i b_j$ 的确定性。二者差值同样表明，信宿收到 $b_j$ 后，从 $b_j$ 中获取关于 $a_i$ 的信息量 $I(a_i;b_j)$ 等于通信前后不确定性的消除。

第二种表达形式为

$$I(a_i;b_j) = \log \frac{p(a_i b_j)}{p(a_i)p(b_j)}$$

$$= \log \frac{p(b_j \mid a_i)}{p(b_j)}$$

$$= \log \frac{1}{p(b_j)} - \log \frac{1}{p(b_j \mid a_i)}$$

$$= I(b_j;a_i) \quad (i=1,2,\cdots,r;\ j=1,2,\cdots,s) \tag{3.15}$$

其中，$a_i \to b_j$，构成正向信道；$b_j \to a_i$，构成反向信道。

说明在反向信道中，从 $a_i$ 中获得关于 $b_j$ 的信息量等于在正向信道中从 $b_j$ 中获得关于 $a_i$ 的信息量，即 $I(a_i;b_j) = I(b_j;a_i)$。

【例 3.3】 二进制删除信道（BEC），其中输入符号集 $A=\{a_0,a_1\}=\{0,1\}$，输出符号集 $B=\{b_0,b_1,b_2\}=\{0,1,2\}$，$p(a_0)=p(a_1)=0.5$，写出信道的转移概率矩阵及互信息量 $I(a_i;b_j)$。

**解**：设信道的转移概率矩阵为

$$\boldsymbol{P} = \begin{bmatrix} p & 1-p & 0 \\ 0 & 1-q & q \end{bmatrix}$$

联合概率矩阵为

$$\boldsymbol{P}(a_i b_j) = \begin{bmatrix} \dfrac{1}{2}p & \dfrac{1}{2}(1-p) & 0 \\ 0 & \dfrac{1}{2}(1-q) & \dfrac{1}{2}q \end{bmatrix}$$

则信宿概率分布

$$\boldsymbol{P}(b_j) = \begin{bmatrix} \dfrac{1}{2}p & 1-\dfrac{1}{2}(p+q) & \dfrac{1}{2}q \end{bmatrix}$$

那么互信息量 $\boldsymbol{I}(a_i;b_j)$ 用矩阵形式简写为

$$\boldsymbol{I}(a_i;b_j) = \left[\log \frac{p(a_i b_j)}{p(a_i)p(b_j)}\right]$$

$$= \begin{bmatrix} \log 2 & \log \dfrac{1-p}{1-\dfrac{1}{2}(p+q)} & \log 0 \\ \log 0 & \log \dfrac{1-q}{1-\dfrac{1}{2}(p+q)} & \log 2 \end{bmatrix}$$

【例 3.4】 4 个等概率消息，编程的码字为 $M_1=000,M_2=011,M_3=101,M_4=110$，通过如图 3.5 所示二元对称无记忆信道（$\varepsilon<0.5$）传输，求：

（1）事件"接收到第一个数字为 0"与发送 $M_1$ 之间的互信息；

（2）当接收到第二个数字也为 0 时，关于 $M_1$ 的附加信息；

（3）当接收到第三个数字也为 0 时，求又增加了多少关于 $M_1$ 的信息。

**解：** 记"0"表示第一个接收数字为 0，"00"表示第一、二个接收数字都为 0，"000"表示前三个接收数字都为 0；$q(\cdot)$ 表示接收符号的概率；$p(y|x)$ 为信道的转移概率。

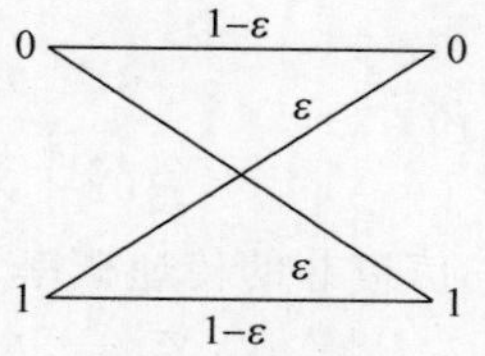

图 3.5 二元对称无记忆信道

（1）$q("0") = \sum_{i=1}^{4} p(M_i)p(0|M_i) = \frac{1}{4}[2(1-\varepsilon)+2\varepsilon] = \frac{1}{2}$

互信息为

$$I(M_1; "0") = \log \frac{p("0"|M_1)}{q("0")} = \log \frac{1-\varepsilon}{1/2} = \log[2(1-\varepsilon)]$$

（2）$q("00") = \sum_{i=1}^{4} p(M_i)p(00|M_i)$

$$= \frac{1}{4}[p(0|0)p(0|0)+p(0|0)p(0|1)+p(0|1)p(0|0)+p(0|1)p(0|1)]$$

$$= \frac{1}{4}[(1-\varepsilon)^2+2\varepsilon(1-\varepsilon)+\varepsilon^2] = \frac{1}{4}$$

互信息为

$$I(M_1; "00") = \log \frac{p("00"|M_1)}{q("00")} = \log \frac{(1-\varepsilon)^2}{1/4} = 2\log[2(1-\varepsilon)]$$

附加信息为

$$\log[2(1-\varepsilon)]$$

（3）$q("000") = \sum_{i=1}^{4} p(M_i)p(000|M_i) = \frac{1}{4}[(1-\varepsilon)^3+3\varepsilon^2(1-\varepsilon)] = \frac{1}{4}(1-\varepsilon)(4\varepsilon^2-2\varepsilon+1)$

互信息为

$$I(M_1; "000") = \log \frac{p("000"|M_1)}{q("000")} = \log \frac{(1-\varepsilon)^3}{(1-\varepsilon)(4\varepsilon^2-2\varepsilon+1)/4}$$

$$= 2\log[2(1-\varepsilon)] - \log(4\varepsilon^2-2\varepsilon+1)$$

又增加的信息为

$$-\log(4\varepsilon^2-2\varepsilon+1)$$

## 3.3 条件互信息量

现在把目光转到级联信道的交互信息的讨论上。

如图 3.6 所示，信道 I 与信道 II 串接。信道 I 的输入符号集 $X=\{a_1,a_2,\cdots,a_r\}$，输出符号集 $Y=\{b_1,b_2,\cdots,b_s\}$，信道 II 的输入符号集 $Y=\{b_1,b_2,\cdots,b_s\}$，输出符号集 $Z=\{c_1,c_2,\cdots,c_s\}$

信道 I 的传递概率

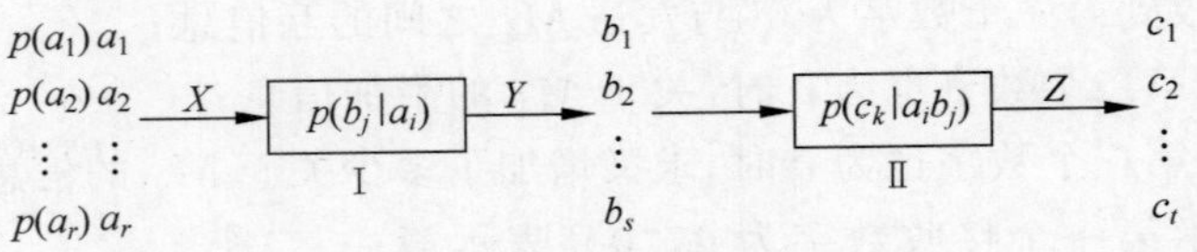

$$p(a_1)a_1$$
$$p(a_2)a_2 \quad X$$

图 3.6 信道 I 与信道 II 串接

$$P(Y \mid X) = \{p(b_j \mid a_i)\} \quad (i = 1, 2, \cdots, r; \ j = 1, 2, \cdots, s)$$

信道 II 的传递概率

$$P(Z \mid XY) = \{p(c_k \mid a_i b_j)\} \quad (i = 1, 2, \cdots, r; \ j = 1, 2, \cdots, s; \ k = 1, 2, \cdots, t)$$

则 $p(a_i b_j c_k) = p(a_i) p(b_j \mid a_i) p(c_k \mid a_i b_j)(i = 1, 2, \cdots, r; \ j = 1, 2, \cdots, s; \ k = 1, 2, \cdots, t)$

由 $X$、$Y$、$Z$ 的联合概率 $p(a_i b_j c_k)$ 可以求得其他各种概率分布。

一维分布为

$$p(a_i) = \sum_{j=1}^{s} \sum_{k=1}^{t} p(a_i b_j c_k)$$

$$p(b_j) = \sum_{i=1}^{r} \sum_{k=1}^{t} p(a_i b_j c_k)$$

$$p(c_k) = \sum_{i=1}^{r} \sum_{j=1}^{s} p(a_i b_j c_k)$$

二维分布为

$$p(a_i b_j) = \sum_{k=1}^{t} p(a_i b_j c_k)$$

$$p(b_j c_k) = \sum_{i=1}^{r} p(a_i b_j c_k)$$

$$p(a_i c_k) = \sum_{j=1}^{s} p(a_i b_j c_k)$$

进一步求得条件概率分布为

$$p(a_i b_j \mid c_k) = \frac{p(a_i b_j c_k)}{p(c_k)}$$

$$p(a_i c_k \mid b_j) = \frac{p(a_i b_j c_k)}{p(b_j)}$$

$$p(b_j c_k \mid a_i) = \frac{p(a_i b_j c_k)}{p(a_i)}$$

$$p(a_i \mid b_j c_k) = \frac{p(a_i b_j c_k)}{p(b_j c_k)}$$

$$p(b_j \mid a_i b_j) = \frac{p(a_i b_j c_k)}{p(a_i c_k)}$$

$$p(c_k \mid a_i b_j) = \frac{p(a_i b_j c_k)}{p(a_i b_j)}$$

在串接信道输出某符号 $c_k$ 条件下,从符号 $b_j$ 中获取符号 $a_i$ 的信息量定义为

$$I(a_i; b_j \mid c_k) = \log \frac{p(a_i \mid b_j c_k)}{p(a_i \mid c_k)}$$

$$= \log \frac{1}{p(a_i \mid c_k)} - \log \frac{1}{p(a_i \mid b_j c_k)}$$

$$= I(a_i \mid c_k) - I(a_i \mid b_j c_k) \quad (i=1,2,\cdots,r; j=1,2,\cdots,s; k=1,2,\cdots,t)$$

$$(3.16)$$

该式表明，$c_k$ 已知条件下，$b_j$ 出现前后对 $a_i$ 的条件不确定性的消除。

用 $p(b_j c_k)$ 同时乘式(3.16)的右边，则有

$$I(a_i; b_j \mid c_k) = \log \frac{p(b_j c_k) p(a_i \mid b_j c_k)}{p(b_j c_k) p(a_i \mid c_k)}$$

$$= \log \frac{p(a_i b_j c_k)}{p(c_k) p(b_j \mid c_k) p(a_i \mid c_k)}$$

$$= \log \frac{p(a_i b_j \mid c_k)}{p(b_j \mid c_k) p(a_i \mid c_k)}$$

$$= \log \frac{1}{p(a_i \mid c_k)} + \log \frac{1}{p(b_j \mid c_k)} - \log \frac{1}{p(a_i b_j \mid c_k)}$$

$$= I(a_i \mid c_k) + I(b_j \mid c_k) - I(a_i b_j \mid c_k)$$

$$(i=1,2,\cdots,r; j=1,2,\cdots,s; k=1,2,\cdots,t) \qquad (3.17)$$

其中，信道 I 通信前、后，输入/输出端同时出现 $a_i$ 和 $b_j$ 的条件不确定性的消除。

由式(3.17)做进一步变换，有

$$I(a_i; b_j \mid c_k) = \log \frac{p(a_i b_j \mid c_k)}{p(b_j \mid c_k) p(a_i \mid c_k)}$$

$$= \log \left[ \frac{p(a_i b_j \mid c_k)}{p(a_i \mid c_k)} \cdot \frac{1}{p(b_j \mid c_k)} \right]$$

$$= \log \frac{p(b_j \mid a_i c_k)}{p(b_j \mid c_k)} = \log \frac{1}{p(b_j \mid c_k)} - \log \frac{1}{p(b_j \mid a_i c_k)}$$

$$= I(b_j \mid c_k) - I(b_j \mid a_i c_k) \quad (i=1,2,\cdots,r; j=1,2,\cdots,s; k=1,2,\cdots,t)$$

所以有

$$I(a_i; b_j \mid c_k) = I(b_j; a_i \mid c_k)$$

在图 3.6 中，随机变量 $c_k$ 与随机变量 $X$ 和 $Y$ 的联合符号 $(a_i b_j)$ 之间的相关交互信息量为

$$I(a_i b_j; c_k) = \log \frac{p(c_k \mid a_i b_j)}{p(c_k)} = \log \frac{p(c_k \mid b_j) p(c_k \mid a_i b_j)}{p(c_k \mid b_j) p(c_k)}$$

$$= \log \frac{p(c_k \mid b_j)}{p(c_k)} + \log \frac{p(c_k \mid a_i b_j)}{p(c_k \mid b_j)}$$

$$= I(b_j; c_k) + I(a_i; c_k \mid b_j) \quad (i=1,2,\cdots,r; j=1,2,\cdots,s; k=1,2,\cdots,t)$$

这表明，相关交互信息量 $I(a_i b_j; c_k)$ 等于 $b_j$ 与 $c_k$ 之间的交互信息量 $I(b_j; c_k)$，再加上 $b_j$ 已知的条件下，$a_i$ 与 $c_k$ 之间的条件交互信息量 $I(a_i; c_k \mid b_j)$ 所得之和。同样地

$$I(a_i b_j; c_k) = \log \frac{p(c_k \mid a_i b_j)}{p(c_k)} = \log \frac{p(c_k \mid a_i) p(c_k \mid a_i b_j)}{p(c_k \mid a_i) p(c_k)}$$

$$= \log \frac{p(c_k \mid a_i)}{p(c_k)} + \log \frac{p(c_k \mid a_i b_j)}{p(c_k \mid a_i)}$$

$$= I(a_i\,;\,c_k) + I(b_j\,;\,c_k\mid a_i) \quad (i=1,2,\cdots,r\,;\ j=1,2,\cdots,s\,;\ k=1,2,\cdots,t)$$

这表明,相关交互信息量 $I(a_ib_j\,;\,c_k)$ 也等于 $a_i$ 与 $c_k$ 之间的交互信息量 $I(a_i\,;\,c_k)$,再加上 $a_i$ 已知的条件下,$b_j$ 与 $c_k$ 之间的条件交互信息量 $I(b_j\,;\,c_k\mid a_i)$ 所得之和。

【例 3.5】 如表 3.1 所示列出了无失真信源编码的信源消息、消息的先验概率以及每一个消息所对应的码字。

表 3.1 信源消息、消息概率、码字

| 信源消息 | $a_1$ | $a_2$ | $a_3$ | $a_4$ | $a_5$ | $a_6$ | $a_7$ | $a_8$ |
|---|---|---|---|---|---|---|---|---|
| 消息概率 | 1/4 | 1/4 | 1/8 | 1/8 | 1/16 | 1/16 | 1/16 | 1/16 |
| 码字 | 000 | 001 | 010 | 011 | 100 | 101 | 110 | 111 |

试以消息 $a_5$ 及相应码字 100 为例,分别说明码字 100 中每一个码符号对消息 $a_5$ 提供的信息量。

解:根据相关交互信息量的理论可得

$$I(a_5\,;\,100) = \log \frac{p(a_5\mid 100)}{p(a_5)} = \log \frac{p(a_5\mid 100)p(a_5\mid 1)p(a_5\mid 10)}{p(a_5)p(a_5\mid 1)p(a_5\mid 10)}$$

$$= \log \frac{p(a_5\mid 1)}{p(a_5)} + \log \frac{p(a_5\mid 10)}{p(a_5\mid 1)} + \log \frac{p(a_5\mid 100)}{p(a_5\mid 10)}$$

$$= I(a_5\,;\,1) + I(a_5\,;\,0\mid 1) + I(a_5\,;\,0\mid 10)$$

以下分别计算其中各项条件互信息。

(1) $I(a_5\,;\,1) = \log \dfrac{p(a_5\mid 1)}{p(a_5)}$

其中,$p(a_5\mid 1)$ 表示收到码符号"1"后,判断信源发消息 $a_5$ 的后验概率。因为收到码符号"1"后,再收到码符号序列"00"就构成码字 100,即消息 $a_5$ 出现,所以后验概率 $p(a_5\mid 1) = p(00\mid 1)$,即有 $p(a_5\mid 1) = p(00\mid 1) = p(100)\mid p(1)$。

其中,码字 100 出现的概率 $p(100)$ 等于消息 $a_5$ 出现的概率,即有 $p(100) = p(a_5) = 1/16$。

从表 3.1 中可看出,8 个码字中有 4 个码字 100、101、110、111 的第一个码符号是"1",所以有

$$p(1) = p(100) + p(101) + p(110) + p(111)$$

$$= \frac{1}{16} + \frac{1}{16} + \frac{1}{16} + \frac{1}{16} = \frac{1}{4}$$

即可得

$$p(a_5\mid 1) = \frac{p(100)}{p(1)} = \frac{\frac{1}{16}}{\frac{1}{4}} = \frac{1}{4}$$

这样就有

$$I(a_5\,;\,1) = \log \frac{p(a_5\mid 1)}{p(a_5)} = \log \frac{\frac{1}{4}}{\frac{1}{16}} = 2$$

（2）$I(a_5;0|1)=\log\dfrac{p(a_5|10)}{p(a_5|1)}$

其中，$p(a_5|10)$表示收到码符号"10"后，判断信源发消息$a_5$的后验概率。因为收到码符号"10"后，再收到码符号序列"0"就构成码字100，即消息$a_5$出现，所以后验概率$p(a_5|10)=p(0|10)$，即有$p(a_5|10)=p(0|10)=\dfrac{p(100)}{p(10)}$。

从表3.1中可看出，8个码字中有2个码字100、101的前两个码符号序列是"10"，所以有

$$p(10)=p(100)+p(101)=\frac{1}{16}+\frac{1}{16}=\frac{1}{8}$$

即可得

$$p(a_5|10)=\frac{p(100)}{p(10)}=\frac{\frac{1}{16}}{\frac{1}{8}}=\frac{1}{2}$$

这样就有

$$I(a_5;0|1)=\log\frac{p(a_5|10)}{p(a_5|1)}=\log\frac{\frac{1}{2}}{\frac{1}{4}}=1$$

（3）$I(a_5;0|10)=\log\dfrac{p(a_5|100)}{p(a_5|10)}$

其中，$p(a_5|100)$表示收到码字100后，判断信源发消息$a_5$的后验概率。显然收到100后也就是收到了消息$a_5$，所以有

$$p(a_5|100)=1$$

这样就有

$$I(a_5;0|10)=\log\frac{p(a_5|100)}{p(a_5|10)}=\log\frac{1}{p(a_5|10)}=\log\frac{1}{\frac{1}{2}}=1$$

以上三项计算结果表明，在消息$a_5$相对应的码字100中：第一个码符号"1"提供关于消息$a_5$的信息量$I(1;a_5)=I(a_5;1)=2$；在收到第一个码符号"1"的条件下，第二个码符号"0"提供关于$a_5$的条件交互信息量$I(0;a_5|1)=I(a_5;0|1)=1$；在收到第一个码符号"1"和第二个码符号"0"组成的码符号序列"10"的条件下，第三个码符号"0"提供关于$a_5$的条件交互信息量$I(0;a_5|10)=I(a_5;0|10)=1$。所以，从码字100中的三个码符号总共提供关于消息$a_5$的相关交互信息量

$$I(100;a_5)=I(a_5;100)=I(a_5;1)+I(a_5;0|1)+I(a_5;0|10)$$
$$=2+1+1=4$$

另一方面，消息$a_5$的自信息量

$$I(a_5)=\log\frac{1}{p(a_5)}=\log\frac{1}{\frac{1}{16}}=\log16=4$$

这从信息测量的角度证实了由于消息 $a_5$ 与相应的码字 100 是一一对应的确定关系,相关交互信息量 $I(a_5;100)$ 就是消息 $a_5$ 的自信息量 $I(a_5)$。

## 3.4 平均交互信息量

$I(a_i;b_j)$ 表示单个事件间的交互信息量,要求信道两端平均一对符号传递信息量的多少,就要计算平均交互信息量,如图 3.7 和图 3.8 所示。

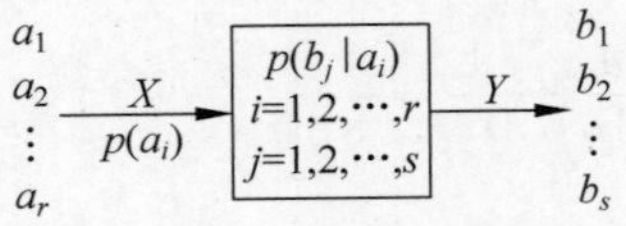

图 3.7 信息传输方向为 $X$ 到 $Y$ 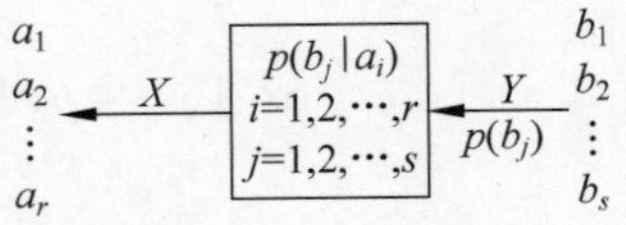　　　　图 3.8 信息传输方向为 $Y$ 到 $X$

首先给出两种特殊形式,即

$$I(X;b_j) = \sum_{i=1}^{r} p(a_i \mid b_j) I(a_i;b_j)$$

$$= \sum_{i=1}^{r} p(a_i \mid b_j) \log \frac{p(a_i \mid b_j)}{p(a_i)} \quad (j=1,2,\cdots,s) \tag{3.18}$$

这表示信宿收到 $b_j$ 后,获得有关信源的信息量,即

$$I(a_i;Y) = \sum_{j=1}^{s} p(b_j \mid a_i) I(a_i;b_j)$$

$$= \sum_{j=1}^{s} p(b_j \mid a_i) \log \frac{p(b_j \mid a_i)}{p(b_j)} \quad (i=1,2,\cdots,r) \tag{3.19}$$

这表示信宿收到 $a_i$ 后,获得有关信源的信息量。

由上述两个式子可知,$X$ 与 $Y$ 之间平均传递一个符号所传输的平均信息量 $I(X;Y)$ 应该是 $I(a_i;b_j)$ 在联合集 $XY$ 中的统计均值,即

$$I(X;Y) = \sum_{i=1}^{r} \sum_{j=1}^{s} p(a_i b_j) I(a_i;b_j) = I(Y;X) \tag{3.20}$$

同样,$I(X;Y)$ 也有三种不同的表达形式。

(1) 用信源概率 $p(a_i)$ 和正向传输概率 $p(b_j \mid a_i)$ 表达,即

$$I(X;Y) = \sum_{i=1}^{r} \sum_{j=1}^{s} p(a_i b_j) I(a_i;b_j) = \sum_{i=1}^{r} \sum_{j=1}^{s} p(a_i b_j) \log \frac{p(a_i \mid b_j)}{p(a_i)}$$

$$= -\sum_{i=1}^{r} \sum_{j=1}^{s} p(a_i b_j) \log p(a_i) - \left[ -\sum_{i=1}^{r} \sum_{j=1}^{s} p(a_i b_j) \log p(a_i \mid b_j) \right]$$

$$= -\sum_{i=1}^{r} p(a_i) \log p(a_i) - \sum_{j=1}^{s} p(b_j) \left[ -\sum_{i=1}^{r} p(a_i \mid b_j) \log p(a_i \mid b_j) \right]$$

$$= H(X) - \sum_{j=1}^{s} p(b_j) H(X \mid Y=b_j) = H(X) - H(X \mid Y) \tag{3.21}$$

其中,

$$H(X \mid Y = b_j) = -\sum_{i=1}^{r} p(a_i \mid b_j)\log p(a_i \mid b_j) \quad (j=1,2,\cdots,s) \tag{3.22}$$

表示在随机变量 $Y = b_j (j=1,2,\cdots,s)$ 的前提下,对随机变量 $X$ 仍然存在的平均不确定性。

而条件熵

$$\begin{aligned}
H(X \mid Y) &= \sum_{j=1}^{s} p(b_j) H(X \mid Y = b_j) = -\sum_{j=1}^{s} p(b_j) \sum_{i=1}^{r} p(a_i \mid b_j)\log p(a_i \mid b_j) \\
&= -\sum_{i=1}^{r} \sum_{j=1}^{s} p(b_j) p(a_i \mid b_j)\log p(a_i \mid b_j) \\
&= -\sum_{i=1}^{r} \sum_{j=1}^{s} p(a_i b_j)\log p(a_i \mid b_j)
\end{aligned} \tag{3.23}$$

表示收到随机变量 $Y$ 后,对随机变量 $X$ 仍然存在的平均不确定性,通常称为疑义度。

式(3.21)表明,从收到 $Y$ 中获取关于 $X$ 的平均交互信息量 $I(X;Y)$,等于收到 $Y$ 前对 $X$ 的平均不确定性 $H(X)$,与收到 $Y$ 后对 $X$ 仍然存在的平均不确定性 $H(X \mid Y)$ 之差,即收到 $Y$ 前、后,关于 $X$ 的平均不确定性的消除。

(2) 用信宿概率 $p(b_j)$ 和反向传输概率 $p(a_i \mid b_j)$ 表达,即

$$\begin{aligned}
I(X;Y) &= \sum_{i=1}^{r} \sum_{j=1}^{s} p(a_i b_j) I(a_i;b_j) = \sum_{i=1}^{r} \sum_{j=1}^{s} p(a_i b_j)\log \frac{p(b_j \mid a_i)}{p(b_j)} \\
&= -\sum_{i=1}^{r} \sum_{j=1}^{s} p(a_i b_j)\log p(b_j) - \left[ -\sum_{i=1}^{r} \sum_{j=1}^{s} p(a_i b_j)\log p(b_j \mid a_i) \right] \\
&= -\sum_{j=1}^{s} p(b_j)\log p(b_j) - \sum_{i=1}^{r} p(a_i) \left[ -\sum_{j=1}^{s} p(b_j \mid a_i)\log p(b_j \mid a_i) \right] \\
&= H(Y) - \sum_{i=1}^{r} p(a_i) H(Y \mid X = a_i) = H(Y) - H(Y \mid X) = I(Y;X)
\end{aligned} \tag{3.24}$$

其中,

$$H(Y \mid X = a_i) = -\sum_{j=1}^{s} p(b_j \mid a_i)\log p(b_j \mid a_i) \quad (i=1,2,\cdots,r) \tag{3.25}$$

表示在随机变量 $X = a_i (i=1,2,\cdots,r)$ 的前提下,随机变量 $Y$ 仍然存在的平均不确定性。

而条件熵为

$$\begin{aligned}
H(Y \mid X) &= \sum_{i=1}^{r} p(a_i) H(Y \mid X = a_i) = -\sum_{i=1}^{r} p(a_i) \sum_{j=1}^{s} p(b_j \mid a_i)\log p(b_j \mid a_i) \\
&= -\sum_{i=1}^{r} \sum_{j=1}^{s} p(a_i) p(b_j \mid a_i)\log p(b_j \mid a_i) \\
&= -\sum_{i=1}^{r} \sum_{j=1}^{s} p(a_i b_j)\log p(b_j \mid a_i)
\end{aligned} \tag{3.26}$$

表示在反向信道中,收到随机变量 $X$ 后,对随机变量 $Y$ 仍然存在的平均不确定性。这个"反向疑义度"一般称为噪声熵。

式(3.24)表明,对于反向信道来说,从输出随机变量 $X$ 中,获取关于 $Y$ 的平均交互信息量 $I(Y;X)$,等于信宿收到 $X$ 前,对 $Y$ 的先验不确定性 $H(Y)$,与信宿收到 $X$ 后,对 $Y$ 仍然

存在的后验平均不确定性 $H(Y|X)$ 之差,即通信前、后,关于 $Y$ 的平均不确定性的消除。

(3) 用信源概率 $p(a_i)$、信宿概率 $p(b_j)$ 和联合概率 $p(a_ib_j)$ 表达,即

$$I(X;Y) = \sum_{i=1}^{r}\sum_{j=1}^{s} p(a_ib_j)I(a_i;b_j) = \sum_{i=1}^{r}\sum_{j=1}^{s} p(a_ib_j)\log\frac{p(a_ib_j)}{p(a_i)p(b_j)}$$

$$= -\sum_{i=1}^{r}\sum_{j=1}^{s} p(a_ib_j)\log p(a_i) - \sum_{i=1}^{r}\sum_{j=1}^{s} p(a_ib_j)\log p(b_j) - \left[-\sum_{i=1}^{r}\sum_{j=1}^{s} p(a_ib_j)\log p(a_ib_j)\right]$$

$$= -\sum_{i=1}^{r} p(a_i)\log p(a_i) - \sum_{j=1}^{s} p(b_j)\log p(b_j) - \left[-\sum_{i=1}^{r}\sum_{j=1}^{s} p(a_ib_j)\log p(a_ib_j)\right]$$

$$= H(X) + H(Y) - H(XY) \tag{3.27}$$

其中,

$$H(XY) = -\sum_{i=1}^{r}\sum_{j=1}^{s} p(a_ib_j)\log p(a_ib_j)$$

表示通信后,信道两端同时出现 $X$ 和 $Y$ 的后验平均不确定性,通常称为共熵。

式(3.27)表明,信源 $X$ 通过传递概率为 $P(Y|X)$ 的信道输出随机变量 $Y$,信道传递的平均交互信息量 $I(Y;X)$,等于通信前(随机变量 $X$ 和 $Y$ 统计独立)随机变量 $X$ 和 $Y$ 同时出现的平均不确定性 $\{H(X)+H(Y)\}$,与通信后(随机变量 $X$ 和 $Y$ 由信道传递概率 $P(Y|X)$ 相联系)信道两端同时出现随机变量 $X$ 和 $Y$ 的平均不确定性 $H(XY)$ 之差,即通信前、后,随机变量 $X$ 和 $Y$ 同时出现的平均不确定性的消除。

上述讨论的通信系统中各类熵的关系可用维拉图形象表示,如图 3.9 所示。

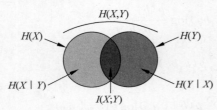

图 3.9　通信系统中各类熵关系图

【例 3.6】　设信源 $X$ 的符号集 $X = \{a_1, a_2\}$,先验概率分布为 $p(a_1) = \omega(0 < \omega < 1)$;$p(a_2) = 1 - \omega$。信道的输入符号集 $X = \{a_1, a_2\}$,输出符号集 $Y = \{a_1, a_2\}$,传递概率 $P(Y|X) = \{p(a_j|a_i) = p_{ij}(i=1,2; j=1,2)\}$。现将信源 $X$ 与图 3.10 信道相接。

(1) 试写出平均交互信息量 $I(X;Y)$ 的一般表达式;

(2) 若 $\omega = \dfrac{1}{2}$,$p_{11} = p_{22} = \bar{p}$;$p_{12} = p_{21} = p$（$0 \leqslant \bar{p}, p \leqslant 1$；$\bar{p} + p = 1$）。试计算如图 3.11 所示反向信道的 $I(X;Y)$。

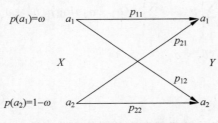

图 3.10　正向信道传递概率图

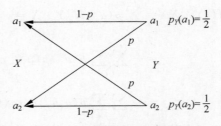

图 3.11　反向信道传递概率图

解：(1) 各联合概率为

$$p(a_1a_1) = p(a_1)p(a_1|a_1) = \omega p_{11}$$

$$p(a_1a_2) = p(a_1)p(a_2 \mid a_1) = \omega p_{12}$$

$$p(a_2a_1) = p(a_2)p(a_1 \mid a_2) = (1-\omega)p_{21}$$

$$p(a_2a_2) = p(a_2)p(a_2 \mid a_2) = (1-\omega)p_{22}$$

随机变量 $Y$ 的概率分布为

$$p_Y(a_1) = p(a_1a_1) + p(a_2a_1) = \omega p_{11} + (1-\omega)p_{21}$$

$$p_Y(a_2) = p(a_1a_2) + p(a_2a_2) = \omega p_{12} + (1-\omega)p_{22}$$

求随机变量 $Y$ 的熵,则

$$
\begin{aligned}
H(Y) &= -\sum_{j=1}^{2} p_Y(a_j)\log p_Y(a_j) = -p_Y(a_1)\log p_Y(a_1) - p_Y(a_2)\log p_Y(a_2) \\
&= -\{[\omega p_{11} + (1-\omega)p_{21}]\log[\omega p_{11} + (1-\omega)p_{21}]\} - \{[\omega p_{12} + (1-\omega)p_{22}] \cdot \\
&\quad \log[\omega p_{12} + (1-\omega)p_{22}]\}
\end{aligned}
$$

由 $p(a_j \mid a_i) = p_{ij}(i=1,2; j=1,2)$ 求得条件熵,即

$$
\begin{aligned}
H(Y \mid X) &= -\sum_{i=1}^{2}\sum_{j=1}^{2} p(a_ia_j)\log p(a_j \mid a_i) \\
&= -[p(a_1a_1)\log p(a_1 \mid a_1) + p(a_1a_2)\log p(a_2 \mid a_1) + p(a_2a_1)\log p(a_1 \mid a_2) + \\
&\quad p(a_2a_2)\log p(a_2 \mid a_2)] \\
&= -[\omega p_{11}\log p_{11} + \omega p_{12}\log p_{12} + (1-\omega)p_{21}\log p_{21} + (1-\omega)p_{22}\log p_{22}]
\end{aligned}
$$

求得平均交互信息量,则

$$
\begin{aligned}
I(X;Y) &= H(Y) - H(Y \mid X) \\
&= -\{[\omega p_{11} + (1-\omega)p_{21}]\log[\omega p_{11} + (1-\omega)p_{21}]\} - \{[\omega p_{12} + (1-\omega)p_{22}] \cdot \\
&\quad \log[\omega p_{12} + (1-\omega)p_{22}]\} + \{\omega p_{11}\log p_{11} + \omega p_{12}\log p_{12} + (1-\omega)p_{21} \\
&\quad \log p_{21} + (1-\omega)p_{22}\log p_{22}\}
\end{aligned}
$$

这说明平均交互信息量是信源概率分布 $\omega$ 和信道传递概率 $p_{ij}(i=1,2; j=1,2)$ 的函数。

(2) 各联合概率为

$$p(a_1a_1) = \frac{1}{2}\bar{p}$$

$$p(a_1a_2) = \frac{1}{2}p$$

$$p(a_2a_1) = \frac{1}{2}p$$

$$p(a_2a_2) = \frac{1}{2}\bar{p}$$

随机变量 $Y$ 的概率分布为

$$p_Y(a_1) = \frac{1}{2}\bar{p} + \frac{1}{2}p = \frac{1}{2}$$

$$p_Y(a_2) = \frac{1}{2}p + \frac{1}{2}\bar{p} = \frac{1}{2}$$

求随机变量 $Y$ 的熵,则

$$H(Y) = -\left(\frac{1}{2}\log\frac{1}{2} + \frac{1}{2}\log\frac{1}{2}\right) = 1$$

由 $p(a_j \mid a_i) = p_{ij}\ (i=1,2;\ j=1,2)$，求得噪声熵为

$$H(Y \mid X) = -\left(\frac{1}{2}\bar{p}\log\bar{p} + \frac{1}{2}p\log p + \frac{1}{2}p\log p + \frac{1}{2}\bar{p}\log\bar{p}\right)$$

$$= -(\bar{p}\log\bar{p} + p\log p) = H(\bar{p},p)$$

求得平均交互信息量为

$$I(X;Y) = H(Y) - H(Y \mid X) = 1 - H(\bar{p},p)$$

## 3.5 平均交互信息量的性质

平均交互信息量 $I(X;Y)$ 除具有对称性以外，即 $I(X;Y) = I(Y;X)$，还具有以下基本性质。

### 1. 平均互信息的非负性

$$I(X;Y) \geqslant 0$$

当且仅当 $X$ 和 $Y$ 统计独立时，等式成立。

【证明】 利用 Jensen 不等式得

$$-I(X;b_j) = \sum_{i=1}^{r} p(a_i \mid b_j)\log\frac{p(a_i)}{p(a_i \mid b_j)} \leqslant \log\left[\sum_{i=1}^{r} p(a_i \mid b_j)\frac{p(a_i)}{p(a_i \mid b_j)}\right]$$

$$= \log\left[\sum_{i=1}^{r} p(a_i)\right] = \log 1 = 0$$

即有

$$I(X;b_j) \geqslant 0 \quad (j=1,2,\cdots,s)$$

$$I(X;Y) = \sum_{j=1}^{s} p(b_j) I(X;b_j) \geqslant 0$$

当且仅当对一切 $i,j$ 都有

$$p(a_i b_j) = p(a_i)p(b_j) \quad (i=1,2,\cdots,r;\ j=1,2,\cdots,s)$$

即当 $X$ 和 $Y$ 统计独立时，$I(X;Y) = 0$。

### 2. 平均互信息的极值性

由上述性质，直接得到

$$I(X;Y) \leqslant H(X)$$
$$I(X;Y) \leqslant H(Y)$$

【证明】 由于 $\log\dfrac{1}{p(a_i \mid b_j)} \geqslant 0$，而 $H(X \mid Y)$ 是对 $\log\dfrac{1}{p(a_i \mid b_j)}$ 求统计平均，即

$$H(X \mid Y) = \sum_{i=1}^{r}\sum_{j=1}^{s} p(a_i b_j)\log\frac{1}{p(a_i \mid b_j)}$$

因此有

$$H(X \mid Y) \geqslant 0$$

同理

$$I(Y \mid X) \geqslant 0$$

所以

$$I(X;Y) = H(X) - H(X \mid Y) \leqslant H(X)$$
$$I(X;Y) = H(Y) - H(Y \mid X) \leqslant H(Y)$$

即

$$I(X;Y) \leqslant \min\{H(X), H(Y)\}$$

**3. 平均互信息的凸函数性**

**定理 3.1** 信道两端随机变量 $X$ 和 $Y$ 之间的平均互信息量 $I(X;Y)$，在信道转移概率 $p(b_j \mid a_i)$ 给定条件下，是输入随机变量 $X$ 的概率分布 $p(X) = \{p(a_i), i = 1, 2, \cdots, r\}$ 的 $\cap$ 型凸函数。

**【证明】** 当条件概率 $p(y \mid x)$ 是固定时，平均互信息 $I(X;Y)$ 只是 $p(x)$ 的函数，简写成 $I[p(x)]$。现选择输入信源 $X$ 的两种已知的概率分布 $p_1(x)$ 和 $p_2(x)$。其对应的联合概率分布为 $p_1(xy) = p_1(x)p(y \mid x)$ 和 $p_2(xy) = p_2(x)p(y \mid x)$，因而平均互信息分别为 $I[p_1(x)]$ 和 $I[p_2(x)]$。再选择输入变量 $X$ 的另一种概率分布 $P(x)$，令 $0 < \theta < 1, \theta + \bar{\theta} = 1$，而 $p(x) = \theta p_1(x) + \bar{\theta} p_2(x)$，因而得其相应的平均互信息为 $I[p(x)]$。

根据平均互信息的定义得

$$\theta I[p_1(x)] + \bar{\theta} I[p_2(x)] - I[p(x)]$$

$$= \sum_{X,Y} \theta p_1(xy) \log \frac{p(y \mid x)}{p_1(y)} + \sum_{X,Y} \bar{\theta} p_2(xy) \log \frac{p(y \mid x)}{p_2(y)} - \sum_{X,Y} p(xy) \log \frac{p(y \mid x)}{p(y)}$$

$$= \sum_{X,Y} \theta p_1(xy) \log \frac{p(y \mid x)}{p_1(y)} + \sum_{X,Y} \bar{\theta} p_2(xy) \log \frac{p(y \mid x)}{p_2(y)} - \sum_{X,Y} [\theta p_1(xy) + \bar{\theta} p_2(xy)] \log \frac{p(y \mid x)}{p(y)}$$

根据概率关系，得

$$p(xy) = p(x)p(y \mid x) = \theta p_1(x)p(y \mid x) + \bar{\theta} p_2(x)P(y \mid x) = \theta p_1(xy) + \bar{\theta} p_2(xy)$$

得

$$\theta I[p_1(x)] + \bar{\theta} I[p_2(x)] - I[p(x)]$$

$$= \theta \sum_{X,Y} p_1(xy) \log \frac{p(y)}{p_1(y)} + \bar{\theta} \sum_{X,Y} p_2(xy) \log \frac{p(y)}{p_2(y)}$$

因为 $\log x$ 是 $x$ 的 $\cap$ 型函数，所以对上式中第一项，根据 Jensen 不等式得

$$\sum_{X,Y} p_1(xy) \log \frac{p(y)}{p_1(y)} \leqslant \log \sum_{X,Y} p_1(xy) \log \frac{p(y)}{p_1(y)}$$

$$= \log \sum_Y \frac{p(y)}{p_1(y)} \sum_X p_1(xy) = \log \sum_Y \frac{p(y)}{p_1(y)} p_1(y) = \log \sum_Y p_1(y) = 0$$

同理，有

$$\sum_{X,Y} p_2(xy) \log \frac{p(y)}{p_2(y)} \leqslant 0$$

又因为 $\theta$ 和 $\bar{\theta}$ 都小于 1 且大于 0，即得 $\theta I[p_1(x)] + \bar{\theta} I[p_2(x)] - I[p(x)] \leqslant 0$，因而

$$I[\theta p_1(x) + \bar{\theta} p_2(x)] \geqslant \theta I[p_1(x)] + \bar{\theta} I[p_2(x)]$$

因此根据凸函数的定义知，$I(X;Y)$ 是概率分布 $p(x)$ 的 $\cap$ 型凸函数。

**定理 3.2** 信道两端随机变量 $X$ 和 $Y$ 之间的平均交互信息量 $I(X;Y)$,在信源概率分布 $p(a_i)$ 给定的条件下,是信道转移概率 $p(Y|X):\{p(b_j|a_i),i=1,2,\cdots,r;j=1,2,\cdots,s\}$ 的 ∪ 型凸函数。

**【证明】** 当概率分布 $p(x)$ 固定时,平均互信息 $I(X;Y)$ 只是条件概率 $p(y|x)$ 的函数,简写成 $I[p(y|x)]$。选择两种条件概率分别为 $p_1(y|x)$ 和 $p_2(y|x)$。相对应的平均互信息分别为 $I[p_1(y|x)]$ 和 $I[p_2(y|x)]$,再选择第三种条件概率满足 $p(y|x)=\theta p_1(y|x)+\bar\theta p_2(y|x)$。设相应的平均互信息为 $I[p(y|x)]$,其中 $0<\theta<1,\theta+\bar\theta=1$。因而求得

$$I[p(y\mid x)]-\theta I[p_1(y\mid x)]-\bar\theta I[p_2(y\mid x)]$$

$$=\sum_{X,Y}[\theta p_1(xy)+\bar\theta p_1(xy)]\log\frac{p(x\mid y)}{p(x)}-\sum_{X,Y}\theta p_1(xy)\log\frac{p_1(x\mid y)}{p(x)}-\sum_{X,Y}\bar\theta p_2(xy)$$

$$\log\frac{p_2(x\mid y)}{p(x)}=\theta\sum_{X,Y}p_1(xy)\log\frac{p(x\mid y)}{p_1(x\mid y)}+\sum_{X,Y}\bar\theta p_2(xy)\log\frac{p(x\mid y)}{p_2(x\mid y)}$$

运用 Jensen 不等式,上式中第一项为

$$\sum_{X,Y}p_1(xy)\log\frac{p(x\mid y)}{p_1(x\mid y)}\leqslant\theta\log\Big[\sum_{X,Y}p_1(xy)\frac{p(x\mid y)}{p_1(x\mid y)}\Big]=\theta\log\Big[\sum_{X,Y}p_1(y)p(x\mid y)\Big]$$

$$=\theta\log\Big[\sum_Y p_1(y)\sum_X p(x\mid y)\Big]=\theta\log\sum_Y p_1(y)=\theta\log 1=0$$

同理

$$\sum_{X,Y}\theta p_2(xy)\log\frac{p(x\mid y)}{p_2(x\mid y)}\leqslant 0$$

所以

$$I[p(y\mid x)]-\theta I[p_1(y\mid x)]-\bar\theta I[p_2(y\mid x)]\leqslant 0$$

即

$$I[\theta p_1(y\mid x)+\bar\theta p_2(y\mid x)]\leqslant\theta I[p_1(y\mid x)]+\bar\theta I[p_2(y\mid x)]$$

根据凸函数的定义得:平均互信息 $I(X;Y)$ 是条件概率 $p(Y|X)$ 的 ∪ 型凸函数。

## 3.6 信道容量及其一般算法

### 3.6.1 信道容量的定义

信道的信息传输率定义为信道中平均每个符号所传送的信息量,即平均互信息。

$$R=I(X;Y)=H(X)-H(X\mid Y)$$

信道的信息传输速率定义为信道平均每秒传输的信息量。若传输一个符号平均需要 $t$ s,则信道的信息传输速率表示为

$$R_t=\frac{1}{t}I(X;Y)=\frac{1}{T_s}[H(X)-H(X\mid Y)]$$

给定某个信道,平均交互信息量 $I(X;Y)$ 是信源概率分布 $p(x)$ 的 ∩ 型凸函数,存在极大值,这个极大值就定义为信道容量。

$$C=R_{\max}=\max_{p(x)}\{I(X;Y)\}$$

信道的最大信息传输速率是信道容量的另一种表述形式为

$$C_t = R_{t\max} = \frac{1}{t}\max\{I(X;Y)\}$$

## 3.6.2 信道容量的一般算法

平均互信息量 $I(X;Y)$ 是输入信源概率分布 $p(x)$ 的 $\bigcap$ 型凸函数,所以极大值是一定存在的。而 $I(X;Y)$ 是 $r$ 个输入信号变量 $\{p(a_1),p(a_2),\cdots,p(a_r)\}$ 的多元函数,并且任何信源概率分布都必须遵循约束条件

$$\sum_{i=1}^{r} p(a_i) = 1$$

所以求信道容量 $C$ 就是在约束条件式的约束下,求 $I(X;Y)$ 的最大值问题,并导出取最大值时的条件 $p(a_i)(i=1,2,\cdots,r)$。

此类问题可以通过拉格朗日乘子法来计算。为此,作辅助函数

$$F[p(a_1),p(a_2),\cdots,p(a_r)] = I(X;Y) - \lambda \sum_X p(a_i)$$

其中,$\lambda$ 为拉格朗日乘子。

$$\frac{\partial F}{\partial p(a_i)} = \frac{\partial \left[I(X;Y) - \lambda \sum_X p(a_i)\right]}{\partial p(a_i)} = 0 \tag{3.28}$$

时求得 $I(X;Y)$ 的值即为信道容量。

由于

$$I(X;Y) = \sum_{i=1}^{r}\sum_{j=1}^{s} p(a_i)p(b_j \mid a_i)\log\frac{p(b_j \mid a_i)}{p(b_j)}$$

$$= \sum_{i=1}^{r}\sum_{j=1}^{s} p(a_i)p(b_j \mid a_i)[\log p(b_j \mid a_i) - \log p(b_j)]$$

而 $p(b_j) = \sum_{i=1}^{r} p(a_i)p(b_j/a_i)$

所以

$$\frac{\partial F}{\partial p(a_i)}\log p(b_j) = \left[\frac{\partial \ln p(b_j)}{\partial p(a_i)}\right]\log e = \frac{p(b_j \mid a_i)}{p(b_j)}\log e$$

对式(3.28)整理得

$$\frac{\partial F}{\partial p(a_i)} = \frac{\partial \left[I(X;Y) - \lambda \sum_X p(a_i)\right]}{\partial p(a_i)}$$

$$= \sum_{j=1}^{s} p(b_j \mid a_i)\log\frac{p(b_j \mid a_i)}{p(b_j)} - \sum_{k=1}^{r}\sum_{j=1}^{s} p(a_k)p(b_j \mid a_k)\frac{p(b_j \mid a_i)}{p(b_j)}\log e - \lambda \tag{3.29}$$

而

$$\sum_{k=1}^{r}\sum_{j=1}^{s} p(a_k)p(b_j \mid a_k)\frac{p(b_j \mid a_i)}{p(b_j)} = \sum_{k=1}^{r}\sum_{j=1}^{s} p(a_k b_j)\frac{p(b_j \mid a_i)}{p(b_j)}$$

$$= \sum_{j=1}^{s} p(b_j)\frac{p(b_j \mid a_i)}{p(b_j)} = \sum_{j=1}^{s} p(b_j \mid a_i) = 1$$

因此,式(3.29)可以简化为

$$\frac{\partial F}{\partial p(a_i)} = \sum_{j=1}^{s} p(b_j \mid a_i) \log \frac{p(b_j \mid a_i)}{p(b_j)} - \log e - \lambda$$

令 $\dfrac{\partial F}{\partial p(a_i)} = 0$,得

$$\sum_{j=1}^{s} p(b_j \mid a_i) \log \frac{p(b_j \mid a_i)}{p(b_j)} = \lambda + \log e \quad (i=1,2,\cdots,r) \tag{3.30}$$

式(3.30)两边分别乘以 $p(a_i)$,并求和得

$$\sum_{i=1}^{r} \sum_{j=1}^{s} p(a_i) p(b_j \mid a_i) \log \frac{p(b_j \mid a_i)}{p(b_j)} = \lambda + \log e \tag{3.31}$$

式(3.31)左边即为平均互信息的极大值 $C$,即

$$C = \lambda + \log e \tag{3.32}$$

结合式(3.32),把式(3.30)中前 $r$ 个方程改写成

$$\sum_{j=1}^{s} p(b_j \mid a_i) \log p(b_j \mid a_i) - \sum_{j=1}^{s} p(b_j \mid a_i) \log p(b_j) = C \quad (i=1,2,\cdots,r)$$

移项后得

$$\sum_{j=1}^{s} p(b_j \mid a_i) \log p(b_j \mid a_i) = \sum_{j=1}^{s} p(b_j \mid a_i)[\log p(b_j) + C] \quad (i=1,2,\cdots,r)$$

令

$$\beta_j = C + \log p(b_j)$$

得

$$\sum_{j=1}^{s} p(b_j \mid a_i) \log p(b_j \mid a_i) = \sum_{j=1}^{s} p(b_j \mid a_i) \beta_j \quad (i=1,2,\cdots,r)$$

这是含有 $s$ 个未知参数 $\beta_j$,有 $r$ 个方程的非齐次线性方程组。

如果设 $r=s$,信道传递矩阵 $P$ 是非奇异矩阵,则此方程组有解,并且可以求出 $\beta_j$ 的数值,然后根据 $\sum_{j=1}^{s} p(b_j) = 1$ 的附加条件求得信道容量

$$C = \log \sum_j 2^{\beta_j}$$

由这个 $C$ 值就可以解得对应的输出概率分布为

$$p(b_j) = e^{\beta_j - C}$$

再根据 $p(b_j) = \sum_{i=1}^{r} p(a_i) p(b_j \mid a_i)(j=1,2,\cdots,s)$,即可解出最佳输入分布 $p(a_i)$。

观察式(3.30)可以发现,该式左边正好是输出端接收到符号 $Y$ 后,获得的关于输入符号 $x_i$ 的信息量,结合式(3.32)可知

$$I(x_i; Y) = \sum_{j=1}^{s} p(b_j \mid a_i) \log \frac{p(b_j \mid a_i)}{p(b_j)} = C$$

由此可以导出以下定理。

定理 3.3 一般离散信道的平均互信息 $I(X;Y)$ 达到信道容量的充要条件是输入概率分布 $\{p_i\}$ 满足

$$\begin{cases} I(x_i;Y)=C & (p_i \neq 0) \\ I(x_i;Y) \leqslant C & (p_i=0) \end{cases}$$

这时的 $I(X;Y)$ 就是信道容量 $C$。

如果求解达到信道容量时,最佳概率分布中,某些 $p(a_i)<0$,则这些解无效。

它表明所求极大值 $C$ 出现的区域不满足概率条件,这时最大值必须在边界上,即某些 $a_i$ 的概率 $p(a_i)=0$。因此,必须设某些信源符号 $a_i$ 的概率 $p(a_i)=0$,然后重新进行运算。当 $r<s$ 时,求解非齐次线性方程就比较困难,即使求出解,也无法保证求得的信源符号概率都大于或等于零。因此,必须反复进行运算,这就使运算变得非常复杂。

【例 3.7】 设离散信道的输入符号集为 $\{a_1,a_2,a_3,a_4\}$,输出符号集为 $\{b_1,b_2,b_3,b_4\}$,

其信道转移概率矩阵为 $\boldsymbol{P}(y|x) = \begin{bmatrix} 0.25 & 0.5 & 0 & 0.25 \\ 0.5 & 0 & 0.5 & 0 \\ 0 & 0.5 & 0.5 & 0 \\ 0.125 & 0.125 & 0.25 & 0.5 \end{bmatrix}$,求其信道容量及最佳输入分布。

**解:** 列得

$$\begin{cases} 0.25\beta_1 + 0.5\beta_2 + 0.25\beta_4 = 0.25\log0.25 + 0.5\log0.5 + 0.25\log0.25 \\ 0.5\beta_1 + 0.5\beta_3 = 0.5\log0.5 + 0.5\log0.5 \\ 0.5\beta_2 + 0.5\beta_3 = 0.5\log0.5 + 0.5\log0.5 \\ 0.125\beta_1 + 0.125\beta_2 + 0.25\beta_3 + 0.5\beta_4 = -(0.125 \times 3 + 0.125 \times 3 + 0.25 \times 2 + 0.5 \times 1) \end{cases}$$

解得

$$\beta_1 = \beta_2 = -\frac{7}{6}, \quad \beta_3 = -\frac{5}{6}, \quad \beta_4 = -\frac{5}{2}$$

则信道的信道容量

$$C = \log \sum_j 2^{\beta_j} = 0.7039$$

由 $p(b_j) = e^{(\beta_j - C)}$ 得

$$p(b_1) = p(b_2) = 0.2735, \quad p(b_3) = 0.3445, \quad p(b_4) = 0.1085$$

由于 $p(b_j) = \sum_{i=1}^{r} p(a_i)p(b_j|a_i)(j=1,2,\cdots,s)$ 可写成为

$$[p(a_1),p(a_2),p(a_3),p(a_4)]\boldsymbol{P}(y|x) = [p(b_1),p(b_2),p(b_3),p(b_4)]$$

因此

$$[p(a_1),p(a_2),p(a_3),p(a_4)]$$

$$= [0.2735 \quad 0.2735 \quad 0.3445 \quad 0.1085] \begin{bmatrix} 0.25 & 0.5 & 0 & 0.25 \\ 0.5 & 0 & 0.5 & 0 \\ 0 & 0.5 & 0.5 & 0 \\ 0.125 & 0.125 & 0.25 & 0.5 \end{bmatrix}^{-1}$$

$$= \begin{bmatrix} 0.2698 & 0.3915 & 0.2566 & 0.0821 \end{bmatrix}$$

因此,最佳分布为

$$p(a_1)=0.2698, \quad p(a_2)=0.3915, \quad p(a_3)=0.2566, \quad p(a_4)=0.0821$$

现在验证以上结果

$$I(x=a_1; Y) = \sum_{j=1}^{4} p(b_j \mid a_1) \log \frac{p(b_j \mid a_1)}{p(b_j)}$$

$$= \frac{1}{4} \log \frac{1/4}{0.2735} + \frac{1}{2} \log \frac{1/2}{0.2735} + \frac{1}{4} \log \frac{1/4}{0.1085}$$

$$= 0.7039$$

同理可以计算

$$I(x=a_2; Y) = \sum_{j=1}^{4} p(b_j \mid a_2) \log \frac{p(b_j \mid a_2)}{p(b_j)} = 0.7039$$

$$I(x=a_3; Y) = \sum_{j=1}^{4} p(b_j \mid a_3) \log \frac{p(b_j \mid a_3)}{p(b_j)} = 0.7039$$

$$I(x=a_4; Y) = \sum_{j=1}^{4} p(b_j \mid a_4) \log \frac{p(b_j \mid a_4)}{p(b_j)} = 0.7039$$

显然

$$\begin{cases} I(x_i; Y)=0.7039 & (p_i \neq 0) \\ I(x_i; Y) \leqslant C & (p_i = 0) \end{cases}$$

而每个符号贡献的互信息也正好是前文求解出的信道容量,证实了该求解过程是正确的。

## 3.7 几种特殊结构的信道容量计算

### 3.7.1 无噪无损信道

无噪无损信道如图 3.12 所示。

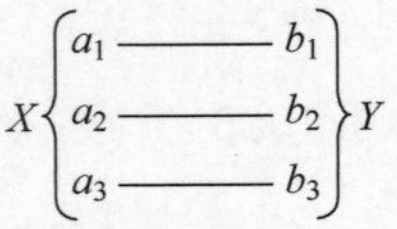

$$X \begin{cases} a_1 \longrightarrow b_1 \\ a_2 \longrightarrow b_2 \\ a_3 \longrightarrow b_3 \end{cases} Y$$

图 3.12 无噪无损信道

输入/输出符号一一对应,信道转移概率矩阵为单位矩阵,即

$$\boldsymbol{P} = \begin{bmatrix} 1 & 0 & 0 \\ 0 & 1 & 0 \\ 0 & 0 & 1 \end{bmatrix}$$

此时平均互信息满足

$$I(X; Y) = H(X) = H(Y)$$

噪声熵 $H(Y|X)$ 和损失熵 $H(X|Y)$ 都为 0。

此时输入符号的概率分布为等概分布。所以无噪无损信道的信道容量为

$$C = \max_{p(x)} \{I(X; Y)\} = \max_{p(x)} \{H(X)\} = \log r$$

### 3.7.2 有噪无损信道

此时噪声熵 $H(Y|X) \neq 0$，损失熵为 0，对应信道的一个输入符号 $a_i$ 有多个输出符号 $b_j$ 与之对应，如图 3.13 所示。

信道转移概率矩阵

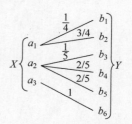

图 3.13 有噪无损信道

$$P = \begin{bmatrix} \dfrac{1}{4} & \dfrac{3}{4} & 0 & 0 & 0 & 0 \\ 0 & 0 & \dfrac{1}{5} & \dfrac{2}{5} & \dfrac{2}{5} & 0 \\ 0 & 0 & 0 & 0 & 0 & 1 \end{bmatrix}$$

信道反向转移概率 $p(a_i|b_j)=1$，$I(X;Y)=H(X)<H(Y)$，信道容量

$$C = \max_{p(x)}\{H(X)\} = \log r$$

输入符号的概率分布为等概分布时达到信道容量。

### 3.7.3 无噪有损信道

属于多个输入对应一个输出的信道如图 3.14 所示。

顾名思义，这种信道噪声熵 $H(Y|X)=0$，损失熵 $H(X|Y) \neq 0$，即

$$I(X;Y) = H(Y) < H(X)$$

信道容量为

$$C = \max_{p(x)}\{H(Y)\} = \log s$$

一定存在一种输入符号分布，使得输出符号 $p(b_j) = \dfrac{1}{s}$，达到等概分布。

图 3.14 无噪有损信道

### 3.7.4 对称离散信道的信道容量

若信道转移概率矩阵每行元素构成相同，称为输入对称；若转移矩阵中，每列元素构成相同，称为输出对称。若输入和输出都对称，此时信道称为对称信道。例如

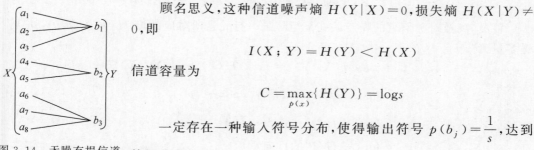

都是对称信道矩阵。

若输入符号和输出符号个数相同，都等于 $r$，那么信道矩阵为

$$
\boldsymbol{P} = \begin{bmatrix} \bar{p} & \dfrac{p}{r-1} & \dfrac{p}{r-1} & \cdots & \dfrac{p}{r-1} \\ \dfrac{p}{r-1} & \bar{p} & \dfrac{p}{r-1} & \cdots & \dfrac{p}{r-1} \\ \vdots & \vdots & \vdots & \ddots & \vdots \\ \dfrac{p}{r-1} & \dfrac{p}{r-1} & \dfrac{p}{r-1} & \cdots & \bar{p} \end{bmatrix}
$$

其中,$0 \leqslant p, \bar{p} \leqslant 1$,且 $p + \bar{p} = 1$,则此信道称为强对称信道或均匀信道。这类信道中总的错误概率为 $p$,对称地平均分配给 $r-1$ 个输出符号。它是对称离散信道的一类特例。二元对称信道就是 $r=2$ 的均匀信道。对于均匀信道,其信道矩阵中各列之和也等于 1(一般信道的信道矩阵中各列之和不一定等于 1)。

对于对称信道,噪声熵 $H(Y|X)$ 为

$$
\begin{aligned}
H(Y \mid X) &= -\sum_{i=1}^{r} \sum_{j=1}^{s} p(a_i) p(b_j \mid a_i) \log p(b_j \mid a_i) \\
&= \sum_{i=1}^{r} p(a_i) \left[ -\sum_{j=1}^{s} p(b_j \mid a_i) \log p(b_j \mid a_i) \right] \\
&= \sum_{i=1}^{r} p(a_i) H(p_1', p_2', \cdots, p_s') = H(p_1', p_2', \cdots, p_s')
\end{aligned}
$$

可见,离散对称信道的噪声熵就是矩阵某一行元素所对应的熵 $H(p_1', p_2', \cdots, p_s')$。信道容量为

$$
\begin{aligned}
C &= \max_{p(x)} \{ I(X; Y) \} = \max_{p(x)} \{ H(Y) - H(Y \mid X) \} \\
&= \max_{p(x)} \{ H(Y) \} - H(p_1', p_2', \cdots, p_s') \\
&= \log s - H(p_1', p_2', \cdots, p_s') \\
&= \log s - H(\boldsymbol{P} \text{ 的行向量})
\end{aligned} \tag{3.33}
$$

当信道输入符号等概,即 $p(a_i) = \dfrac{1}{r}$ 时,信道输出符号概率

$$
\begin{aligned}
p(b_j) &= \sum_{i=1}^{r} p(a_i) p(b_j \mid a_i) \\
&= \frac{1}{r} \sum_{i=1}^{r} p(b_j \mid a_i) = \text{常数} \quad (j = 1, 2, \cdots, s)
\end{aligned}
$$

其中,$\displaystyle\sum_{i=1}^{r} p(b_j \mid a_i)$ 是对称信道转移概率中的列元素之和,是一个固定值。所以当信道输入符号等概时,输出符号也等概,达到式(3.33)所对应的信道容量,类似可以得到强对称信道的信道容量,即

$$
\begin{aligned}
C &= \log r - H \left( \bar{p}, \frac{p}{r-1}, \frac{p}{r-1}, \cdots, \frac{p}{r-1} \right) \\
&= \log r + \bar{p} \log \bar{p} + \underbrace{\frac{p}{r-1} \log \frac{p}{r-1} + \cdots + \frac{p}{r-1} \log \frac{p}{r-1}}_{\text{共} r-1 \text{项}}
\end{aligned}
$$

$$= \log r + \overline{p} \log \overline{p} + p \log \frac{p}{r-1} = \log r - p \log(r-1) - H(p)$$

### 3.7.5 准对称信道的信道容量

若信道转移概率矩阵中,每行都是同一行元素的不同排列,每列元素构成不同,但该信道矩阵按列可以划分为互不相交的子矩阵,每个子矩阵都是对称矩阵,则该信道称为准对称信道。例如,信道矩阵 $\boldsymbol{P} = \begin{bmatrix} 0.7 & 0.1 & 0.2 \\ 0.2 & 0.1 & 0.7 \end{bmatrix}$ 可以划分成两个对称的子矩阵 $\boldsymbol{P}_1 = \begin{bmatrix} 0.7 & 0.2 \\ 0.2 & 0.7 \end{bmatrix}$ 和 $\boldsymbol{P}_2 = \begin{bmatrix} 0.1 \\ 0.1 \end{bmatrix}$,因此它是对称信道。

**定理 3.4** 对于准对称离散信道,当输入等概率时达到信道容量,其信道容量为

$$C = H(Y) - H(p_1', p_2', \cdots, p_s') = \log r - \sum_{k=1}^{n} N_k \log M_k - H(p_1', p_2', \cdots, p_s')$$

其中,$H(Y)$ 为输入等概时信道输出的熵,$n$ 为准对称离散信道矩阵按列可以划分成互不相交的子集,$N_k$ 是第 $k$ 个子矩阵中的行元素之和,$M_k$ 是第 $k$ 个子矩阵中的列元素之和,$H(p_1', p_2', \cdots, p_s')$ 就是信道矩阵 $\boldsymbol{P}$ 中行元素集合 $\{p_1', p_2', \cdots, p_s'\}$ 的 $s$ 个元素构成的熵函数。

**【例 3.8】** 设某信道的转移矩阵为

$$\boldsymbol{P} = \begin{bmatrix} 0.5 & 0.3 & 0.2 \\ 0.3 & 0.5 & 0.2 \end{bmatrix}$$

计算其信道容量。

**分析:** 该信道为一个准对称信道,计算信道容量即为输入等概时的平均互信息量。

**解:** 将 $\boldsymbol{P} = \begin{bmatrix} 0.5 & 0.3 & 0.2 \\ 0.3 & 0.5 & 0.2 \end{bmatrix}$ 划分为两个对称子矩阵,即

$$\boldsymbol{P}_1 = \begin{bmatrix} 0.5 & 0.3 \\ 0.3 & 0.5 \end{bmatrix}, \quad \boldsymbol{P}_2 = \begin{bmatrix} 0.2 \\ 0.2 \end{bmatrix}$$

则

$$r = 2, \quad N_1 = 0.5 + 0.3 = 0.8, \quad M_1 = 0.5 + 0.3 = 0.8$$
$$N_2 = 0.2, \quad M_2 = 0.2 + 0.2 = 0.4, \quad n = 2$$

所以该准对称离散信道的信道容量为

$$C = \log r - \sum_{k=1}^{n} N_k \log M_k - H(p_1', p_2', \cdots, p_s')$$

$$= \log 2 - (0.8 \log 0.8 + 0.2 \log 0.4) - H(0.5, 0.3, 0.2)$$

$$= 0.036 (\text{bit}/符号)$$

需要指出的是,由于本例的信道为准对称信道,信道容量也可以通过计算输入等概时的平均互信息得到。

## 3.8 信道容量的迭代计算

对于一般离散信道来说,信道容量的计算比较复杂。迭代计算是一种常用的近似方法。

设单符号离散信道的输入符号集 $X=\{a_1,a_2,\cdots,a_r\}$,输出符号集 $Y=\{b_1,b_2,\cdots,b_s\}$,信道的传递概率 $P(Y|X)$：$\{p(b_j|a_i)(i=1,2,\cdots,r;j=1,2,\cdots,s)\}$。若输入符号集 $X=\{a_1,a_2,\cdots,a_r\}$ 的概率分布 $P(X)$：$\{p(a_i)(i=1,2,\cdots,r)\}$,则信道的平均交互信息量为

$$I(X;Y)=H(X)-H(X\mid Y)=-\sum_{i=1}^{r}p(a_i)\ln p(a_i)+\sum_{i=1}^{r}\sum_{j=1}^{s}p(a_i)p(b_j\mid a_i)\ln p(a_i\mid b_j)$$

(3.34)

是输入信源 $X=\{a_1,a_2,\cdots,a_r\}$ 的概率分布 $P(X)$：$\{p(a_i)(i=1,2,\cdots,r)\}$ 和后验概率 $P(X|Y)$：$\{p(a_i|b_j)(i=1,2,\cdots,r;j=1,2,\cdots,s)\}$ 的函数

$$I(X;Y)=I[p(a_i),p(a_i\mid b_j)]$$

(3.35)

而先验概率 $p(a_i)$ 和后验概率 $p(a_i|b_j)$ 不是两个独立的变量,它们之间按照关系式

$$p(a_i\mid b_j)=\frac{p(a_i)p(b_j\mid a_i)}{\sum_{i=1}^{r}p(a_i)p(b_j\mid a_i)}\quad (i=1,2,\cdots,r;j=1,2,\cdots,s)$$

(3.36)

发生相应的变化。

为了导出近似算法,暂时把后验概率 $p(a_i|b_j)$ 当作自变量,而把本来要随之发生相应变化的应急变量 $p(a_i)$ 近似看作固定不变量。由于 $p(b_j|a_i)$ 也固定不变,则式(3.34)所示的平均交互信息量 $I(X;Y)$ 就可以看作是后验概率 $p(a_i|b_j)$ 的函数,即

$$I(X;Y)=I[p(a_i\mid b_j)]$$

(3.37)

由于"底"大于 1 的对数是 $\bigcap$ 型凸函数,所以 $I[p(a_i|b_j)]$ 具有上凸性。这样,就可以在条件

$$\sum_{i=1}^{r}p(a_i\mid b_j)=1\quad (j=1,2,\cdots,s)$$

(3.38)

的约束下,对变量 $p(a_i|b_j)$ 求 $\bigcap$ 型凸函数 $I[p(a_i|b_j)]$ 的条件极大值,以及达到极大值的 $p(a_i|b_j)(i=1,2,\cdots,r;j=1,2,\cdots,s)$。

因此,作辅助函数

$$F[p(a_i\mid b_j),\lambda]=I[p(a_i\mid b_j)]+\lambda_j\Big[\sum_{i=1}^{r}p(a_i\mid b_j)-1\Big]\quad (j=1,2,\cdots,s)$$

取函数 $F[p(a_i|b_j),\lambda]$ 对 $p(a_i|b_j)$ 的偏导数,并置为 0,得到稳定点方程

$$\frac{\partial}{\partial p(a_i\mid b_j)}F[p(a_i\mid b_j),\lambda]=0\quad (i=1,2,\cdots,r;j=1,2,\cdots,s)$$

(3.39)

把式(3.34)代入式(3.39),有

$$\frac{p(a_i)p(b_j\mid a_i)}{p(a_i\mid b_j)}+\lambda_j=0\quad (i=1,2,\cdots,r;j=1,2,\cdots,s)$$

(3.40)

即有

$$p(a_i\mid b_j)=-\frac{p(a_i)p(b_j\mid a_i)}{\lambda_j}\quad (i=1,2,\cdots,r;j=1,2,\cdots,s)$$

(3.41)

由约束条件式(3.38),得

$$\lambda_j=-\sum_{i=1}^{r}p(a_i)p(b_j\mid a_i)\quad (j=1,2,\cdots,s)$$

(3.42)

则可以得到

$$p^*(a_i \mid b_j) = \frac{p(a_i)p(b_j \mid a_i)}{\sum_{i=1}^{r} p(a_i)p(b_j \mid a_i)} \quad (i=1,2,\cdots,r; \; j=1,2,\cdots,s) \quad (3.43)$$

这表明,当采用"把后验概率 $P(X|Y)$:$\{p(a_i|b_j)(i=1,2,\cdots,r;\;j=1,2,\cdots,s)\}$看作变量,信源 $X=\{a_1,a_2,\cdots,a_r\}$ 的概率分布 $P(X)$:$\{p(a_i)(i=1,2,\cdots,r)\}$看作固定不变的量"这种近似处理的方法时,使平均交互信息量 $I[p(a_i|b_j)]$ 达到最大值,即信道容量 $C$ 的后验概率 $p^*(a_i|b_j)$ 就是信源 $X=\{a_1,a_2,\cdots,a_r\}$ 的概率分布 $P(X)$:$\{p(a_i)(i=1,2,\cdots,r)\}$时,给定信道 $P(Y|X)$:$\{p(b_j|a_i)(i=1,2,\cdots,r;\;j=1,2,\cdots,s)\}$的一般意义下的后验概率 $p(a_i|b_j)$。这是因为对给定信道 $P(Y|X)$:$\{p(b_j|a_i)(i=1,2,\cdots,r;\;j=1,2,\cdots,s)\}$,当输入信源 $X=\{a_1,a_2,\cdots,a_r\}$ 的概率分布 $P(X)$:$\{p(a_i)(i=1,2,\cdots,r)\}$固定不变时,其信道的平均交互信息量 $I(X;Y)=I[p(a_i),p(b_j|a_i)]$只有一个确定的值,其最大值也只可能就是这唯一的确定值。达到这唯一确定值的后验概率 $p^*(a_i|b_j)$ 当然只可能就是由式(3.36)所规定的一般意义下的后验概率 $p(a_i|b_j)$。所以,由式(3.43)可知,当变动后验概率 $p(a_i|b_j)$,而固定信源 $X=\{a_1,a_2,\cdots,a_r\}$的概率分布 $P(X)$:$\{p(a_i)(i=1,2,\cdots,r)\}$时,信道容量

$$C = \max_{p(a_i|b_j)} \{I[p(a_i),p(a_i \mid b_j)]\} = I[p(a_i),p^*(a_i \mid b_j)] \quad (3.44)$$

另一方面,同样可把信源 $X=\{a_1,a_2,\cdots,a_r\}$的概率分布 $P(X)$:$\{p(a_i)(i=1,2,\cdots,r)\}$当作自变量,把本来要随之发生相应变化的应变量 $p(a_i|b_j)$ 近似地看作固定不变的量。在采用这种近似处理时,由于 $p(b_j|a_i)$ 和 $p(a_i|b_j)$ 都是固定不变,则式(3.34)所示的平均交互信息量 $I(X;Y)$ 就可以看作先验概率 $p(a_i)$ 的函数

$$I(X;Y) = I[p(a_i)]$$

由于 $I[p(a_i)]$ 是 $p(a_i)$ 的 $\cap$ 型凸函数,所以在条件

$$\sum_{i=1}^{r} p(a_i) = 1 \quad (3.45)$$

的约束下,对变量 $p(a_i)$ 求函数 $I[p(a_i)]$ 的条件极大值,以及达到极大值的 $p^*(a_i)(i=1,2,\cdots,r)$。

因此,作辅助函数

$$F[p(a_i),\lambda] = I[p(a_i)] + \lambda\left[\sum_{i=1}^{r} p(a_i) - 1\right] \quad (3.46)$$

取函数 $F[p(a_i),\lambda]$ 对 $p(a_i)$ 的偏导,并置为 0,得到稳定点方程

$$\frac{\partial}{\partial p(a_i)} F[p(a_i),\lambda] = 0 \quad (i=1,2,\cdots,r; \; j=1,2,\cdots,s) \quad (3.47)$$

把式(3.34)代入式(3.47),有

$$\frac{\partial}{\partial p(a_i)} F[p(a_i),\lambda]$$

$$= \frac{\partial}{\partial p(a_i)} \left\{ -\sum_{i=1}^{r} p(a_i)\ln p(a_i) + \sum_{i=1}^{r}\sum_{j=1}^{s} p(a_i)p(b_j \mid a_i)\ln p(a_i \mid b_j) + \lambda\left[\sum_{i=1}^{r} p(a_i) - 1\right] \right\}$$

$$= -[\ln p(a_i) + 1] + \sum_{j=1}^{s} p(b_j \mid a_i) \ln p(a_i \mid b_j) + \lambda$$

$$= -\ln p(a_i) + \sum_{j=1}^{s} p(b_j \mid a_i) \ln p(a_i \mid b_j) + \lambda - 1$$

$$= 0 \quad (i = 1, 2, \cdots, r) \tag{3.48}$$

即有

$$\ln p(a_i) = \sum_{j=1}^{s} p(b_j \mid a_i) \ln p(a_i \mid b_j) + \lambda - 1$$

即

$$p(a_i) = \exp\left\{ \sum_{j=1}^{s} p(b_j \mid a_i) \ln p(a_i \mid b_j) + \lambda - 1 \right\} \quad (i = 1, 2, \cdots, r) \tag{3.49}$$

由约束条件式(3.45),得

$$1 = \sum_{i=1}^{r} \exp\left\{ \sum_{j=1}^{s} p(b_j \mid a_i) \ln p(a_i \mid b_j) + \lambda - 1 \right\}$$

$$= \sum_{i=1}^{r} \exp\left\{ \sum_{j=1}^{s} p(b_j \mid a_i) \ln p(a_i \mid b_j) \right\} \cdot e^{\lambda - 1} \tag{3.50}$$

即得

$$e^{\lambda - 1} = \frac{1}{\displaystyle\sum_{i=1}^{r} \exp\left\{ \sum_{j=1}^{s} p(b_j \mid a_i) \ln p(a_i \mid b_j) \right\}}$$

则可以得到

$$p^*(a_i) = \frac{\exp\left\{ \displaystyle\sum_{j=1}^{s} p(b_j \mid a_i) \ln p(a_i \mid b_j) \right\}}{\displaystyle\sum_{i=1}^{r} \exp \sum_{j=1}^{s} p(b_j \mid a_i) \ln p(a_i \mid b_j)} \quad (i = 1, 2, \cdots, r) \tag{3.51}$$

若令

$$E_i = \exp\left\{ \sum_{j=1}^{s} p(b_j \mid a_i) \ln p(a_i \mid b_j) \right\} \quad (i = 1, 2, \cdots, r)$$

由式(3.51),得

$$p^*(a_i) = \frac{E_i}{\displaystyle\sum_{i=1}^{r} E_i} \quad (i = 1, 2, \cdots, r) \tag{3.52}$$

则信道容量

$$C = \max_{p(a_i)} \{ I[p(a_i), p(a_i \mid b_j)] \} = I[p^*(a_i), p(a_i \mid b_j)] \tag{3.53}$$

综上所述,式(3.44)是在信源 $X$:$\{a_1, a_2, \cdots, a_r\}$ 的概率分布 $P(X)$:$\{p(a_i)(i=1, 2, \cdots, r)\}$ 固定不变,变动后验概率 $P(X|Y)$:$\{p(a_i|b_j)(i=1,2,\cdots,r; j=1,2,\cdots,s)\}$ 的假设前提下,传递概率为 $P(Y|X)$:$\{p(b_j|a_i)(i=1,2,\cdots,r; j=1,2,\cdots,s)\}$ 的给定信道的信道容量 $C$ 的近似迭代公式。式(3.53)是在后验概率 $P(X|Y)$:$\{p(a_i|b_j)(i=1,$

$2,\cdots,r;j=1,2,\cdots,s)\}$ 固定不变,变动信源 $X$:$\{a_1,a_2,\cdots,a_r\}$ 的概率分布 $P(X)$:$\{p(a_i)(i=1,2,\cdots,r)\}$ 的假设前提下,传递概率为 $P(Y|X)$:$\{p(b_j|a_i)(i=1,2,\cdots,r;j=1,2,\cdots,s)\}$ 的给定信道的信道容量 $C$ 的近似迭代公式。实际上,由式(3.36)可知,对于传递概率固定为 $p(b_j|a_i)$ 的给定信道,在变动后验概率 $p(a_i|b_j)$ 时,先验概率 $p(a_i)$ 不可能固定不变;在变动先验概率 $p(a_i)$ 时,后验概率 $p(a_i|b_j)$ 不可能固定不变。迭代计算法就是用分别单独变动 $p(a_i|b_j)$ 和 $p(a_i)$ 的方法,逼近 $p(a_i|b_j)$ 和 $p(a_i)$ 同时变动的实际情况,求得信道容量 $C$ 的近似值。

先假定一组 $p(a_i)(i=1,2,\cdots,r)$ 作为起始值,并记为 $p(a_i)^{(1)}(i=1,2,\cdots,r)$。把 $p(a_i)^{(1)}(i=1,2,\cdots,r)$ 作为固定值,变动 $p(a_i|b_j)(i=1,2,\cdots,r;j=1,2,\cdots,s)$。由式(3.43)求得后验概率

$$p^*(a_i\mid b_j)=\frac{p(a_i)^{(1)}p(b_j\mid a_i)}{\sum\limits_{i=1}^{r}p(a_i)^{(1)}p(b_j\mid a_i)}=p(a_i\mid b_j)^{(1)}\quad(i=1,2,\cdots,r;j=1,2,\cdots,s)$$

$$(3.54)$$

由式(3.44)求得信道容量

$$C=\max_{p(a_i|b_j)}\{I[p(a_i)^{(1)},p(a_i\mid b_j)]\}=I[p(a_i)^{(1)},p(a_i\mid b_j)^{(1)}]=C(1,1)$$

再把由式(3.54)所得的 $p(a_i|b_j)^{(1)}$ 作为固定值,变动先验概率 $p(a_i)$,由式(3.52)求得使平均交互信息量 $I[p(a_i)]$ 达到最大值的输入信源 $X=\{a_1,a_2,\cdots,a_r\}$ 的概率分布

$$p^*(a_i)=\frac{\exp\left\{\sum\limits_{j=1}^{s}p(b_j\mid a_i)\log p(a_i\mid b_j)^{(1)}\right\}}{\sum\limits_{i=1}^{r}\exp\sum\limits_{j=1}^{s}p(b_j\mid a_i)\log p(a_i\mid b_j)^{(1)}}$$

$$=\frac{E_i^{(1)}}{\sum\limits_{i=1}^{r}E_i^{(1)}}=p(a_i)^{(2)}\quad(i=1,2,\cdots,r)$$

由式(3.53)求得信道容量

$$C=\max_{p(a_i)}\{I[p(a_i),p(a_i\mid b_j)^{(1)}]\}=I[p(a_i)^{(2)},p(a_i\mid b_j)^{(1)}]=C(2,1)$$

以此类推,一般可有

$$C(n,n)=\max_{p(a_i|b_j)}\{I[p(a_i)^{(n)},p(a_i\mid b_j)]\}=I[p(a_i)^{(n)},p(a_i\mid b_j)^{(n)}]$$

$$C(n+1,n)=\max_{p(a_i)}\{I[p(a_i),p(a_i\mid b_j)^{(n)}]\}=I[p(a_i)^{(n+1)},p(a_i\mid b_j)^{(n)}]$$

在实际计算中,逐段比较 $p(a_i)^{(n)}$ 和 $p(a_i)^{(n+1)}$,$p(a_i|b_j)^{(n)}$ 和 $p(a_i|b_j)^{(n+1)}$,$C(n,n)$ 和 $C(n+1,n)$ 的值。当 $n$ 次迭代和 $n+1$ 次迭代的计算值的差小到可以允许的程度时,就可认为达到了所求信道容量 $C$。

## 3.9  平均交互信息量的不增性

在实际通信系统中,常需对信道传输的数据作适当处理,若把数据处理装置也看作是一

个信道,由两个信道串接,就组成了一个串接信道。

设信道Ⅰ和信道Ⅱ串接,组成图 3.15 所示串接信道。信道Ⅰ的输入符号集 $X=\{a_1,a_2,\cdots,a_r\}$,输出符号集 $Y=\{b_1,b_2,\cdots,b_s\}$,信道Ⅱ的输出符号集 $Z=\{c_1,c_2,\cdots,c_t\}$。又设,信道Ⅰ的传递概率 $P(Y|X)$:$\{p(b_j|a_i)(i=1,2,\cdots,s;j=1,2,\cdots,s)\}$,信道Ⅱ的传递概率 $P(Z|XY)$:$\{p(c_k|a_ib_j)(i=1,2,\cdots,r;j=1,2,\cdots,s;k=1,2,\cdots,t)\}$。且假定 $p(a_ib_jc_k)>0(i=1,2,\cdots,r;j=1,2,\cdots,s;k=1,2,\cdots,t)$。

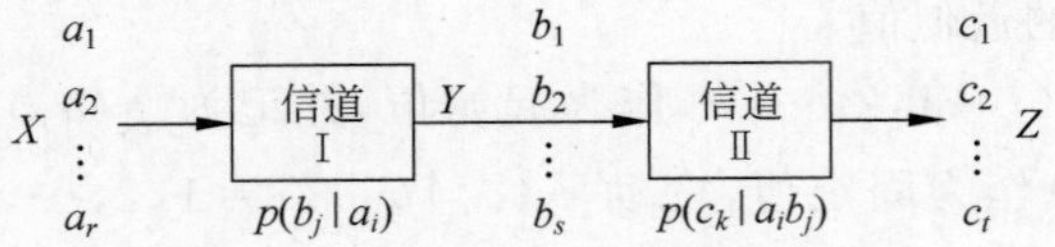

图 3.15 串接信道

由一个信道组成的通信系统只有输入/输出两个随机变量 $X$ 和 $Y$。由两个信道串接组成的串接信道中,就有 $X$、$Y$、$Z$ 三个随机变量,那么由三个随机变量构成的随机变量序列 $(XYZ)$,在信息传输上又有什么新的特点和规律呢?

**定理 3.5** 设由两个信道串接构成随机变量序列 $(XYZ)$,则

$$I(XY;Z) \geqslant I(Y;Z) \tag{3.55}$$

当且仅当

$$P(Z\mid XY)=P(Z\mid Y) \tag{3.56}$$

即 $(XYZ)$ 是马尔可夫链时,才有

$$I(XY;Z)=I(Y;Z) \tag{3.57}$$

**【证明】** 根据平均交互信息量的定义,有

$$I(XY;Z)=\sum_{i=1}^{r}\sum_{j=1}^{s}\sum_{k=1}^{t}p(a_ib_jc_k)\log\frac{p(c_k\mid a_ib_j)}{p(c_k)} \tag{3.58}$$

而

$$I(Y;Z)=\sum_{j=1}^{s}\sum_{k=1}^{t}p(b_jc_k)\log\frac{p(c_k\mid b_j)}{p(c_k)}=\sum_{i=1}^{r}\sum_{j=1}^{s}\sum_{k=1}^{t}p(a_ib_jc_k)\log\frac{p(c_k\mid b_j)}{p(c_k)} \tag{3.59}$$

由于 $\sum_{i=1}^{r}\sum_{j=1}^{s}\sum_{k=1}^{t}p(a_ib_jc_k)=1$,以及"底"大于 1 的对数是 $\cap$ 型凸函数,可有

$$
\begin{aligned}
I(Y;Z)-I(XY;Z) &=\sum_{i=1}^{r}\sum_{j=1}^{s}\sum_{k=1}^{t}p(a_ib_jc_k)\log\frac{p(c_k\mid b_j)}{p(c_k\mid a_ib_j)}\\
&\leqslant \log\left[\sum_i\sum_j\sum_k p(a_ib_jc_k)\log\frac{p(c_k\mid b_j)}{p(c_k\mid a_ib_j)}\right]\\
&=\log\left[\sum_i\sum_j\sum_k p(a_ib_j)p(c_k\mid b_j)\right]=\log 1=0
\end{aligned} \tag{3.60}
$$

即证得

$$I(XY;Z)\geqslant I(Y;Z)$$

由式(3.56)有

$$\frac{p(c_k\mid b_j)}{p(c_k\mid a_ib_j)}=1 \quad (i=1,2,\cdots,r;j=1,2,\cdots,s;k=1,2,\cdots,t) \tag{3.61}$$

则由式(3.60)有

$$I(Y;Z) - I(XY;Z) = \sum_{i=1}^{r} \sum_{j=1}^{s} \sum_{k=1}^{t} p(a_i b_j c_k) \log \frac{p(c_k \mid b_j)}{p(c_k \mid a_i b_j)}$$

$$= \sum_{i=1}^{r} \sum_{j=1}^{s} \sum_{k=1}^{t} p(a_i b_j c_k) \log 1 = 0 \qquad (3.62)$$

即证得

$$I(XY;Z) = I(Y;Z)$$

**定理 3.6** 设由两个信道串接构成随机变量序列$(XYZ)$,则

$$I(XY;Z) \geqslant I(X;Z) \qquad (3.63)$$

当且仅当

$$P(Z \mid YX) = P(Z \mid X) \qquad (3.64)$$

即$(YXZ)$是马尔可夫链时,才有

$$I(XY;Z) = I(X;Z) \qquad (3.65)$$

**【证明】** 根据平均交互信息量的定义,有

$$I(XY;Z) = \sum_{i=1}^{r} \sum_{j=1}^{s} \sum_{k=1}^{t} p(a_i b_j c_k) \log \frac{p(c_k \mid a_i b_j)}{p(c_k)}$$

而

$$I(X;Z) = \sum_{i=1}^{r} \sum_{k=1}^{t} p(a_i c_k) \log \frac{p(c_k \mid a_i)}{p(c_k)} = \sum_{i=1}^{r} \sum_{j=1}^{s} \sum_{k=1}^{t} p(a_i b_j c_k) \log \frac{p(c_k \mid a_i)}{p(c_k)}$$

$$(3.66)$$

由于$\sum_{i=1}^{r} \sum_{j=1}^{s} \sum_{k=1}^{t} p(a_i b_j c_k) = 1$,以及"底"大于1的对数是$\bigcap$型凸函数,可有

$$I(X;Z) - I(XY;Z) = \sum_{i=1}^{r} \sum_{j=1}^{s} \sum_{k=1}^{t} p(a_i b_j c_k) \log \frac{p(c_k \mid a_j)}{p(c_k \mid a_i b_j)}$$

$$\leqslant \log \left[ \sum_{i=1}^{r} \sum_{j=1}^{s} \sum_{k=1}^{t} p(a_i b_j c_k) \log \frac{p(c_k \mid a_i)}{p(c_k \mid a_i b_j)} \right]$$

$$= \log \left[ \sum_{i=1}^{r} \sum_{j=1}^{s} \sum_{k=1}^{t} p(a_i b_j c_k) \log p(c_k \mid a_i) \right] = \log 1 = 0 \quad (3.67)$$

即证得

$$I(XY;Z) \geqslant I(X;Z)$$

由式(3.64)有

$$\frac{p(c_k \mid a_i)}{p(c_k \mid a_i b_j)} = 1 \quad (i=1,2,\cdots,r; j=1,2,\cdots,s; k=1,2,\cdots,t) \qquad (3.68)$$

则由式(3.67)有

$$I(X;Z) - I(XY;Z) = \sum_{i=1}^{r} \sum_{j=1}^{s} \sum_{k=1}^{t} p(a_i b_j c_k) \log \frac{p(c_k \mid a_i)}{p(c_k \mid a_i b_j)}$$

$$= \sum_{i=1}^{r} \sum_{j=1}^{s} \sum_{k=1}^{t} p(a_i b_j c_k) \log 1 = 0 \qquad (3.69)$$

即证得

$$I(XY;Z) = I(X;Z)$$

**定理 3.7** 设由两个信道串接构成的随机变量序列$(XYZ)$。当

$$P(Z \mid YX) = P(Z \mid Y) \tag{3.70}$$

即当$(XYZ)$是马尔可夫链时,有

$$I(X; Z) \leqslant I(Y; Z) \tag{3.71}$$

当且仅当

$$P(Z \mid XY) = P(Z \mid X) \tag{3.72}$$

即$(YXZ)$亦是马尔可夫链时,有

$$I(X; Z) = I(Y; Z) \tag{3.73}$$

**【证明】** 由定理 3.5 可知当随机变量序列$(XYZ)$是马尔可夫链时,有

$$I(XY; Z) = I(Y; Z) \tag{3.74}$$

由定理 3.6 可知,在随机变量序列$(YXZ)$不是马尔可夫链的情况下,有

$$I(XY; Z) \geqslant I(X; Z) \tag{3.75}$$

由式(3.74)和式(3.75)可得,在$(XYZ)$是马尔可夫链,而$(YXZ)$不是马尔可夫链的情况下,有

$$I(X; Z) \leqslant I(Y; Z)$$

由定理 3.6 可知,当$(YXZ)$是马尔可夫链时,有

$$I(XY; Z) = I(X; Z) \tag{3.76}$$

则由式(3.74)和式(3.75)证得,当$(XYZ)$和$(YXZ)$都是马尔可夫链时,即

$$P(Z \mid XY) = P(Z \mid Y)$$
$$P(Z \mid YX) = P(Z \mid X)$$

有

$$I(X; Z) = I(Y; Z)$$

证毕。

对于图 3.15 所示串接信道,在工程上一般把随机变量序列$(XYZ)$看作马尔可夫链,整个串接信道的传递概率$p(c_k|a_i)(i=1,2,\cdots,r; k=1,2,\cdots,t)$为

$$p(c_k \mid a_i) = \sum_{j=1}^{s} p(b_j \mid a_i) p(c_k \mid b_j) \quad (i=1,2,\cdots,r; j=1,2,\cdots,s; k=1,2,\cdots,t) \tag{3.77}$$

这就是说,整个串接信道的信道矩阵$\boldsymbol{P}(s \times t)$,等于信道 I 的信道矩阵$\boldsymbol{P}_{\text{I}}(r \times s)$与信道 II 的信道矩阵$\boldsymbol{P}_{\text{II}}(s \times t)$相乘,即

$$\boldsymbol{P} = \boldsymbol{P}_{\text{I}} \cdot \boldsymbol{P}_{\text{II}} \tag{3.78}$$

若要求随机变量序列$(XYZ)$和$(YXZ)$都是马尔可夫链,则要有

$$\begin{cases} P(Z \mid XY) = P(Z \mid Y) \\ P(Z \mid YX) = P(Z \mid X) \end{cases}$$

即

$$\begin{cases} p(c_k \mid a_i b_j) = \dfrac{c_k}{b_j} \\ p(c_k \mid b_j a_i) = \dfrac{c_k}{a_i} \end{cases} \quad (i=1,2,\cdots,r; j=1,2,\cdots,s; k=1,2,\cdots,t) \tag{3.79}$$

即
$$p(c_k \mid a_i) = p(c_k \mid b_j) \quad (i=1,2,\cdots,r; \ j=1,2,\cdots,s; \ k=1,2,\cdots,t) \tag{3.80}$$
这就是说,整个串接信道的信道矩阵 $\boldsymbol{P}$ 与信道 Ⅱ 的信道矩阵 $\boldsymbol{P}_{\mathrm{II}}$ 要完全一样,即
$$\boldsymbol{P} = \boldsymbol{P}_{\mathrm{I}} \cdot \boldsymbol{P}_{\mathrm{II}} = \boldsymbol{P}_{\mathrm{II}} \tag{3.81}$$
显然,信道 Ⅰ 的矩阵 $\boldsymbol{P}_{\mathrm{I}}$ 是 $s$ 阶单位矩阵,是式(3.81)能得到满足的一种情况,这时有

$$
\begin{array}{c}
\begin{matrix} b_1 & b_2 & \cdots & b_s \end{matrix} \\
\begin{matrix} a_1 \\ a_2 \\ \vdots \\ a_s \end{matrix}
\begin{bmatrix} 1 & 0 & \cdots & 0 \\ 0 & 1 & \cdots & 0 \\ \vdots & \vdots & \ddots & \vdots \\ 0 & 0 & 0 & 1 \end{bmatrix}
\cdot
\begin{matrix} b_1 \\ b_2 \\ \vdots \\ b_s \end{matrix}
\begin{bmatrix} p(c_1 \mid b_1) & p(c_2 \mid b_1) & \cdots & p(c_t \mid b_1) \\ p(c_1 \mid b_2) & p(c_2 \mid b_2) & \cdots & p(c_t \mid b_2) \\ \vdots & \vdots & \ddots & \vdots \\ p(c_1 \mid b_s) & p(c_2 \mid b_s) & \cdots & p(c_t \mid b_s) \end{bmatrix}
\end{array}
\tag{3.82}
$$

$$
=
\begin{matrix} a_1 \\ a_2 \\ \vdots \\ a_r \end{matrix}
\begin{bmatrix} p(c_1 \mid b_1) & p(c_2 \mid b_1) & \cdots & p(c_t \mid b_1) \\ p(c_1 \mid b_2) & p(c_2 \mid b_2) & \cdots & p(c_t \mid b_2) \\ \vdots & \vdots & \ddots & \vdots \\ p(c_1 \mid b_s) & p(c_2 \mid b_s) & \cdots & p(c_t \mid b_s) \end{bmatrix}
$$

式(3.82)表明,当信道 Ⅰ 是一一对应的确定关系的一般无噪信道时,随机变量序列 $(YXZ)$ 与随机变量序列 $(XYZ)$ 一样,亦是马尔可夫链。

由以上分析可以得到这样一个结论:在一般情况下 $(XYZ)$ 是马尔可夫链,输出随机变量 $Z$ 通过信道 Ⅱ 一个信道,获取关于随机变量 $Y$ 的信息量 $I(Y;Z)$,总是比输出随机变量 $Z$ 通过信道 Ⅱ、信道 Ⅰ 两个信道,获取关于随机变量 $X$ 的信息量 $I(X;Z)$ 大。这就是说,随机变量 $Y$ 通过信道 Ⅰ 到随机变量 $X$,总是要丢

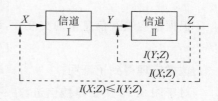

图 3.16 关注信道 Ⅱ

失一部分信息量(图 3.16)。只有当随机变量序列 $(YXZ)$ 亦是马尔可夫链(如信道 Ⅰ 是一一对应确定关系的一般无噪信道)时,随机变量 $Y$ 到随机变量 $X$ 才不会丢失信息量,因而从 $Z$ 中获取关于 $Y$ 的信息量 $I(Y;Z)$,才与从 $Z$ 中获取关于 $X$ 的信息量 $I(X;Z)$ 相等。

**定理 3.8** 设由两个信道串接构成随机变量序列 $(XYZ)$,当
$$P(Z \mid XY) = P(Z \mid Y) \tag{3.83}$$
即当 $(XYZ)$ 是马尔可夫链时,有
$$I(X;Y) \geqslant I(X;Z) \tag{3.84}$$
当且仅当
$$P(X \mid YZ) = P(X \mid Z) \tag{3.85}$$
即 $(YZX)$ 亦是马尔可夫链时,才有
$$I(X;Y) = I(X;Z) \tag{3.86}$$
【证明】 由概率一般运算规则有

$$P(Z \mid XY) = \frac{P(XYZ)}{P(XY)} = \frac{P(YZ)P(X \mid YZ)}{P(Y)P(X \mid Y)}$$

$$= P(Z \mid Y) \cdot \frac{P(X \mid YZ)}{P(X \mid Y)} \tag{3.87}$$

由式(3.83),有

$$P(X \mid ZY) = P(X \mid Y) \tag{3.88}$$

这表明,当随机变量序列($XYZ$)是马尔可夫链时,随机变量序列($ZYX$)亦是马尔可夫链,根据定理 3.5,有

$$I(ZY; X) = I(Y; X) \tag{3.89}$$

在一般情况下,随机变量序列($YZX$)不是马尔可夫链,根据定理 3.6,有

$$I(ZY; X) \geqslant I(Z; X) \tag{3.90}$$

由式(3.89)和式(3.90),有

$$I(Y; X) \geqslant I(Z; X) \tag{3.91}$$

根据平均交互信息量的交互性,可证得

$$I(X; Y) \geqslant I(X; Z)$$

当随机变量序列($YZX$)亦是马尔可夫链时,根据定理 3.6,有

$$I(ZY; X) = K(Z; X) \tag{3.92}$$

由式(3.89)有

$$I(Y; X) = I(Z; X)$$

根据平均交互信息量的交互性,证得

$$I(X; Y) = I(X; Z)$$

这样定理得到了证明。

对于图 3.15 所示串接信道,在一般情况下,随机变量序列($XYZ$)都可看作是马尔可夫链,即随机变量序列($ZYX$)亦可看作马尔可夫链。如要求随机变量序列($YZX$)同时也是马尔可夫链,则有

$$P(X \mid ZY) = P(X \mid Y)$$
$$P(X \mid YZ) = P(X \mid Z)$$

即

$$\begin{cases} p(a_i \mid c_k b_j) = p(a_i \mid b_j) \\ p(a_i \mid c_k b_j) = p(a_i \mid c_k) \end{cases} \quad (i=1,2,\cdots,r; j=1,2,\cdots,s; k=1,2,\cdots,t) \tag{3.93}$$

即

$$p(a_i \mid b_j) = p(a_i \mid c_k) \quad (i=1,2,\cdots,r; j=1,2,\cdots,s; k=1,2,\cdots,t) \tag{3.94}$$

而

$$p(a_i \mid b_j) = \frac{p(a_i)p(b_j \mid a_i)}{\sum_{i=1}^{r} p(a_i)p(b_j \mid a_i)} \tag{3.95}$$

$$p(a_i \mid c_k) = \frac{p(a_i)p(c_k \mid a_i)}{\sum\limits_{i=1}^{r} p(a_i)p(c_k \mid a_i)} \tag{3.96}$$

由式(3.94)、式(3.95)和式(3.96)可知,则

$$p(b_j \mid a_i) = p(c_k \mid a_i) \quad (i=1,2,\cdots,r;\ j=1,2,\cdots,s;\ k=1,2,\cdots,t) \tag{3.97}$$

这说明,如果要求随机变量序列$(ZYX)$是马尔可夫链的条件下,随机变量序列$(YZX)$亦是马尔可夫链,则必须要求图 3.16 串接信道的信道矩阵 $\boldsymbol{P}$ 与信道 Ⅰ 的信道矩阵 $\boldsymbol{P}_{\mathrm{I}}$ 完全相同,即

$$\boldsymbol{P} = \boldsymbol{P}_{\mathrm{I}} \cdot \boldsymbol{P}_{\mathrm{II}} = \boldsymbol{P}_{\mathrm{I}} \tag{3.98}$$

显然,信道 Ⅱ 的信道矩阵 $\boldsymbol{P}_{\mathrm{II}}$ 是 $s$ 阶单位矩阵,是式(3.98)能得到满足的一种情况,这时有

$$
\begin{array}{c}
\quad\ b_1 \qquad\quad\ b_2 \quad\ \cdots \qquad b_s \qquad\qquad c_1\ \ c_2\ \cdots\ c_s \\
\begin{matrix} a_1 \\ a_2 \\ \vdots \\ a_r \end{matrix}
\begin{bmatrix}
p(b_1 \mid a_1) & p(b_2 \mid a_1) & \cdots & p(b_s \mid a_1) \\
p(b_1 \mid a_2) & p(b_2 \mid a_2) & \cdots & p(b_s \mid a_2) \\
\vdots & \vdots & \ddots & \vdots \\
p(b_1 \mid a_r) & p(b_2 \mid a_r) & \cdots & p(b_s \mid a_r)
\end{bmatrix}
\cdot
\begin{matrix} b_1 \\ b_2 \\ \vdots \\ b_s \end{matrix}
\begin{bmatrix}
1 & 0 & \cdots & 0 \\
0 & 1 & \cdots & 0 \\
\vdots & \vdots & \ddots & \vdots \\
0 & 0 & \cdots & 1
\end{bmatrix}
\end{array}
$$

$$
=
\begin{array}{c}
\quad\ c_1 \qquad\quad\ c_2 \quad\ \cdots \qquad c_s \\
\begin{matrix} a_1 \\ a_2 \\ \vdots \\ a_r \end{matrix}
\begin{bmatrix}
p(b_1 \mid a_1) & p(b_2 \mid a_1) & \cdots & p(b_s \mid a_1) \\
p(b_1 \mid a_2) & p(b_2 \mid a_2) & \cdots & p(b_s \mid a_2) \\
\vdots & \vdots & \ddots & \vdots \\
p(b_1 \mid a_r) & p(b_2 \mid a_r) & \cdots & p(b_s \mid a_r)
\end{bmatrix}
\end{array}
\tag{3.99}
$$

这表明,当信道 Ⅱ 是一一对应的确定关系的一般无噪信道时,随机变量序列$(YZX)$与随机变量序列$(ZYX)$一样,亦是马尔可夫链。

由以上分析可得到这样一个结论:对于图 3.16 所示串接信道,在一般情况下,由于随机变量序列$(XYZ)$可看作马尔可夫链,所以随机变量序列$(ZYX)$亦可看作马尔可夫链。随机变量 $X$ 通过信道 Ⅰ 获取关于随机变量 $Y$ 的信息量 $I(X;Y)$,总比随机变量 $X$ 通过信道 Ⅰ 和信道 Ⅱ 两个信道,获取关于随机变量 $Z$ 的信息量 $I(X;Z)$ 大。这就是说,随机变量 $Y$ 通过信道 Ⅱ 到随机变量 $Z$,总要丢失一部分信息量(图 3.17)。只有当随机变量序列$(YZX)$亦是马尔可夫链(如信道 Ⅱ 是一一对应确定关系的一般无噪信道时),随机变量 $Y$ 到随机变量 $Z$ 才不会丢失信息量。因而从随机变量 $X$ 中获取关于随机变量 $Y$ 的信息量 $I(X;Y)$,才与从随机变量 $X$ 中获取关于随机变量 $Z$ 的信息量 $I(X;Z)$ 相等。

图 3.17　关注信道 Ⅰ

【例 3.9】　设信道 Ⅰ 和信道 Ⅱ 相接,组成图 3.18 所示串接信道。若随机变量序列$(XYZ)$是马尔可夫链,试证明 $I(X;Z)=I(X;Y)$。

证明:因为随机变量序列$(XYZ)$是马尔可夫链,由图 3.18 可知,串接信道的信道矩阵

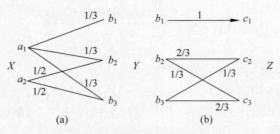

图 3.18 $(XYZ)$ 构成马尔可夫链

$$\boldsymbol{P} = \begin{array}{c} a_1 \\ a_2 \end{array} \begin{bmatrix} 1/3 & 1/3 & 1/3 \\ 0 & 1/2 & 1/2 \end{bmatrix} \cdot \begin{array}{c} b_1 \\ b_2 \\ b_3 \end{array} \begin{bmatrix} 1 & 0 & 0 \\ 0 & 2/3 & 1/3 \\ 0 & 1/3 & 2/3 \end{bmatrix} = \begin{array}{c} a_1 \\ a_2 \end{array} \begin{bmatrix} 1/3 & 1/3 & 1/3 \\ 0 & 1/2 & 1/2 \end{bmatrix}$$

由于串接信道的信道矩阵 $\boldsymbol{P}$ 与信道 I 的信道矩阵 $\boldsymbol{P}_{\text{I}}$ 完全一致,所以有

$$p(b_j \mid a_i) = p(c_k \mid a_i) \quad (i=1,2;\ j=1,2,3;\ k=1,2,3)$$

根据式(3.93)～式(3.97),随机变量序列 $(YZX)$ 亦是马尔可夫链。根据定理 3.8,可证得

$$I(X;Y) = I(X;Z)$$

这一特例说明,在 $(XYZ)$ 是马尔可夫链的条件下,信道 II 是一一对应确定关系的一般无噪信道,式(3.84)是式(3.85)成立的必要条件,但不是充分条件。

**推论** 设有两个信道串接构成随机变量序列 $(XYZ)$。若随机变量序列 $(XYZ)$ 是马尔可夫链,则有

$$I(X;Z) \leqslant \begin{cases} I(Y;Z) \\ I(X;Y) \end{cases} \tag{3.100}$$

【证明】 因为随机变量序列 $(XYZ)$ 是马尔可夫链,则由定理 3.7 有

$$I(X;Z) \leqslant I(Y;Z)$$

又因为当 $(XYZ)$ 是马尔可夫链时,随机变量序列 $(ZYX)$ 亦是马尔可夫链,由定理 3.8,有 $I(X;Z) \leqslant I(X;Y)$。

即证得,当随机变量序列 $(XYZ)$ 是马尔可夫链时,有

$$I(X;Z) \leqslant \begin{cases} I(Y;Z) \\ I(X;Y) \end{cases}$$

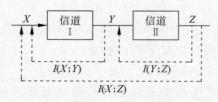

图 3.19 平均交互信息量
之间的关系

这样,推论就得到了证明。平均交互信息量 $I(X;Z)$ 与 $I(Y;Z)$ 和 $I(X;Y)$ 之间的关系如图 3.19 所示。

推论指出,若以 $Z$ 作为观察点,把信道 I 看作一个数据处理装置(图 3.20),随机变量序列 $(XYZ)$ 是马尔可夫链。因随机变量 $Y$ 经过处理后,变成随机变量 $X$,则从随机变量 $Z$ 中获取关于随机变量 $X$ 的平

均交互信息量 $I(X;Z)$,不会超过数据处理前从随机变量 $Z$ 中获取关于随机变量 $Y$ 的平均交互信息量 $I(Y;Z)$,最多两者相等。这就是说,把随机变量 $Y$ 变成随机变量 $X$ 的数据处理过程,总是要丢失一部分信息。只有当随机变量序列 $(YXZ)$ 亦是马尔可夫链时(数据处理是一一对应确定关系时),数据处理过程才不会丢失信息。

推论又指出,若以 $X$ 作为观察点,把信道 II 看作是一个数据处理装置(图 3.21),则随机变量序列 $(ZYX)$ 是马尔可夫链。因为随机变量 $Y$ 经过数据处理后,变成随机变量 $Z$,从随机变量 $X$ 中获取关于随机变量 $Z$ 的平均交互信息量 $I(X;Z)$,不会超过数据处理前从随机变量 $X$ 中获取关于随机变量 $Y$ 的平均交互信息量 $I(X;Y)$,最多两者相等。这就是说,把随机变量 $Y$ 变成随机变量 $Z$ 的数据处理过程,总是要丢失一部分信息。只有当随机变量序列 $(YZX)$ 亦是马尔可夫链时(数据处理是一一对应的确定关系时),数据处理过程才不会丢失信息。

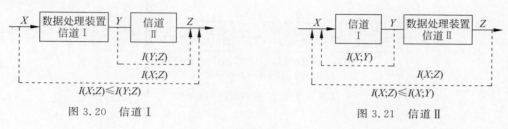

图 3.20　信道 I　　　　　　　　　　　　　　图 3.21　信道 II

综合推论所指出的两方面的结论,可以得到一个总的结论:任何无源数据处理过程都要丢失一部分信息量,最多不丢失信息量,但一定不会增加信息量。由定理 3.5～定理 3.8 及其推论所阐明的平均交互信息量的不增性,一般通称为数据处理定理。

数据处理定理是信息传输的重要规律。把数据处理定理与前面讨论的平均交互信息量的极值性结合起来,就可导出信息传输和处理的一个完整的概念,如图 3.22(a)和图 3.22(b)所示。对于信源 $X$ 来说,经信息传输或信息处理,最终从随机变量 $Q$ 中获取关于信源 $X$ 的平均交互信息量 $I(X;Q)$,绝对不会超过信源 $X$ 本身含有的平均信息量 $H(X)$,最多等于信源 $X$ 本身含有的平均信息量 $H(X)$。信息所经过的传输信道或数据处理装置越多,丢失的信息量就可能越多。即

$$H(X) \geqslant I(X;Y) \geqslant I(X;Z) \geqslant I(X;W) \geqslant \cdots \geqslant I(X;Q) \qquad (3.101)$$

对于随机变量 $Q$ 来说,经信息传输或信息处理,最终从随机变量 $X$ 中获取关于随机变量 $Q$ 的平均交互信息量 $I(Q;X)$,绝不会超过随机变量 $Q$ 本身含有的平均信息量 $H(Q)$,最多等于 $H(Q)$。信息所经过的传输信道或数据处理装置越多,丢失的信息量就可能越多。即

$$H(Q) \geqslant I(W;Q) \geqslant I(Z;Q) \geqslant I(Y;Q) \geqslant \cdots \geqslant I(X;Q) \qquad (3.102)$$

在传输或处理过程中,一旦在某一环节(信道或处理装置)丢失一部分信息,以后的系统不管怎样传输或处理,只要不接触到丢失信息环节的输入端(如多次测量),就不能再恢复已丢失的信息。

【例 3.10】　设有三个二进制对称信道(BSC)串接组成图 3.23 所示串接信道。随机变量序列 $(XYZW)$ 是马尔可夫链。若信源 $X = \{0,1\}$ 是等概信源,试求平均交互信息量 $I(X;Y)$、$I(X;Z)$、$I(X;W)$,并比较它们的大小。

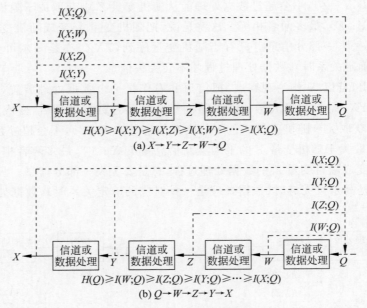

$$H(X) \geqslant I(X;Y) \geqslant I(X;Z) \geqslant I(X;W) \geqslant \cdots \geqslant I(X;Q)$$

(a) $X \rightarrow Y \rightarrow Z \rightarrow W \rightarrow Q$

$$H(Q) \geqslant I(W;Q) \geqslant I(Z;Q) \geqslant I(Y;Q) \geqslant \cdots \geqslant I(X;Q)$$

(b) $Q \rightarrow W \rightarrow Z \rightarrow Y \rightarrow X$

图 3.22  信息不增性示意图

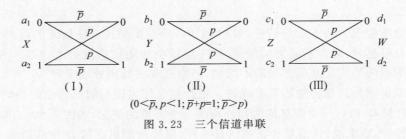

$(0 < \overline{p}, p < 1; \overline{p} + p = 1; \overline{p} > p)$

图 3.23  三个信道串联

**解**:(1) 因为信道 I 的矩阵为

$$\boldsymbol{P}_{\mathrm{I}} = \begin{array}{c} \\ 0 \\ 1 \end{array} \begin{array}{cc} 0 & 1 \\ \begin{bmatrix} \overline{p} & p \\ p & \overline{p} \end{bmatrix} \end{array}$$

信源 $X$ 的概率分布为

$$P\{X = 0\} = p(0) = \frac{1}{2}; \quad P\{X = 1\} = p(1) = \frac{1}{2}$$

所以,随机变量 $Y$ 的概率分布为

$$P\{Y = 0\} = P\{X = 0\} \cdot P\{Y = 0 \mid X = 0\} + P\{X = 1\} \cdot P\{Y = 0 \mid X = 1\}$$

$$= p(0)\overline{p} + p(1)p = \frac{1}{2}(\overline{p} + p) = \frac{1}{2}$$

$$P\{Y = 1\} = P\{X = 0\} \cdot P\{Y = 1 \mid X = 0\} + P\{X = 1\} \cdot P\{Y = 1 \mid X = 1\}$$

$$= p(0)p + p(1)\overline{p} = \frac{1}{2}(\overline{p} + p) = \frac{1}{2}$$

则随机变量 $Y$ 的熵

$$H(Y) = H\left(\frac{1}{2}, \frac{1}{2}\right) = 1 \text{（bit/ 符号）}$$

由信道 I 的矩阵 $\boldsymbol{P}_\mathrm{I}$ ，有

$$
\begin{aligned}
H(Y \mid X) &= -\sum_{i=1}^{2}\sum_{j=1}^{2} p(a_i)p(b_j \mid a_i)\log p(b_j \mid a_i)\\
&= -\{[p(0)\bar{p}\log\bar{p} + p(0)p\log p] + [p(1)p\log p + p(1)\bar{p}\log\bar{p}]\}\\
&= p(0)[-(\bar{p}\log\bar{p} + p\log p)] + p(1)[-(\bar{p}\log\bar{p} + p\log p)]\\
&= [p(0) + p(1)][-(\bar{p}\log\bar{p} + p\log p)]\\
&= -(\bar{p}\log\bar{p} + p\log p) = H(\bar{p}, p) = H(p)
\end{aligned}
$$

所以，信道 I 的平均交互信息量

$$
\begin{aligned}
I(X;Y) &= H(Y) - H(Y \mid X)\\
&= 1 - H(p)\\
&= 1 - H\left[\frac{1}{2} - \frac{1}{2}(1-2p)\right] \text{（bit/符号）}
\end{aligned}
\tag{3.103}
$$

（2）因为随机变量序列 $(XYZW)$ 是马尔可夫链，所以信道 I、信道 II 的串接信道 $(X-Z)$ 的信道矩阵 $\boldsymbol{P}_{X-Z}$ ，等于信道 I 的矩阵 $\boldsymbol{P}_\mathrm{I}$ 与信道 II 的矩阵 $\boldsymbol{P}_\mathrm{II}$ 的连乘，即有

$$
\boldsymbol{P}_{X-Z} = \begin{array}{c}0\\1\end{array}\begin{bmatrix}\bar{p} & p\\ p & \bar{p}\end{bmatrix} \cdot \begin{array}{c}0\\1\end{array}\begin{bmatrix}\bar{p} & p\\ p & \bar{p}\end{bmatrix} = \begin{array}{c}0\\1\end{array}\begin{bmatrix}\bar{p}^2+p^2 & 2\bar{p}p\\ 2\bar{p}p & \bar{p}^2+p^2\end{bmatrix}
$$

随机变量 $Z$ 的概率分布为

$$
\begin{aligned}
P\{Z=0\} &= P\{X=0\}\cdot P\{Z=0 \mid X=0\} + P\{X=1\}\cdot P\{Z=0 \mid X=1\}\\
&= p(0)(\bar{p}^2+p^2) + p(1)(2\bar{p}p) = \frac{1}{2}[(\bar{p}^2+p^2)+2\bar{p}p] = \frac{1}{2}\\
P\{Z=1\} &= 1 - P\{Z=0\} = \frac{1}{2}
\end{aligned}
$$

则得随机变量 $Z$ 的熵

$$H(Z) = H\left(\frac{1}{2}, \frac{1}{2}\right) = 1\text{（bit/符号）}$$

由串接信道 $(X-Z)$ 的信道矩阵 $\boldsymbol{P}_{X-Z}$ ，有

$$
\begin{aligned}
H(Z \mid X) &= -\sum_{i=1}^{2}\sum_{k=1}^{2} p(a_i)p(c_k \mid a_i)\log p(c_k \mid a_i)\\
&= -\{[p(0)(\bar{p}^2+p^2)\log(\bar{p}^2+p^2) + p(0)(2\bar{p}p)\log(2\bar{p}p)] +\\
&\quad [p(1)(2\bar{p}p)\log(2\bar{p}p) + p(1)(\bar{p}^2+p^2)\log(\bar{p}^2+p^2)]\}\\
&= p(0)\{-[(\bar{p}^2+p^2)\log(\bar{p}^2+p^2) + (2\bar{p}p)\log(2\bar{p}p)]\} +\\
&\quad p(1)\{-[(2\bar{p}p)\log(2\bar{p}p) + (\bar{p}^2+p^2)\log(\bar{p}^2+p^2)]\}\\
&= [p(0)+p(1)]\{-[(\bar{p}^2+p^2)\log(\bar{p}^2+p^2) + (2\bar{p}p)\log(2\bar{p}p)]\}
\end{aligned}
$$

$$= H(2\bar{p}p) = H\left[\frac{1}{2} - \frac{1}{2}(1-2p)^2\right]$$

则

$$I(X;Z) = H(Z) - H(Z \mid X) = 1 - H(2\bar{p}p)$$
$$= 1 - H\left[\frac{1}{2} - \frac{1}{2}(1-2p)^2\right] \tag{3.104}$$

同理可得

$$I(X;W) = 1 - H\left[\frac{1}{2} - \frac{1}{2}(1-2p)^3\right] \tag{3.105}$$

则可有

$$I(X;Y) \geqslant I(X;Z) \geqslant I(X;W) \tag{3.106}$$

（3）一般地，设有 $N$（大于1的正整数）个二进制对称信道，串接成如图3.24所示的串接信道。当信源 $X$ 是等概分布时，同理可证。

$$I(X;Y_N) = 1 - H\left[\frac{1}{2} - \frac{1}{2}(1-2p)^N\right] (\text{bit/符号}) \quad (N=1,2,3,\cdots) \tag{3.107}$$

则有

$$I(X;Y_{N-1}) \geqslant I(X;Y_N) \quad (N=2,3,4,\cdots) \tag{3.108}$$

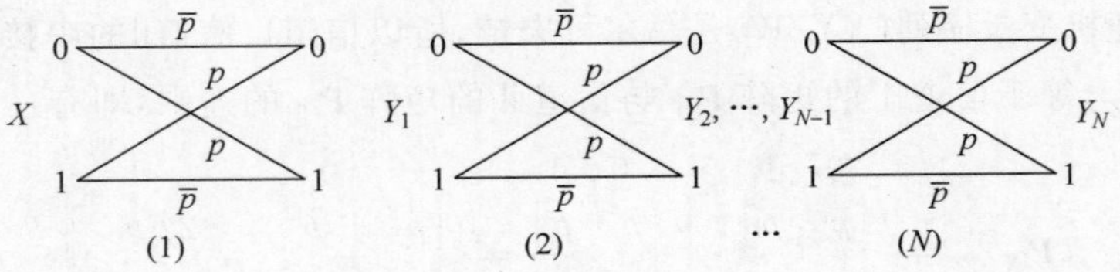

图 3.24 串接信道

式（3.108）是由 $N$ 个二进制对称信道组成的串接信道，当信源 $X=\{0,1\}$ 为等概信源时，数据处理定理的具体表现。

## 实践：信道容量的迭代算法

【已知】 信源符号个数 $r$，信宿符号个数 $s$，信道转移概率矩阵 $\boldsymbol{P}=(p_{ij})^{r\times s}$。
【算法】

（1）初始化信源分布 $p_i = \frac{1}{r}$，循环变量 $k=1$，门限为 $\Delta$，$C^{(0)} = -\infty$。

（2）$\phi_{ij}^{(k)} = \dfrac{p_i^{(k)} p_{ij}}{\sum\limits_{i=1}^{r} p_i^{(k)} p_{ij}}$。

（3）$p_i^{(k+1)} = \dfrac{\exp\left[\sum\limits_{j=1}^{s} p_{ji} \ln\phi_{ij}^{(k)}\right]}{\sum\limits_{i=1}^{r}\exp\left[\sum\limits_{j=1}^{s} p_{ij} \ln\phi_{ij}^{(k)}\right]}$。

(4) $C^{(k+1)} = \log \left\{ \sum_{i=1}^{r} \exp \left[ \sum_{j=1}^{s} p_{ij} \ln \phi_{ij}^{(k)} \right] \right\}$。

(5) 若 $\dfrac{|C^{(k+1)} - C^{(k)}|}{C^{(k+1)}} > \Delta$，则 $k = k+1$，转第(2)步。

(6) 输出 $\overline{P}^* = p_i^{(k+1)}$ 和 $C^{(k+1)}$，终止。

【要求】

(1) 输入：任意的一个信道转移概率矩阵。信源符号个数、信宿符号个数和每个具体的转移概率在运行时从键盘输入。

(2) 输出：最佳信源分布 $\overline{P}^*$，信道容量 $C$。

## 本章要点

**1. 离散信道模型**

$$X \begin{cases} a_1 \\ a_2 \\ \vdots \\ a_r \end{cases} \to p(b_j \mid a_i) \to \begin{cases} b_1 \\ b_2 \\ \vdots \\ b_s \end{cases} Y$$

**2. 信道的交互信息量**

$$\begin{aligned} I(a_i ; b_j) &= \log \frac{p(a_i \mid b_j)}{p(a_i)} \\ &= \log \frac{p(a_i b_j)}{p(a_i) p(b_j)} \\ &= \log \frac{p(b_i \mid a_j)}{p(b_i)} \end{aligned}$$

**3. 条件交互信息量**

$$\begin{aligned} I(a_i ; b_j \mid c_k) &= \log \frac{p(a_i \mid b_j c_k)}{p(a_i \mid c_k)} \\ &= \log \frac{1}{p(a_i \mid c_k)} - \log \frac{1}{p(a_i \mid b_j c_k)} \\ &= I(a_i \mid c_k) - I(a_i \mid b_j c_k) \end{aligned}$$

**4. 平均交互信息量**

$$I(X ; Y) = \sum_{i=1}^{r} \sum_{j=1}^{s} p(a_i b_j) I(a_i ; b_j) = I(Y ; X)$$

**5. 平均互信息的性质**

(1) 非负性：$I(X ; Y) \geqslant 0$

(2) 极值性：$I(X ; Y) \leqslant H(X)$

$\qquad\qquad I(X ; Y) \leqslant H(Y)$

（3）凸函数性

平均互信息量 $I(X;Y)$，在信道转移概率 $p(b_j|a_i)$ 给定条件下，是输入随机变量 $X$ 的概率分布 $P(X)$：$\{p(a_i),i=1,2,\cdots,r\}$ 的 $\bigcap$ 型凸函数。

平均交互信息量 $I(X;Y)$，在信源概率分布 $P(a_i)$ 给定的条件下，是信道转移概率 $P(Y|X)$：$\{p(b_j|a_i),i=1,2,\cdots,r;j=1,2,\cdots,s\}$ 的 $\bigcup$ 型凸函数。

**6. 信道容量**

$$C = R_{\max} = \max_{p(x)}\{I(X;Y)\}(\text{bit}/\text{符号})$$

$$C_t = R_{t\max} = \frac{1}{t}\max\{I(X;Y)\}(\text{bit}/\text{秒})$$

**7. 离散对称信道容量**

$$C = \max_{p(x)}\{I(X;Y)\} = \max_{p(x)}\{H(Y)-H(Y|X)\}$$

$$= \max_{p(x)}\{H(Y)\} - H(p_1',p_2',\cdots,p_s')$$

$$= \log s - H(p_1',p_2',\cdots,p_s') = \log s - H(\boldsymbol{P}\text{ 的行向量})$$

**8. 准对称离散信道容量**

$$C = H(Y) - H(p_1',p_2',\cdots,p_s') = \log r - \sum_{k=1}^{n}N_k\log M_k - H(p_1',p_2',\cdots,p_s')$$

**9. 数据处理定理**

信息所经过的传输信道或数据处理装置越多，丢失的信息量就可能越多。即

$$H(X) \geqslant I(X;Y) \geqslant I(X;Z) \geqslant I(X;W) \geqslant \cdots \geqslant I(X;Q)$$

第 3 章习题

# 多符号离散信源与信道

本章首先讨论用离散随机变量序列表征的信源熵的计算,包括离散平稳无记忆信源、离散平稳有记忆信源和马尔可夫信源,然后进一步从信道输入/输出符号统计关联的角度讨论多维信道的信息传输特性。

## 4.1 离散平稳信源的数学模型

### 4.1.1 离散平稳信源的数学定义

离散信源输出长度为 $N$ 的随机变量序列 $\boldsymbol{X} = X_1 X_2 \cdots X_N$,其中 $l$ 时刻输出的符号用随机变量 $X_l (l=1,2,\cdots,N)$ 表示,通常认为在每个时刻 $x_l (l=1,2,\cdots,N)$ 都取自相同的信源符号集 $\{a_1, a_2, \cdots, a_q\}$,即 $x_l \in X_l = \{a_1, a_2, \cdots, a_q\}, l=1,2,\cdots,N$。

如果对于任意的 $N$,随机变量序列 $\boldsymbol{X} = X_1 X_2 \cdots X_N$ 的概率分布 $p(x_1 x_2 \cdots x_N)$ 与时间起点无关,即当 $t=i, t=j (i,j$ 为任意整数,并且 $i \neq j)$ 时有

$$p(x_i) = p(x_j)$$
$$p(x_i x_{i+1}) = p(x_j x_{j+1})$$
$$\vdots$$
$$p(x_{i+1} x_{i+2} \cdots x_{i+N}) = p(x_{j+1} x_{j+2} \cdots x_{j+N})$$

则该信源称为离散平稳信源。

由于联合概率与条件概率有以下关系:

$$p(x_i x_{i+1}) = p(x_i) p(x_{i+1} \mid x_i)$$
$$p(x_i x_{i+1} x_{i+2}) = p(x_i) p(x_{i+1} \mid x_i) p(x_{i+2} \mid x_i x_{i+1})$$
$$\vdots$$
$$p(x_{i+1} x_{i+2} \cdots x_{i+N}) = p(x_{i+1}) p(x_{i+2} \mid x_{i+1}) \cdots p(x_{i+N} \mid x_{i+1} x_{i+2} \cdots x_{i+N-1})$$

因此,对于任意给定的长度 $L$,如果满足

$$p(x_i) = p(x_j) = p(x_1)$$
$$p(x_{i+1} \mid x_i) = p(x_{j+1} \mid x_j) = p(x_2 \mid x_1)$$
$$p(x_{i+2} \mid x_i x_{i+1}) = p(x_{j+2} \mid x_j x_{j+1}) = p(x_3 \mid x_1 x_2)$$
$$\vdots$$
$$p(x_{i+N} \mid x_{i+1} x_{i+2} \cdots x_{i+N-1}) = p(x_{j+N} \mid x_{j+1} x_{j+2} \cdots x_{j+N-1}) = p(x_N \mid x_1 x_2 \cdots x_{N-1})$$

则该离散信源为离散平稳信源。所以,对于平稳信源来说,其条件概率也与时间起点无关。

### 4.1.2 离散平稳信源的数学模型

设信源输出为 $N$ 长随机序列 $\boldsymbol{X} = X_1, X_2, \cdots, X_N$,$\boldsymbol{X}$ 序列中的每一个变量取值于同一符号集 $X = \{a_1, a_2, \cdots, a_r\}$,则 $N$ 长序列共可输出 $r^N$ 种消息,即

$$\alpha_i = (a_{i_1}, a_{i_2}, \cdots, a_{i_N}), (i = 1, 2, \cdots, r^N; \ i_1, i_2, \cdots, i_N = 1, 2, \cdots, r)$$

$N$ 维平稳信源 $\boldsymbol{X} = X_1 X_2 \cdots X_N$,是原始平稳信源的 $N$ 次扩展信源。

$$\begin{bmatrix} \boldsymbol{X} \\ P \end{bmatrix} = \begin{bmatrix} \alpha_1 & \alpha_2 & \cdots & \alpha_{r^N} \\ p(\alpha_1) & p(\alpha_2) & \cdots & p(\alpha_{r^N}) \end{bmatrix}$$

其中,

$$\alpha_i = (a_{i_1}, a_{i_2}, \cdots, a_{i_N})$$

$$a_{i_1}, a_{i_2}, \cdots, a_{i_N} \in X: \{a_1, a_2, \cdots, a_r\}$$

$$i_1, i_2, \cdots, i_N = 1, 2, \cdots, r$$

$$i = 1, 2, \cdots, r^N$$

$$0 \leqslant p(\alpha_i) = p(a_{i_1} a_{i_2} \cdots a_{i_N}) \leqslant 1$$

$$\sum_{i=1}^{r^N} p(\alpha_i) = \sum_{i_1=1}^{r} \sum_{i_2=1}^{r} \cdots \sum_{i_N=1}^{r} p(a_{i_1} a_{i_2} \cdots a_{i_N}) = 1$$

## 4.2 离散平稳无记忆信源的信息熵

若平稳信源 $X: \{a_1, a_2, \cdots, a_r\}$ 的 $N$ 次扩展信源 $\boldsymbol{X} = X_1 X_2 \cdots X_N$ 中,各时刻随机变量 $X_k$ 之间相互统计独立,则信源 $X$ 称为离散平稳无记忆信源,$\boldsymbol{X}$ 称为 $X$ 的 $N$ 次扩展信源。其概率分布满足

$$p(\boldsymbol{X}) = p(X^N) = p(X_1 X_2 \cdots X_N)$$
$$= p(X_1) p(X_2) \cdots p(X_N)$$

即

$$p(\boldsymbol{X} = \alpha_i) = p(a_{i_1} a_{i_2} \cdots a_{i_N})$$
$$= p(a_{i_1}) p(a_{i_2}) \cdots p(a_{i_N}) \quad (i = 1, 2, \cdots, r^N)$$

**定理 4.1** 离散平稳无记忆信源信源 $X = \{a_1, a_2, \cdots, a_r\}$ 的 $N$ 次扩展信源 $\boldsymbol{X} = X_1 X_2 \cdots X_N$ 的信息熵 $H(X^N)$ 是离散平稳无记忆信源信源 $X$ 的信息熵 $H(X)$ 的 $N$ 倍。

**【证明】**

$$H(X^N) = H(X_1 X_2 \cdots X_N) = -\sum_{i=1}^{r^N} p(\alpha_i) \log p(\alpha_i)$$

$$= -\sum_{i_1=1}^{r} \sum_{i_2=1}^{r} \cdots \sum_{i_N=1}^{r} p(a_{i_1} a_{i_2} \cdots a_{i_N}) \log[p(a_{i_1}) p(a_{i_2}) \cdots p(a_{i_N})]$$

$$= -\sum_{i_1=1}^{r} \sum_{i_2=1}^{r} \cdots \sum_{i_N=1}^{r} p(a_{i_1} a_{i_2} \cdots a_{i_N}) \log p(a_{i_1}) -$$

$$\sum_{i_1=1}^{r} \sum_{i_2=1}^{r} \cdots \sum_{i_N=1}^{r} p(a_{i_1} a_{i_2} \cdots a_{i_N}) \log p(a_{i_2}) -$$

$$\vdots$$

$$-\sum_{i_1=1}^{r} \sum_{i_2=1}^{r} \cdots \sum_{i_N=1}^{r} p(a_{i_1} a_{i_2} \cdots a_{i_N}) \log p(a_{i_N})$$

$$= -\sum_{i_1=1}^{r} p(a_{i_1}) \log p(a_{i_1}) - \sum_{i_2=1}^{r} p(a_{i_2}) \log p(a_{i_2}) -$$

$$\vdots$$

$$-\sum_{i_N=1}^{r} p(a_{i_N}) \log p(a_{i_N}) = H(X_1) + H(X_2) + \cdots + H(X_N)$$

根据信源的平稳性,有

$$H(X_k) = -\sum_{i_k=1}^{r} p(a_{i_k}) \log p(a_{i_k})$$

$$= -\sum_{i=1}^{r} p(a_i) \log p(a_i) = H(X) \quad (k=1,2,\cdots,N)$$

故有

$$H(X^N) = H(X_1 X_2 \cdots X_N) = NH(X)$$

【例 4.1】　设离散平稳无记忆信源 $X$ 的概率空间为

$$\begin{bmatrix} X \\ P \end{bmatrix} = \begin{bmatrix} a_1 & a_2 & a_3 \\ \dfrac{1}{4} & \dfrac{1}{2} & \dfrac{1}{4} \end{bmatrix}$$

试求该信源的二次扩展信源 $X^2 = X_1 X_2$ 的熵。

**解:**

$$H(X) = H\left(\frac{1}{4}, \frac{1}{2}, \frac{1}{4}\right) = 1.5 (\text{bit}/符号)$$

$$H(X^2) = H(X_1 X_2) = 2H(X) = 3 (\text{bit}/符号)$$

## 4.3　离散平稳有记忆信源的信息熵

根据前面的讨论,随机序列 $\boldsymbol{X} = X_1 X_2 \cdots X_N$ 的熵为

$$H(\boldsymbol{X}) = H(X^N) = H(X_1 X_2 \cdots X_N) = -\sum_{i=1}^{r^N} p(\alpha_i) \log p(\alpha_i)$$

$$= H(X_1) + H(X_2 \mid X_1) + \cdots + H(X_N \mid X_1 X_2 \cdots X_{N-1})$$

平均符号熵定义为平均每个信源符号包含的信息量

$$H_N(\boldsymbol{X}) = \frac{1}{N} H(X_1 X_2 \cdots X_N)$$

对于 $N=m+1$ 维离散平稳信源,其含义为信源某时刻发出什么符号只与前面发出的 $m$ 个符号有关联,而与更早时刻发出的符号无关,即 $m+1$ 维离散平稳信源在满足平稳条件下,还满足

$$p(x_{i+m} \mid x_1 x_2 \cdots x_{i+m-1}) = p(x_{i+m} \mid x_i x_{i+1} \cdots x_{i+m-1})$$

特别地,对于最有代表性的二维离散平稳信源,需要满足两个条件:

(1) 平稳。即

$$p(x_i) = p(x_1)$$

$$p(x_{i+1} \mid x_i) = p(x_2 \mid x_1)$$

(2) 信源发出的符号只与前一个符号有关。即

$$p(x_{i+N} \mid x_1 x_2 \cdots x_{i+N-1}) = p(x_{i+N} \mid x_{i+N-1})$$

### 4.3.1　二维离散平稳信源的条件熵

由离散平稳信源的定义,可以证明二维离散平稳信源的条件熵满足

$$\lim_{N \to \infty} H(X_N \mid X_1 X_2 \cdots X_{N-1}) = H(X_2 \mid X_1)$$

特殊地

$$H(X_3 \mid X_1 X_2) = H(X_3 \mid X_2) = H(X_2 \mid X_1)$$

简单起见,下面只对上式作证明。

【证明】

$$H(X_3 \mid X_1 X_2) = -\sum_{x_1 \in X} \sum_{x_2 \in X} \sum_{x_3 \in X} p(x_1 x_2 x_3) p(x_3 \mid x_1 x_2) \log p(x_3 \mid x_1 x_2)$$

$$= -\sum_{x_1 \in X} \sum_{x_2 \in X} \sum_{x_3 \in X} p(x_1 x_2 x_3) \log p(x_3 \mid x_1 x_2)$$

因为平稳,而且发出的符号只与前一个符号有关,所以

$$p(x_3 \mid x_1 x_2) = p(x_3 \mid x_2) = p(x_2 \mid x_1)$$

又因为 $\sum_{x_3 \in X} p(x_1 x_2 x_3) = p(x_1 x_2)$,所以

$$H(X_3 \mid X_1 X_2) = -\sum_{x_1 \in X} \sum_{x_2 \in X} p(x_1 x_2) \log p(x_2 \mid x_1) = H(X_2 \mid X_1)$$

### 4.3.2　$(m+1)$维离散平稳信源

由 $(m+1)$ 维离散平稳信源的定义,可以证明得到条件熵。

$$\lim_{N \to \infty} H(X_N \mid X_1 X_2 \cdots X_{N-1}) = H(X_{m+1} \mid X_1 X_2 \cdots X_m)$$

【例 4.2】　设有二维离散平稳信源 $X$,单符号信源的概率空间为

$$\begin{bmatrix} X \\ p(x) \end{bmatrix} = \begin{bmatrix} a_1 & a_2 & a_3 \\ \dfrac{1}{4} & \dfrac{1}{2} & \dfrac{1}{4} \end{bmatrix}$$

假设信源发出的符号只与前一个符号有关,其条件概率 $p(x_{l+1} \mid x_l)$ 如表 4.1 所示。

表 4.1 条件概率 $p(x_{l+1}|x_l)$

| $x_{l+1}$ \ $x_l$ | $a_1$ | $a_2$ | $a_3$ |
|---|---|---|---|
| $a_1$ | $\frac{1}{2}$ | $\frac{1}{3}$ | $\frac{1}{6}$ |
| $a_2$ | $\frac{1}{6}$ | $\frac{1}{2}$ | $\frac{1}{3}$ |
| $a_3$ | $\frac{1}{3}$ | $\frac{1}{6}$ | $\frac{1}{2}$ |

试计算：(1) 条件熵 $H(X_2|X_1)$ 和 $H(X_4|X_3)$；

(2) 条件熵 $H(X_3|X_2X_1)$。

**解**：(1) $H(X_2|X_1)=\frac{1}{4}H\left(\frac{1}{2},\frac{1}{3},\frac{1}{6}\right)+\frac{1}{2}H\left(\frac{1}{6},\frac{1}{2},\frac{1}{3}\right)+\frac{1}{4}H\left(\frac{1}{3},\frac{1}{6},\frac{1}{2}\right)=1.452$

(bit/符号)

$$H(X_4\mid X_3)=H(X_2\mid X_1)=1.452(\text{bit/符号})$$

(2) 因为平稳，而且发出符号只与前一个符号有关，故有

$$H(X_3\mid X_1X_2)=H(X_3\mid X_2)=H(X_2\mid X_1)=1.452(\text{bit/符号})$$

## 4.3.3 二维离散平稳信源的平均符号熵

二维平稳信源输出的无限长序列 $\boldsymbol{X}=X_1X_2\cdots X_N$ 可按每两个为一组进行划分，并假定组与组之间统计独立。则序列熵可表示为

$$H(\boldsymbol{X})=H(X_1X_2)+H(X_3X_4)+\cdots+H(X_iX_{i+1})+\cdots$$
$$=H(X_1X_2)+H(X_1X_2)+\cdots+H(X_1X_2)+\cdots$$

显然，对于有限序列熵可以通过 $H(X_1X_2)$ 近似求得。

实际上组与组之间是统计关联的，但仅忽略掉"前一组末尾上的一个符号和后一组开头的一个符号之间的关联性"，不难理解，当 $N\rightarrow\infty$ 时，$N$ 次扩展信源的平均符号熵就是离散平稳信源的实际熵。

**【例 4.3】** 对例 4.2 中的二维离散平稳信源输出的符号序列分组，每 $N$ 个符号一组且忽略组与组之间关联性，即假定组与组之间是统计独立的。当 $N=1,2,100,\cdots$ 时，计算 $N$ 次扩展信源的平均符号熵。

**解**：(1) 当 $N=1$ 时，$N$ 次扩展信源的平均符号熵（即单符号信源熵）为

$$H(\boldsymbol{X})=H\left(\frac{1}{4},\frac{1}{2},\frac{1}{4}\right)=1.5(\text{bit/符号})$$

(2) 当 $N=2$ 时，$N$ 次扩展信源的平均符号熵为

$$H_2(\boldsymbol{X})=\frac{H(X_1X_2)}{2}=\frac{H(X_1)+H(X_2\mid X_1)}{2}=1.476(\text{bit/符号})$$

(3) 当 $N=100$ 时，$N$ 次扩展信源的平均符号熵为

$$H(X_1X_2\cdots X_{100})=H(X_1)+H(X_2\mid X_1)+\cdots+H(X_{100}\mid X_1X_2\cdots X_{99})$$

因为平稳，而且发出的符号只与一个符号有关，所以

$$H(X_3\mid X_1X_2)=H(X_3\mid X_2)=H(X_2\mid X_1)$$

$$\vdots$$

$$H(X_{100} \mid X_1 X_2 \cdots X_{99}) = H(X_{100} \mid X_{99}) = H(X_2 \mid X_1)$$

所以 $N$ 次扩展信源的平均符号熵为

$$H_{100}(\boldsymbol{X}) = \frac{H(X_1 X_2 \cdots X_{100})}{100} = \frac{H(X_1) + 99 H(X_2 \mid X_1)}{100} \approx 1.452 (\text{bit}/\text{符号})$$

（4）假设符号序列长度 $N \to \infty$，则 $N$ 次扩展信源的平均符号熵（二维离散平稳信源的极限熵）为

$$\lim_{N \to \infty} H_N(\boldsymbol{X}) = \lim_{N \to \infty} \frac{H(X_1 X_2 \cdots X_N)}{N} = \lim_{N \to \infty} \frac{H(X_1) + (N-1) H(X_2 \mid X_1)}{N}$$
$$= H(X_2 \mid X_1) = 1.452 (\text{bit}/\text{符号})$$

由上例容易验证以下结论。

（1）二维离散平稳信源的极限熵

$$H_\infty = H(X_2 \mid X_1)$$

（2）条件熵和平均符号熵之间的关系为

$$H(X_2 \mid X_1) \leqslant H_2(\boldsymbol{X}) \leqslant H(X)$$

（3）随着 $N$ 的增加，$N$ 次扩展信源的平均符号熵 $H_N(\boldsymbol{X})$ 递减。

## 4.4　离散平稳有记忆信源的极限熵

一般离散平稳信源的符号之间的依赖关系是延伸到无穷的。前面通过分析得出了最简单、最具代表性的二维平稳信源的极限熵 $H_\infty = H(X_2 \mid X_1)$，而一般的离散平稳信源的极限熵如何计算呢？对离散平稳信源的性质进行分析，就可以找到答案。

对于离散平稳信源，当 $H(X) < \infty$ 时，具有以下几点性质：

（1）条件熵 $H(X_N \mid X_1 X_2 \cdots X_{N-1})$ 随 $N$ 的增加是非递增的。

（2）$N$ 给定时，平均符号熵 $\geqslant$ 条件熵，即 $H_N(\boldsymbol{X}) \geqslant H(X_N \mid X_1 X_2 \cdots X_{N-1})$。

（3）平均符号熵 $H_N(\boldsymbol{X})$ 随 $N$ 的增加是非递增的。

（4）离散平稳信源的极限熵 $H_\infty = \lim\limits_{N \to \infty} H_N(\boldsymbol{X}) = \lim\limits_{N \to \infty} H(X_N \mid X_1 X_2 \cdots X_{N-1})$。

性质（1）表明，在信源输出序列中符号之间前后依赖关系越长，前面若干个符号发生后，其后发生什么符号的平均不确定性就越小。也就是说，条件较多的熵必小于或等于条件较少的熵，而条件熵必小于或等于无条件熵。例如：

$$H(X) \geqslant H(X_2 \mid X_1) \geqslant H(X_3 \mid X_1 X_2) \geqslant H(X_4 \mid X_1 X_2 X_3)$$

性质（2）表明，"只考虑组内 $N$ 个符号之间的关联性的 $N$ 次扩展信源的平均符号熵"大于或等于"关联性延伸到无穷的平稳信源的条件熵"。例如：

$$\frac{H(X_1 X_2)}{2} \geqslant H(X_2 \mid X_1), \quad \frac{H(X_1 X_2 X_3)}{3} \geqslant H(X_3 \mid X_1 X_2)$$

性质（3）表明，平稳信源的记忆长度 $N$ 越大，平均符号熵越小。例如

$$H(X) \geqslant \frac{H(X_1 X_2)}{2} \geqslant \frac{H(X_1 X_2 X_3)}{3} \geqslant \frac{H(X_1 X_2 X_3 X_4)}{4}$$

又因为 $H_N(\boldsymbol{X}) \geqslant 0$，即有

$$0 \leqslant H_N(\boldsymbol{X}) \leqslant H_{N-1}(\boldsymbol{X}) \leqslant H_{N-2}(\boldsymbol{X}) \leqslant \cdots \leqslant H(\boldsymbol{X}) < \infty$$

因此,当记忆长度 $N$ 足够大 $N \to \infty$ 时,$N$ 维离散平稳有记忆信源 $\boldsymbol{X} = X_1 X_2 \cdots X_N$ 的平均符号熵 $H_N(\boldsymbol{X})$ 的极限值,即极限值 $H_\infty$ 是存在的,且为处于零和 $H(\boldsymbol{X})$ 之间的某一有限值。

性质(4)表明,对于离散平稳信源,当考虑依赖关系为无限长时,平均符号熵和条件熵都非递增地一致趋于平稳信源的信息熵(极限熵)。所以可以用条件熵或平均符号熵来近似描述平稳信源,即

$$\lim_{N \to \infty} \frac{H(X_1 X_2 \cdots X_N)}{N} = \lim_{N \to \infty} H(X_N \mid X_1 X_2 \cdots X_{N-1})$$

性质(1)~性质(4)主要讨论了离散平稳信源的平均符号熵和条件熵,结论可以这样理解:二者随着 $N$ 的增加都是单调非增的;当 $N$ 给定时,前者不小于后者;当 $N \to \infty$ 时,二者相等,就是极限熵 $H_\infty$。

下面对离散平稳信源的 4 个性质作证明。

性质(1)的证明:类似于"条件熵不大于无条件熵"的证明,同理证得"条件较多的熵不大于减少一些条件的熵",即

$$H(X_3 \mid X_1 X_2) \leqslant H(X_3 \mid X_2)$$

因为信源是平稳的,所以有

$$H(X_3 \mid X_2) = H(X_2 \mid X_1)$$

故得

$$H(X_3 \mid X_1 X_2) \leqslant H(X_2 \mid X_1) \leqslant H(X_1)$$

同理可得,平稳信源有

$$H(X_N \mid X_1 \cdots X_{N-1}) \leqslant H(X_{N-1} \mid X_1 \cdots X_{N-2}) \leqslant H(X_{N-2} \mid X_1 \cdots X_{N-3}) \leqslant$$
$$\cdots \leqslant H(X_3 \mid X_1 X_2) \leqslant H(X_2 \mid X_1) \leqslant H(X_1)$$

性质(2)的证明:根据平均符号熵的定义以及熵的链规则,可得

$$NH_N(\boldsymbol{X}) = H(X_1 X_2 \cdots X_N) = H(X_1) + H(X_2 \mid X_1) + \cdots + H(X_N \mid X_1 X_2 \cdots X_{N-1})$$

运用性质(1),得

$$NH_N(\boldsymbol{X}) \geqslant H(X_N \mid X_1 X_2 \cdots X_{N-1}) + \cdots + H(X_N \mid X_1 X_2 \cdots X_{N-1})$$
$$= NH(X_N / X_1 X_2 \cdots X_{N-1})$$

性质(3)的证明:根据平均符号熵的定义

$$NH_N(\boldsymbol{X}) = H(X_1 X_2 \cdots X_N) = H(X_N \mid X_1 X_2 \cdots X_{N-1}) + H(X_1 X_2 \cdots X_{N-1})$$
$$= H(X_N \mid X_1 X_2 \cdots X_{N-1}) + (N-1)H_{N-1}(\boldsymbol{X})$$

运用性质(2),得

$$NH_N(\boldsymbol{X}) \leqslant H_N(\boldsymbol{X}) + (N-1)H_{N-1}(\boldsymbol{X})$$

所以

$$H_N(\boldsymbol{X}) \leqslant H_{N-1}(\boldsymbol{X})$$

性质(4)的证明:一方面,由性质(2),令 $N \to \infty$,有

$$\lim_{N \to \infty} H_N(\boldsymbol{X}) \geqslant \lim_{N \to \infty} H(X_N \mid X_1 X_2 \cdots X_{N-1}) \tag{4.1}$$

另一方面,根据平均符号熵的定义以及熵的链规则,有

$$H_{N+k}(\boldsymbol{X}) = \frac{1}{N+k} H(X_1 X_2 \cdots X_N \cdots X_{N+k})$$

$$= \frac{1}{N+k}[H(X_1 X_2 \cdots X_{N-1}) + H(X_N \mid X_1 X_2 \cdots X_{N-1}) + H(X_{N+1} \mid X_1 X_2 \cdots X_N) + \cdots +$$

$$H(X_{N+k} \mid X_1 X_2 \cdots X_{N+k-1})]$$

根据条件熵的非递增性和平稳性,有

$$H_{N+k}(\boldsymbol{X}) \leqslant \frac{1}{N+k}[H(X_1 \cdots X_{N-1}) + H(X_N \mid X_1 X_2 \cdots X_{N-1}) + H(X_N \mid X_1 X_2 \cdots X_N) +$$

$$\cdots + H(X_N \mid X_1 X_2 \cdots X_{N-1})]$$

$$= \frac{1}{N+k} H(X_1 \cdots X_{N-1}) + \frac{k+1}{N+k} H(X_N \mid X_1 \cdots X_{N-1})$$

当 $k$ 取足够大时 $N \to \infty$,固定 $N$,而 $H(X_1 \cdots X_{N-1})$ 和 $H(X_N \mid X_1 \cdots X_{N-1})$ 为定值,所以前一项因为 $\frac{1}{N+k} \to 0$ 可以忽略,而后一项因为 $\frac{k+1}{N+k} \to 1$,所以得

$$\lim_{N \to \infty} H_{N+k}(\boldsymbol{X}) \leqslant H(X_N \mid X_1 X_2 \cdots X_{N-1})$$

再令 $N \to \infty$,因极限存在

$$\lim_{N \to \infty} H_N(\boldsymbol{X}) = H_\infty$$

所以得

$$\lim_{N \to \infty} H_N(\boldsymbol{X}) \leqslant \lim_{N \to \infty} H(X_N \mid X_1 X_2 \cdots X_{N-1}) \tag{4.2}$$

最后,由式(4.1)和式(4.2),必有

$$H_\infty = \lim_{N \to \infty} H_N(\boldsymbol{X}) = \lim_{N \to \infty} H(X_N \mid X_1 \cdots X_{N-1})$$

总结有限维离散平稳信源的极限熵计算式如下:

(1) 二维平稳信源的极限熵

$$H_\infty = H(X_2 \mid X_1)$$

这与例题 4.3 中得到的式子是一致的。

(2) $(m+1)$ 维离散平稳信源的极限熵为

$$H_\infty = H(X_{m+1} \mid X_1 X_2 \cdots X_m)$$

简记为 $H_{m+1}$。

容易理解,二维离散平稳信源的极限熵为 $H_2$,且 $H_2 = H_3 = H_4 = \cdots = H_\infty$。

## 4.5 马尔可夫信源的极限熵

当信源输出序列长度 $N$ 趋近无穷大时,描述有记忆信源要比描述无记忆信源困难得多。在实际问题中,往往试图限制记忆长度,也就是说任何时刻信源发出符号的概率只与前面已经发出的 $m(m < M)$ 个符号有关,而与更前面发出的符号无关。

用概率意义可表达为

$$p(x_t \mid x_{t-1}, x_{t-2}, x_{t-3}, \cdots, x_{t-m}, \cdots) = p(x_t \mid x_{t-1}, \cdots, x_{t-m})$$

这是一种具有马尔可夫链性质的信源,是非平稳信源,是十分重要而又常用的一种有记忆信源。

## 4.5.1 有限状态马尔可夫链

**定义 4.1** 设 $\{X_n, n \in N^+\}$ 为一随机序列,时间参数集 $N^+ = \{0, 1, 2, \cdots\}$,其状态空间 $S = \{s_1, s_2, \cdots, s_J\}$,若对所有 $n \in N^+$,有

$$p(X_n = s_i \mid X_{n-1} = s_{i_{n-1}}, X_{n-2} = s_{i_{n-2}}, \cdots, X_t = s_{i_1}, \cdots) = p(X_n = s_{i_n} \mid X_{n-1} = s_{i_{n-1}})$$

$$(4.3)$$

则称 $\{X_n, n \in N^+\}$ 为马尔可夫链。

该式的直观意义是:系统在现在时刻 $n-1$ 处于状态 $s_{i_{n-1}}$,那么将来时刻 $n$ 的状态 $s_{i_n}$ 与过去时刻 $n-2, n-3, \cdots, 1$ 的状态 $s_{i_{n-2}}, \cdots, s_{i_1}$ 无关,仅与现在时刻 $n-1$ 的状态 $s_{i_{n-1}}$ 有关。简言之,已知系统的现在,那么系统的将来与过去无关。这种特性称为马尔可夫特性。在处理实际问题时,常常需要知道系统状态的转化情况,因此引入转移概率

$$p_{ij}(m, n) = p\{X_n = s_j \mid X_m = s_i\}$$
$$= p\{X_n = j \mid X_m = i\} \quad (i, j \in S)$$

转移概率 $p_{ij}(m, n)$ 表示已知在时刻 $m$ 系统处于状态 $s_i$,或者说 $X_m$ 取值 $s_i$ 的条件下,经 $n-m$ 步后转移到状态 $s_j$ 的概率。也可以把 $p_{ij}(m, n)$ 理解为已知在时刻 $m$ 系统处于状态 $i$ 的条件下,在时刻 $n$ 系统处于 $j$ 的条件概率,故转移概率实际上是一个条件概率。因此,转移概率具有下述性质:

$$p_{ij}(m, n) \geqslant 0 \quad (i, j \in S)$$
$$\sum_{j \in I} p_{ij}(m, n) = 1 \quad (i \in S)$$

由于转移概率是一条件概率,因此第一个性质是显然的。对于第二个性质,有

$$\sum_{j \in I} p_{ij}(m, n) = \sum_{j \in I} p\{X_n = j \mid X_m = i\}$$
$$= p\{S \mid X_m = i\} = 1$$

特别注意 $n-m=1$,即 $p_{ij}(m, m+1)$ 的情况。把 $p_{ij}(m, m+1)$ 记为 $p_{ij}(m)(m \geqslant 0)$,并称为基本转移概率,有些地方也称它为一步转移概率。

$$p_{ij}(m) = p\{X_{m+1} = j \mid X_m = i\} \quad (i, j \in S)$$

括号中 $m$ 表示转移概率与时刻 $m$ 有关。显然,基本转移概率具有下述性质:

(1) $p_{ij}(m) \geqslant 0, i, j \in S$;

(2) $\sum_{j \in I} p_{ij}(m) = 1, i \in S$。

类似地,定义 $k$ 步转移概率为

$$p_{ij}^{(k)}(m) = p\{X_{m+k} = j \mid X_m = i\} \quad (i, j \in S)$$

它表示在时刻 $m$ 时,$X_m$ 的状态为 $i$ 的条件下,经过 $k$ 步转移到达状态 $j$ 的概率。显然有

(1) $p_{ij}^{(k)}(m) \geqslant 0, i, j \in S$;

(2) $\sum_{j \in I} p_{ij}^{(k)}(m) = 1, i \in S$。

当 $k=1$ 时,它恰好是一步转移概率

$$p_{ij}^{(1)}(m) = p_{ij}(m)$$

通常还规定

$$p_{ij}^{(0)}(m) = \delta_{ij} = \begin{cases} 1 & (i = j) \\ 0 & (i \neq j) \end{cases}$$

由于系统在任一时刻可处于状态空间 $S = \{0, \pm 1, \pm 2, \cdots\}$ 中的任意一个状态，因此状态转移时，转移概率是一个矩阵

$$\boldsymbol{P} = \{p_{ij}^{(k)}(m)(i, j \in S)\} \tag{4.4}$$

称为 $k$ 步转移矩阵。由于所有具有性质(1)、性质(2)的矩阵都是随机矩阵，故式(4.4)也是一个随机矩阵。它决定了系统 $X_1, X_2, \cdots$ 所取状态转移过程的概率法则。$p_{ij}^{(k)}(m)$ 对应矩阵 $\boldsymbol{P}$ 中第 $i$ 行第 $j$ 列的元素。由于一般情况下，状态空间 $S = \{0, \pm 1, \pm 2, \cdots\}$ 是一个可数无穷集合，所以转移矩阵 $\boldsymbol{P}$ 是一个无穷行无穷列的随机矩阵。

**定义 4.2** 如果在马尔可夫链中

$$p_{ij}(m) = p\{X_{m+1} = j \mid X_m = i\} = p_{ij} \quad (i, j \in S)$$

即从状态 $i$ 转移到状态 $j$ 的概率与 $m$ 无关，则称这类马尔可夫链为时齐马尔可夫链，或齐次马尔可夫链。有时也说它是具有平稳转移概率的马尔可夫链。

对于时齐马尔可夫链，一步转移概率 $p_{ij}$ 具有下述性质：

(1) $p_{ij} \geqslant 0, i, j \in S$；

(2) $\sum_{j \in I} p_{ij} = 1, i \in S$。

由一步转移概率可 $p_{ij}$ 以写出其转移矩阵为

$$\boldsymbol{P} = \{p_{ij}(i, j \in S)\}$$

或

$$\boldsymbol{P} = \begin{bmatrix} p_{11} & p_{12} & p_{13} & \cdots \\ p_{21} & p_{22} & p_{23} & \cdots \\ p_{31} & p_{32} & p_{33} & \cdots \\ \vdots & \vdots & \vdots & \vdots \end{bmatrix}$$

显然矩阵 $\boldsymbol{P}$ 中的每一个元素都是非负的，并且每行之和均为 1。如果马尔可夫链中状态空间 $S = \{0, 1, 2, \cdots, n\}$ 是有限的，则称为有限状态的马尔可夫链；如果状态空间 $S = \{0, \pm 1, \pm 2, \cdots\}$ 是无穷集合，则称它为可数无穷状态的马尔可夫链。

对于具有 $m + r$ 步转移概率的齐次马尔可夫链，存在下述切普曼-柯尔莫哥洛夫方程

$$p^{(m+r)} = p^{(m)} p^{(r)} \quad (m, r \geqslant 1)$$

或写成

$$p_{ij}^{(m+r)} = \sum_{k \in I} p_{ik}^{(m)} p_{kj}^{(r)} \quad (i, j \in I) \tag{4.5}$$

**【证明】** 应用全概率公式可以证明上式成立。

$$p_{ij}^{(m+r)} = p\{X_{n+m+r} = s_j \mid X_n = s_i\}$$
$$= \frac{p\{X_{n+m+r} = s_j, X_n = s_i\}}{p\{X_n = s_i\}}$$

$$= \sum_{k \in I} \frac{p\{X_{n+m+r} = s_j, X_{n+m} = s_k, X_n = s_i\}}{p\{X_{n+m} = s_k, X_n = s_i\}} \cdot$$

$$\frac{p\{X_{n+m} = s_k, X_n = s_i\}}{p\{X_n = s_i\}}$$

$$= \sum_{k \in I} p\{X_{n+m+r} = s_j \mid X_{n+m} = s_k, X_n = s_i\} \cdot$$

$$p\{X_{n+m} = s_k \mid X_n = s_i\} \tag{4.6}$$

根据马尔可夫链特性及齐次性,可得上式中第一个因子为

$$p\{X_{n+m+r} = s_j \mid X_{n+m} = s_k, X_n = s_i\}$$

$$= p\{X_{n+m+r} = s_j \mid X_{n+m} = s_k\} = p_{kj}^{(r)}$$

第二个因子为

$$p\{X_{n+m} = s_k \mid X_n = s_i\} = p_{ik}^{(m)}$$

将上述结果代入式(4.6),则式(4.5)得证。

利用式(4.5)就可以用一步转移概率表达多步转移概率。事实上,有

$$p_{ij}^{(2)} = \sum_{k \in I} p_{ik} p_{kj} \quad (i, j \in I)$$

一般地

$$p_{ij}^{(m+1)} = \sum_{k \in I} p_{ik}^{(m)} p_{kj}$$

$$= \sum_{k \in I} p_{ik} p_{kj}^{(m)} \quad (i, j \in I)$$

值得指出的是,转移概率 $p_{ij}$ 不包含初始分布,亦即第 0 次随机试验中 $X_0 = s_i$ 的概率不能由转移概率 $p_{ij}$ 表达。因此,还需引入初始分布。

**定义 4.3** 若齐次马尔可夫链对一切 $i, j$ 存在不依赖于 $i$ 的极限

$$\lim_{n \to \infty} p_{ij}^{(n)} = p_j$$

且满足

$$p_j \geqslant 0$$

$$p_j = \sum_{i=0}^{\infty} p_i p_{ij}$$

$$\sum_j p_j = 1$$

则称其具有遍历性,$p_j$ 称为平稳分布。其中,$p_i$ 为该马尔可夫链的初始分布。

遍历性的直观意义是,不论质点从哪一个状态 $s_i$ 出发,当转移步数 $n$ 足够大时,转移到状态 $s_j$ 的概率 $p_{ij}^{(n)}$ 都近似等于某个常数 $p_j$。反过来说,如果转移步数 $n$ 充分大,就可以用常数 $p_j$ 作为 $n$ 步转移概率 $p_{ij}^{(n)}$ 的近似值。

这意味着马尔可夫信源在初始时刻可以处在任意状态,然后信源状态之间可以转移。经过足够长时间后,信源处于什么状态已经与初始状态无关。这时,每种状态出现的概率已经达到一种稳定分布,即平稳分布。

对于一个有 $r$ 个状态的马尔可夫链,若令

$$W_j^{(n)} = p\{t = n \text{ 时刻的状态为 } s_j\}$$
$$= p\{X_n = s_j\}$$

则可以写出 $t = n-1$ 与 $t = n$ 时刻的状态方程

$$W_j^{(n)} = W_1^{n-1} p_{1j} + W_2^{n-2} p_{2j} + \cdots + W_r^{(n-1)} p_{rj} \quad (j = 1, 2, \cdots, r) \tag{4.7}$$

设

$$\boldsymbol{W}^{(n)} = \begin{bmatrix} W_1^{(n)} & W_2^{(n)} & \cdots & W_r^{(n)} \end{bmatrix}$$

则式(4.7)可以表示成

$$\boldsymbol{W}^{(n)} = \boldsymbol{W}^{(n-1)} \boldsymbol{P}$$

将上式递推运算后可得

$$\boldsymbol{W}^{(n)} = \boldsymbol{W}^{(n-1)} P = \boldsymbol{W}^{(n-2)} P^2 = \cdots = \boldsymbol{W}^{(0)} P^n$$

这就是说,$t = n$ 时刻的状态分布向量 $\boldsymbol{W}^{(n)}$ 是初始分布向量 $\boldsymbol{W}^{(0)}$ 与转移矩阵 $\boldsymbol{P}$ 的 $n$ 次幂的乘积。

对于有限状态马尔可夫链,如果存在一个数集 $W_1, W_2, \cdots, W_r$,且满足

$$\lim_{n \to \infty} p_{ij}^{(n)} = W_j \quad (i, j = 1, 2, \cdots, r)$$

则称该马尔可夫链的稳态分布存在。

关于有限状态马尔可夫链的存在性,详细证明可参阅有关文献。这里,我们给出两个定理。

**定理 4.2** 设有一马尔可夫链,其状态转移矩阵为 $\boldsymbol{P} = (p_{ij})(i, j = 1, 2, \cdots, r)$,其稳态分布为 $W_j (j = 1, 2, \cdots, r)$,则

(1) $\sum_{j=1}^{r} W_j = 1$;

(2) $\boldsymbol{W} = (W_1, W_2, \cdots, W_r)$ 是该链的稳态分布向量,即

$$\boldsymbol{WP} = \boldsymbol{W}$$

进而,如果初始分布 $W^0 = \boldsymbol{W}$,则对所有的 $n, W^{(n)} = \boldsymbol{W}$;

(3) $\boldsymbol{W}$ 是该链的唯一稳态分布,即如果有

$$\boldsymbol{\Pi} = (\Pi_1, \Pi_2, \cdots, \Pi_r)$$

而且

$$\Pi_i \geqslant 0$$
$$\sum_{i=1}^{r} \Pi_i = 1$$

则

$$\boldsymbol{\Pi P} = \boldsymbol{\Pi}$$

这意味着

$$\boldsymbol{\Pi} = \boldsymbol{W}$$

**定理 4.3** 设 $\boldsymbol{P}$ 为某一马尔可夫链的状态转移矩阵,则该链稳态分布存在的充要条件是存在一个正整数 $N$,使矩阵 $\boldsymbol{P}^N$ 中的所有元素均大于零。

实质上,由上述定理所给定的条件等价于存在一个状态 $s_j$ 和正整数 $N$,使得从任意初始状态出发,经过 $N$ 步转移之后,一定可以达到状态 $s_j$。同时,从该定理中可以推出,如果

$P$ 中没有零元素,即任一状态经一步转移后便可到达其他状态,则稳态分布存在。

【例 4.4】　设有一马尔可夫链,其状态转移矩阵为

$$P = \begin{bmatrix} 0 & 0 & 1 \\ \dfrac{1}{2} & \dfrac{1}{3} & \dfrac{1}{6} \\ \dfrac{1}{2} & \dfrac{1}{2} & 0 \end{bmatrix}$$

为了验证它是否满足定理 4.3 的条件,计算矩阵

$$P^2 = \begin{bmatrix} 0 & 0 & * \\ * & * & * \\ * & * & 0 \end{bmatrix} \begin{bmatrix} 0 & 0 & * \\ * & * & * \\ * & * & 0 \end{bmatrix} = \begin{bmatrix} * & * & 0 \\ * & * & * \\ * & * & * \end{bmatrix}$$

和矩阵

$$P^3 = \begin{bmatrix} * & * & * \\ * & * & * \\ * & * & * \end{bmatrix}$$

其中,星号"*"表示非零元素。因此,这个马尔可夫链是遍历的,其稳态分布存在。

由于

$$WP = W$$

其中,$W = (W_1, W_2, W_3)$,即

$$W_1 = \frac{1}{2}W_2 + \frac{1}{2}W_3$$

$$W_2 = \frac{1}{3}W_1 + \frac{1}{2}W_3$$

$$W_3 = W_1 + \frac{1}{6}W_2$$

由上式可以解得

$$W_1 = \frac{1}{3}, \quad W_2 = \frac{2}{7}, \quad W_3 = \frac{8}{21}$$

## 4.5.2　马尔可夫信源

一般情况下,信源输出的符号序列中符号之间的依赖关系是有限的,即任一时刻信源符号发生的概率仅与前面已经发出的若干个符号有关,而与更前面发出的符号无关。对于这种情况,我们可以视为信源在某一时刻发出的符号与信源所处的状态有关。设信源的状态空间为 $S = \{s_1, s_2, \cdots, s_J\}$,在每一个状态下信源可能输出的符号 $X \in A = (a_1, a_2, \cdots, a_q)$。并认为每一时刻当信源发出一个符号后,信源所处的状态将发生变化,并转入一个新的状态。信源输出的随机符号序列为 $x_1 x_2 \cdots x_l \cdots (x_l \in A = (a_1, a_2, \cdots, a_q); l = 1, 2, \cdots)$,信源所处的状态序列为 $u_1 u_2 \cdots u_l \cdots (u_l \in S = (s_1, s_2, \cdots, s_J); l = 1, 2, \cdots)$。

定义 4.4　若信源输出的符号序列和状态序列满足下列条件则称此信源为马尔可夫信源。

某一时刻信源符号的输出只与当时的信源状态有关,而与以前的状态无关,即

$$p(x_l = a_k \mid u_l = s_j, x_{l-1} = a_k, u_{t-1} = s_i, \cdots)$$
$$= p(x_l = a_k \mid u_l = s_j)$$

其中，$a_k \in A = (a_1, a_2, \cdots, a_q)$，$s_i, s_j \in S = (s_1, s_2, \cdots, s_J)$。

信源状态只由当前输出符号和前一时刻信源状态唯一确定，即

$$p(u_l = s_i \mid x_l = a_k, u_{t-1} = s_j) = \begin{cases} 1 \\ 0 \end{cases}$$

类似地，可以定义 $m$ 阶马尔可夫信源。

**定义 4.5** 表明，信源输出的符号序列 $x_l = a_k(l = 1, 2, \cdots)$ 完全由信源所处的状态 $u_l = s_j$ 决定。故可将信源输出的符号序列 $x_l(l = 1, 2, \cdots)$ 变换成信源状态序列 $u_l(l = 1, 2, \cdots)$。于是将一个讨论信源输出符号的不确定性问题变换成讨论信源状态转换的问题。从定义还可以看出，若信源在 $l-1$ 时刻处于某一状态 $s_j$，它是信源状态空间 $S$ 中可能状态中的一个，当信源发出一个符号后，所处的状态就变了，从 $s_j$ 状态变成 $s_i$ 状态，显然信源状态的转移依赖于信源发出的符号和所处的状态。状态之间的一步转移概率为

$$p_{ji} = p(u_l = s_i \mid u_{l-1} = s_j)$$

其中，$s_i, s_j \in S = (s_1, s_2, \cdots, s_J)$。它表示前一时刻 $l-1$ 信源处于 $s_j$ 状态下，在下一时刻 $i$ 信源将处于 $s_i$ 状态。

马尔可夫信源在数学上可以用马尔可夫链来处理。因而可以用马尔可夫链的状态转移图来描述马尔可夫信源。

**【例 4.5】** 设有一个二进制一阶马尔可夫信源，其信源符号集为 $A = (0, 1)$，条件概率为

$$p(0 \mid 0) = 0.25$$
$$p(0 \mid 1) = 0.50$$
$$p(1 \mid 0) = 0.75$$
$$p(1 \mid 1) = 0.50$$

由于信源符号数 $q = 2$，因此二进制一阶信源仅有 2 个状态 $S_1 = 0, S_2 = 1$。信源的状态图如图 4.1 所示。由条件概率求得信源转移概率为

$$p(s_1 \mid s_1) = 0.25$$
$$p(s_1 \mid s_2) = 0.50$$
$$p(s_2 \mid s_1) = 0.75$$
$$p(s_2 \mid s_2) = 0.50$$

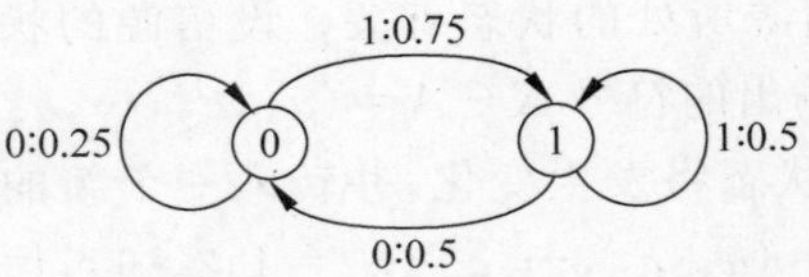

图 4.1 一阶马尔可夫信源状态转移图

**【例 4.6】** 设有一个二进制二阶马尔可夫信源，其信源符号集为 $(0, 1)$，条件概率为

$$p(0 \mid 00) = p(1 \mid 11) = 0.8$$
$$p(1 \mid 00) = p(0 \mid 11) = 0.2$$
$$p(0 \mid 01) = p(0 \mid 10) = p(1 \mid 01) = p(1 \mid 10) = 0.5$$

这个信源的符号数是 $q = 2$，故共有 $q^m = 2^2 = 4$ 个可能的状态为 $s_1 = 00, s_2 = 01, s_3 = 10, s_4 = 11$。如果信源原来所处的状态为 $s_1 = 00$，则下一个状态信源只可能发出 0 或 1。故下一时刻只可能转移到 00 或 01 状态，而不会转移到

10 或 11 状态。同理还可以分析出初始状态为其他状态时的状态转移过程。由条件概率容易求得

$$p(s_1 \mid s_1) = p(s_4 \mid s_4) = 0.8$$

$$p(s_2 \mid s_1) = p(s_3 \mid s_4) = 0.2$$

$$p(s_1 \mid s_3) = p(s_2 \mid s_3) = p(s_3 \mid s_2) = p(s_4 \mid s_2) = 0.5$$

除此之外,其余为 0。该信源的状态转移图如图 4.2 所示。

该信源的状态转移矩阵为

$$\mathbf{P} = \begin{bmatrix} 0.8 & 0.2 & 0 & 0 \\ 0 & 0 & 0.5 & 0.5 \\ 0.5 & 0.5 & 0 & 0 \\ 0 & 0 & 0.2 & 0.8 \end{bmatrix}$$

由此例看出,对于一般的 $m$ 阶马尔可夫信源

$$\begin{bmatrix} X \\ P \end{bmatrix} = \begin{bmatrix} a_1 & a_2 & \cdots & a_q \\ p(a_{i_{m+i}} \mid a_{i_1} a_{i_2} \cdots a_{i_m}) \end{bmatrix}$$

可通过引入状态转移概率,而转化为马尔可夫链,即令

$$s_i = (a_{i_1} a_{i_2} \cdots a_{i_m}), \quad i_1, i_2, \cdots, i_m \in (1, 2, \cdots, q)$$

从而得到马尔可夫信源状态空间

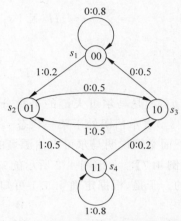

图 4.2　二阶马尔可夫信源状态转移图

$$\begin{bmatrix} s_1 & s_2 & \cdots & s_{q^m} \\ & p(s_j \mid s_i) \end{bmatrix}$$

其中,状态转移概率 $p(s_j \mid s_i)$ 由信源符号条件概率

$$p(a_{i_{m+1}} \mid a_{i_1} a_{i_2} \cdots a_{i_m})$$

确定,其中 $i, j \in (1, 2, \cdots, q^m)$。

下面计算遍历的 $m$ 阶马尔可夫信源所能提供的平均信息量,即信源的极限熵 $H_\infty$。

由前面的分析可知,当时间足够长后,遍历的 $m$ 阶马尔可夫信源可以视作平稳信源来处理。又因为信源发出的符号只与最近的 $m$ 个符号有关,所以得

$$H_\infty = \lim_{N \to \infty} H(X_N \mid X_1 X_2 \cdots X_{N-1})$$

$$= H(X_{m+1} \mid X_1 X_2 \cdots X_m)$$

$$= H_{m+1}$$

下面计算 $H_{m+1}$。

对于齐次、遍历的马尔可夫链,其状态 $s_j$ 由 $(a_{k_1}, a_{k_2}, \cdots, a_{k_m})$ 唯一确定,因此有

$$p(a_{k_{m+1}} \mid a_{k_m}, \cdots, a_{k_1}) = p(a_{k_{m+1}} \mid s_j)$$

上式两端同时取对数,并对 $(a_{k_{m+1}}, a_{k_m}, \cdots, a_{k_1})$ 和 $s_j$ 取统计平均,然后取负,则

$$左端 = -\sum_{k_{m+1}, \cdots, k_1; s_j} p(a_{k_{m+1}}, \cdots, a_{k_1}; S_j) \cdot \log p(a_{k_{m+1}} \mid a_{k_m}, \cdots, a_{k_1})$$

$$= -\sum_{k_{m+1}, \cdots, k_1} p(a_{k_{m+1}}, \cdots, a_{k_1}) \cdot \log p(a_{k_{m+1}} \mid a_{k_m}, \cdots, a_{k_1})$$

$$= H(a_{k_{m+1}} \mid a_{k_m}, a_{k_{m-1}}, \cdots, a_{k_1})$$

$$= H_{m+1}$$

$$右端 = -\sum_{k_{m+1},\cdots,k_1;s_j} p(a_{k_{m+1}},\cdots,a_{k_1};s_j)\cdot\log p(a_{k_{m+1}}\mid s_j)$$

$$= -\sum_{k_{m+1},\cdots,k_1;s_j} p(a_{k_m},\cdots,a_{k_1};s_j)p(a_{k_{m+1}}\mid s_j)\cdot\log p(a_{k_{m+1}}\mid s_j)$$

$$= -\sum_{k_{m+1}}\sum_{s_j} p(s_j)p(a_{k_{m+1}}\mid s_j)\log p(a_{k_{m+1}}\mid s_j)$$

$$= \sum_{s_j} p(s_j)H(X\mid s_j)$$

亦即

$$H_{m+1} = \sum_{s_j} p(s_j)H(X\mid s_j)$$

其中，$p(s_j)$是马尔可夫链的平稳分布，它可以根据定理 4.5.1 给出的方法计算。熵函数 $H(X\mid s_j)$ 表示信源处于某一状态 $s_j$ 时发出一个消息符号的平均不确定性。

下面举例说明马尔可夫信源熵的计算方法。

【例 4.7】 考虑图 4.2 所示的二阶马尔可夫信源状态转移图。该信源的四个状态都是遍历的。于是，根据定理 4.5.1 可知，设

$$\boldsymbol{W} = [W_1 \quad W_2 \quad W_3 \quad W_4]$$

其中，$W_1 = p(s_1), W_2 = p(s_2), W_3 = p(s_3), W_4 = p(s_4)$。

由方程

$$\boldsymbol{WP} = \boldsymbol{W}$$

及条件

$$p(s_1) + p(s_2) + p(s_3) + p(s_4) = 1$$

可以解得

$$p(s_1) = p(s_4) = \frac{5}{14}$$

$$p(s_2) = p(s_3) = \frac{1}{7}$$

从而求得信源熵 $H_\infty$，即

$$H_\infty = H_{m+1} = H_3$$

$$= -\sum_{s_j}\sum_i p(s_j)p(a_i\mid s_j)\log p(a_i\mid s_j)$$

$$= \sum_{s_j} p(s_j)H(X\mid s_j)$$

$$= \frac{5}{14}H(0.8,0.2) + \frac{1}{7}H(0.5,0.5) +$$

$$\frac{1}{7}H(0.5,0.5) + \frac{5}{14}H(0.8,0.2)$$

$$= \frac{5}{7}\times 0.7219 + \frac{2}{7}\times 1$$

$$= 0.8$$

## 4.6 信源的剩余度

信源的剩余度主要来自两个方面:一方面是信源符号之间的统计相关性;另一方面是信源符号概率分布的不均匀性。

设信源 $X=\{a_1,a_2,\cdots,a_r\}$,讨论信源 $X$ 在不同条件下的平均符号熵。

当 $X$ 离散平稳无记忆时,有

$$H_\infty=H_1=H(X_1)$$

当 $X$ 记忆长度为 1 时,有

$$H_\infty=H_2=H(X_2\mid X_1)$$

当 $X$ 记忆长度为 2 时,有

$$H_\infty=H_3=H(X_3\mid X_2X_1)$$

$$\vdots$$

当 $X$ 记忆长度为 $m$ 时,有

$$H_\infty=H_{m+1}=H(X_{m+1}\mid X_m\cdots X_1)$$

当 $X$ 记忆长度为无限时,有

$$H_\infty=\lim_{k\to\infty}H(X_k\mid X_{k-1}\cdots X_1)$$

任何一个符号数为 $r$ 的信源,只有信源符号等概分布时,才能提供最大信息量 $H_0=\log r$。称 $H_0-H_\infty$ 为结构信息,结构信息与 $H_0$ 的比值称为信源的剩余度。

$$R=\frac{H_0-H_\infty}{H_0}=1-\frac{H_\infty}{H_0}$$

信源实际熵 $H_\infty$ 与 $H_0$ 的比值称为熵的相对率

$$\eta=\frac{H_\infty}{H_0}$$

其中,$R=1-\eta$。

由于 $H_0\geqslant H_1\geqslant H_2\geqslant\cdots\geqslant H_{m+1}\geqslant\cdots\geqslant H_\infty$,所以信源输出符号间的依赖关系越大,即相关长度长,则信源实际熵小,熵的相对率小,信源的剩余度就越大。

在设计通信系统时,信源剩余度对信息传输是不利的,所以,往往通过信源编码的方法将原始信源序列化为信道符号序列。使信道序列符号接近于等概分布,交互信息量达到信道容量,提供通信的有效性;但在通信系统设计中,有效性和可靠性是相互矛盾的,为了降低误码率,提高可靠性,一般使用信道编码方法,即以增加冗余码元、降低有效性为代价来提高通信的可靠性。

## 4.7 扩展信道及其数学模型

设单符号离散信道的输入符号集 $X=\{a_1,a_2,\cdots,a_r\}$,输出符号集 $Y=\{b_1,b_2,\cdots,b_s\}$、传递概率 $p(Y|X)$:$\{p(b_j\mid a_i)(i=1,2,\cdots,r;\ j=1,2,\cdots,s)\}$。现将离散平稳信源 $\boldsymbol{X}=\{a_1,a_2,\cdots,a_r\}$ 的 $N$ 次扩展信源 $\boldsymbol{X}=X_1X_2\cdots X_N$ 与该信道相接,如图 4.3 所示。

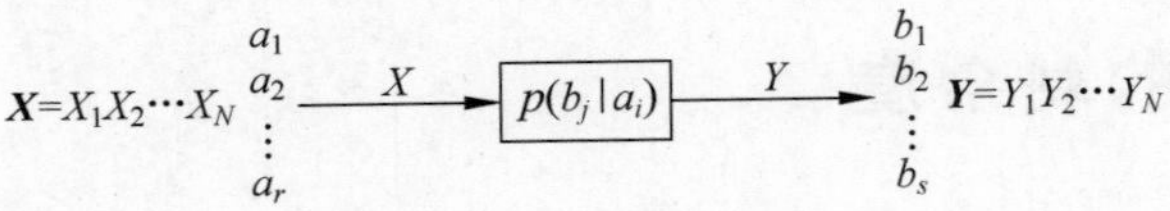

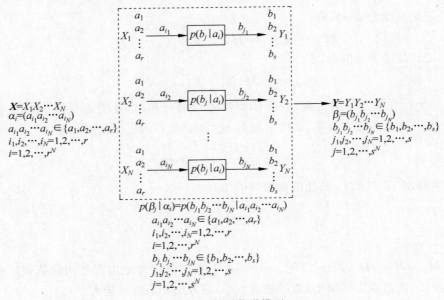

图 4.3　单符号离散信道模型

那么,信源 $\boldsymbol{X}=X_1X_2\cdots X_N$ 所发出的消息是如何通过信道进行传输的呢?

从运行机制上来看,在时刻 $t_1$,随机变量 $X_1$ 通过信道,相应输出随机变量 $Y_1$;在时刻 $t_2$,随机变量 $X_2$ 通过信道,相应输出随机变量 $Y_2$,以此类推;在时刻 $t_N$,随机变量 $X_N$ 通过信道,相应输出随机变量 $Y_N$。在 $N$ 个单位时刻,信道 $X$-$Y$ 连续运行了 $N$ 次。从总体的传输效果和传递作用上来看,输入了一个由 $N$ 个随机变量组成的随机向量 $\boldsymbol{X}=X_1X_2\cdots X_N$,相应输出了一个由 $N$ 个随机变量组成的随机向量 $\boldsymbol{Y}=Y_1Y_2\cdots Y_N$。输入随机向量 $\boldsymbol{X}=X_1X_2\cdots X_N$ 和输出随机向量 $\boldsymbol{Y}=Y_1Y_2\cdots Y_N$ 之间似乎形成了一个新的"信道",这种"信道"称为单符号离散信道 $X$-$Y$ 的 $N$ 次扩展信道 $\boldsymbol{X}$-$\boldsymbol{Y}$,如图 4.4 所示。

图 4.4　扩展信道模型

扩展信道的信道转移概率矩阵为

$$
\boldsymbol{P}_N=\begin{array}{c}
\begin{array}{cccc}\beta_1 & \beta_2 & \cdots & \beta_{s^N}\end{array}\\
\begin{array}{c}\alpha_1\\ \alpha_2\\ \vdots\\ \alpha_{r^N}\end{array}
\begin{bmatrix}
p(\beta_1\mid\alpha_1) & p(\beta_2\mid\alpha_1) & \cdots & p(\beta_{s^N}\mid\alpha_1)\\
p(\beta_1\mid\alpha_2) & p(\beta_2\mid\alpha_2) & \cdots & p(\beta_{s^N}\mid\alpha_2)\\
\vdots & \vdots & \ddots & \vdots\\
p(\beta_1\mid\alpha_{r^N}) & p(\beta_2\mid\alpha_{r^N}) & \cdots & p(\beta_{s^N}\mid\alpha_{r^N})
\end{bmatrix}
\end{array}
$$

## 4.8　无记忆扩展信道

若 $N$ 次扩展信道的传递概率 $p(Y|X)=P(Y_1Y_2\cdots Y_N|X_1X_2\cdots X_N)$，等于 $N$ 个时刻单符号离散信道 $X-Y$ 的传递概率 $p(Y_k|X_k)(k=1,2,\cdots,N)$ 的连乘，即

$$p(Y|X)=p(Y_1Y_2\cdots Y_N|X_1X_2\cdots X_N)$$

$$=p(Y_1|X_1)p(Y_2|X_2)\cdots p(Y_N|X_N)=\prod_{k=1}^{N}p(Y_k|X_k)$$

即

$$p(\beta_j|\alpha_i)=p(b_{j_1}b_{j_2}\cdots b_{j_N}|a_{i_1}a_{i_2}\cdots a_{i_N})$$

$$=p(b_{j_1}|a_{i_1})\cdot p(b_{j_2}|a_{i_2})\cdots p(b_{j_N}|a_{i_N})=\prod_{k=1}^{N}p(b_{j_k}|a_{i_k})$$

$$(a_{i_1},a_{i_2},\cdots,a_{i_N}\in X:\{a_1,a_2,\cdots,a_r\};\ b_{j_1},b_{j_2},\cdots,b_{j_N}\in Y:\{b_1,b_2,\cdots b_s\};$$

$$i_1,i_2,\cdots,i_N=1,2,\cdots,r;\ j_1,j_2,\cdots,j_N=1,2,\cdots,s;\ i=1,2,\cdots,r^N;\ j=1,2,\cdots,s^N)$$

则单符号离散信道 $X-Y$ 称为离散无记忆信道，相应的 $N$ 次扩展信道 $\boldsymbol{X}-\boldsymbol{Y}$ 称为离散无记忆信道 $X-Y$ 的 $N$ 次扩展信道。

离散无记忆信道 $X-Y$ 的 $N$ 次扩展信道 $\boldsymbol{X}-\boldsymbol{Y}$ 在 $k(k=1,2,\cdots,N)$ 时刻的输出随机变量 $Y_k$，只与该时刻 $k$ 的输入随机变量 $X_k$ 有关，与 $k$ 时刻之前的输入随机变量序列 $(X_1X_2\cdots X_{k-1})$ 和输出随机变量序列 $(Y_1Y_2\cdots Y_{k-1})$ 无关。离散信道具有"无记忆"性。即

$$p(Y_k|X_1X_2\cdots X_k,Y_1Y_2\cdots Y_{k-1})=p(Y_k|X_k)\quad(k=1,2,\cdots,N)$$

离散无记忆信道 $X-Y$ 的 $N$ 次扩展信道 $(\boldsymbol{X}-\boldsymbol{Y})$ 在时刻 $1,2,\cdots,(k-1)$ 的输出随机变量序列 $(Y_1Y_2\cdots Y_{k-1})$，只与时刻 $1,2,\cdots,k-1$ 的输入随机变量序列 $(X_1X_2\cdots X_{k-1})$ 有关，与下一时刻 $k(k=2,3,\cdots,N)$ 的输入随机变量序列 $X_k$ 无关。离散无记忆信道具有"无预感"性。即

$$p(Y_1Y_2\cdots Y_{k-1}|X_1X_2\cdots X_k)=p(Y_1Y_2\cdots Y_{k-1}|X_1X_2\cdots X_{k-1})$$

【例 4.8】　试写出二进制对称离散无记忆信道的 $N=2$ 次扩展信道的数学模型。

解：设二进制对称信道矩阵为 $\boldsymbol{P}=\begin{bmatrix}\bar{p}&p\\p&\bar{p}\end{bmatrix}$，令 $\alpha_1=00,\alpha_2=01,\alpha_3=10,\alpha_4=11$；$\beta_1=00,\beta_2=01,\beta_3=10,\beta_4=11$。二次扩展信道输入为 $\boldsymbol{X}=X_1X_2$，输出 $\boldsymbol{Y}=Y_1Y_2$，$\boldsymbol{X}$ 的取值为 $\alpha_i(i=1,2,3,4)$，$\boldsymbol{Y}$ 的取值为 $\beta_j(j=1,2,3,4)$，则二次扩展信道的信道矩阵为

$$\beta_1=00,\quad\beta_2=01,\quad\beta_3=10,\quad\beta_4=11$$

$$\boldsymbol{P}_2=\begin{bmatrix}\alpha_1\\\alpha_2\\\alpha_3\\\alpha_4\end{bmatrix}=\begin{bmatrix}00\\01\\10\\11\end{bmatrix}\begin{bmatrix}\bar{p}^2&\bar{p}p&p\bar{p}&p^2\\\bar{p}p&\bar{p}^2&p^2&p\bar{p}\\p\bar{p}&p^2&\bar{p}^2&\bar{p}p\\p^2&p\bar{p}&\bar{p}p&\bar{p}^2\end{bmatrix}$$

原信道及扩展信道的信道传递概率图，分别如图 4.5 和图 4.6 所示。

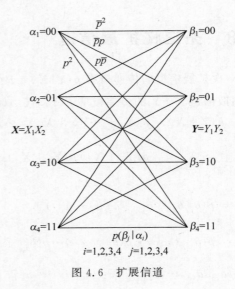

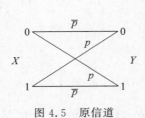

图 4.5　原信道　　　　　　　　　　图 4.6　扩展信道

## 4.9　扩展信道的平均交互信息量

$N$ 次扩展信道 $\boldsymbol{X} - \boldsymbol{Y}$ 的平均交互信息量 $I(\boldsymbol{X};\boldsymbol{Y})$，必然与信源 $\boldsymbol{X} = X_1 X_2 \cdots X_N$ 各时刻的随机变量 $X_k (k=1,2,\cdots,N)$ 单独通过信道 $X - Y$ 的平均交互信息量 $I(X_k;Y_k)$ $(k=1,2,\cdots,N)$ 的和 $\sum_{k=1}^{N} I(X_k;Y_k)$ 有关。

根据平均交互信息量的一般定义，可得如图 4.7 所示 $N$ 次扩展信道 $\boldsymbol{X} - \boldsymbol{Y}$ 的平均交互信息量的三种表达式，即

$$
\begin{aligned}
I(\boldsymbol{X};\boldsymbol{Y}) &= \sum_{i=1}^{r^N} \sum_{j=1}^{s^N} p(\alpha_i \beta_j) \log \frac{p(\beta_j \mid \alpha_i)}{p(\beta_j)} \\
&= \sum_{i_1=1}^{r} \cdots \sum_{i_N=1}^{r} \sum_{j_1=1}^{s} \cdots \sum_{j_N=1}^{s} p(a_{i_1} a_{i_2} \cdots a_{i_N}; b_{j_1} b_{j_2} \cdots b_{j_N}) \log \frac{p(b_{j_1} b_{j_2} \cdots b_{j_N} \mid a_{i_1} a_{i_2} \cdots a_{i_N})}{p(b_{j_1} b_{j_2} \cdots b_{j_N})} \\
&= \sum_{i=1}^{r^N} \sum_{j=1}^{s^N} p(\alpha_i \beta_j) \log \frac{p(\alpha_i \mid \beta_j)}{p(\alpha_i)} \\
&= \sum_{i_1=1}^{r} \cdots \sum_{i_N=1}^{r} \sum_{j_1=1}^{s} \cdots \sum_{j_N=1}^{s} p(a_{i_1} a_{i_2} \cdots a_{i_N}; b_{j_1} b_{j_2} \cdots b_{j_N}) \log \frac{p(a_{i_1} a_{i_2} \cdots a_{i_N} \mid b_{j_1} b_{j_2} \cdots b_{j_N})}{p(a_{i_1} a_{i_2} \cdots a_{i_N})} \\
&= \sum_{i=1}^{r^N} \sum_{j=1}^{s^N} p(\alpha_i \beta_j) \log \frac{p(\alpha_i \beta_j)}{p(\alpha_i) p(\beta_j)} \\
&= \sum_{i_1=1}^{r} \cdots \sum_{i_N=1}^{r} \sum_{j_1=1}^{s} \cdots \sum_{j_N=1}^{s} p(a_{i_1} a_{i_2} \cdots a_{i_N}; b_{j_1} b_{j_2} \cdots b_{j_N}) \log \frac{p(a_{i_1} a_{i_2} \cdots a_{i_N}; b_{j_1} b_{j_2} \cdots b_{j_N})}{p(a_{i_1} a_{i_2} \cdots a_{i_N}) p(b_{j_1} b_{j_2} \cdots b_{j_N})}
\end{aligned}
$$

**定理 4.4**　一般离散信道 $[X, P(y \mid x), Y]$ 中，设 $\boldsymbol{X} = X_1 X_2 \cdots X_N$，$\boldsymbol{Y} = Y_1 Y_2 \cdots Y_N$，其中，$X_i \in A = \{a_1, a_2, \cdots, a_r\}$，$Y_i \in B = \{b_1, b_2, \cdots, b_s\}$ 且有 $\boldsymbol{x} \in \boldsymbol{X}$，$\boldsymbol{y} \in \boldsymbol{Y}$；$x_i \in X_i$，$y_i \in$

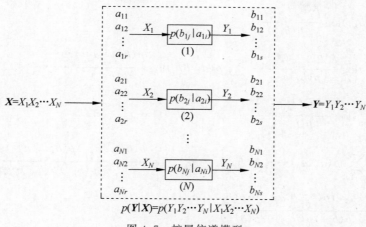

图 4.7　扩展信道模型

$Y_i(i=1,2,\cdots,N)$ 当信道是无记忆的,即信道传递概率满足

$$P(\boldsymbol{y} \mid \boldsymbol{x}) = \prod_{i=1}^{N} P(y_i \mid x_i)$$

则有

$$I(\boldsymbol{X} ; \boldsymbol{Y}) \leqslant \sum_{i=1}^{N} I(X_i ; Y_i) \tag{4.8}$$

当信道的输入信源是无记忆的,即满足

$$P(\boldsymbol{x}) = \prod_{i=1}^{N} P(x_i)$$

则有

$$I(\boldsymbol{X} ; \boldsymbol{Y}) \geqslant \sum_{i=1}^{N} I(X_i ; Y_i) \tag{4.9}$$

当信道和信源都是无记忆时,上述两条件都满足,则有

$$I(\boldsymbol{X} ; \boldsymbol{Y}) = \sum_{i=1}^{N} I(X_i ; Y_i) \tag{4.10}$$

【证明】　(1) 设信道输入和输出随机序列 $X$ 和 $Y$ 的一个取值为 $\alpha_k = (a_{k_1} a_{k_2} \cdots a_{k_N})$, $a_{k_i} \in \{a_1, a_2, \cdots, a_r\}(i=1,2,\cdots,N)$,和 $\beta_h = (b_{h_1} b_{h_2} \cdots b_{h_N})$,$b_{h_i} \in \{b_1, b_2, \cdots, b_s\}(i=1, 2,\cdots,N)$。根据平均互信息的定义得 $X$ 和 $Y$ 的平均互信息

$$I(X ; Y) = \sum_{x ; y} p(\alpha_k \beta_h) \log \frac{p(\beta_h \mid \alpha_k)}{p(\beta_h)} = E\left[\log \frac{p(\beta_h \mid \alpha_k)}{p(\beta_h)}\right]$$

其中,$E[\cdot]$ 表示在 $XY$ 的联合空间中求统计平均。因信道是无记忆的,得

$$I(X ; Y) = E\left[\log \frac{p(b_{h_1} \mid a_{k_1}) p(b_{h_2} \mid a_{k_2}) \cdots p(b_{h_N} \mid a_{k_N})}{P(\beta_h)}\right]$$

另外,

$$\sum_{i=1}^{N} I(X_i ; Y_i)$$

$$= \sum_{i=1}^{N} \sum_{X_i,Y_i} p(a_{k_i} b_{h_i}) \log \frac{p(b_{h_i} \mid a_{k_i})}{p(b_{h_i})}$$

$$= \sum_{X_1,Y_1} p(a_{k_1} b_{h_1}) \log \frac{p(b_{h_1} \mid a_{k_1})}{p(b_{h_1})} + \sum_{X_2,Y_2} p(a_{k_2} b_{h_2}) \log \frac{p(b_{h_2} \mid a_{k_2})}{p(b_{h_2})} + \cdots +$$

$$\sum_{X_N,Y_N} p(a_{k_N} b_{h_N}) \log \frac{p(b_{h_N} \mid a_{k_N})}{p(b_{h_N})}$$

$$= \sum_{X_1,Y_1} \sum_{X_2,Y_2} \cdots \sum_{X_N,Y_N} p(a_{k_1} a_{k_2} \cdots a_{k_N} ; b_{h_1} b_{h_2} \cdots b_{h_N}) \log \frac{p(b_{h_1} \mid a_{k_1}) p(b_{h_2} \mid a_{k_2}) \cdots p(b_{h_N} \mid a_{k_N})}{p(b_{h_1}) p(b_{h_2}) \cdots p(b_{h_N})}$$

$$= E\left[\log \frac{p(b_{h_1} \mid a_{k_1}) p(b_{h_2} \mid a_{k_2}) \cdots p(b_{h_N} \mid a_{k_N})}{p(b_{h_1}) p(b_{h_2}) \cdots p(b_{h_N})}\right]$$

所以

$$I(X;Y) - \sum_{i=1}^{N} I(X_i;Y_i) = E\left[\log \frac{p(b_{h_1} \mid a_{k_1}) p(b_{h_2} \mid a_{k_2}) \cdots p(b_{h_N} \mid a_{k_N})}{p(\beta_h)} - \right.$$

$$\left. \log \frac{p(b_{h_1} \mid a_{k_1}) p(b_{h_2} \mid a_{k_2}) \cdots p(b_{h_N} \mid a_{k_N})}{p(b_{h_1}) p(b_{h_2}) \cdots p(b_{h_N})}\right]$$

$$= E\left[\log \frac{p(b_{h_1}) p(b_{h_2}) \cdots p(b_{h_N})}{p(\beta_h)}\right]$$

根据 Jensen 不等式,得

$$E\left[\log \frac{p(b_{h_1}) p(b_{h_2}) \cdots p(b_{h_N})}{p(\beta_h)}\right] \leqslant \log E\left[\frac{p(b_{h_1}) p(b_{h_2}) \cdots p(b_{h_N})}{p(\beta_h)}\right]$$

$$= \log \sum_{X,Y} p(\alpha_k \beta_h) \frac{p(b_{h_1}) p(b_{h_2}) \cdots p(b_{h_N})}{p(\beta_h)}$$

$$= \log \sum_{X,Y} p(\alpha_k \mid \beta_h) p(b_{h_1}) p(b_{h_2}) \cdots p(b_{h_N})$$

$$= \log \sum_{Y} p(b_{h_1}) p(b_{h_2}) \cdots p(b_{h_N}) = \log 1 = 0$$

证得

$$I(X;Y) \leqslant \sum_{i=1}^{N} I(X_i;Y_i)$$

当信源是无记忆时,则有

$$p(\alpha_k) = p(a_{k_1}) p(a_{k_2}) \cdots p(a_{k_N})$$

而

$$P(\beta_h) = \sum_{X} p(\alpha_k \beta_h) = \sum_{X} p(\alpha_k) \cdot P(\beta_h \mid \alpha_k)$$

$$= \sum_{X} p(a_{k_1}) p(a_{k_2}) \cdots p(a_{k_N}) \cdot p(b_{h_1} \mid a_{k_1}) p(b_{h_2} \mid a_{k_2}) \cdots p(b_{h_N} \mid a_{k_N})$$

$$= \sum_{X_1} p(a_{k_1} b_{h_1}) \sum_{X_2} p(a_{k_2} b_{h_2}) \cdots \sum_{X_N} p(a_{k_N} b_{h_N}) = p(b_{h_1}) p(b_{h_2}) \cdots p(b_{h_N})$$

因此式(4.8)等号成立。

（2）根据平均互信息定义得 $X$ 和 $Y$ 的平均互信息

$$I(X;Y) = \sum_{X,Y} p(\alpha_k\beta_h)\log\frac{p(\alpha_k\mid\beta_h)}{p(\alpha_k)} = E\left[\log\frac{p(\alpha_k\mid\beta_h)}{p(\alpha_k)}\right]$$

其中，$\alpha_k$ 和 $\beta_h$ 是随机序列 $X$ 和 $Y$ 的一个取值，$\alpha_k=(a_{k_1}a_{k_2}\cdots a_{k_N})$，$a_{k_i}\in\{a_1,a_2,\cdots,a_r\}$ $(i=1,2,\cdots,N)$，和 $\beta_h=(b_{h_1}b_{h_2}\cdots b_{h_N})$，$b_{h_i}\in\{b_1,b_2,\cdots,b_s\}(i=1,2,\cdots,N)$。因信源是无记忆的，即随机序列 $X$ 中每一变量是相互独立的，因而

$$p(\alpha_k) = p(a_{k_1})p(a_{k_2})\cdots p(a_{k_N})$$

因此得

$$I(X;Y) = E\left[\log\frac{p(\alpha_k\mid\beta_h)}{p(a_{k_1})p(a_{k_2})\cdots p(a_{k_N})}\right]$$

其中，$E[\cdot]$表示对 $XY$ 的联合空间求均值。

另外，

$$\sum_{i=1}^{N}I(X_i;Y_i) = \sum_{i=1}^{N}\sum_{X_i,Y_i}p(a_{k_i}b_{h_i})\log\frac{p(a_{k_i}\mid b_{h_i})}{p(a_{k_i})}$$

$$= \sum_{X_1,Y_1}\sum_{X_2,Y_2}\cdots\sum_{X_N,Y_N}p(a_{k_1}a_{k_2}\cdots a_{k_N}b_{h_1}b_{h_2}\cdots b_{h_N})$$

$$\log\frac{p(a_{k_1}\mid b_{h_1})p(a_{k_2}\mid b_{h_2})\cdots p(a_{k_N}\mid b_{h_N})}{p(a_{k_1})p(a_{k_2})\cdots p(a_{k_N})}$$

$$= E\left[\log\frac{p(a_{k_1}\mid b_{h_1})p(a_{k_2}\mid b_{h_2})\cdots p(a_{k_N}\mid b_{h_N})}{p(a_{k_1})p(a_{k_2})\cdots p(a_{k_N})}\right]$$

其中，$E[\cdot]$也是对 $XY$ 的联合空间求均值。所以

$$\sum_{i=1}^{N}I(X_i;Y_i) - I(X;Y) = E\left[\log\frac{p(a_{k_1}\mid b_{h_1})p(a_{k_2}\mid b_{h_2})\cdots p(a_{k_N}\mid b_{h_N})}{p(\alpha_k\mid\beta_h)}\right]$$

根据 Jensen 不等式，得

$$E\left[\log\frac{p(a_{k_1}\mid b_{h_1})p(a_{k_2}\mid b_{h_2})\cdots p(a_{k_N}\mid b_{h_N})}{p(\alpha_k\mid\beta_h)}\right] \leqslant \log E\left[\frac{p(a_{k_1}\mid b_{h_1})p(a_{k_2}\mid b_{h_2})\cdots p(a_{k_N}\mid b_{h_N})}{p(\alpha_k\mid\beta_h)}\right]$$

$$= \log\sum_{X,Y}p(\alpha_k\beta_h)\frac{p(a_{k_1}\mid b_{h_1})p(a_{k_2}\mid b_{h_2})\cdots p(a_{k_N}\mid b_{h_N})}{p(\alpha_k\mid\beta_h)}$$

$$= \log\sum_{X,Y}p(\beta_h)p(a_{k_1}\mid b_{h_1})p(a_{k_2}\mid b_{h_2})\cdots p(a_{k_N}\mid b_{h_N})$$

$$= \log\sum_{Y}p(\beta_h) = \log 1 = 0$$

证得

$$\sum_{i=1}^{N}I(X_i;Y_i) - I(X;Y) \leqslant 0$$

即

$$I(X;Y) \geqslant \sum_{i=1}^{N}I(X_i;Y_i)$$

当信道是无记忆时,有

$$p(\alpha_k\beta_h) = p(\alpha_k)p(\beta_h \mid \alpha_k) = \prod_{i=1}^{N} p(a_{k_i}) \prod_{i=1}^{N} p(b_{h_i} \mid a_{k_i}) = \prod_{i=1}^{N} p(a_{k_i}b_{h_i})$$

及

$$p(\beta_h) = \sum_{X} p(\alpha_k\beta_h) = \sum_{X} \prod_{i=1}^{N} p(a_{k_i}b_{h_i}) = \prod_{i=1}^{N} \sum_{X_i} p(a_{k_i}b_{h_i}) = \prod_{i=1}^{N} p(b_{h_i})$$

因此得

$$p(\alpha_k \mid \beta_h) = \frac{p(\alpha_k\beta_h)}{p(\beta_h)} = \frac{\prod\limits_{i=1}^{N} p(a_{k_i}b_{h_i})}{\prod\limits_{i=1}^{N} p(b_{h_i})} = \prod_{i=1}^{N} p(a_{k_i} \mid b_{h_i})$$

所以式(4.9)的等号成立。

(3) 从上述(1)和(2)的证明中可知,若信源与信道都是无记忆的,则式(4.8)和式(4.9)同时满足,即它们的等式成立

$$I(\boldsymbol{X};\boldsymbol{Y}) = \sum_{i=1}^{N} I(X_i;Y_i)$$

上述证明也可以运用平均联合互信息和平均条件互信息的表达式来证明。

特别地,当 $X_i(i=1,2,\cdots,N)$ 取自同一符号集且概率分布相同,$Y_i(i=1,2,\cdots,N)$ 也取自同一符号集时,有

$$I(X_1;Y_1) = I(X_2;Y_2) = \cdots = I(X_N;Y_N) = I(X;Y)$$

当信源和信道都无记忆时,有

$$I(\boldsymbol{X};\boldsymbol{Y}) = NI(X;Y)$$

## 4.10 无记忆扩展信道的信道容量

当 $N$ 次扩展信道无记忆时,根据 4.9 节中的定理,有

$$I(\boldsymbol{X};\boldsymbol{Y}) \leqslant \sum_{i=1}^{N} I(X_i;Y_i) \tag{4.11}$$

如果 $X_i(i=1,2,\cdots,N)$ 和 $Y_i(i=1,2,\cdots,N)$ 取自同一符号集,且各自概率分布相同,则式(4.11)变为

$$I(\boldsymbol{X};\boldsymbol{Y}) \leqslant \sum_{i=1}^{N} I(X;Y) = NI(X;Y)$$

只有当信源 $X$ 是离散平稳无记忆信源,上式取等号。

根据信道容量定义

$$\begin{aligned}
C^N &= \max_{p(\underline{x})}\{I(\boldsymbol{X};\boldsymbol{Y})\} \\
&= \max_{p(x)}\{NI(X;Y)\} \\
&= N \cdot \max_{p(x)}\{I(X;Y)\} \\
&= N \cdot C
\end{aligned}$$

这个定理说明,离散无记忆信道的 $N$ 次扩展信道的信道容量 $C^N$,是离散无记忆信道本身容量 $C$ 的 $N$ 倍。它的匹配信源要具备两个条件:一,必须是离散无记忆信道本身的匹配信源;二,匹配信源在 $N$ 个单位时间统计独立地发出符号,形成无记忆匹配信源的 $N$ 次扩展信源。这样的扩展信源才是离散无记忆信道 $N$ 次扩展信道的匹配信源。

【例4.9】　求信道矩阵为 $\boldsymbol{P}=\begin{bmatrix} \dfrac{1}{2} & \dfrac{1}{4} & \dfrac{1}{4} \\ \dfrac{1}{4} & \dfrac{1}{2} & \dfrac{1}{4} \\ \dfrac{1}{4} & \dfrac{1}{4} & \dfrac{1}{2} \end{bmatrix}$ 的三次扩展信道的信道容量。

**解**:基本信道是一个对称信道,其信道容量

$$C = \log 3 - H\left(\frac{1}{2}, \frac{1}{4}, \frac{1}{4}\right) = 0.08(\text{bit}/\text{符号})$$

三次扩展信道的信道容量为

$$C^3 = 3C = 3 \times 0.08 = 0.24(\text{bit}/\text{序列})$$

## 4.11　独立并联信道的信道容量

单符号离散信道 $X-Y$ 的 $N$ 次扩展信道 $\boldsymbol{X}-\boldsymbol{Y}$ 是同一单符号离散信道 $X-Y$ 在 $N$ 个单位时间相继运行 $N$ 次所形成的总体传递作用。

如图4.8所示,$N$ 个信道的输入随机变量 $X_1 X_2 \cdots X_N$ 构成输入随机序列 $\boldsymbol{X} = X_1 X_2 \cdots X_N$,随机变量 $X_1: \{a_{11}, a_{12}, \cdots, a_{1r}\}$ 通过信道(1),输出随机变量 $Y_1: \{b_{11}, b_{12}, \cdots, b_{1s}\}$;随机变量 $X_2: \{a_{21}, a_{22}, \cdots, a_{2r}\}$ 通过信道(2),输出随机变量 $Y_2: \{b_{21}, b_{22}, \cdots, b_{2s}\}$;依此类推;随机变量 $X_N: \{a_{N1}, a_{N2}, \cdots, a_{Nr}\}$ 通过信道(N),输出随机变量 $Y_N: \{b_{N1}, b_{N2}, \cdots, b_{Ns}\}$。在输出端,相应出现输出随机变量 $Y_1 Y_2 \cdots Y_N$,构成输出随机序列 $\boldsymbol{Y} = Y_1 Y_2 \cdots Y_N$。这种把随机序列 $\boldsymbol{X} = X_1 X_2 \cdots X_N$ 传递输出随机序列 $\boldsymbol{Y} = Y_1 Y_2 \cdots Y_N$ 的新信道称为并联信道。

由于各信道统计独立,所以由 $N$ 个信道组成的独立并联信道的联合平均交互信息量 $I(\boldsymbol{X}; \boldsymbol{Y}) = I(X_1 X_2 \cdots X_N; Y_1 Y_2 \cdots Y_N)$,小于(或等于)各信道自身平均交互信息量之和 $\sum_{k=1}^{N} I(X_k; Y_k)$,即

$$I(X_1 X_2 \cdots X_N; Y_1 Y_2 \cdots Y_N) \leqslant \sum_{k=1}^{N} I(X_k; Y_k)$$

当且仅当输入随机变量 $X_1 X_2 \cdots X_N$ 之间统计独立时,即有

$$I(X_1 X_2 \cdots X_N; Y_1 Y_2 \cdots Y_N) = \sum_{k=1}^{N} I(X_k; Y_k)$$

根据信道容量的一般定义,独立并联信道的信道容量

$$C_{N0} = \max_{p(X_1 X_2 \cdots X_N)} \{I(X_1 X_2 \cdots X_N; Y_1 Y_2 \cdots Y_N)\} = \max_{p(X_1)p(X_2)\cdots p(X_N)} \left\{\sum_{k=1}^{N} I(X_k; Y_k)\right\}$$

$$= \max_{p(X_1)p(X_2)\cdots p(X_N)} \{I(X_1;Y_1) + I(X_2;Y_2) + \cdots + I(X_N;Y_N)\}$$

$$= \max_{p(X_1)} \{I(X_1;Y_1)\} + \max_{p(X_2)} \{I(X_2;Y_2)\} + \cdots + \max_{p(X_N)} \{I(X_N;Y_N)\}$$

$$= C_1 + C_2 + \cdots + C_N = \sum_{k=1}^{N} C_k$$

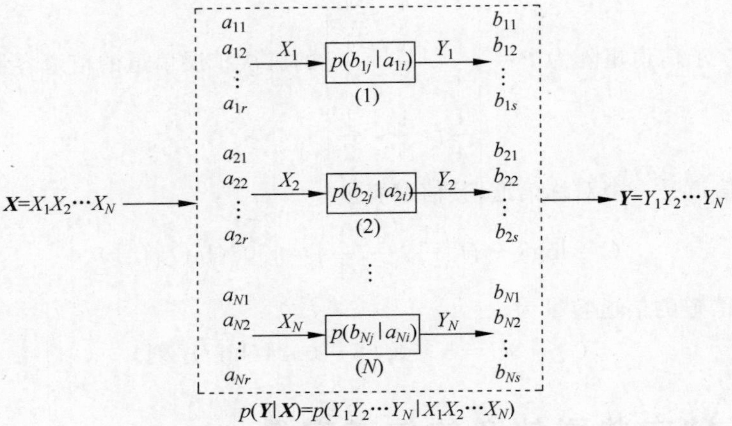

$$p(\boldsymbol{Y}|\boldsymbol{X}) = p(Y_1 Y_2 \cdots Y_N | X_1 X_2 \cdots X_N)$$

图 4.8　并联信道模型

## 实践：质点在图上的随机游动

考虑如图 4.9 所示的随机游动。

计算平稳分布，熵率为多少？

假定过程是平稳的，求互信息 $I(X_{n+1};X_n)$。

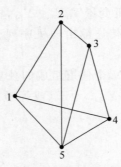

图 4.9　随机游动

## 本章要点

**1. 定义：离散平稳信源**

对于任意的 $N$，随机变量序列 $\boldsymbol{X}=X_1 X_2 \cdots X_N$ 的概率分布 $p(X_1 X_2 \cdots X_N)$ 与时间起

点无关。

**2. 离散平稳无记忆信源的熵**

$$H(X^N) = H(X_1 X_2 \cdots X_N) = NH(X)$$

**3. 离散平稳有记忆信源的熵**

$$H(\boldsymbol{X}) = H(X^N) = H(X_1 X_2 \cdots X_N) = -\sum_{i=1}^{r^N} p(\alpha_i) \log p(\alpha_i)$$

$$= H(X_1) + H(X_2 \mid X_1) + \cdots + H(X_N \mid X_1 X_2 \cdots X_{N-1})$$

**4. 离散平稳信源的性质**

(1) 条件熵 $H(X_N | X_1 X_2 \cdots X_{N-1})$ 随 $N$ 的增加是非递增的。

(2) $N$ 给定时,平均符号熵≥条件熵,即 $H_N(\boldsymbol{X}) \geqslant H(X_N | X_1 X_2 \cdots X_{N-1})$。

(3) 平均符号熵 $H_N(\boldsymbol{X})$ 随 $N$ 的增加是非递增的。

(4) 离散平稳信源的极限熵 $H_\infty = \lim_{N \to \infty} H_N(\boldsymbol{X}) = \lim_{N \to \infty} H(X_N | X_1 X_2 \cdots X_{N-1})$。

**5. ($m+1$)维离散平稳信源的极限熵**

$$H_\infty = H(X_{m+1} \mid X_1 X_2 \cdots X_m)$$

**6. 马尔可夫信源的熵**

$$H_{m+1} = \sum_{S_j} p(S_j) H(X \mid S_j)$$

**7. 信源的剩余度**

$$R = \frac{H_0 - H_\infty}{H_0} = 1 - \frac{H_\infty}{H_0}$$

**8. $N$ 次扩展信道 $\boldsymbol{X} - \boldsymbol{Y}$ 的平均交互信息量**

$$I(\boldsymbol{X}; \boldsymbol{Y}) = \sum_{i=1}^{r^N} \sum_{j=1}^{s^N} p(\alpha_i \beta_j) \log \frac{p(\beta_j \mid \alpha_i)}{p(\beta_j)}$$

$$= \sum_{i=1}^{r^N} \sum_{j=1}^{s^N} p(\alpha_i \beta_j) \log \frac{p(\alpha_i \mid \beta_j)}{p(\alpha_i)}$$

$$= \sum_{i=1}^{r^N} \sum_{j=1}^{s^N} p(\alpha_i \beta_j) \log \frac{p(\alpha_i \beta_j)}{p(\alpha_i) p(\beta_j)}$$

**9. 无记忆信源和无记忆信道条件下的信道容量**

$$C^N = \max_{p(x)} \{I(\boldsymbol{X}; \boldsymbol{Y})\}$$

$$= \max_{p(x)} \{NI(X; Y)\}$$

$$= N \cdot \max_{p(x)} \{I(X; Y)\}$$

$$= N \cdot C$$

第 4 章习题

# 第 5 章

# 单维连续信源与信道

信道输入端是随机波形信源，可用随机过程 $\{x(t)\}$ 来表示，若信道输出也是随机过程 $\{y(t)\}$，则对应信道即为随机波形信道。对限时 $T$，限频 $F$ 的随机过程，在满足 Nyquist 抽样定理的情况下，可以完全用 $N = 2FT$ 个连续型随机变量，即 $N$ 维连续随机序列 $\boldsymbol{X} = X_1 X_2 \cdots X_N$ 来表述和研究。由一个随机变量描述的信源称为单维连续信源，亦称为基本连续信源，是最基本的也是最重要的一种连续信源，对应的信道是单位连续信道。单维连续信源与信道是研究多维连续信源和信道的基础，多维连续信源和信道的讨论将安排在第 6 章进行。

## 5.1 单维连续信源

### 5.1.1 连续信源的相对熵

单维连续信源的概率测度用一维概率密度函数描述，一维连续信源的概率空间为 $\begin{bmatrix} X \\ P \end{bmatrix} = \begin{bmatrix} (a,b) \\ p(x) \end{bmatrix}$ 或 $\begin{bmatrix} \mathbf{R} \\ p(x) \end{bmatrix}$ 并满足 $\int_a^b p(x)\mathrm{d}x = 1$ 或 $\int_{\mathbf{R}} p(x)\mathrm{d}x = 1$，其中 $[a,b]$ 是 $X$ 的取值区间，$\mathbf{R}$ 表示实数集 $(-\infty, +\infty)$，$p(x)$ 是 $X$ 的概率密度函数。

连续变量可用离散变量来逼近，把 $X$ 的取值区间 $[a,b]$ 分段，每段长度 $\Delta = \dfrac{b-a}{n}$，得到相应的离散随机变量 $X_n$ 和离散信息熵 $H(X_n)$。然后，令 $\Delta \to 0$，$X_n \to X$，得到 $H(X_n)$ 的极限值，就认为是单维连续信源 $X$ 的信息熵 $H(X)$。

设 $p(x)$ 是 $[a,b]$ 中的连续概率密度函数，如图 5.1 所示。

用间隔 $\Delta = \dfrac{b-a}{n}$ 把 $[a,b]$ 分割成 $n$ 个等长小区间。$X$ 落在第 $i(i=1,2,\cdots,n)$ 个区间 $[a+(i-1)\Delta,$ $a+i\Delta]$ 的概率

$$P_i = P\{[a+(i-1)\Delta] \leqslant X \leqslant (a+i\Delta)\}$$
$$= \int_{a+(i-1)\Delta}^{a+i\Delta} p(x)\mathrm{d}x \quad (i=1,2,\cdots,n)$$

根据积分中值定理，$X$ 落在第 $i$ 个区间的概率为

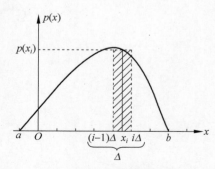

图 5.1 连续概率密度函数

$$P_i = \int_{a+(i-1)\Delta}^{a+i\Delta} p(x)\,\mathrm{d}x = p(x_i)\Delta \quad (i=1,2,\cdots,n)$$

这样,连续信源 $X$ 转变为一个离散信源 $X_n$

$$\begin{bmatrix} X_n \\ P \end{bmatrix} = \begin{bmatrix} x_1 & x_2 & \cdots & x_n \\ p(x_1)\Delta & p(x_2)\Delta & \cdots & p(x_n)\Delta \end{bmatrix}$$

$X_n$ 的熵为

$$H(X_n) = -\sum_{i=1}^n P_i \log P_i = -\sum_{i=1}^n [p(x_i)\Delta]\log[p(x_i)\Delta]$$

$$= -\sum_{i=1}^n p(x_i)\Delta \log p(x_i) - \sum_{i=1}^n p(x_i)\Delta \log\Delta$$

$$= -\sum_{i=1}^n p(x_i)\log p(x_i)\Delta - \log\Delta\sum_{i=1}^n p(x_i)\Delta$$

进一步将 $H(X_n)$ 改写为

$$H(X_n) = -\sum_{i=1}^n p(x_i)\log p(x_i)\Delta - \log\Delta$$

当 $\Delta \to 0$,即 $n \to \infty$ 时,得连续信源 $X$ 的熵为

$$H(X) = \lim_{\substack{\Delta \to 0 \\ n \to \infty}} H(X_n) = \lim_{\substack{\Delta \to 0 \\ n \to \infty}} \left[ -\sum_{i=1}^n p(x_i)\log p(x_i)\Delta - \log\Delta \right]$$

$$= \lim_{\substack{\Delta \to 0 \\ n \to \infty}} \left[ -\sum_{i=1}^n p(x_i)\log p(x_i)\Delta - \lim_{\substack{\Delta \to 0 \\ n \to \infty}} \log\Delta \right]$$

$$= -\int_a^b p(x)\log p(x)\,\mathrm{d}x - \lim_{\substack{\Delta \to 0 \\ n \to \infty}} \log\Delta$$

令上式中 $-\int_a^b p(x)\log p(x)\,\mathrm{d}x = h(X)$,并把 $h(X)$ 称为单维连续信源 $X$ 的相对熵,则有

$$H(X) = h(X) - \lim_{\substack{\Delta \to 0 \\ n \to \infty}} \log\Delta = h(X) + \text{无限大的常数}$$

相对熵 $h(X)$ 是 $X$ 的无限大信息熵中,有确定值部分,不代表连续信源 $X$ 的平均不确定性,也不再具有信息的内涵,但在研究连续信源的平均互信息中将发挥重要作用。

## 5.1.2　几种连续信源的相对熵

本节讨论几种最具代表性的连续信源的相对熵。

**1. 取值区间为 $[a,b]$ 的均匀分布的连续信源的相对熵**

均匀分布信源的概率空间为

$$\begin{bmatrix} X \\ P \end{bmatrix} = \begin{bmatrix} [a,b] \\ p(x) \end{bmatrix} = \begin{bmatrix} [a,b] \\ \dfrac{1}{b-a} \end{bmatrix}$$

相对熵为

$$h(X) = -\int_a^b p(x)\log p(x)\mathrm{d}x$$

$$= -\int_a^b \frac{1}{b-a}\log\frac{1}{b-a}\mathrm{d}x$$

$$= \log(b-a)$$

当 $(b-a)<1$ 时，$h(X)$ 出现负值，即 $h(X)<0$。这证明，与离散信源的信息熵不同，连续信源的相对熵不具非负性。

**2. 高斯分布的连续信源 $X$ 的相对熵**

均值 $m$，方差 $\sigma^2$ 的高斯分布的连续信源 $X$ 的概率空间为

$$\begin{bmatrix} X \\ P \end{bmatrix} = \begin{bmatrix} \mathbf{R} \\ \dfrac{1}{\sqrt{2\pi}\sigma}\exp\left[-\dfrac{(x-m)^2}{2\sigma^2}\right] \end{bmatrix}$$

$X$ 的相对熵

$$h(X) = -\int_{-\infty}^{\infty} p(x)\ln p(x)\mathrm{d}x$$

$$= -\int_{-\infty}^{\infty} p(x)\ln\left\{\frac{1}{\sqrt{2\pi}\sigma}\exp\left[-\frac{(x-m)^2}{2\sigma^2}\right]\right\}\mathrm{d}x$$

$$= -\int_{-\infty}^{\infty} p(x)\ln\frac{1}{\sqrt{2\pi}\sigma}\mathrm{d}x + \int_{-\infty}^{\infty} p(x)\frac{(x-m)^2}{2\sigma^2}\mathrm{d}x$$

$$= \ln\sqrt{2\pi\sigma^2} + \frac{\sigma^2}{2\sigma^2} = \frac{1}{2}\ln(2\pi\sigma^2) + \frac{1}{2}$$

$$= \frac{1}{2}\ln(2\pi\sigma^2) + \frac{1}{2}\ln e = \frac{1}{2}\ln(2\pi e\sigma^2)$$

当均值 $m=0$，即不计 $G$-信源 $X$ 中的直流分量时

$$h(X) = \frac{1}{2}\ln(2\pi e P)$$

$G$-信源 $X$ 的相对熵 $h(X)$ 只取决于 $G$-信源 $X$ 的方差 $\sigma^2$，与均值无关。当均值 $m=0$ 时，只取决于平均功率 $P$。

**3. 指数分布的连续信源 $X$ 的相对熵**

均值为 $a$ 的指数分布的连续信源概率空间为

$$\begin{bmatrix} X \\ P \end{bmatrix} = \begin{bmatrix} [0,\infty) \\ \dfrac{1}{a}\mathrm{e}^{-\frac{x}{a}} \end{bmatrix}$$

该信源的均值

$$m = \int_0^{\infty} x p(x)\mathrm{d}x = \int_0^{\infty} x\frac{1}{a}\mathrm{e}^{-\frac{x}{a}}\mathrm{d}x = a$$

相对熵

$$h(X) = -\int_0^{\infty} p(x)\ln p(x)\mathrm{d}x$$

$$= -\int_0^\infty \left( \frac{1}{a} e^{-\frac{x}{a}} \right) \ln \left( \frac{1}{a} e^{-\frac{x}{a}} \right) dx$$

$$= \frac{1}{a} \ln a \int_0^\infty e^{-\frac{x}{a}} dx + \frac{1}{a^2} \int_0^\infty x e^{-\frac{x}{a}} dx$$

$$= \frac{1}{a} \ln a \cdot a + \frac{1}{a^2} \cdot a^2 = \ln a + 1$$

$$= \ln a + \ln e = \ln(ea)$$

指数分布的连续信源 $X$ 的相对熵 $h(X)$,只取决于信源的均值 $a$。

连续信源 $X$ 的相对熵 $h(X)$ 取决于信源 $X$ 自身的统计特性(如均匀分布信源的取值区间 $[a,b]$,高斯分布信源的方差 $\sigma^2$,指数分布新源的均值 $a$),它是信源 $X$ 自身的信息特征参量。

## 5.1.3 相对熵的数学特性

连续信道的平均交互信息量等于连续信源的相对熵和相对疑义度之差,类似离散信息熵,相对熵也具有极值性和上凸性。这在讨论连续信道的信息传输问题中具有重要作用。

**1. 相对熵的极值性**

设取值于同一区间 $[a,b]$ 的两个连续信源,概率密度函数分别为 $p(x)$ 和 $q(x)$。利用间隔

$$\Delta = \frac{b-a}{n}$$

把 $[a,b]$ 分割成 $n$ 个等长小区间,落在每个区间的概率分别简记为 $P_i (i=1,2,\cdots,n)$ 和 $Q_i (i=1,2,\cdots,n)$,利用中值定理,有

$$P_i = \int_{a+(i-1)\Delta}^{a+i\Delta} p(x)dx = p(x_i)\Delta \quad (i=1,2,\cdots,n) \tag{5.1}$$

$$Q_i = \int_{a+(i-1)\Delta}^{a+i\Delta} q(x)dx = q(x_i)\Delta \quad (i=1,2,\cdots,n) \tag{5.2}$$

这样,两个连续信源就转变为两个离散的信源

$$\begin{bmatrix} X_n \\ P \end{bmatrix} = \begin{bmatrix} x_1 & x_2 & \cdots & x_n \\ P_1 & P_2 & \cdots & P_n \end{bmatrix}$$

$$\begin{bmatrix} X_n \\ Q \end{bmatrix} = \begin{bmatrix} x_1 & x_2 & \cdots & x_n \\ Q_1 & Q_2 & \cdots & Q_n \end{bmatrix}$$

利用式 $-\sum\limits_{i=1}^r p_i \log p_i \leqslant -\sum\limits_{i=1}^r p_i \log q_i$,可得

$$-\sum_{i=1}^n P_i \log P_i \leqslant -\sum_{i=1}^n P_i \log Q_i \tag{5.3}$$

将式(5.1)和式(5.2)代入式(5.3),有

$$-\sum_{i=1}^n p(x_i)\Delta \log[p(x_i)\Delta] \leqslant -\sum_{i=1}^n p(x_i)\Delta \log[q(x_i)\Delta] \tag{5.4}$$

当 $\Delta \to 0, n \to \infty$ 时,对式(5.4)两边取极限,其不等式仍然成立,其左边得

$$\lim_{\substack{\Delta \to 0 \\ n \to \infty}} \left\{ -\sum_{i=1}^{n} p(x_i) \Delta \log [p(x_i)\Delta] \right\}$$

$$= -\lim_{\substack{\Delta \to 0 \\ n \to \infty}} \left[ \sum_{i=1}^{n} p(x_i) \log p(x_i)\Delta \right] - \lim_{\substack{\Delta \to 0 \\ n \to \infty}} \left[ \sum_{i=1}^{n} p(x_i) \Delta (\log \Delta) \right]$$

$$= -\int_a^b p(x) \log p(x) \mathrm{d}x - \lim_{\Delta \to 0} (\log \Delta)$$

而右边是

$$\lim_{\substack{\Delta \to 0 \\ n \to \infty}} \left\{ -\sum_{i=1}^{n} p(x_i) \Delta \log [q(x_i)\Delta] \right\}$$

$$= -\lim_{\substack{\Delta \to 0 \\ n \to \infty}} \left[ \sum_{i=1}^{n} p(x_i) \log q(x_i)\Delta \right] - \lim_{\substack{\Delta \to 0 \\ n \to \infty}} \left[ \sum_{i=1}^{n} p(x_i) \Delta (\log \Delta) \right]$$

$$= -\int_a^b p(x) \log q(x) \mathrm{d}x - \lim_{\Delta \to 0} (\log \Delta)$$

则式(5.4)可以改写为

$$-\int_a^b p(x) \log p(x) \mathrm{d}x - \lim_{\Delta \to 0} (\log \Delta) \leqslant -\int_a^b p(x) \log q(x) \mathrm{d}x - \lim_{\Delta \to 0} (\log \Delta)$$

即有

$$-\int_a^b p(x) \log p(x) \mathrm{d}x \leqslant -\int_a^b p(x) \log q(x) \mathrm{d}x$$

若把概率密度函数为 $p(x)$ 的单维连续信源 $X$ 的相对熵记为 $h_p(X)$,则有

$$h_p(X) \leqslant -\int_a^b p(x) \log q(x) \mathrm{d}x$$

**2. 相对熵的凸函数性**

现设 $p(x)$ 和 $q(x)$ 是连续信源 $X \in [a,b]$ 的两种不同概率密度函数,则有

$$\int_a^b p(x) \mathrm{d}x = 1$$

$$\int_a^b q(x) \mathrm{d}x = 1$$

又设 $0 < \alpha, \beta < 1, \alpha + \beta = 1$。定义 $x$ 的一个连续函数

$$\eta(x) = ap(x) + bq(x)$$

即 $\eta(x)$ 是 $p(x)$ 和 $g(x)$ 的一个内插值,有

$$\int_a^b \eta(x) \mathrm{d}x = \alpha \int_a^b p(x) \mathrm{d}x + \beta \int_a^b q(x) \mathrm{d}x = \alpha + \beta = 1$$

证明 $\eta(x)$ 是 $X$ 的另一种概率密度函数,其相对熵

$$h_\eta(X) = -\int_a^b \eta(x) \log \eta(x) \mathrm{d}x = -\int_a^b [\alpha p(x) + \beta q(x)] \log \eta(x) \mathrm{d}x$$

$$= -\alpha \int_a^b p(x) \log \eta(x) \mathrm{d}x - \beta \int_a^b q(x) \log \eta(x) \mathrm{d}x$$

利用相对熵的极值性,有

$$-\alpha \int_a^b p(x) \log \eta(x) \mathrm{d}x \geqslant -\alpha \int_a^b p(x) \log p(x) \mathrm{d}x$$

$$-\beta\int_a^b q(x)\log\eta(x)\mathrm{d}x \geqslant -\beta\int_a^b q(x)\log q(x)\mathrm{d}x$$

令 $h_p(X)=-\int_a^b p(x)\log p(x)\mathrm{d}x$，则有

$$h_\eta(X) \geqslant \alpha h_p(X)+\beta h_q(X)$$

即

$$h[\alpha p(x)+\beta q(x)] \geqslant \alpha h_p(X)+\beta h_q(X)$$

根据 $\bigcap$ 型凸函数定义，连续信源 $X$ 的相对熵 $h(X)$ 是 $[a,b]$ 内概率密度函数 $p(x)$ 的 $\bigcap$ 型凸函数。

## 5.1.4 最大相对熵定理

不同约束条件，信源的最大相对熵不同。约束条件一般包括

$$\int_{-\infty}^{+\infty} p(x)\mathrm{d}x = 1$$

$$\int_{-\infty}^{+\infty} x p(x)\mathrm{d}x = m$$

$$\int_{-\infty}^{+\infty} (x-m)^2 p(x)\mathrm{d}x = \sigma^2$$

$$\int_{-\infty}^{+\infty} x^2 p(x)\mathrm{d}x = P$$

$$\vdots$$

连续信源差熵的最大值就是若干约束条件下的熵函数 $h(X)=-\int_{-\infty}^{+\infty} p(x)\log p(x)\mathrm{d}x$ 的极值。

**1. 峰值功率受限条件下信源的最大相对熵**

若信源峰值功率 $\hat{P}_1 < +\infty$，即信源输出电压的瞬时值限定在 $[-\sqrt{\hat{p}},+\sqrt{\hat{p}}]$ 内，等价于信源输出信号电压的幅度受限，限于在 $[a,b]=[-\sqrt{\hat{p}},\sqrt{\hat{p}}]$ 内取值，所以相当于求在 $\int_{-\infty}^{+\infty} p(x)\mathrm{d}x = 1$ 约束条件下的信源最大相对熵。

**定理 5.1** 在峰值功率受限的单维连续信源中，均匀分布的连续信源的相对熵最大。

**【证明】** 设 $p(x)$ 为均匀分布的概率密度函数 $p(x)=\dfrac{1}{b-a}$，并满足 $\int_a^b p(x)\mathrm{d}x=1$。

而设 $q(x)$ 为任意分布的概率密度函数，也有 $\int_a^b q(x)\mathrm{d}x=1$。则

$$h_q(X)-h_p(X)$$

$$=-\int_a^b q(x)\log q(x)\mathrm{d}x + \int_a^b p(x)\log p(x)\mathrm{d}x$$

$$=-\int_a^b q(x)\log q(x)\mathrm{d}x - \left[\log(b-a)\cdot\int_a^b p(x)\mathrm{d}x\right]$$

$$=-\int_a^b q(x)\log q(x)\mathrm{d}x - \left[\log(b-a)\cdot\int_a^b q(x)\mathrm{d}x\right]$$

$$= -\int_a^b q(x)\log q(x)\mathrm{d}x + \int_a^b q(x)\log p(x)\mathrm{d}x$$

$$= \int_a^b q(x)\log \frac{p(x)}{q(x)}\mathrm{d}x$$

$$\leqslant \log\left[\int_a^b q(x)\frac{p(x)}{q(x)}\mathrm{d}x\right] = 0$$

因而

$$h_q(X) \leqslant h_p(X)$$

即峰值功率受限条件下,均匀分布的相对熵最大,其值为 $\log(b-a)$。

**2. 平均功率受限条件下信源的最大相对熵**

此时的约束条件为

$$\int_{-\infty}^{+\infty} p(x)\mathrm{d}x = 1$$

$$\int_{-\infty}^{+\infty} x^2 p(x)\mathrm{d}x = P < \infty$$

总功率 $P$ 包括直流功率 $m^2$ 和交流功率 $\sigma^2$,总功率受限,交流功率也一定受限。此时,约束条件等价为

$$\int_{-\infty}^{+\infty} p(x)\mathrm{d}x = 1$$

$$\sigma^2 = \int_{-\infty}^{+\infty} (x-m)^2 p(x)\mathrm{d}x < \infty$$

**定理 5.2** 方差受限的连续信源中,高斯分布的连续信源的相对熵最大。

**【证明】** 设 $q(x)$ 为信源输出的任意概率密度分布。因为其方差受限为 $\sigma^2$,所以必满足 $\int_{-\infty}^{+\infty} q(x)\mathrm{d}x = 1$ 和 $\int_{-\infty}^{+\infty} (x-m)^2 q(x)\mathrm{d}x = \sigma^2$,又设 $p(x)$ 是方差为 $\sigma^2$ 的正态概率密度分布,即有 $\int_{-\infty}^{+\infty} p(x)\mathrm{d}x = 1$ 和 $\int_{-\infty}^{+\infty} (x-m)^2 p(x)\mathrm{d}x = \sigma^2$,相对熵为

$$h_p(X) = \frac{1}{2}\log(2\pi e\sigma^2)$$

现计算

$$\int_{-\infty}^{+\infty} q(x)\log\frac{1}{p(x)}\mathrm{d}x = -\int_{-\infty}^{+\infty} q(x)\log\left[\frac{1}{\sqrt{2\pi\sigma^2}}e^{-\frac{(x-m)^2}{2\sigma^2}}\right]\mathrm{d}x$$

$$= -\int_{-\infty}^{+\infty} q(x)\log\frac{1}{\sqrt{2\pi\sigma^2}}\mathrm{d}x + \int_{-\infty}^{+\infty} q(x)\frac{(x-m)^2}{2\sigma^2}\mathrm{d}x \cdot \log e$$

$$= \frac{1}{2}\log(2\pi e\sigma^2)$$

所以得

$$h_p(X) = \int_{-\infty}^{+\infty} q(x)\log\frac{1}{p(x)}\mathrm{d}x$$

而 $h_q(X) - h_p(X) = \int_{-\infty}^{+\infty} q(x)\log\frac{p(x)}{q(x)}\mathrm{d}x$,根据 Jensen 不等式得

$$h_q(X) - h_p(X) \leqslant \log \int_{-\infty}^{+\infty} q(x) \frac{p(x)}{q(x)} \mathrm{d}x = \log 1 = 0$$

所以得 $h_q(X) \leqslant h_p(X)$，当且仅当 $q(x) = p(x)$ 时等式成立。

高斯随机变量的相对熵只取决于方差，当直流功率 $m^2$ 为 0 时，最大熵可表示为

$$h_p(X) = \frac{1}{2} \log(2\pi \mathrm{e} P)$$

## 5.1.5　熵功率与信息变差

本节讨论连续信源的剩余度，即信息变差。当一个连续信源输出信号平均功率为 $P$ 时，高斯信源的相对熵最大，等于 $\frac{1}{2}\log(2\pi \mathrm{e}P)$。对于非高斯信源，定义熵功率来表达信源的剩余度。

熵功率 $\overline{P}$ 定义为与这个平均功率为 $P$ 的非高斯信源具有相同熵的高斯信源的平均功率。如果这个信源的熵为 $h(X)$，则根据熵功率定义，得到

$$h(X) = \frac{1}{2}\ln(2\pi \mathrm{e} \overline{P})$$

熵功率 $\overline{P}$ 为

$$\overline{P} = \frac{1}{2\pi \mathrm{e}} \mathrm{e}^{2h(X)}$$

熵功率永远不会大于信源的真正功率，非高斯信源存在剩余度。将信源输出信号平均功率和熵功率之差 $(P - \overline{P})$ 定义为连续信源的剩余度。只有高斯信源的熵功率等于实际平均功率，剩余度为零。

类似离散信源信息变差定义，令 $h_p(X)$ 表示在某种限制条件下，当概率密度函数为 $p(x)$ 时，连续信源 $X$ 到的最大相对熵；$h_q(X)$ 表示在同样限制条件下，当 $q(x)$ 是 $p(x)$ 以外的任何一种概率密度函数时，连续信源 $X$ 的相对熵。$h_p(X)$ 和 $h_q(X)$ 的差

$$
\begin{aligned}
I_{p,q} &= h_p(X) - h_q(X) \\
&= \frac{1}{2}\ln(2\pi \mathrm{e}P) - \frac{1}{2}\ln(2\pi \mathrm{e}\overline{P}) \\
&= \frac{1}{2}\ln \frac{P}{\overline{P}}
\end{aligned}
$$

定义为连续信源 $X$ 在这种限制条件下的信息变差。

反之，非高斯信源的熵功率亦可用信息变差描述。

$$
\begin{aligned}
\overline{P} &= \frac{1}{2\pi \mathrm{e}} \exp\left\{ 2\left[ \frac{1}{2}\ln(2\pi \mathrm{e}P) - I_{p,q} \right] \right\} \\
&= \frac{1}{2\pi \mathrm{e}} \exp[\ln(2\pi \mathrm{e}P) - 2I_{p,q}] \\
&= \frac{1}{2\pi \mathrm{e}} \exp[\ln(2\pi \mathrm{e}P)] \cdot \exp(-2I_{p,q}) \\
&= P\exp(-2I_{p,q})
\end{aligned}
$$

【例 5.1】　一个平均功率为 5W 的非高斯信源熵为 $h(X) = \frac{1}{2}\log(6\pi \mathrm{e})$（bit/自由度），

试计算该信源的熵功率和剩余度。

**解**：一个平均功率为 3W 的高斯信源的熵为

$$h(X) = \frac{1}{2}\log(6\pi e)(\text{bit}/\text{自由度})$$

根据熵功率的定义，知该非高斯信源的熵功率

$$\overline{P} = 3W$$

因此该信源的剩余度 $P - \overline{P} = 2W$。

### 5.1.6 相对熵的变换

离散信源通过具有一一对应的确定函数关系变换后，变换前后熵不发生改变，但连续信源相对熵经过变换后不具备此性质。对于如图 5.2 所示的连续信源坐标变换，有如下定理。

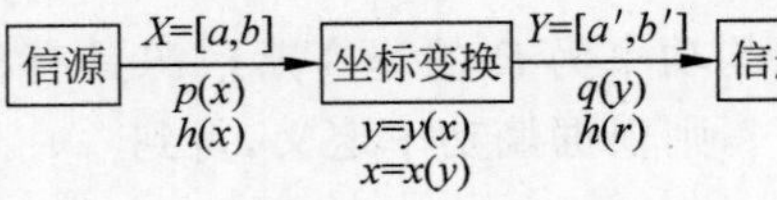

图 5.2 连续信源坐标变换

**定理 5.3** 取值区间为 $[a,b]$，概率密度函数为 $p(x)$，相对熵为 $h(X)$ 的连续信号源 $X$，经确定的单值函数 $y = y(x)[x = x(y)]$ 变换后，连续输出随机变量 $Y$ 的相对熵

$$h(Y) = h(X) - \int_a^b P(x)\log\left|J\left(\frac{x}{y}\right)\right|dx$$

如下所示，设 $X \rightarrow Y$ 为一一对应变换

$$\begin{cases} y = y(x) \\ x = x(y) \end{cases}$$

变换前信源 $X$ 定义为

$$\begin{bmatrix} X \\ P \end{bmatrix} = \begin{bmatrix} [a,b] \\ p(x) \end{bmatrix}$$

变换后随机变量 $Y$ 的取值区间为 $[a',b']$，概率密度函数为 $q(y)$，则有

$$\int_a^b p(x)dx = \int_{a'}^{b'} p[x(y)] \cdot \left|J\left(\frac{x}{y}\right)\right|dy = 1$$

其中，$\left|J\left(\frac{x}{y}\right)\right|$ 是雅可比行列式的绝对值。故得 $Y$ 的概率密度函数

$$q(y) = p[x(y)] \cdot \left|J\left(\frac{x}{y}\right)\right|$$

一般情况下，$\left|J\left(\frac{x}{y}\right)\right| \neq 1$，说明变换后概率密度函数发生改变。

利用性质

$$dy = \left|J\left(\frac{y}{x}\right)\right|dx$$

和

$$\left|J\left(\frac{y}{x}\right)\right| \cdot \left|J\left(\frac{x}{y}\right)\right| = 1$$

得到变换后输出随机变量 $Y$ 的熵

$$h(Y) = -\int_{a'}^{b'} q(y) \log q(y) dy$$

$$= -\int_a^b p(x) \left| J\left(\frac{x}{y}\right) \right| \log \left\{ p(x) \left| J\left(\frac{x}{y}\right) \right| \right\} \cdot \left| J\left(\frac{y}{x}\right) \right| dx$$

$$= -\int_a^b p(x) \log p(x) dx - \int_a^b p(x) \log \left| J\left(\frac{x}{y}\right) \right| dx$$

$$= h(X) - E_x \left[ \log \left| J\left(\frac{x}{y}\right) \right| \right]$$

经过坐标变换系统,引起相对熵的变化,其变化量等于雅可比行列式绝对值的对数,在原坐标系中的统计平均值,这也是 $h(X)$ 取名为相对熵的重要原因之一。

【例 5.2】 图 5.3 中信息变换装置的变换函数关系是 $Y = \sigma X + a$,连续信源 $X$ 在整个实轴 $\mathbf{R}(-\infty, \infty)$ 取值,其概率密度函数为

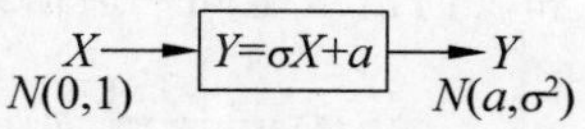

$X$ $N(0,1)$ → $Y=\sigma X+a$ → $Y$ $N(a,\sigma^2)$

图 5.3 信息变换装置

$$p(x) = \frac{1}{\sqrt{2\pi}} \exp\left(-\frac{x^2}{2}\right)$$

试求信息变换装置输出连续随机变量 $Y$ 的概率密度函数 $q(y)$ 和相对熵 $h(Y)$。

**解**:由 $Y = \sigma X + a$,得 $X = \frac{Y-a}{\sigma}$

则雅可比行列式绝对值

$$\left| J\left(\frac{x}{y}\right) \right| = \frac{1}{\sigma}$$

输出随机变量 $Y$ 的概率密度函数

$$q(y) = p[x(y)] \cdot \left| J\left(\frac{x}{y}\right) \right| = \frac{1}{\sqrt{2\pi}} \exp\left[ -\frac{\left(\frac{y-a}{\sigma}\right)^2}{2} \right] \cdot \frac{1}{\sigma}$$

$$= \frac{1}{\sqrt{2\pi\sigma^2}} \exp\left[ -\frac{(y-a)^2}{2\sigma^2} \right]$$

连续信源 $X$ 的连续熵

$$h(X) = -\int_{-\infty}^{+\infty} p(x) \ln p(x) dx = -\int_{-\infty}^{+\infty} p(x) \ln \left[ \frac{1}{\sqrt{2\pi}} \exp\left(-\frac{x^2}{2}\right) \right] dx$$

$$= -\int_{-\infty}^{+\infty} p(x) \ln \frac{1}{\sqrt{2\pi}} dx + \int_{-\infty}^{+\infty} \frac{x^2}{2} p(x) dx$$

$$= \frac{1}{2}\ln(2\pi) + \frac{1}{2} = \frac{1}{2}\ln(2\pi e)$$

输出连续随机变量 $Y$ 的连续熵

$$h(Y) = h(X) - \int_{-\infty}^{+\infty} p(x) \ln \left| J\left(\frac{x}{y}\right) \right| dx = \frac{1}{2}\ln(2\pi e) - \int_{-\infty}^{+\infty} p(x) \ln \frac{1}{\sigma} dx$$

$$= \frac{1}{2}\ln(2\pi e) + \ln\sigma = \frac{1}{2}\ln(2\pi e) + \frac{1}{2}\ln\sigma^2 = \frac{1}{2}\ln(2\pi e\sigma^2)$$

表明输出 $Y$ 相对熵只与系统增益 $\sigma$ 有关。

## 5.2 单维连续信道

### 5.2.1 连续信道与平均交互信息量

设单维连续信道的输入区间 $[a,b]$，输出区间 $[a',b']$。信道转移概率密度函数 $p(y\,|\,x)$ $(x\in[a,b],y\in[a',b'])$，而且对所有的 $x\in[a,b]$，都有

$$\int_{a'}^{b'}p(y\mid x)\mathrm{d}y=1 \quad (x\in[a,b])$$

一个给定的单维连续信道如图 5.4 所示，称为正向信道，图 5.5 称为反向信道，正向信道和反向信道是同一通信系统的两种不同的表达形式。

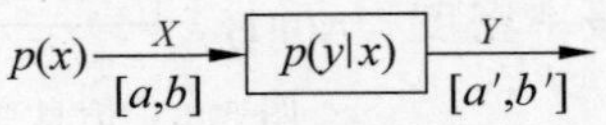

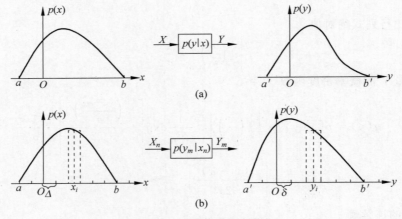

图 5.4　正向信道 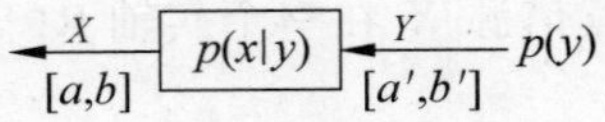　　　　　　　　图 5.5　反向信道

现在求解连续随机变量 $X$ 和 $Y$ 通过如图 5.6 所示的连续信道传递的平均交互信息量 $I(X;Y)$。

图 5.6　连续信道的离散化

(1) 将 $X$ 的取值区间等分为 $n$ 个小区间 $\Delta=\dfrac{b-a}{n}$，连续随机变量 $X$ 落在第 $i(i=1,2,\cdots,n)$ 区间 $[a+(i-1)\Delta,a+i\Delta]$ 的概率

$$P_i=p\{[a+(i-1)\Delta]\leqslant x\leqslant(a+i\Delta)\}$$

$$=\int_{a+(i-1)\Delta}^{a+i\Delta}p(x)\mathrm{d}x \quad (i=1,2,\cdots,n)$$

根据积分中值定理，在区间 $[a+(i-1)\Delta,a+i\Delta]$ 必存在一个 $x_i$，且有

$$P_i=\int_{a+(i-1)\Delta}^{a+i\Delta}p(x)\mathrm{d}x=p(x_i)\Delta \quad (i=1,2,\cdots,n)$$

根据前面的讨论，连续信源 $X$ 的信息熵

$$H(X) = h(X) - \lim_{\substack{\Delta \to 0 \\ n \to \infty}} (\log\Delta)$$

（2）用 $\delta = \dfrac{b'-a'}{m}$，把输出随机变量 $Y$ 的取值 $y$ 的区间 $[a',b']$ 分割成 $m$ 个等长小区间，连续随机变量 $Y$ 落在第 $j(j=1,2,\cdots,m)$ 区间 $[a'+(j-1)\delta,a'+j\delta]$ 的概率

$$P_j = p\{[a'+(j-1)\delta] \leqslant Y \leqslant (a'+j\delta)\}$$
$$= \int_{a'+(j-1)\delta}^{a'+j\delta} p(y)\mathrm{d}y \quad (j=1,2,\cdots,m)$$

根据积分中值定理，在区间 $[a'+(j-1)\delta,a'+j\delta](j=1,2,\cdots,m)$ 内，总可找到一个值 $y_j(j=1,2,\cdots,m)$，有

$$P_j = \int_{a'+(j-1)\delta}^{a'+j\delta} p(y)\mathrm{d}y = p(y_j)\delta \quad (j=1,2,\cdots,m)$$

在整个区间 $[a',b']$ 内连续取值的连续随机变量 $Y$，即可量化为取 $m$ 个离散值 $y_j(j=1,2,\cdots,m)$ 的离散随机变量 $Y_m$。

（3）在对 $X$ 量化为 $X_n$，$Y$ 量化为 $Y_m$ 的基础上，对联合概率密度函数 $p(xy)$ 和反向传递概率密度函数 $p(x|y)$ 进行量化。

单维连续信源 $X$ 落在第 $i(i=1,2,\cdots,n)$ 区间 $[a+(i-1)\Delta,a+i\Delta]$，输出连续随机变量 $Y$ 落在第 $j(j=1,2,\cdots,m)$ 区间 $[a'+(j-1)\delta,a'+j\delta]$ 的联合概率

$$P_{ij} = p\{[a+(i-1)\Delta] \leqslant X \leqslant (a+i\Delta); [a'+(j-1)\delta] \leqslant Y \leqslant (a'+j\delta)\}$$
$$= \int_{a+(i-1)\Delta}^{a+i\Delta} \int_{a'+(j-1)\delta}^{a'+j\delta} p(xy)\mathrm{d}x\mathrm{d}y$$
$$= \int_{a+(i-1)\Delta}^{a+i\Delta} \int_{a'+(j-1)\delta}^{a'+j\delta} p(y)p(x|y)\mathrm{d}x\mathrm{d}y \quad (i=1,2,\cdots,n; j=1,2,\cdots,m)$$

因为 $p(y)$，$p(x|y)$ 在 $[a',b']$ 上有界可积，$p(y)$ 在 $[a',b']$ 内连续，$p(x|y)$ 在 $[a',b']$ 内连续且不变号，根据有关数学定理，可有

$$P_{ij} = p(y_j) \int_{a+(i-1)\Delta}^{a+i\Delta} \int_{a'+(j-1)\delta}^{a'+j\delta} p(x|y)\mathrm{d}x\mathrm{d}y$$

再根据二重积分中值定理，可有

$$P_{ij} = p(y_j)p(x_{ij}|y_{ij})\Delta\delta \quad (i=1,2,\cdots,n; j=1,2,\cdots,m)$$

其中，$(x_{ij},y_{ij})$ 是 $x-y$ 平面中 $[a+(i-1)\Delta,a+i\Delta] \times [a'+(j-1)\delta,a'+j\delta]$ 二维区域中的一点，当分层间隔 $\Delta \to 0$，$\delta \to 0$（即 $n \to \infty$，$m \to \infty$）时，$y_{ij}$ 和 $y_j$ 可趋于同一点，并以 $y_j$ 表示；$x_{ij}$ 和 $x_i$ 可趋于同一点，并以 $x_i$ 表示，如图 5.7 所示。

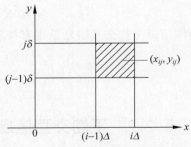

图 5.7　联合概率密度函数的离散化

在输出连续随机变量 $Y$ 落在第 $j(j=1,2,\cdots,m)$ 区间 $[a'+(j-1)\delta,a'+j\delta]$ 的前提下，推测单维连续信源 $X$ 落在第 $i(i=1,2,\cdots,n)$ 区间 $[a+(i-1)\Delta,a+i\Delta]$ 的后验概率

$$P_{i|j} = P\{[a+(i-1)\Delta] \leqslant X \leqslant (a+i\Delta)/[a'+(j-1)\delta] \leqslant Y \leqslant (a'+j\delta)\}$$
$$= P\{[a+(i-1)\Delta] \leqslant X \leqslant (a+i\Delta); [a'+(j-1)\delta] \leqslant Y \leqslant (a'+j\delta)\}/$$
$$P\{[a'+(j-1)\delta] \leqslant Y \leqslant (a'+j\delta)\}$$

$$= \frac{P_{ij}}{P_j} = \frac{p(y_j)p(x_{ij} \mid y_{ij})\Delta\delta}{p(y_j)\delta} = p(x_{ij} \mid y_{ij}) \cdot \Delta \quad (i=1,2,\cdots,n; j=1,2,\cdots,m)$$

（4）$X_n - Y_m$ 是离散信道，信道疑义度 $H(X_n|Y_m)$ 为

$$H(X_n \mid Y_m) = -\sum_{i=1}^{n}\sum_{j=1}^{m}P_{ij}\log P_{i|j} = -\sum_{i=1}^{n}\sum_{j=1}^{m}P_{ij}\log\{p(x_{ij} \mid y_{ij})\Delta\}$$

$$= -\sum_{i=1}^{n}\sum_{j=1}^{m}P_{ij}\log p(x_{ij} \mid y_{ij}) - \sum_{i=1}^{n}\sum_{j=1}^{m}P_{ij}\log\Delta$$

$$= -\sum_{i=1}^{n}\sum_{j=1}^{m}p(y_j)p(x_{ij} \mid y_{ij})\log p(x_{ij} \mid y_{ij})\Delta\delta - \sum_{i=1}^{n}\sum_{j=1}^{m}P_{ij}\log\Delta$$

进一步改写为

$$H(X_n \mid Y_m) = -\sum_{i=1}^{n}\sum_{j=1}^{m}p(y_i)p(x_{ij} \mid y_{ij})\log p(x_{ij} \mid y_{ij})\Delta\delta - \log\Delta$$

（5）当 $\Delta\to0,\delta\to0$（即 $n\to\infty,m\to\infty$）时，$X_n\to X,Y_m\to Y,(x_{ij},y_{ij})\to(x_i,y_j)$ 可有

$$H(X \mid Y) = \lim_{\substack{\Delta\to0\\\delta\to0}}[H(X_n \mid Y_m)] = \lim_{\substack{\Delta\to0\\\delta\to0}}\Big[-\sum_{i=1}^{n}\sum_{j=1}^{m}p(y_i)p(x_{ij} \mid y_{ij})\log p(x_{ij} \mid y_{ij})\Delta\delta\Big] - \lim_{\substack{\Delta\to0\\\delta\to0}}(\log\Delta)$$

$$= -\int_a^b\int_{a'}^{b'}p(y)p(x \mid y)\log p(x \mid y)\mathrm{d}x\mathrm{d}y - \lim_{\Delta\to0}(\log\Delta)$$

令上式中

$$-\int_a^b\int_{a'}^{b'}p(y)p(x \mid y)\log p(x \mid y)\mathrm{d}x\mathrm{d}y = h(X \mid Y)$$

并把 $h(X|Y)$ 称为单维连续信道的相对疑义度，则有

$$H(X \mid Y) = h(X \mid Y) - \lim_{\Delta\to0}(\log\Delta) = h(X \mid Y) + \{无限大的常数项\}$$

最后得到单维连续信道 $X\to Y$ 的平均交互信息量

$$I(X;Y) = H(X) - H(X \mid Y)$$

$$= [h(X) - \lim_{\Delta\to0}\log\Delta] - [(h(X \mid Y) - \lim_{\Delta\to0}\log\Delta]$$

$$= h(X) - h(X \mid Y)$$

连续信道平均交互信息量也有类似离散信道的三种不同表达形式，即

$$I(X;Y) = h(X) - h(X \mid Y)$$

$$= h(Y) - h(Y \mid X)$$

$$= h(X) + h(Y) - h(XY)$$

## 5.2.2　平均交互信息量的不变性

考虑如图 5.8 所示的实际通信系统，单维连续信源输出的消息 $S$ 通过变换 Ⅰ 转换为适合信道传输的信号 $X$，信号 $X$ 在信道中受到噪声 $N$ 的干扰，信道输出信号为 $Y$，通过变换 Ⅱ，把信道输出信号变换成相应消息 $Z$，最后送至信宿。

设图中连续随机变量 $S$ 与 $X$ 之间，$Y$ 与 $Z$ 之间的单值函数关系为

$$\begin{cases} s = s(x) \\ x = x(s) \end{cases} \quad \begin{cases} z = z(y) \\ y = y(z) \end{cases}$$

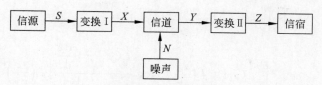

图 5.8 实际通信系统

由坐标变换理论,连续随机变量 $X$ 和 $Y$ 的联合概率密度函数 $p(X,Y)$,$S$ 和 $Z$ 的联合密度函数 $p'(sz)$,有如下关系:

$$p'(sz) = p(xy) \left| J\left(\frac{xy}{sz}\right) \right| \tag{5.5}$$

其中,$(xy)$ 和 $(sz)$ 之间关系是由 $x$ 与 $s$ 以及 $y$ 和 $z$ 之间的对应变换分别独立进行的,故有

$$\frac{\partial x}{\partial z} = \frac{\partial y}{\partial z} = 0$$

进而

$$\left| J\left(\frac{xy}{sz}\right) \right| = \begin{vmatrix} \dfrac{\partial x}{\partial s} & \dfrac{\partial x}{\partial z} \\ \dfrac{\partial y}{\partial s} & \dfrac{\partial y}{\partial z} \end{vmatrix}$$

$$= \begin{vmatrix} \dfrac{\partial x}{\partial s} & 0 \\ 0 & \dfrac{\partial y}{\partial z} \end{vmatrix}$$

$$= \frac{\partial x}{\partial s} \cdot \frac{\partial y}{\partial z} = \frac{\mathrm{d}x}{\mathrm{d}s} \cdot \frac{\mathrm{d}y}{\mathrm{d}z}$$

式(5.5)改写为

$$p'(xz) = p(xy) \frac{\mathrm{d}x}{\mathrm{d}s} \frac{\mathrm{d}y}{\mathrm{d}z}$$

设 $p(x), p(y), p(y|x)$ 分别表示连续随机序列 $X$ 和 $Y$ 的概率密度函数以及信道的传递概率密度函数;$p'(s), p'(z), p'(z|s)$ 分别表示连续随机序列 $S$ 和 $Z$ 的概率密度函数以及 $S$ 和 $Z$ 之间的传递概率密度函数。根据坐标变换理论,有

$$p'(s) = p(x) \left| J\left(\frac{x}{s}\right) \right| = p(x) \frac{\mathrm{d}x}{\mathrm{d}s}$$

$$p'(z) = p(y) \left| J\left(\frac{y}{z}\right) \right| = p(y) \frac{\mathrm{d}y}{\mathrm{d}z}$$

则有

$$p'(z \mid s) = \frac{p'(sz)}{p'(s)} = \frac{p(xy) \dfrac{\mathrm{d}x}{\mathrm{d}s} \dfrac{\mathrm{d}y}{\mathrm{d}z}}{p(x) \dfrac{\mathrm{d}x}{\mathrm{d}s}} = \frac{p(xy)}{p(x)} \frac{\mathrm{d}y}{\mathrm{d}z} = p(y \mid x) \frac{\mathrm{d}y}{\mathrm{d}z}$$

这样,可得

$$I(S;Z) = \int_S \int_Z p'(sz) \log \frac{p'(z\mid s)}{p'(z)} ds\, dz$$

$$= \int_X \int_Y p(xy) \left| J\left(\frac{xy}{sz}\right) \right| \log \frac{p(y\mid x)\frac{dy}{dz}}{p(y)\frac{dy}{dz}} \left| J\left(\frac{sz}{xy}\right) \right| dx\, dy$$

$$= \int_X \int_Y p(xy) \log \frac{p(y\mid x)}{p(y)} dx\, dy = I(X;Y)$$

说明，通信系统信道两端变量分别经过确定函数变换，计算从 $Y$ 中获得关于 $X$ 的信息量 $I(X,Y)$ 与计算从 $Z$ 中获得关于 $S$ 的信息量 $I(S,Z)$ 是一样的。

### 5.2.3 连续信道的信道容量

设连续信道的输入 $X:[a,b]$，输出 $Y:[a',b']$，信道转移概率 $p(y\mid x)$。如图 5.9 所示。

根据单维连续信道平均互信息的定义，有

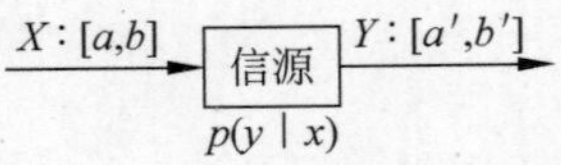

图 5.9 连续信道模型

$$-I(X;Y) = \int_a^b \int_{a'}^{b'} p(xy) \log \frac{p(x)p(y)}{p(xy)} dx\, dy$$

$$\leqslant \log \left[ \int_a^b \int_{a'}^{b'} p(xy) \frac{p(x)p(y)}{p(xy)} dx\, dy \right]$$

$$= \log \left[ \int_a^b p(x) dx \int_{a'}^{b'} p(y) dy \right] = \log 1 = 0$$

说明 $I(X;Y) \geqslant 0$，只有当 $p(xy) = p(x)p(y)$，即输入/输出变量之间统计独立时，$I(X;Y) = 0$。

**定理 5.4** 传递概率密度函数为 $p(y\mid x)$ 的连续信道的平均交互信息量 $I(X;Y)$，是输入连续信源 $X$ 的概率密度函数 $p(x)$ 的 $\bigcap$ 型凸函数。

【证明】 如图 5.10 所示，设信道有三种信源输入概率密度分别为 $p_1(x)$，$p_2(x)$，$p_3(x) = \alpha p_1(x) + \beta p_2(x)$（$0 < \alpha, \beta < 1, \alpha + \beta = 1$），对 $p_1(x)$ 分布的平均互信息

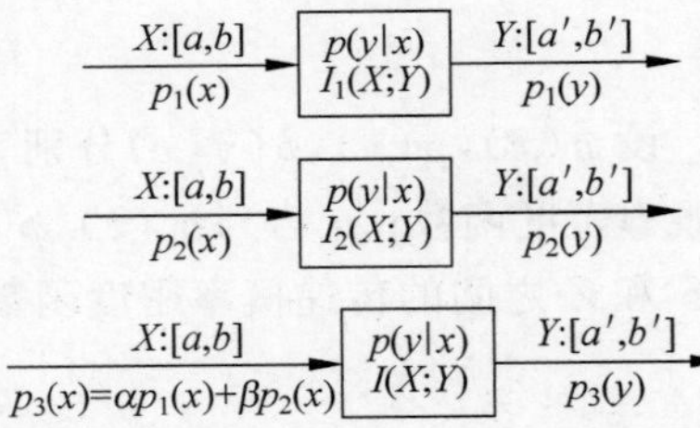

图 5.10 同一信道下的三种不同输入信源

$$I_1(X;Y) = I_1[p_1(x)]$$

$$= \int_a^b \int_{a'}^{b'} p_1(x) p(y\mid x) \log \frac{p(y\mid x)}{p_1(y)} dx\, dy$$

其中，$p_1(y) = \int_a^b p_1(xy) dx$。

对应 $p_2(x)$ 分布的平均互信息

$$I_2(X;Y) = I_2[p_2(x)]$$

$$= \int_a^b \int_{a'}^{b'} p_2(x) p(y\mid x) \log \frac{p(y\mid x)}{p_2(y)} dx\, dy$$

其中，$p_2(y) = \int_a^b p_2(xy) dx$。

对 $p_3(xy)$ 分布的平均互信息

$$I_3(X;Y) = I_3[p_3(x)]$$
$$= I_3[\alpha p_1(x) + \beta p_2(x)]$$
$$= \int_a^b \int_{a'}^{b'} p_3(x) p(y\mid x) \log \frac{p(y\mid x)}{p_3(y)} \mathrm{d}x \,\mathrm{d}y$$

其中，$p_3(y) = \int_a^b p_3(xy)\mathrm{d}x$。

$$\alpha I_1[p_1(x)] + \beta I_2[p_2(x)] - I_3[\alpha p_1(x) + \beta p_2(x)]$$
$$= \alpha \int_a^b \int_{a'}^{b'} p_1(x) p(y\mid x) \log \frac{p(y\mid x)}{p_1(y)} \mathrm{d}x \,\mathrm{d}y +$$
$$\beta \int_a^b \int_{a'}^{b'} p_2(x) p(y\mid x) \log \frac{p(y\mid x)}{p_2(y)} \mathrm{d}x \,\mathrm{d}y -$$
$$\int_a^b \int_{a'}^{b'} p_3(x) p(y\mid x) \log \frac{p(y\mid x)}{p_3(y)} \mathrm{d}x \,\mathrm{d}y$$
$$= \alpha \int_a^b \int_{a'}^{b'} p_1(x) p(y\mid x) \log \frac{p(y\mid x)}{p_1(y)} \mathrm{d}x \,\mathrm{d}y +$$
$$\beta \int_a^b \int_{a'}^{b'} p_2(x) p(y\mid x) \log \frac{p(y\mid x)}{p_2(y)} \mathrm{d}x \,\mathrm{d}y -$$
$$\int_a^b \int_{a'}^{b'} [\alpha p_1(x) + \beta p_2(x)] p(y\mid x) \log \frac{p(y\mid x)}{p_3(y)} \mathrm{d}x \,\mathrm{d}y$$
$$= \alpha \int_a^b \int_{a'}^{b'} p_1(x) p(y\mid x) \log \frac{p(y\mid x)}{p_1(y)} \mathrm{d}x \,\mathrm{d}y -$$
$$\alpha \int_a^b \int_{a'}^{b'} p_1(x) p(y\mid x) \log \frac{p(y\mid x)}{p_3(y)} \mathrm{d}x \,\mathrm{d}y +$$
$$\beta \int_a^b \int_{a'}^{b'} p_2(x) p(y\mid x) \log \frac{p(y\mid x)}{p_2(y)} \mathrm{d}x \,\mathrm{d}y -$$
$$\beta \int_a^b \int_{a'}^{b'} p_2(x) p(y\mid x) \log \frac{p(y\mid x)}{p_3(y)} \mathrm{d}x \,\mathrm{d}y$$
$$= \alpha \int_a^b \int_{a'}^{b'} p_1(xy) \log \frac{p_3(y)}{p_1(y)} \mathrm{d}x \,\mathrm{d}y +$$
$$\beta \int_a^b \int_{a'}^{b'} p_2(xy) \log \frac{p_3(y)}{p_2(y)} \mathrm{d}x \,\mathrm{d}y$$

根据∩型凸函数的数学特性，上式右边第一项可改写为

$$\alpha \int_a^b \int_{a'}^{b'} p_1(xy) \log \frac{p_3(y)}{p_1(y)} \mathrm{d}x \,\mathrm{d}y \leqslant \alpha \log \left[ \int_a^b \int_{a'}^{b'} p_1(xy) \frac{p_3(y)}{p_1(y)} \mathrm{d}x \,\mathrm{d}y \right]$$
$$= \alpha \log \left[ \int_a^b \int_{a'}^{b'} p_1(x\mid y) p_3(y) \mathrm{d}x \,\mathrm{d}y \right]$$
$$= \alpha \log \left[ \int_{a'}^{b'} p_3(y) \mathrm{d}y \int_a^b p_1(x\mid y) \mathrm{d}x \right] = \alpha \log 1 = 0$$

右边第二项可以改写为

$$\beta \int_a^b \int_{a'}^{b'} p_2(xy) \log \frac{p_3(y)}{p_2(y)} \mathrm{d}x\,\mathrm{d}y \leqslant \beta \log \left[ \int_a^b \int_{a'}^{b'} p_2(xy) \frac{p_3(y)}{p_2(y)} \mathrm{d}x\,\mathrm{d}y \right]$$

$$= \beta \log \left[ \int_a^b \int_{a'}^{b'} p_2(x \mid y) p_3(y) \mathrm{d}x\,\mathrm{d}y \right]$$

$$= \beta \log \left[ \int_{a'}^{b'} p_3(y) \mathrm{d}y \int_a^b p_2(x \mid y) \mathrm{d}x \right] = \beta \log 1 = 0$$

证得

$$\alpha I_1[p_1(x)] + \beta I_2[p_2(x)] \leqslant I_3[\alpha p_1(x) + \beta p_2(x)]$$

根据 $\bigcap$ 型凸函数的定义,证得 $I[p(x)]$ 是 $p(x)$ 的 $\bigcap$ 型凸函数。

对于给定信道,通过变动连续信源的概率密度函数 $p(x)$,总可以找到一种信源,使连续信道的平均互信息量达到极大值。这个极大值就是连续信道的信道容量

$$C = \max_{p(x)} [I(X;Y)]$$

### 5.2.4  高斯加性信道的信道容量

设连续信道输入 $X$,概率密度函数 $p(x)$。输出 $Y = X + N$,噪声 $N$ 的概率密度函数为 $p(n)$,$X$ 与 $N$ 的联合概率密度函数 $p(xn) = p(x)p(n)$,即 $X$ 与 $N$ 统计独立,且噪声 $N$ 是输入信源 $X$ 的干扰,表现为线性叠加,如图 5.11 所示。

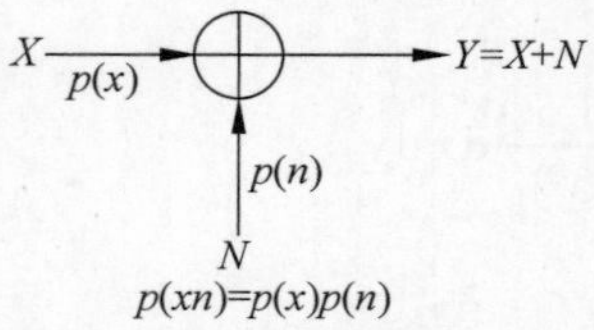

图 5.11  高斯加性信道

下面分析信道传递概率密度函数 $p(y \mid x)$ 特性。由 $y = x + n$,得到坐标系 $X$-$N$ 和 $X$-$Y$ 之间变换关系为

$$\begin{cases} x(x,y) = x \\ n(x,y) = y - x \end{cases} \qquad \begin{cases} x(x,n) = x \\ y(x,n) = x + n \end{cases}$$

坐标变换雅可比行列式绝对值

$$\left| J\left( \frac{xn}{xy} \right) \right| = \begin{vmatrix} \dfrac{\partial x}{\partial x} & \dfrac{\partial x}{\partial y} \\ \dfrac{\partial n}{\partial x} & \dfrac{\partial n}{\partial y} \end{vmatrix} = \begin{vmatrix} 1 & 0 \\ -1 & 1 \end{vmatrix} = 1$$

$$p(xy) = p(xn) \left| J\left( \frac{xn}{xy} \right) \right| = p(xn)$$

因为 $p(xy) = p(x)p(y \mid x)$,$p(xn) = p(x)p(n)$,所以有

$$p(y \mid x) = p(n)$$

表明,加性信道的传递概率密度函数 $p(y \mid x)$ 就是噪声 $N$ 的概率密度函数 $p(n)$,这是加性信道的重要特征。

根据坐标变换理论,有

$$\mathrm{d}x\,\mathrm{d}y = \frac{1}{\left| J\left( \dfrac{xn}{xy} \right) \right|} \mathrm{d}x\,\mathrm{d}n = \mathrm{d}x\,\mathrm{d}n$$

加性信道的相对噪声熵

$$h(Y \mid X) = -\int_X \int_Y p(x)p(y \mid x) \log p(y \mid x) \mathrm{d}x\,\mathrm{d}y = -\int_X \int_N p(x)p(n) \log p(n) \mathrm{d}x\,\mathrm{d}n$$

$$= \int_X p(x) \mathrm{d}x \left[ -\int_N p(n) \log p(n) \mathrm{d}n \right] = -\int_X p(x)h(N) \mathrm{d}x = h(N) \qquad (5.6)$$

表明,加性信道的相对噪声熵就是信道噪声 $N$ 的相对熵,这是加性信道的另一重要特征。根据信道容量定义,有

$$
\begin{aligned}
C &= \max_{p(x)}\{I(X;Y)\} \\
&= \max_{p(x)}\{h(Y)-h(Y\mid X)\} \\
&= \max_{p(x)}\{h(Y)-h(N)\} \\
&= \max_{p(x)}\{h(Y)\}-h(N)
\end{aligned}
\tag{5.7}
$$

**定理 5.5** 噪声 $N$ 是均值为 $0$,方差为 $\sigma^2$ 的高斯随机变量的高斯加性信道的信道容量

$$
C=\frac{1}{2}\ln\left(1+\frac{\sigma_x^2}{\sigma^2}\right)
$$

其匹配信源 $X$ 是均值为 $0$,方差为 $\sigma_x^2$ 的高斯连续信源。

**【证明】** 由式(5.6)得高斯加性信道的噪声熵

$$
\begin{aligned}
h(Y\mid X)=h(N) &=-\int_N p(n)\ln p(n)\mathrm{d}n=-\int_N p(n)\ln\frac{1}{\sqrt{2\pi\sigma^2}}\exp\left(-\frac{n^2}{2\sigma^2}\right)\mathrm{d}n \\
&=\frac{1}{2}\ln(2\pi\sigma^2)+\int_N p(n)\frac{n^2}{2\sigma^2}\mathrm{d}n=\frac{1}{2}\ln(2\pi\sigma^2)+\frac{1}{2} \\
&=\frac{1}{2}\ln(2\pi\sigma^2)+\frac{1}{2}\ln e=\frac{1}{2}\ln(2\pi e\sigma^2)
\end{aligned}
$$

由式(5.7)得高斯加性信道的容量为

$$
C=\max_{p(x)}\{h(Y)\}-\frac{1}{2}\ln(2\pi e\sigma^2)
$$

由于 $Y=X+N$,若输入 $X$ 是均值为 $0$,方差是 $\sigma_x^2=P_{x_0}$ 的高斯随机变量,即噪声 $N$ 是均值为 $0$、方差为 $\sigma^2=P_{N_0}$ 的高斯随机变量的高斯加性信道的输出随机变量 $Y$,就是均值为 $0$、方差为 $\sigma_Y^2=\sigma_x^2+\sigma^2=P_{x_0}+P_{N_0}=P_{Y_0}$ 的高斯随机变量,根据最大相对熵定理,这时输出随机变量 $Y$ 的相对熵达到最值,即

$$
\begin{aligned}
\max_{p(x)}\{h(Y)\} &=\frac{1}{2}\ln 2\pi e P_{Y_0}=\frac{1}{2}\ln(2\pi e\sigma_Y^2) \\
&=\frac{1}{2}\ln[2\pi e(\sigma_x^2+\sigma^2)]
\end{aligned}
$$

由此得高斯加性信道的信道容量

$$
\begin{aligned}
C &=\max_{p(x)}\{h(Y)\}-\frac{1}{2}\ln(2\pi e\sigma^2) \\
&=\frac{1}{2}\ln[2\pi e(\sigma_x^2+\sigma^2)]-\frac{1}{2}\ln(2\pi e\sigma^2) \\
&=\frac{1}{2}\ln\left(1+\frac{\sigma_x^2}{\sigma^2}\right) \\
&=\frac{1}{2}\ln\left(1+\frac{P_{x_0}}{P_{N_0}}\right)
\end{aligned}
$$

其中，$\dfrac{P_{x_0}}{P_{N_0}}$ 为信道的信噪功率比。

## 本章要点

**1. 定义** 连续信源的相对熵

$$H(X) = -\int_a^b p(x)\log p(x)\,\mathrm{d}x$$

**2. 连续信道平均交互信息量**

$$I(X;Y) = h(X) - h(X\mid Y)$$
$$= h(Y) - h(Y\mid X)$$
$$= h(X) + h(Y) - h(XY)$$

**3. 均匀分布连续信源相对熵**

$$h(x) = \log(b - a)$$

**4. 高斯分布连续信源的相对熵**

$$h(X) = \frac{1}{2}\ln(2\pi e P)$$

**5. 指数分布连续信源的相对熵**

$$h(X) = \ln(ea)$$

**6. 最大相对熵**

在峰值功率受限的单维连续信源中，均匀分布连续信源的相对熵最大。

方差受限的连续信源中，高斯分布连续信源的相对熵最大。

**7. 定义 熵功率 $\overline{P}$**

与平均功率为 $P$ 的非高斯信源具有相同熵的高斯信源的平均功率

$$\overline{P} = \frac{1}{2\pi e}e^{2h(X)}$$

**8. 性质 相对熵变换**

$$h(Y) = h(X) - \int_b^a P(x)\log\left|J\left(\frac{x}{y}\right)\right|\,\mathrm{d}x$$

**9. 平均交互信息量的不变性**

$$I(S;Z) = I(X;Y)$$

**10. 高斯加性信道的容量**

$$C = \max_{p(x)}\{h(Y)\} - \frac{1}{2}\ln(2\pi e\sigma^2)$$

$$= \frac{1}{2}\ln\left(1 + \frac{P_{x_0}}{P_{N_0}}\right)$$

第 5 章习题

# 第 6 章

**CHAPTER 6**

# 多维连续信源与信道

如果信道的输入和输出都是随机过程,那么此时的信源称为波形信源,对应的信道称为波形信道。首先利用抽样定理将波形信源和波形信道转化为多维连续信源和多维连续信道,这是模拟信源转化为数字信源的理论基础;然后讨论多维连续信源的相对熵和多维连续信道的互信息;最后讨论波形信道的信道容量,即著名的香农公式。

## 6.1 多维连续信源

### 6.1.1 随机过程的离散化

随机过程$\{x(t)\}$是样本函数$x(t)$的集合,有无限多个。对于每个时间连续的样本函数$x(t)$,若带宽小于或等于$F$,即频域受限,观测时间小于或等于$T$,即时域受限。根据时域抽样定理,$x(t)$完全可由$2FT$个抽样值表达,$x\left(\dfrac{1}{2F}\right),x\left(\dfrac{2}{2F}\right),\cdots,x\left(\dfrac{2FT}{2F}\right)$,这样就把时间连续的函数转换成时间离散的样值序列。

推广到随机过程,可以用一系列$t=\dfrac{n}{2F}$时刻上的随机变量序列$X=\left\{x\left(\dfrac{1}{2F}\right),x\left(\dfrac{2}{2F}\right),\cdots,\right.$

$\left.x\left(\dfrac{2FT}{2F}\right)\right\}$来表达随机过程。

根据变换域分析原理,时域和频域中一个域受限另一个即为无限大,所以用有限维$(N=2FT)$随机变量序列来表达随机过程存在误差,但频率$F$以上或时间$T$以外的取值很小,因此不会引起函数的严重失真。

### 6.1.2 多维连续信源的相对熵

用$N=2FT$维连续随机序列$\boldsymbol{X}=X_1X_2\cdots X_N$表达$N$维连续信源,其相对熵记为

$$h(\boldsymbol{X})=h(X_1X_2\cdots X_N)$$

下面讨论两种特殊分布的$N$维连续信源相对熵。

**1. 均匀分布的$N$维连续信源的相对熵**

设$N$维连续信源$\boldsymbol{X}=X_1X_2\cdots X_N$的概率密度函数

$$p(\boldsymbol{x}) = \begin{cases} \dfrac{1}{\prod\limits_{i=1}^{N}(b_i-a_i)} & \left(x \in \prod\limits_{i=1}^{N}(b_i-a_i)\right) \\[4ex] 0 & \left(x \notin \prod\limits_{i=1}^{N}(b_i-a_i)\right) \end{cases}$$

$N$ 维均匀分布连续信源 $\boldsymbol{X}=X_1X_2\cdots X_N$ 的相对熵

$$h(\boldsymbol{X})=h(X_1X_2\cdots X_N)=-\int_X p(x)\log p(x)\mathrm{d}x$$

$$=-\int_{a_1}^{b_1}\int_{a_2}^{b_2}\cdots\int_{a_N}^{b_N}\frac{1}{\prod\limits_{i=1}^{N}(b_i-a_i)}\log\frac{1}{\prod\limits_{i=1}^{N}(b_i-a_i)}\mathrm{d}x_1\mathrm{d}x_2\cdots\mathrm{d}x_N$$

$$=\log\left[\prod_{i=1}^{N}(b_i-a_i)\right]=\sum_{i=1}^{N}\log(b_i-a_i)=\sum_{i=1}^{N}h(X_i)$$

$N$ 维均匀分布的连续信源 $\boldsymbol{X}=X_1X_2\cdots X_N$ 的相对熵 $h(\boldsymbol{X})=h(X_1X_2\cdots X_N)$，等于 $N$ 维区域体积 $\prod\limits_{i=1}^{N}(b_i-a_i)$ 的对数，亦等于 $\boldsymbol{X}=X_1X_2\cdots X_N$ 中各变量 $X_i$ 在各自区间 $[a_i,b_i]$ $(i=1,2,\cdots,N)$ 内均匀分布时的相对熵

$$h(X_i)=\log(b_i-a_i) \quad (i=1,2,\cdots,N)$$

**2. 高斯分布的 $N$ 维连续信源的相对熵**

$N$ 维高斯信源的概率密度函数为

$$p(\boldsymbol{x})=p(X_1X_2\cdots X_N)$$

$$=\frac{1}{(2\pi)^{N/2}|\boldsymbol{M}|^{1/2}}\exp\left[-\frac{1}{2}\sum_{i=1}^{N}\sum_{k=1}^{N}r_{ik}(x_i-m_i)(x_k-m_k)\right]$$

上式中的协方差矩阵

$$\boldsymbol{M}=\begin{bmatrix} \mu_{11} & \mu_{12} & \cdots & \mu_{1N} \\ \mu_{21} & \mu_{22} & \cdots & \mu_{2N} \\ \vdots & \vdots & \ddots & \vdots \\ \mu_{N1} & \mu_{N2} & \cdots & \mu_{NN} \end{bmatrix}$$

其中，

$$\mu_{ik}=E[(x_i-m_i)(x_k-m_k)] \quad (i,k=1,2,\cdots,N)$$

$|\boldsymbol{M}|_{ik}(i,k=1,2,\cdots,N)$ 是行列式 $|\boldsymbol{M}|$ 的第 $i$ 行，第 $k$ 列的代数余子式，令

$$r_{ik}=\frac{|\boldsymbol{M}|_{ik}}{|\boldsymbol{M}|} \quad (i,k=1,2,\cdots,N)$$

由 $r_{ik}$ 组成矩阵

$$\boldsymbol{R}=\begin{bmatrix} r_{11} & r_{12} & \cdots & r_{1N} \\ r_{21} & r_{22} & \cdots & r_{2N} \\ \vdots & \vdots & \ddots & \vdots \\ r_{N1} & r_{N2} & \cdots & r_{NN} \end{bmatrix}$$

则 $R$ 与 $M$ 互为逆矩阵，即有

$$
R \cdot M = \begin{bmatrix} r_{11} & r_{12} & \cdots & r_{1N} \\ r_{21} & r_{22} & \cdots & r_{2N} \\ \vdots & \vdots & \ddots & \vdots \\ r_{N1} & r_{N2} & \cdots & r_{NN} \end{bmatrix} \cdot \begin{bmatrix} \mu_{11} & \mu_{12} & \cdots & \mu_{1N} \\ \mu_{21} & \mu_{22} & \cdots & \mu_{2N} \\ \vdots & \vdots & \ddots & \vdots \\ \mu_{N1} & \mu_{N2} & \cdots & \mu_{NN} \end{bmatrix}
$$

$$
= \begin{bmatrix} 1 & 0 & \cdots & 0 \\ 0 & 1 & \cdots & 0 \\ \vdots & \vdots & \ddots & \vdots \\ 0 & 0 & \cdots & 1 \end{bmatrix}
$$

即有

$$
\sum_{k=1}^{N} r_{ik}\mu_{ki} = 1 \quad (i=1,2,\cdots,N) \tag{6.1}
$$

又考虑到 $\mu_{ik}=\mu_{ki}(i,k=1,2,\cdots,N)$，$r_{ik}=r_{ki}(i,k=1,2,\cdots,N)$，由式(6.1)，有

$$
\sum_{i=1}^{N}\left(\sum_{k=1}^{N} r_{ik}\mu_{ki}\right) = \sum_{i=1}^{N}\left(\sum_{k=1}^{N} r_{ik}\mu_{ik}\right) = N
$$

根据相对熵的定义，$N$ 维高斯信源 $X=X_1X_2\cdots X_N$ 的相对熵

$$
h(X) = h(X_1X_2\cdots X_N) = -\int_x p(x)\ln p(x)\mathrm{d}x
$$

$$
= -\int_{x_1}\int_{x_2}\cdots\int_{x_N} p(x_1x_2\cdots x_N)\ln p(x_1x_2\cdots x_N)\mathrm{d}x_1\mathrm{d}x_2\cdots\mathrm{d}x_N
$$

$$
= -\int_{x_1}\int_{x_2}\cdots\int_{x_N} p(x_1x_2\cdots x_N)\ln\left[\frac{1}{(2\pi)^{N/2}|M|^{1/2}}\right] \cdot
$$

$$
\exp\left[-\frac{1}{2}\sum_{i=1}^{N}\sum_{k=1}^{N} r_{ik}(x_i-m_i)(x_k-m_k)\right]\mathrm{d}x_1\mathrm{d}x_2\cdots\mathrm{d}x_N
$$

$$
= \ln\left[(2\pi)^{N/2}|M|^{1/2}\right] + \frac{1}{2}\sum_{i=1}^{N}\sum_{k=1}^{N} r_{ik}\int_{x_1}\int_{x_2}\cdots
$$

$$
\int_{x_N} p(x_1x_2\cdots x_N)\left[(x_i-m_i)(x_k-m_k)\right]\mathrm{d}x_1\mathrm{d}x_2\cdots\mathrm{d}x_N
$$

$$
= \ln\left[(2\pi)^{N/2}|M|^{1/2}\right] + \frac{1}{2}\sum_{i=1}^{N}\sum_{k=1}^{N} r_{ik}\mu_{ik}
$$

$$
= \ln\left[(2\pi)^{N/2}|M|^{1/2}\right] + \frac{N}{2} = \frac{1}{2}\ln|M| + \frac{N}{2}\ln(2\pi)
$$

对于无记忆高斯连续信源，定义

$$
\rho_{ik} = \frac{\mu_{ik}}{\sigma_i\sigma_k} \quad (i,k=1,2,\cdots,N)
$$

为高斯连续信源 $X=X_1X_2\cdots X_N$ 中，$X_i$ 和 $X_k(i,k=1,2,\cdots,N)$ 之间的相关系数，则协方差矩阵 $M$ 改写为

$$\boldsymbol{M} = \begin{bmatrix} \sigma_1^2 & \rho_{12}\sigma_1\sigma_2 & \rho_{13}\sigma_1\sigma_3 & \cdots & \rho_{1N}\sigma_1\sigma_N \\ \rho_{21}\sigma_2\sigma_1 & \sigma_2^2 & \rho_{23}\sigma_2\sigma_3 & \cdots & \rho_{2N}\sigma_2\sigma_N \\ \vdots & \vdots & \vdots & \ddots & \vdots \\ \rho_{N1}\sigma_N\sigma_1 & \rho_{N2}\sigma_N\sigma_2 & \rho_{N3}\sigma_N\sigma_3 & \cdots & \sigma_N^2 \end{bmatrix} \tag{6.2}$$

若

$$\rho_{ik} = 0 (i \neq k) \quad (i, k = 1, 2, \cdots, N)$$

则随机变量 $X_i$ 和 $X_k (i \neq k)(i, k = 1, 2, \cdots, N)$ 之间不相关。这时,式(6.2)所示矩阵的行列式为

$$|\boldsymbol{M}| = \begin{vmatrix} \sigma_1^2 & 0 & 0 & \cdots & 0 \\ 0 & \sigma_2^2 & 0 & \cdots & 0 \\ 0 & 0 & \sigma_3^2 & \cdots & 0 \\ \vdots & \vdots & \vdots & \ddots & \vdots \\ 0 & 0 & 0 & \cdots & \sigma_N^2 \end{vmatrix} = \prod_{i=1}^{N} \sigma_i^2$$

且有

$$|\boldsymbol{M}|_{ii} = (-1)^{i+i} \sigma_1^2 \sigma_2^2 \cdots \sigma_{i-1}^2 \sigma_{i+1}^2 \cdots \sigma_N^2$$

$$r_{ii} = \frac{|\boldsymbol{M}|_{ii}}{|\boldsymbol{M}|} = \frac{\sigma_1^2 \sigma_2^2 \cdots \sigma_{i-1}^2 \sigma_{i+1}^2 \cdots \sigma_N^2}{\sigma_1^2 \sigma_2^2 \cdots \sigma_{i-1}^2 \sigma_i^2 \sigma_{i+1}^2 \cdots \sigma_N^2} = \frac{1}{\sigma_i^2}$$

以及

$$|\boldsymbol{M}|_{ik} = 0 \quad (i \neq k)$$

$$r_{ik} = 0 \quad (i \neq k)$$

这时,$N$ 维高斯信源 $\boldsymbol{X} = X_1 X_2 \cdots X_N$ 的概率密度函数

$$p(\boldsymbol{X}) = p(x_1 x_2 \cdots x_N)$$

$$= \frac{1}{(2\pi)^{N/2} |\boldsymbol{M}|^{1/2}} \exp\left[ -\frac{1}{2} \sum_{i=1}^{N} \sum_{k=1}^{N} r_{ik} (x_i - m_i)(x_k - m_k) \right]$$

$$= \frac{1}{(2\pi)^{N/2} \sqrt{\sigma_1^2 \sigma_2^2 \cdots \sigma_i^2 \cdots \sigma_N^2}} \exp\left[ -\frac{1}{2} \sum_{i=1}^{N} \frac{(x_i - m_i)^2}{\sigma_i^2} \right]$$

$$= \prod_{i=1}^{N} \frac{1}{\sqrt{2\pi\sigma_i^2}} \exp\left[ -\frac{(x_i - m_i)^2}{2\sigma_i^2} \right]$$

若令

$$p(x_i) = \frac{1}{\sqrt{2\pi\sigma_i^2}} \exp\left[ -\frac{(x_i - m_i)^2}{2\sigma_i^2} \right] \quad (i = 1, 2, \cdots, N)$$

则有

$$p(\boldsymbol{x}) = p(x_1 x_2 \cdots x_N) = p(x_1) p(x_2) \cdots p(x_N)$$

$$= \prod_{i=1}^{N} p(x_i)$$

无记忆的 $N$ 维高斯信源 $\boldsymbol{X}^N = X_1 X_2 \cdots X_N$ 的相对熵

$$h(\boldsymbol{X}^N) = h(X_1 X_2 \cdots X_N) = -\int_{\boldsymbol{X}} p(\boldsymbol{X}) \ln p(\boldsymbol{X}) \mathrm{d}x$$

$$= -\int_{x_1} \int_{x_2} \cdots \int_{x_N} p(x_1 x_2 \cdots x_N) \ln p(x_1 x_2 \cdots x_N) \mathrm{d}x_1 \mathrm{d}x_2 \cdots \mathrm{d}x_N$$

$$= -\int_{x_1} \int_{x_2} \cdots \int_{x_N} p(x_1 x_2 \cdots x_N) \ln \prod_{i=1}^{N} \frac{1}{\sqrt{2\pi\sigma_i^2}} \exp\left[-\frac{(x_i - m_i)^2}{2\sigma_i^2}\right] \mathrm{d}x_1 \mathrm{d}x_2 \cdots \mathrm{d}x_N$$

$$= \frac{1}{2} \ln(2\pi)^N (\sigma_1^2 \sigma_2^2 \cdots \sigma_N^2) + \int_{x_1} \cdots \int_{x_N} p(x_1 x_2 \cdots x_N) \sum_{i=1}^{N} \frac{(x_i - m_i)^2}{2\sigma_i^2} \mathrm{d}x_1 \mathrm{d}x_2 \cdots \mathrm{d}x_N$$

$$= \frac{1}{2} \ln(2\pi)^N (\sigma_1^2 \sigma_2^2 \cdots \sigma_N^2) + \frac{N}{2}$$

$$= \sum_{i=1}^{N} \frac{1}{2} \ln(2\pi e \sigma_i^2)$$

第 $i$ 维高斯随机变量相对熵为

$$h(X_i) = \frac{1}{2} \ln(2\pi e \sigma_i^2) \quad (i = 1, 2, \cdots, N)$$

故有

$$h(\boldsymbol{X}^N) = \sum_{i=1}^{N} \frac{1}{2} \ln(2\pi e \sigma_i^2) = \sum_{i=1}^{N} h(X_i)$$

## 6.1.3 最大多维相对熵定理

在某种限制条件下,类似单维连续信源存在最大相对熵,多维连续信源熵 $h(\boldsymbol{X}) = h(x_1 x_2 \cdots x_N)$ 也存在最大值。

**定理 6.1** 若 $N$ 维连续信源 $\boldsymbol{X} = X_1 X_2 \cdots X_N$ 的取值区间限定为 $N$ 维区域体积,则均匀分布的 $N$ 维连续信源 $\boldsymbol{X} = X_1 X_2 \cdots X_N$ 的相对熵 $h(\boldsymbol{X})$ 达到最大值。

**【证明】** 设 $N$ 维连续信源 $\boldsymbol{X} = x_1 x_2 \cdots x_N$ 中,随机变量 $x_i (i = 1, 2, \cdots, N)$ 的取值区间限定为 $[a_i, b_i]$,即 $\boldsymbol{X} = x_1 x_2 \cdots x_N$ 的取值区间限定为 $N$ 维区域体积 $\prod_{i=1}^{N} (b_i - a_i)$,均匀分布的概率密度函数

$$p(\boldsymbol{x}) = \begin{cases} \dfrac{1}{\prod_{i=1}^{N} (b_i - a_i)} & (\boldsymbol{x} \in \prod_{i=1}^{N} (b_i - a_i)) \\ 0 & (\boldsymbol{x} \notin \prod_{i=1}^{N} (b_i - a_i)) \end{cases} \tag{6.3}$$

概率密度函数为 $p(\boldsymbol{x})$ 时,$N$ 维连续信源 $\boldsymbol{X} = X_1 X_2 \cdots X_N$ 的相对熵

$$h_p(\boldsymbol{X}) = -\int_{\boldsymbol{x} \in \prod_{i=1}^{N} (b_i - a_i)} p(\boldsymbol{x}) \log p(\boldsymbol{x}) \mathrm{d}\boldsymbol{x}$$

$$= -\int_{x \in \prod\limits_{i=1}^{N} (b_i - a_i)} p(\boldsymbol{x}) \log \frac{1}{\prod\limits_{i=1}^{N} (b_i - a_i)} \mathrm{d}\boldsymbol{x}$$

$$= \log \Big[ \prod_{i=1}^{N} (b_i - a_i) \Big] \tag{6.4}$$

又设 $q(\boldsymbol{x}) = q(x_1 x_2 \cdots x_N)$ 是同样 $N$ 维区域体积中均匀分布以外的任何一种概率密度函数,对应的相对熵为

$$h_q(\boldsymbol{X}) = -\int_{x \in \prod\limits_{i=1}^{N} (b_i - a_i)} q(\boldsymbol{x}) \log q(\boldsymbol{x}) \mathrm{d}\boldsymbol{x}$$

则有

$$-\int_{x \in \prod\limits_{i=1}^{N} (b_i - a_i)} q(\boldsymbol{x}) \log p(\boldsymbol{x}) \mathrm{d}\boldsymbol{x} = -\int_{x \in \prod\limits_{i=1}^{N} (b_i - a_i)} q(\boldsymbol{x}) \log \frac{1}{\prod\limits_{i=1}^{N} (b_i - a_i)} \mathrm{d}\boldsymbol{x}$$

$$= \log \Big[ \prod_{i=1}^{N} (b_i - a_i) \Big] = -\int_{x \in \prod\limits_{i=1}^{N} (b_i - a_i)} p(\boldsymbol{x}) \log p(\boldsymbol{x}) \mathrm{d}\boldsymbol{x} = h_p(\boldsymbol{X}) \tag{6.5}$$

运用"底"大于 1 的对数函数的上凸特性,并考虑到

$$\int_{a_1}^{b_1} \int_{a_2}^{b_2} \cdots \int_{a_N}^{b_N} q(x_1 x_2 \cdots x_N) \mathrm{d}x_1 \mathrm{d}x_2 \cdots \mathrm{d}x_N = \int_{x \in \prod\limits_{i=1}^{N} (b_i - a_i)} q(\boldsymbol{x}) \mathrm{d}\boldsymbol{x} = 1$$

和

$$\int_{a_1}^{b_1} \int_{a_2}^{b_2} \cdots \int_{a_N}^{b_N} p(x_1 x_2 \cdots x_N) \mathrm{d}x_1 \mathrm{d}x_2 \cdots \mathrm{d}x_N = \int_{x \in \prod\limits_{i=1}^{N} (b_i - a_i)} p(\boldsymbol{x}) \mathrm{d}\boldsymbol{x} = 1$$

有

$$h_q(\boldsymbol{X}) - h_p(\boldsymbol{X}) = -\int_{x \in \prod\limits_{i=1}^{N} (b_i - a_i)} q(\boldsymbol{x}) \log q(\boldsymbol{x}) \mathrm{d}\boldsymbol{x} - \Big[ -\int_{x \in \prod\limits_{i=1}^{N} (b_i - a_i)} p(\boldsymbol{x}) \log p(\boldsymbol{x}) \mathrm{d}\boldsymbol{x} \Big]$$

$$= -\int_{x \in \prod\limits_{i=1}^{N} (b_i - a_i)} q(\boldsymbol{x}) \log q(\boldsymbol{x}) \mathrm{d}\boldsymbol{x} - \Big[ -\int_{x \in \prod\limits_{i=1}^{N} (b_i - a_i)} q(\boldsymbol{x}) \log p(\boldsymbol{x}) \mathrm{d}\boldsymbol{x} \Big]$$

$$= -\int_{x \in \prod\limits_{i=1}^{N} (b_i - a_i)} q(\boldsymbol{x}) \log q(\boldsymbol{x}) \mathrm{d}\boldsymbol{x} + \int_{x \in \prod\limits_{i=1}^{N} (b_i - a_i)} q(\boldsymbol{x}) \log p(\boldsymbol{x}) \mathrm{d}\boldsymbol{x}$$

$$= \int_{x \in \prod\limits_{i=1}^{N} (b_i - a_i)} q(\boldsymbol{x}) \log \frac{p(\boldsymbol{x})}{q(\boldsymbol{x})} \mathrm{d}\boldsymbol{x}$$

$$\leqslant \log \Big[ \int_{x \in \prod\limits_{i=1}^{N} (b_i - a_i)} q(\boldsymbol{x}) \frac{p(\boldsymbol{x})}{q(\boldsymbol{x})} \mathrm{d}\boldsymbol{x} \Big] = \log \Big[ \int_{x \in \prod\limits_{i=1}^{N} (b_i - a_i)} p(\boldsymbol{x}) \mathrm{d}\boldsymbol{x} \Big] = \log 1 = 0 \tag{6.6}$$

即证得

$$h_q(\boldsymbol{X}) \leqslant h_p(\boldsymbol{X}) = \log \Big[ \prod_{i=1}^{N} (b_i - a_i) \Big] = \sum_{i=1}^{N} \log(b_i - a_i) = \sum_{i=1}^{N} h_p(X_i) \tag{6.7}$$

**定理 6.2** 若 $N$ 维连续信源 $\boldsymbol{X} = X_1 X_2 \cdots X_N$ 的协方差矩阵限定为 $\boldsymbol{M}$,则高斯分布的 $N$ 维连续信源 $\boldsymbol{X} = X_1 X_2 \cdots X_N$ 的相对熵 $h(\boldsymbol{X})$ 达到最大值。

【证明】 设 $N$ 维连续信源的协方差矩阵为

$$\boldsymbol{M} = \begin{bmatrix} M_{11} & M_{12} & \cdots & M_{1N} \\ M_{21} & M_{22} & \cdots & M_{2N} \\ \vdots & \vdots & \ddots & \vdots \\ M_{N1} & M_{N2} & \cdots & M_{NN} \end{bmatrix}$$

行列式 $|\boldsymbol{M}|$ 的代数余子式为 $|\boldsymbol{M}|_{ik}(i,k=1,2,\cdots,N)$，并令

$$r_{ik} = \frac{|\boldsymbol{M}|_{ik}}{|\boldsymbol{M}|} \quad (i,k=1,2,\cdots,N)$$

限定条件下的高斯分布的概率密度函数，记为

$$p(\boldsymbol{x}) = p(x_1 x_2 \cdots x_N)$$

$$= \frac{1}{(2\pi)^{N/2} |\boldsymbol{M}|^{1/2}} \exp\left[-\frac{1}{2} \sum_{i=1}^{N} \sum_{k=1}^{N} r_{ik} (x_i - m_i)(x_k - m_k)\right] \tag{6.8}$$

当概率密度函数为 $p(\boldsymbol{x})$ 时，$N$ 维连续信源 $\boldsymbol{X} = X_1 X_2 \cdots X_N$ 的相对熵

$$h_p(\boldsymbol{X}) = -\int_x p(\boldsymbol{x}) \ln p(\boldsymbol{x}) \mathrm{d}\boldsymbol{x}$$

$$= \frac{1}{2} \ln |\boldsymbol{M}| + \frac{N}{2} \ln(2\pi e) \tag{6.9}$$

设 $q(\boldsymbol{x}) = q(x_1 x_2 \cdots x_N)$ 是信源在此限定条件下，除高斯分布以外的任何一种概率密度函数，对应的相对熵为

$$h_q(\boldsymbol{X}) = -\int_x q(\boldsymbol{x}) \ln q(\boldsymbol{x}) \mathrm{d}\boldsymbol{x}$$

则

$$-\int_x q(\boldsymbol{x}) \ln p(\boldsymbol{x}) \mathrm{d}\boldsymbol{x}$$

$$= -\int_x q(\boldsymbol{x}) \ln\left[\frac{1}{(2\pi)^{N/2} |\boldsymbol{M}|^{1/2}}\right] \exp\left[-\frac{1}{2} \sum_{i=1}^{N} \sum_{k=1}^{N} r_{ik} (x_i - m_i)(x_k - m_k)\right] \mathrm{d}x_1 \mathrm{d}x_2 \cdots \mathrm{d}x_N$$

$$= \ln\left[(2\pi)^{N/2} |\boldsymbol{M}|^{1/2}\right] + \frac{1}{2} \sum_{i=1}^{N} \sum_{k=1}^{N} r_{ik} \int_x q(\boldsymbol{x})(x_i - m_i)(x_k - m_k) \mathrm{d}x_1 \mathrm{d}x_2 \cdots \mathrm{d}x_N$$

$$= \ln\left[(2\pi)^{N/2} |\boldsymbol{M}|^{1/2}\right] + \frac{1}{2} \sum_{i=1}^{N} \sum_{k=1}^{N} r_{ik} \mu_{ik} = \ln\left[(2\pi)^{N/2} |\boldsymbol{M}|^{1/2}\right] + \frac{N}{2}$$

$$= \frac{1}{2} \ln |\boldsymbol{M}| + \frac{N}{2} \ln(2\pi e) = -\int_x p(\boldsymbol{x}) \ln p(\boldsymbol{x}) \mathrm{d}\boldsymbol{x} = h_p(\boldsymbol{X}) \tag{6.10}$$

运用"底"大于 1 的对数的上凸特性，并考虑到 $\int_x q(\boldsymbol{x}) \mathrm{d}\boldsymbol{x} = 1$ 和 $\int_x p(\boldsymbol{x}) \mathrm{d}\boldsymbol{x} = 1$，有

$$h_q(\boldsymbol{X}) - h_p(\boldsymbol{X}) = -\int_x q(\boldsymbol{x}) \ln q(\boldsymbol{x}) \mathrm{d}\boldsymbol{x} - \left[-\int_x p(\boldsymbol{x}) \ln p(\boldsymbol{x}) \mathrm{d}\boldsymbol{x}\right]$$

$$= -\int_x q(\boldsymbol{x}) \ln q(\boldsymbol{x}) \mathrm{d}\boldsymbol{x} - \left[-\int_x q(\boldsymbol{x}) \ln p(\boldsymbol{x}) \mathrm{d}\boldsymbol{x}\right]$$

$$= \int_x q(\boldsymbol{x}) \ln p(\boldsymbol{x}) \mathrm{d}\boldsymbol{x} - \int_x q(\boldsymbol{x}) \ln q(\boldsymbol{x}) \mathrm{d}\boldsymbol{x}$$

$$= \int_x q(\boldsymbol{x}) \ln \frac{p(\boldsymbol{x})}{q(\boldsymbol{x})} \mathrm{d}\boldsymbol{x}$$

$$\leqslant \ln \left[ \int_x q(\boldsymbol{x}) \frac{p(\boldsymbol{x})}{q(\boldsymbol{x})} \mathrm{d}\boldsymbol{x} \right] = \ln \left[ \int_x p(\boldsymbol{x}) \mathrm{d}\boldsymbol{x} \right] = \ln 1 = 0 \qquad (6.11)$$

即证得

$$h_q(\boldsymbol{X}) \leqslant h_p(\boldsymbol{X}) = \frac{1}{2} \ln |\boldsymbol{M}| + \frac{N}{2} \ln(2\pi\mathrm{e}) \qquad (6.12)$$

式(6.12)表明,在协方差矩阵限定条件下,高斯分布的 $N$ 维连续信源具有最大相对熵,大小只取决于协方差矩阵 $\boldsymbol{M}$,与对应时刻随机变量均值无关。

## 6.1.4  多维相对熵的变换

$N$ 维连续信源通过线性网络后,输出 $N$ 维随机向量 $\boldsymbol{Y} = Y_1 Y_2 \cdots Y_N$ 的相对熵的变化规律如何?

设 $\boldsymbol{X}$ 到 $\boldsymbol{Y}$ 变换是某种确定的对应关系,其函数关系为

$$\begin{cases} Y_1 = g_1(x_1 x_2 \cdots x_N) \\ Y_2 = g_2(x_1 x_2 \cdots x_N) \\ \vdots \\ Y_N = g_N(x_1 x_2 \cdots x_N) \end{cases}$$

$\boldsymbol{Y}$ 与 $\boldsymbol{X}$ 有确定的函数关系式,并假设此随机变量 $Y_i (i = 1, 2, \cdots, N)$ 是随机变量 $X_i (i = 1, 2, \cdots, N)$ 的单值连续函数。因此,$\boldsymbol{X}$ 也可以表示为 $\boldsymbol{Y}$ 的单值连续函数,即

$$\begin{cases} X_1 = f_1(Y_1 Y_2 \cdots Y_N) \\ X_2 = f_2(Y_1 Y_2 \cdots Y_N) \\ \vdots \\ X_N = f_N(Y_1 Y_2 \cdots Y_N) \end{cases}$$

多维随机变量 $\boldsymbol{X}$ 映射成另一多维随机变量 $\boldsymbol{Y}$,$\boldsymbol{X}$ 落在样本区间一个给定的区域 $A$ 的概率应等于 $\boldsymbol{Y}$ 在此样本空间相应区域 $B$ 的概率。所以

$$\int_A \cdots \int p_{\boldsymbol{X}}(x_1 x_2 \cdots x_N) \mathrm{d}x_1 \mathrm{d}x_2 \cdots \mathrm{d}x_N = \int_B \cdots \int p_{\boldsymbol{Y}}(y_1 y_2 \cdots y_N) \mathrm{d}y_1 \mathrm{d}y_2 \cdots \mathrm{d}y_N$$

根据多重积分变量变换,有

$$\frac{\mathrm{d}x_1 \mathrm{d}x_2 \cdots \mathrm{d}x_N}{\mathrm{d}y_1 \mathrm{d}y_2 \cdots \mathrm{d}y_N} = \left| J\left( \frac{X_1 X_2 \cdots X_N}{Y_1 Y_2 \cdots Y_N} \right) \right| = \left| J\left( \frac{\boldsymbol{X}}{\boldsymbol{Y}} \right) \right|$$

其中,$J\left( \dfrac{\boldsymbol{X}}{\boldsymbol{Y}} \right)$ 是雅可比行列式,则

$$J\left( \frac{\boldsymbol{X}}{\boldsymbol{Y}} \right) = \frac{\partial(X_1 X_2 \cdots X_N)}{\partial(Y_1 Y_2 \cdots Y_N)} = \begin{vmatrix} \dfrac{\partial f_1}{\partial Y_1} & \dfrac{\partial f_2}{\partial Y_1} & \cdots & \dfrac{\partial f_N}{\partial Y_1} \\ \dfrac{\partial f_1}{\partial Y_2} & \dfrac{\partial f_2}{\partial Y_2} & \cdots & \dfrac{\partial f_N}{\partial Y_2} \\ \vdots & \vdots & \ddots & \vdots \\ \dfrac{\partial f_1}{\partial Y_N} & \dfrac{\partial f_2}{\partial Y_N} & \cdots & \dfrac{\partial f_N}{\partial Y_N} \end{vmatrix}$$

证明可得

$$J\left(\frac{\boldsymbol{X}}{\boldsymbol{Y}}\right)=\frac{1}{J\left(\dfrac{\boldsymbol{Y}}{\boldsymbol{X}}\right)}$$

进一步,新旧联合概率密度函数,满足

$$p_{\boldsymbol{Y}}(y_1 y_2 \cdots y_N)=p_{\boldsymbol{X}}(x_1 x_2 \cdots x_N)\left|J\left(\frac{\boldsymbol{X}}{\boldsymbol{Y}}\right)\right|$$

可见,除非雅可比行列式等于 1,否则,通过变换后,此随机向量概率密度函数会发生改变。变换后,此连续信源 $\boldsymbol{Y}$ 的差熵为

$$h(\boldsymbol{Y})=-\int_{\boldsymbol{Y}} p_{\boldsymbol{Y}}(y_1 y_2 \cdots y_N)\log p_{\boldsymbol{Y}}(y_1 y_2 \cdots y_N)\mathrm{d}y_1\mathrm{d}y_2 \cdots \mathrm{d}y_N$$

根据前述 $\boldsymbol{Y}$ 与 $\boldsymbol{X}$ 的变换关系,得

$$h(\boldsymbol{Y})=-\int_{\boldsymbol{X}} p_{\boldsymbol{X}}(x_1 x_2 \cdots x_N)\cdot\left|J\left(\frac{\boldsymbol{X}}{\boldsymbol{Y}}\right)\right|\cdot\log\left[p_{\boldsymbol{X}}(x_1 x_2 \cdots x_N)\left|J\left(\frac{\boldsymbol{X}}{\boldsymbol{Y}}\right)\right|\right]\cdot$$

$$\left|J\left(\frac{\boldsymbol{Y}}{\boldsymbol{X}}\right)\right|\mathrm{d}x_1\mathrm{d}x_2 \cdots \mathrm{d}x_N$$

$$=-\int_{\boldsymbol{X}} p_{\boldsymbol{X}}(x_1 x_2 \cdots x_N)\log p_{\boldsymbol{X}}(x_1 x_2 \cdots x_N)\mathrm{d}x_1\mathrm{d}x_2 \cdots \mathrm{d}x_N-\int_{\boldsymbol{X}} p_{\boldsymbol{X}}(x_1 x_2 \cdots x_N)$$

$$\log\left|J\left(\frac{\boldsymbol{X}}{\boldsymbol{Y}}\right)\right|\mathrm{d}x_1\mathrm{d}x_2 \cdots \mathrm{d}x_N$$

$$=h(\boldsymbol{X})-E\left[\log\left|J\left(\frac{\boldsymbol{X}}{\boldsymbol{Y}}\right)\right|\right]$$

可见,变换前后连续信源的差熵发生了改变,变化量为雅可比行列式对数的统计平均值。证明连续信源的差熵不具有变换不变性,这是与离散信源熵的一个不同之处。

【例 6.1】　设原连续信源输出的信号是概率密度函数为 $p(x)=\dfrac{1}{\sqrt{2\pi\sigma^2}}\mathrm{e}^{-x^2/2\sigma^2}$ 的正态分布随机变量。经过一个网络输出,网络输入/输出变换关系为

$$y=kx+a$$

得到

$$p(y)=p(x)\left|\frac{\mathrm{d}x}{\mathrm{d}y}\right|=p(x)\cdot\frac{1}{k}$$

网络输出信号的概率密度函数

$$p(y)=\frac{1}{\sqrt{2\pi k^2\sigma^2}}\mathrm{e}^{-(y-a)^2/2k^2\sigma^2}$$

$\boldsymbol{Y}$ 的相对熵

$$h(\boldsymbol{Y})=h(\boldsymbol{X})-E\left[\log\left|J\left(\frac{\boldsymbol{X}}{\boldsymbol{Y}}\right)\right|\right]$$

$$=\frac{1}{2}\log(2\pi\mathrm{e}\sigma^2)+\log k$$

$$=\frac{1}{2}\log(2\pi\mathrm{e}k^2\sigma^2)$$

该网络是一个放大倍数为 $k$，直流分量为 $a$ 的放大器，通过线性放大器后，熵值发生了变化，增加了 $(\log k)$ bit。

## 6.2  多维连续信道

### 6.2.1  无记忆信道的平均交互信息量

讨论完连续信源问题后，本节讨论连续信道的平均交互信息。

对于限时 $T$，限频 $F$ 的连续信源 $\{x(t)\}$，可以转化为时间间隔 $\Delta=1/2F$ 的 $N$（$N=2FT$）维随机序列 $\boldsymbol{X}=X_1X_2\cdots X_N$。每一时刻的随机变量 $X_i$（$i=1,2,\cdots,N$）取值区间均为 $[a,b]$。传递概率密度函数为 $p(y/x)$，信道输出端输出相应的随机变量 $Y_i$（$i=1,2,\cdots,N$），其取值区间均为 $[a',b']$，组成随机序列 $\boldsymbol{Y}=Y_1Y_2\cdots Y_N$。从整体上看待信息传递过程，相当于形成了一个新的信道，输入/输出均为 $N$ 维随机序列，如图 6.1 所示。

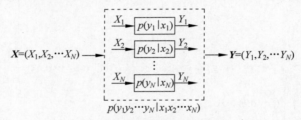

图 6.1  多维无记忆信道模型

若 $N$ 次扩展信道 $\boldsymbol{X}-\boldsymbol{Y}$ 的传递概率密度函数 $p(\boldsymbol{y}|\boldsymbol{x})=p(y_1y_2\cdots y_N|x_1x_2\cdots x_N)$ 可由单维连续信道 $\boldsymbol{X}-\boldsymbol{Y}$ 的传递概率密度函数 $p(\boldsymbol{y}|\boldsymbol{x})$ 表示，并等于各时刻单维连续信道 $\boldsymbol{X}-\boldsymbol{Y}$ 的传递概率密度函数 $p(y_i|x_i)$（$i=1,2,\cdots,N$）的连乘

$$p(\boldsymbol{y}\mid\boldsymbol{x})=p(y_1y_2\cdots y_N\mid x_1x_2\cdots x_N)=p(y_1\mid x_1)p(y_2\mid x_2)\cdots p(y_N\mid x_N)$$

$$=\prod_{i=1}^{N}p(y_i\mid x_i)$$

则信道 $\boldsymbol{X}-\boldsymbol{Y}$ 称为无记忆连续信道。

对于无记忆连续信道的 $N$ 次扩展信道，有

$$p(y_k\mid x_1x_2\cdots x_k;\,y_1y_2\cdots y_{k-1})=\frac{p(y_1y_2\cdots y_k\mid x_1x_2\cdots x_k)}{p(y_1y_2\cdots y_{k-1}\mid x_1x_2\cdots x_k)}$$

$$=\frac{p(y_1\mid x_1)p(y_2\mid x_2)\cdots p(y_k\mid x_k)}{\displaystyle\int_{y_k}p(y_1y_2\cdots y_k\mid x_1x_2\cdots x_k)\mathrm{d}y_k}=\frac{p(y_1\mid x_1)p(y_2\mid x_2)\cdots p(y_k\mid x_k)}{\displaystyle\int_{y_k}p(y_1\mid x_1)p(y_2\mid x_2)\cdots p(y_k\mid x_k)\mathrm{d}y_k}$$

$$=\frac{p(y_1\mid x_1)p(y_2\mid x_2)\cdots p(y_k\mid x_k)}{p(y_1\mid x_1)p(y_2\mid x_2)\cdots p(y_{k-1}\mid x_{k-1})\displaystyle\int_{y_k}p(y_k\mid x_k)\mathrm{d}y_k}$$

$$=\frac{p(y_1\mid x_1)p(y_2\mid x_2)\cdots p(y_k\mid x_k)}{p(y_1\mid x_1)p(y_2\mid x_2)\cdots p(y_{k-1}\mid x_{k-1})}=p(y_k\mid x_k)$$

上式说明，时刻 $k$ 的输出 $Y_k$ 只依赖于同一时刻 $k$ 的输入 $X_k$，与 $k$ 时刻之前的输入序

列和输出序列无关,这就是无记忆连续信道的"无记忆"性,又有

$$p(y_1 y_2 \cdots y_{k-1} \mid x_1 x_2 \cdots x_k)$$

$$= \frac{p(y_1 y_2 \cdots y_{k-1} y_k \mid x_1 x_2 \cdots x_k)}{p(y_k \mid x_1 x_2 \cdots x_k y_1 y_2 \cdots y_{k-1})} = \frac{p(y_1 \mid x_1) p(y_2 \mid x_2) \cdots p(y_k \mid x_k)}{p(y_k \mid x_k)}$$

$$= p(y_1 \mid x_1) p(y_2 \mid x_2) \cdots p(y_{k-1} \mid x_{k-1})$$

$$= p(y_1 y_2 \cdots y_{k-1} \mid x_1 x_2 \cdots x_{k-1})$$

这说明,时刻 $k$ 之前的 $k-1$ 个输出只与 $k$ 之前的 $k-1$ 个输入有关,而与下一时刻的输入 $X_k$ 无关,这就是无记忆连续信道的"无预感"性。

下面给出反映 $N$ 次扩展信道 $\boldsymbol{X}-\boldsymbol{Y}$ 的平均交互信息量 $I(\boldsymbol{X};\boldsymbol{Y})$ 与单维连续信道 $\boldsymbol{X}-\boldsymbol{Y}$ 在各时刻传递的平均交互信息量 $I(X_i;Y_i)$ 之间关系的定理。

**定理 6.3** 连续无记忆信道 $\boldsymbol{X}-\boldsymbol{Y}$ 的 $N$ 次扩展信道 $\boldsymbol{X}-\boldsymbol{Y}$ 的平均交互信息量

$$I(\boldsymbol{X};\boldsymbol{Y}) \leqslant N I(\boldsymbol{X};\boldsymbol{Y})$$

**【证明】** 连续无记忆信道 $\boldsymbol{X}-\boldsymbol{Y}$ 的 $N$ 次扩展信道 $\boldsymbol{X}-\boldsymbol{Y}$ 的平均交互信息量

$$I(\boldsymbol{X};\boldsymbol{Y}) = \int_{\boldsymbol{X}} \int_{\boldsymbol{Y}} p(\boldsymbol{xy}) \log \frac{p(\boldsymbol{y} \mid \boldsymbol{x})}{p(\boldsymbol{y})} \mathrm{d}\boldsymbol{x} \, \mathrm{d}\boldsymbol{y}$$

$$= \int_{\boldsymbol{X}} \int_{\boldsymbol{Y}} p(\boldsymbol{xy}) \log \frac{p(y_1 \mid x_1) p(y_2 \mid x_2) \cdots p(y_N \mid x_N)}{p(y_1 y_2 \cdots y_N)} \mathrm{d}\boldsymbol{x} \, \mathrm{d}\boldsymbol{y} \quad (6.13)$$

输入随机序列 $\boldsymbol{X} = X_1 X_2 \cdots X_N$ 中每一时刻随机变量 $X_i (i=1,2,\cdots,N)$ 通过无记忆信道 $\boldsymbol{X}-\boldsymbol{Y}$,输出随机变量 $Y_i (i=1,2,\cdots,N)$ 的平均交互信息量 $I(X_i;Y_i)(i=1,2,\cdots,N)$ 之和

$$\sum_{i=1}^{N} I(X_i;Y_i) = \sum_{i=1}^{N} \left[ \int_{x_i} \int_{y_i} p(x_i y_i) \log \frac{p(y_i \mid x_i)}{p(y_i)} \mathrm{d}x_i \, \mathrm{d}y_i \right]$$

$$= \sum_{i=1}^{N} \left[ \begin{array}{l} \int_{x_1} \int_{x_2} \cdots \int_{x_N} \int_{y_1} \int_{y_2} \cdots \int_{y_N} p(x_1 x_2 \cdots x_N; y_1 y_2 \cdots y_N) \cdot \\ \log \frac{p(y_i \mid x_i)}{p(y_i)} \mathrm{d}x_1 \mathrm{d}x_2 \cdots \mathrm{d}x_N \mathrm{d}y_1 \mathrm{d}y_2 \cdots \mathrm{d}y_N \end{array} \right]$$

$$= \int_{\boldsymbol{X}} \int_{\boldsymbol{Y}} p(\boldsymbol{xy}) \sum_{i=1}^{N} \log \frac{p(y_i \mid x_i)}{p(y_i)} \mathrm{d}\boldsymbol{x} \, \mathrm{d}\boldsymbol{y}$$

$$= \int_{\boldsymbol{X}} \int_{\boldsymbol{Y}} p(\boldsymbol{xy}) \log \frac{p(y_1 \mid x_1) p(y_2 \mid x_2) \cdots p(y_N \mid x_N)}{p(y_1) p(y_2) \cdots p(y_N)} \mathrm{d}\boldsymbol{x} \, \mathrm{d}\boldsymbol{y} \quad (6.14)$$

由式(6.13)和式(6.14),有

$$I(\boldsymbol{X};\boldsymbol{Y}) - \sum_{i=1}^{N} I(X_i;Y_i) = \int_{\boldsymbol{X}} \int_{\boldsymbol{Y}} p(\boldsymbol{xy}) \log \frac{p(y_1) p(y_2) \cdots p(y_N)}{p(y_1 y_2 \cdots y_N)} \mathrm{d}\boldsymbol{x} \, \mathrm{d}\boldsymbol{y}$$

$$= \int_{\boldsymbol{X}} \int_{\boldsymbol{Y}} p(\boldsymbol{xy}) \log \frac{p(y_1) p(y_2) \cdots p(y_N)}{p(\boldsymbol{y})} \mathrm{d}\boldsymbol{x} \, \mathrm{d}\boldsymbol{y}$$

考虑到"底"大于 1 的对数函数的上凸特性,有

$$I(\boldsymbol{X};\boldsymbol{Y}) - \sum_{i=1}^{N} I(X_i;Y_i) \leqslant \log \left[ \int_{\boldsymbol{X}} \int_{\boldsymbol{Y}} p(\boldsymbol{xy}) \frac{p(y_1) p(y_2) \cdots p(y_N)}{p(\boldsymbol{y})} \mathrm{d}\boldsymbol{x} \, \mathrm{d}\boldsymbol{y} \right]$$

$$= \log \int_{\boldsymbol{X}} \int_{\boldsymbol{Y}} p(\boldsymbol{x} \mid \boldsymbol{y}) p(y_1) p(y_2) \cdots p(y_N) \mathrm{d}\boldsymbol{x} \, \mathrm{d}\boldsymbol{y}$$

$$= \log \int_{y_1} \int_{y_2} \cdots \int_{y_N} p(y_1) p(y_2) \cdots p(y_N) \mathrm{d}y_1 \mathrm{d}y_2 \cdots \mathrm{d}y_N \int_{\boldsymbol{X}} p(\boldsymbol{x} \mid \boldsymbol{y}) \mathrm{d}\boldsymbol{x}$$

$$= \log \int_{y_1} \int_{y_2} \cdots \int_{y_N} p(y_1) p(y_2) \cdots p(y_N) \mathrm{d}y_1 \mathrm{d}y_2 \cdots \mathrm{d}y_N$$

$$= \log \int_{y_1} p(y_1) \mathrm{d}y_1 \int_{y_2} p(y_2) \mathrm{d}y_2 \cdots \int_{y_N} p(y_N) \mathrm{d}y_N$$

$$= \log 1 = 0 \tag{6.15}$$

即证得 $I(\boldsymbol{X}; \boldsymbol{Y}) \leqslant \sum_{i=1}^{N} I(X_i; Y_i)$。

另一方面,对于无记忆信道,当信源无记忆时,即

$$p(\boldsymbol{x}) = p(x_1 x_2 \cdots x_N) = p(x_1) p(x_2) \cdots p(x_N)$$

有

$$p(\boldsymbol{xy}) = p(\boldsymbol{x}) p(\boldsymbol{y} \mid \boldsymbol{x})$$

$$= p(x_1 y_1) p(x_2 y_2) \cdots p(x_N y_N) = \prod_{i=1}^{N} p(x_i y_i)$$

$$p(\boldsymbol{y}) = \int_{\boldsymbol{x}} p(\boldsymbol{xy}) \mathrm{d}\boldsymbol{x} = \int_{x_1} \int_{x_2} \cdots \int_{x_N} p(x_1 y_1) p(x_2 y_2) \cdots p(x_N y_N) \mathrm{d}x_1 \mathrm{d}x_2 \cdots \mathrm{d}x_N$$

$$= \int_{x_1} p(x_1 y_1) \mathrm{d}x_1 \int_{x_2} p(x_2 y_2) \mathrm{d}x_2 \cdots \int_{x_N} p(x_N y_N) \mathrm{d}x_N$$

$$= p(y_1) p(y_2) \cdots p(y_N) = \prod_{i=1}^{N} p(y_i)$$

即有

$$p(y_1 y_2 \cdots y_N) = p(y_1) p(y_2) \cdots p(y_N)$$

即

$$I(\boldsymbol{X}; \boldsymbol{Y}) = \sum_{i=1}^{N} I(X_i; Y_i) \tag{6.16}$$

如果信源在 $N$ 个时刻的概率密度函数相同,即 $p(x_1) = p(x_2) = \cdots = p(x_N) = p(x)$,则各时刻 $k(k=1,2,\cdots,N)$ 的连续随机变量 $X_k(k=1,2,\cdots,N)$ 通过连续信道 $\boldsymbol{X}-\boldsymbol{Y}$ 的平均交互信息量 $I(X_k; Y_k)(k=1,2,\cdots,N)$ 都等于连续信源 $\boldsymbol{X}$ 通过连续信道 $\boldsymbol{X}-\boldsymbol{Y}$ 的平均交互信息量 $I(\boldsymbol{X}; \boldsymbol{Y})$。这样,由式(6.16),有 $I(\boldsymbol{X}; \boldsymbol{Y}) \leqslant NI(\boldsymbol{X}; \boldsymbol{Y})$;进一步,若信源无记忆,则有

$$I(\boldsymbol{X}^N; \boldsymbol{Y}^N) = NI(\boldsymbol{X}; \boldsymbol{Y})$$

### 6.2.2 高斯白噪声加性信道的信道容量

在讨论高斯白噪声加性信道的信道容量之前,首先根据抽样定理和高斯随机过程的性质,给出两个不作证明的重要结论。

**结论 1** 限时 $T$、限频 $F$,且均值为 0、功率谱密度为 $|H(f)|^2 = \dfrac{N_0}{2}(-F \leqslant f \leqslant F)$ 的高

斯白噪声 $\{n(t)\}$，经离散抽样，可转化为时间间隔 $\Delta = 1/2F$ 的 $N = 2FT$ 个相互统计独立、均值 $m_i = 0$、方差 $\sigma_{N_i}^2 = N_0 F$ 的高斯随机变量 $N_i(i=1,2,\cdots,N)$ 组成的 $N$ 维连续随机向量 $N^N = N_1 N_2 \cdots N_N$。

**结论 2**　在限时 $T$、限频 $F$ 的限制条件下，均值为 0、功率谱密度为 $|H(f)|^2 = \dfrac{N_0}{2}(-F \leqslant f \leqslant F)$ 的高斯白噪声加性信道，是噪声均值 $m_N = 0$、方差 $\sigma_N^2 = N_0 F$ 的高斯随机变量 $N$ 的高斯加性无记忆信道的 $N$ 次扩展信道。

下面证明信息论中一个重要定理。

**定理 6.4**　在限时 $T$、限频 $F$ 的条件下，均值为 0、功率谱密度 $|H(f)|^2 = \dfrac{N_0}{2}(-F \leqslant f \leqslant F)$ 的平稳高斯白噪声加性信道的最大信息传输速率

$$C_t = F \ln\left(1 + \frac{S_0}{N_0}\right) (\text{nat/s})$$

它的匹配信源是均值为 0、功率谱密度 $|H(f)|^2 = \dfrac{S_0}{2}(-F \leqslant f \leqslant F)$ 的平稳高斯白信源。

**【证明】**　根据结论 2 和定理 6.3，有

$$I(\boldsymbol{X};\boldsymbol{Y}) \leqslant \sum_{i=1}^{N} I(X_i;Y_i)$$

一般假定连续信源 $\{x(t)\}$ 是平均随机过程，且具有各态历经性，即概率密度函数 $p(x_i)(i=1,2,\cdots,N)$，具有时间推移不变性，即

$$p(x_1) = p(x_2) = \cdots = p(x_N) = p(x)$$

随机变量 $X_1,X_2,\cdots,X_N$ 通过图 6.2 所示的信道是同一个高斯加性信道，平均交互信息量 $I(X_1;Y_1),I(X_2;Y_2),\cdots,I(X_N;Y_N)$ 就是图 6.3 所示高斯加性信道的平均交互信息量 $I(X;Y)$，即有

$$I(X_1;Y_1) = I(X_2;Y_2) = \cdots = I(X_N;Y_N) = I(X;Y)$$

故有 $I(\boldsymbol{X};\boldsymbol{Y}) \leqslant N I(X;Y)$。

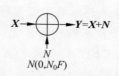

图 6.2　$N$ 个高斯加性信道并联模型　　　　图 6.3　高斯加性信道模型

由定理 6.3 和信道容量定义，得到平均交互信息量 $I(\boldsymbol{X};\boldsymbol{Y})$ 的最大值

$$C_N = \max_{p(x_1 x_2 \cdots x_N)} \{I(\boldsymbol{X};\boldsymbol{Y})\}$$

$$= \max_{p(x_1 x_2 \cdots x_N)} \{NI(X\,;\,Y)\}$$

$$= N \cdot \max_{p(x)} \{I(X\,;\,Y)\}$$

由噪声 $N$ 是均值是 $0$,方差是 $\sigma^2$ 的高斯随机变量的高斯加性信道的信道容量,得

$$C_0 = \max_{p(x)} \{I(X\,;\,Y)\}$$

$$= \frac{1}{2}\ln\left(1 + \frac{\sigma^2_{x_0}}{\sigma^2_N}\right)$$

$$= \frac{1}{2}\ln\left(1 + \frac{\sigma^2_{x_0}}{N_0 F}\right)$$

其匹配信源,为均值是 $0$,方差是 $\sigma^2_{x_0}$ 的高斯随机变量。

这样就得到高斯白噪声加性信道的信道容量

$$C_N = NC_0 = \frac{N}{2}\ln\left(1 + \frac{\sigma^2_{x_0}}{N_0 F}\right)$$

对应匹配信源是均值为 $m_x = 0$,方差为 $\sigma^2_{x_0}$ 的无记忆高斯信源 $X$ 的 $N$ 次扩展信源 $X^N = X_1 X_2 \cdots X_N$。

显然,根据结论 1,高斯白信源符合高斯白噪声加性信道匹配信源的条件,由于 $N = 2FT$,故有

$$C_N = \frac{N}{2}\ln\left(1 + \frac{\sigma^2_{x_0}}{\sigma^2_N}\right) = \frac{N}{2}\ln\left(1 + \frac{p_{x_0}}{p_{N_0}}\right) = FT\ln\left(1 + \frac{S_0}{N_0}\right) \quad (6.17)$$

进而可得每单位时间(秒)内,高斯白噪声加性信道的最大输出速率

$$C_t = \frac{C_N}{T} = F\ln\left(1 + \frac{S_0}{N_0}\right) (\text{nat/s}) \quad (6.18)$$

式(6.17)或式(6.18)就是著名的香农公式,在限时、限频条件下,信道容量 $C_N$ 是信道带宽 $F$、观察信号的持续时间 $T$ 以及信噪功率比 $\frac{S_0}{N_0}$ 的函数。

【例 6.2】 无记忆加性信道中,加性噪声 $N$ 是均值 $m_N = 0$、方差 $\sigma^2_N = 1$ 的高斯随机变量,输入连续随机序列 $\boldsymbol{X} = X_1 X_2$ 中,连续随机变量 $X_1$ 和 $X_2$ 之间统计独立,$X_1$ 和 $X_2$ 都是均值分别为 $m_{x_1} = m_{x_2} = 0$、方差分别为 $\sigma^2_{x_1} = \sigma^2_{x_2} = 1$ 的高斯随机变量,试计算平均交互信息量 $I(\boldsymbol{X}\,;\,\boldsymbol{Y})$。

解:输入连续随机变量序列 $\boldsymbol{X} = X_1 X_2$ 是均值 $m_x = 0$,方差为 $\sigma^2_{x_0}$ 的无记忆高斯信源 $X$ 的 $N = 2$ 次扩展信源。无记忆高斯连续信源 $X$ 是无记忆高斯加性信道 $X$-$Y$ 的匹配信源。所以,平均互信息量 $I(\boldsymbol{X}\,;\,\boldsymbol{Y}) = I(X^2\,;\,Y^2)$ 达到无记忆高斯加性信道的 $N = 2$ 次扩展信道 $X^2$-$Y^2$ 的容量,即有

$$I(\boldsymbol{X}\,;\,\boldsymbol{Y}) = C^2 = \frac{N}{2}\ln\left(1 + \frac{\sigma^2_x}{\sigma^2_N}\right)$$

$$= \frac{2}{2}\ln\left(1 + \frac{1}{1}\right) = \ln 2 = 0.6931(\text{nat})$$

**【例 6.3】** 设高斯白噪声加性信道的通频带宽为 $3\times10^3\,\text{Hz}$,又设信号噪声功率比为199。试计算该信道的最大信息传输率 $C_t$。

**解**:$\text{SNR}=\dfrac{p_{X_0}}{p_{N_0}}=199$

$$C_t=F\ln\left(1+\frac{p_{X_0}}{p_{N_0}}\right)=3\times10^3\times\ln10^2=13.8\times10^3\,(\text{nat/s})$$

### 6.2.3 香农公式讨论

香农公式给出了加性高斯白噪声通信系统的信道容量,它是无差错传输下可以达到的极限信息传输速率。鉴于香农公式在信息论中的重要作用,下面对香农公式作深入讨论。

(1) 当带宽 $W$ 一定时,信噪比 SNR 与信道容量 $C_t$ 呈对数关系。若 SNR 增大,$C_t$ 就增大,但增大到一定程度后会趋于缓慢。这说明,一方面,增加输入信号功率有助于增大容量,但该方法是有限的;另一方面,降低噪声功率也是有用的,当 $N_0\to0$ 时,$C_t\to\infty$,即无噪声信道的容量为无穷大。

(2) 当输入信号功率 $P_S$ 一定,增加信道带宽,容量可以增加,但到一定阶段后增加变得缓慢,因为当噪声为加性高斯白噪声时,随着 $W$ 的增加,噪声功率 $N_0W$ 也随之增加。

当 $W\to\infty$ 时,$C_t$ 趋于一个极限值。利用关系式 $\lim\limits_{x\to0}(1+x)^{\frac{1}{x}}=\text{e}$ 可求出 $C_t$ 极限值,即

$$\lim_{W\to\infty}C_t=\lim_{W\to\infty}W\log\left(1+\frac{P_S}{N_0W}\right)=\lim_{W\to\infty}\frac{P_S}{N_0}\log\left(1+\frac{P_S}{N_0W}\right)^{\frac{N_0W}{P_S}}$$

$$=\frac{P_S}{N_0}\lim_{W\to\infty}\log(1+x)^{\frac{1}{x}}=\frac{P_S}{N_0}\log\text{e}$$

当对数底数取 2,即 $C_t$ 单位为 bit/s 时,信道容量为

$$\lim_{W\to\infty}C_t=\frac{P_S}{N_0\ln2}=1.44\frac{P_S}{N_0}\,(\text{bit/s}) \tag{6.19}$$

式(6.19)说明:当带宽无限时,信道容量仍是有限的。当带宽不受限制时,传送 1 bit 信息,$\dfrac{P_S}{N_0}$ 最低只需 0.693,但实际上要获得可靠的通信往往都比这个值大得多。

设每传送 1 bit 信息所需能量为 $E_b$,对应信号功率为 $P_S=E_bC_t$,则香农公式表示为 $\dfrac{C_t}{W}$ 和 $\dfrac{E_b}{N_0}$ 的函数关系

$$\frac{C_t}{W}=\log\left(1+\frac{E_b}{N_0}\cdot\frac{C_t}{W}\right) \tag{6.20}$$

即

$$\frac{E_b}{N_0}=\frac{2^{C_t/W}-1}{C_t/W} \tag{6.21}$$

其中,$\dfrac{C_t}{W}$ 称为归一化信道容量,表示单位频带上的最大信息传输速率;$\dfrac{E_b}{N_0}$ 称为比特信噪比,

即每比特的信号能量 $E_b$ 与白噪声单边功率谱 $N_0$ 之比。

因此,当 $\dfrac{C_t}{W} \to 0$ 时,可得到实现可靠通信所要求的 $\dfrac{E_b}{N_0}$ 的最小值,此时

$$\frac{E_b}{N_0} = \lim_{C_t/W \to 0} \frac{2^{C_t/W} - 1}{C_t/W} = \ln 2 \tag{6.22}$$

其值是 $-1.6\mathrm{dB}$,这就是香农限。香农限是对任何通信系统而言所要求的 $\dfrac{E_b}{N_0}$ 最小值,没有一个系统可以低于这个香农限实现无差错传输。

(3) $C_t$ 一定时,带宽 $W$ 增大,可以降低对信噪比 SNR 的要求,即两者是可以互换的。若有较大的传输带宽,则在保持信号功率不变的情况下,可允许较大的噪声,即系统的抗噪声能力提高。

需要说明的是,带宽和信噪比的互换过程不是自然而然实现的,必须通过具体的编码和调制等通信技术来实现。理想通信系统如图 6.4 所示,其中发送设备对信源输出的原始信号进行理想调制或编码,接收设备对信道输出的信号进行理想解调或解码。设原始信号的带宽为 $B_o$,进入信道的信号带宽为 $B_i$,接收设备的输入信噪比为 $\mathrm{SNR_i}$,接收设备的输出信噪比为 $\mathrm{SNR_o}$。因为接收设备完成发送设备的反变换,所以接收设备的输入信号带宽为 $B_i$,输出至信宿的带宽为 $B_o$。

图 6.4 理想通信系统的示意图

这样,接收设备的输入信息速率为

$$(C_t)_i = B_i \log(1 + \mathrm{SNR_i})$$

假设接收设备不引入信息损失,则接收设备的输入信息速率和输出信息速率相同,即

$$(C_t)_o = (C_t)_i \tag{6.23}$$

而

$$(C_t)_o = B_o \log(1 + \mathrm{SNR_o}) \tag{6.24}$$

即

$$B_o \log(1 + \mathrm{SNR_o}) = B_i \log(1 + \mathrm{SNR_i}) \tag{6.25}$$

因此当 $\mathrm{SNR_i} \gg 1, \mathrm{SNR_o} \gg 1$ 时,有

$$\mathrm{SNR_o} = (\mathrm{SNR_i})^{B_i/B_o} \tag{6.26}$$

可见,在理想通信系统中,增加宽带可以明显地改善输出信噪比,信噪比的改善与带宽比呈指数关系。实际通信系统如扩频系统、宽带调频系统和脉冲编码调制,就是利用了这个原理。例如扩频通信将所需传送的信号扩频,使之远远大于原始信号带宽,以增强抗干扰的能力。需要指明的是,香农公式只证明了理想通信系统的“存在性”,却没有指出这种通信系统的实现方法。到目前为止,还没有一种实际通信系统能达到式(6.26)表明的理想结果。但香农公式的伟大之处在于从理论上给出了带宽和信噪比进行互换的可能性,而后人正是沿着这个方向,不断努力去发现并实现这种互换的具体方法。

(4) 连续信道编码定理。和离散信道一样,连续信道的容量同样是信道中可靠通信的

最大信息速率。香农第二编码定理同样适合于连续信道。

**定理 6.5** （连续信道编码定理）对于带宽为 $W$ 的加性高斯白噪声信道,信号平均功率为 $P_S$,噪声功率为 $\sigma^2$,即信道容量 $C_t = W\log\left(1+\dfrac{P_S}{\sigma^2}\right)$。当信息传输速率 $R_t \leqslant C_t$ 时,总可以找到一种信道编码和相应的译码规则,使平均错误概率 $p_E$ 任意小。反之,当 $R_t > C_t$ 时,找不到一种信道编码使平均错误概率 $P_E$ 任意小。

在实际通信系统中,为了可靠通信,必须使 $R_t \leqslant C_t$。在带限 AWGN 信道条件下,要求

$$R_t \leqslant W\log\left(1+\frac{P_S}{N_0 W}\right) \tag{6.27}$$

利用关系式 $P_S = R_t E_b$,其中 $E_b$ 代表每比特的能量,可得

$$\frac{R_t}{W} \leqslant \log_2\left(1+\frac{R_t}{W}\frac{E_b}{N_0}\right) \tag{6.28}$$

其中,$R_t/W$ 为频带利用率,$E_b/N_0$ 为比特信噪比。

因此,为了保证可靠通信,实际通信系统的 $R_t/W$ 和 $E_b/N_0$ 应满足

$$\frac{E_b}{N_0} \geqslant \frac{2^{R_t/W}-1}{R_t/W} \tag{6.29}$$

该关系式对任何通信系统都成立,当 $R_t/W \to 0$ 时,得到可靠通信所要求的 $E_b/N_0$ 的最小值,即 $-1.6$dB 香农限,频带利用率 $R_t/W$ 随着比特信噪比 $E_b/N_0$ 变化的曲线如图 6.5 所示。理论上,在该曲线以下的任何点通信都是可能的,而在其上的任何点通信是不可能的。

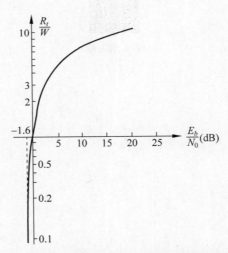

图 6.5 频带利用率与比特信噪比的关系曲线

注意,在任何信道中,信道容量是一个明显的分界点,它是保证信息可靠传输的最大信息传输率。香农第二定理从理论上指出任何信道,信息传输速率 $R_t$ 接近于 $C_t$ 的最优抗干扰编码是存在的、可能的。这对实际信息传输工程有着重要的理论指导意义。

**【例 6.4】** 给定比特信噪比 $E_b/N_0 = 22$dB,信道带宽为 1MHz 时,能否可靠传输信息速率为 10Mbit/s 的数据?

**解**：根据式(6.29)，信道带宽为 1MHz 时 $E_b/N_0$ 的最小值为

$$\frac{E_b}{N_0} \geqslant \frac{2^{R_t/W}-1}{R_t/W} = \frac{2^{10}-1}{10} = 102.3 = 20.09\text{dB} < 22\text{dB}$$

所以通过适当的编码方式可以实现无差错传输。

## 本章要点

**1. 无记忆均匀分布的 $N$ 维连续信源的相对熵**

$$h(\boldsymbol{X}) = \sum_{i=1}^{N} \log(b_i - a_i) = \sum_{i=1}^{N} h(X_i)$$

**2. 无记忆高斯分布 $N$ 维连续信源的相对熵**

$$h(\boldsymbol{X}^N) = \sum_{i=1}^{N} \frac{1}{2} \ln(2\pi e \sigma_i^2)$$

**3. 多维向量 $\boldsymbol{Y}$ 与 $\boldsymbol{X}$ 的熵变换关系**

$$h(\boldsymbol{Y}) = h(\boldsymbol{X}) - E\left[\log\left|J\left(\frac{\boldsymbol{X}}{\boldsymbol{Y}}\right)\right|\right]$$

**4. 香农公式**

$$C_t = \frac{C_N}{T} = F\ln\left(1 + \frac{S_0}{N_0}\right) (\text{nat/s})$$

第 6 章习题

# 第二部分

# 编码理论基础

# 无失真信源编码

信源编码包括无失真信源编码和限失真信源编码。两种编码都是提高通信系统的有效性,即用较少的码率传送同样多的信息。

无失真信源编码,其理论基础是香农第一定理。编码方法亦称为概率匹配编码,即用较短码长的码字代替概率较大的原始信源符号或序列,达到压缩码率的目的,以至于解除或部分消除原始信源符号概率分布的不均匀性或记忆性。

本章在介绍香农第一定理的基础上,给出一些实用的无失真信源编码方法。

## 7.1 信源编码器概述

信源编码的实质是对原始信源符号按照一定的规则进行变换,以码字代替原始信源符号,使变换后得到的码符号接近等概率分布,从而提高信息传输的有效性。

需要指明的是,在研究信源编码时,通常将信道编码和信道译码看作信道的一部分,而且不考虑信道干扰问题。

### 7.1.1 信源编码的基本概念

信源编码的数学模型分以下两种。

**1. 单符号的无失真信源编码器**

如图 7.1 所示,编码器将信源符号 $s_i$ 变换成码字 $W_i$,表示为

$$s_i \leftrightarrow W_i = (a_{i_1}, a_{i_2}, \cdots, a_{i_{L_i}}) \quad (i = 1, 2, \cdots, q)$$

其中,$a_{i_k} \in X (k = 1, 2, \cdots, L_i)$,$X$ 为构成码字的码符号集。

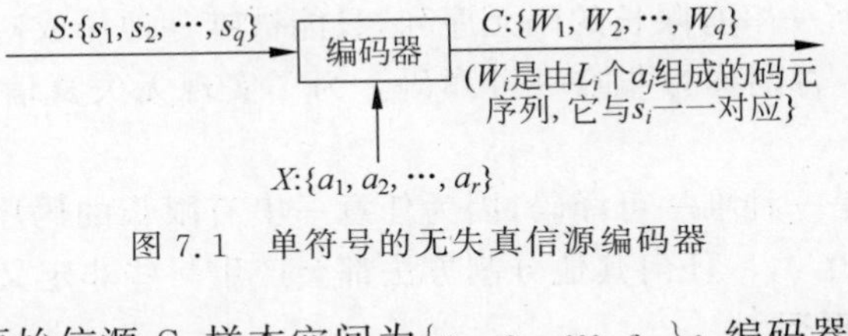

$S: \{s_1, s_2, \cdots, s_q\}$ → 编码器 → $C: \{W_1, W_2, \cdots, W_q\}$

($W_i$ 是由 $L_i$ 个 $a$ 组成的码元序列,它与 $s_i$ 一一对应)

$X: \{a_1, a_2, \cdots, a_r\}$

图 7.1 单符号的无失真信源编码器

编码器的输入为原始信源 $S$,样本空间为 $\{s_1, s_2, \cdots, s_q\}$;编码器输出的码字集合为 $C$,有 $W_1, W_2, \cdots, W_q$ 共 $q$ 个码字,它与 $S$ 中的 $q$ 个信源符号一一对应。

**2. $N$ 次扩展信源的无失真信源编码器**

如图 7.2 所示,编码器将长度为 $N$ 的信源符号序列 $\alpha_i$ 变换成码字 $W_i$,表示为

$$\alpha_i \leftrightarrow W_i = (a_{i_1}, a_{i_2}, \cdots, a_{i_{L_i}}) \quad (i=1,2,\cdots,q^N)$$

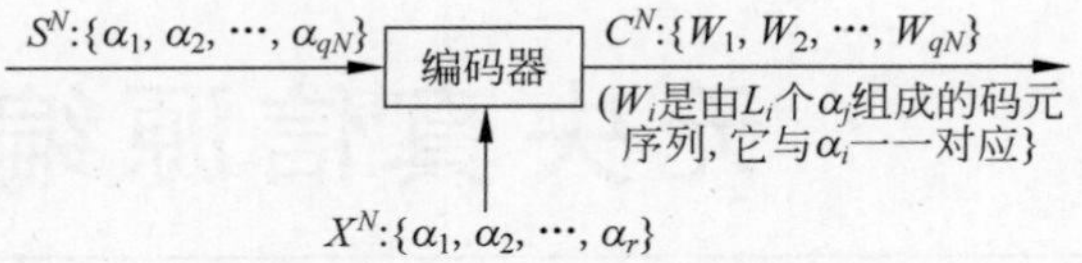

图 7.2   N 次扩展信源的无失真信源编码器

## 7.1.2   信源编码的分类

【例 7.1】 设一个离散无记忆信源的概率空间为

$$\begin{bmatrix} S \\ P(s) \end{bmatrix} = \begin{bmatrix} s_1 & s_2 & s_3 & s_4 \\ \dfrac{1}{8} & \dfrac{1}{8} & \dfrac{1}{4} & \dfrac{1}{2} \end{bmatrix}$$

采用两种信源编码方案编出的码字如表 7.1 所示。

表 7.1   码字

| 信源符号 | 概　率 | 方案一的码字 | 方案二的码字 |
|---|---|---|---|
| $s_1$ | 1/8 | 00 | 000 |
| $s_2$ | 1/8 | 01 | 001 |
| $s_3$ | 1/4 | 10 | 01 |
| $s_4$ | 1/2 | 11 | 1 |

试问方案一和方案二的码字哪种有效性较好？

**1. 定长码和变长码**

如果码字集合 $C$ 中所有码字的码长都相同,称为定长码(或等长码); 反之,如果码字长度不同,则称为变长码。

**2. 二元码**

如果码元集 $X = \{0,1\}$,对应的码字称为二元码。

**3. 奇异码和非奇异码**

一般来说,无论是定长码还是变长码,如果码字集合 $C$ 中含有相同码字,则称为奇异码; 否则称为非奇异码。非奇异性是正确译码的必要条件。

**4. 唯一可译码和非唯一可译码**

如果一种码的任何一串有限长的码元序列,只能被唯一地译成对应的信源符号序列,则称该码为唯一可译码; 否则称为非唯一可译码。为了实现无失真信源编码,必须采用唯一可译码。

例如,{0,10,11}是一种唯一可译码,因为任意一串有限长的码序列,如 10001100,只能被分割为{10,0,0,11,0,0,},任何其他分割方法都会产生一些非定义的码字。

**5. 即时码和非即时码**

在唯一可译码中有一类码,它在译码时无须参考后续的码元就能立即做出判断,译成对应的信源符号序列,则这类码称为即时码; 否则称为非即时码。即时码不能在一个码字后面添上一些码元构成另一个码字,即任一码字都不是其他码字的前缀,所以它也称为异前缀码。即时码一定是唯一可译码,但唯一可译码不一定是即时码。

非奇异码、唯一可译码和即时码三者之间的关系如图 7.3 所示。

图 7.3 非奇异码、唯一可译码和即时码三者之间的关系

## 7.1.3 唯一可译码和即时码

即时码可以采用码树法来构造。例如即时码 $W=\{W_1,W_2,W_3,W_4\}=\{0,10,110,$
$111\}$,可以按以下步骤得到即时码的码树。

(1) 最上端为树根,从根开始,画出两条分支(树枝),每条分支代表一个码元。因为 $W_1$
的码长 $L_1=1$,任选一条分支的终点(称为节点)来表示 $W_1$。

(2) 从没有选用的分支终点再画出两条分支,因为 $L_2=2$,选用其中的一个分支终点来
表示 $W_2$。

(3) 继续下去,直到所有的 $W_i$ 都有分支终点来表示为止。

(4) 从顶点(树根)到 $W_i$,要经过 $L_i$ 条分支,把这些分支所代表的码元依照先后次序就
可以写出该码字。

码树还可以用来对即时码进行译码。例如收到一串码字
100110010,从码树的树根出发,第一个符号为 1,向右走一节;
第二个码符号为 0,向左走一节,遇到了码字 $W_2$。然后再回到
树根,从头开始,遇到了码字后又回到树根。这样就可完成对
即时码的即时译码。码字 100110010 译码得到的码字分别为
$W_1=0,W_2=10,W_3=110,W_4=111$,如图 7.4 所示。

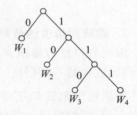

图 7.4 对即时码 100110010
进行译码

对较简单的信源,可以很方便地用码树法直观地构造出即
时码。但是当信源较复杂时,直接画码树就比较复杂。1949 年
L. G. Kraft 提出一个在数学上与码树等效的,表达即时码存在的充要条件不等式。

**定理 7.1** 对于码长分别为 $L_1,L_2,\cdots,L_q$ 的 $r$ 元码,若此码为即时码,则必定满足

$$\sum_{i=1}^{q} r^{-L_i} \leqslant 1$$

反之,若码长满足上式,则一定存在具有这种码长的 $r$ 元即时码。

克拉夫特(Kraft)不等式是即时码存在的充要条件。其中,$r$ 为码元的进制数,$q$ 为信源
的符号数,$L_i$ 为信源符号对应的码字长度。应注意的是,上述不等式只是即时码存在的充
要条件,而不能作为判断依据。后来麦克米伦(B. McMillan)证明唯一可译码也满足克拉夫
特不等式。这说明在码长选择的条件上,即时码与唯一可译码是一致的。

**【例 7.2】** 对于二元码,即 $r=2$,如果 $q=4,L_1=2,L_2=2,L_3=2,L_4=2$,是否存在这
样的唯一可译码和即时码?

**解**:因为

$$\sum_{i=1}^{q} 2^{-L_i} = 2^{-2} + 2^{-2} + 2^{-2} + 2^{-2} = 1$$

所以满足克拉夫特不等式,则一定可以构成至少一种具有这样码长的唯一可译码和即时码。

### 7.1.4 编码效率

衡量信源编码的效果可以通过以下三种方式。

**1. 平均码长**

平均码长 $\bar{L}$ 表示编码后每个信源符号平均所需的码元个数。单位为码元/信源符号。

(1) 对单个信源符号进行编码。

对单个信源符号 $s_1, s_2, \cdots, s_q$ 编码,码字分别为 $W_1, W_2, \cdots, W_q$,各码字对应的码长分别为 $L_1, L_2, \cdots, L_q$,则该码的平均码长为

$$\bar{L} = \sum_{i=1}^{q} p(s_i) L_i \text{(码元/信源符号)}$$

(2) 对 $N$ 次扩展信源符号进行编码。

对长度为 $N$ 的信源符号序列 $\alpha_1, \alpha_2, \cdots, \alpha_{q^N}$ 编码,码字分别为 $W_1, W_2, \cdots, W_{q^N}$,各码字对应的码长分别为 $L_1, L_2, \cdots, L_{q^N}$。则对 $N$ 长的信源符号序列编出的码字平均码长为

$$\bar{L}_N = \sum_{i=1}^{q^N} p(\alpha_i) L_i \text{(码元/信源符号序列)}$$

所以,信源各符号编码的平均码长为

$$\bar{L} = \frac{\bar{L}_N}{N} \text{(码元/信源符号)}$$

**2. 编码后信道的信息传输率 $R$**

编码后信息传输率 $R$ 又称为码率,是指编码后平均每个码元载荷的信息量,单位为比特/码元或比特/码符号。

当原始信源 $S$ 给定时,信源熵 $H(S)$ 就给定了,而编码后每个信源符号平均用 $\bar{L}$ 个码元来表示,故编码后信息传输率

$$R = \frac{H(S)}{\bar{L}} \text{(比特/码元)}$$

**3. 编码效率**

编码效率表示编码后实际信息量和能载荷最大信息量的比值。

(1) 定义:每个码元载荷的平均信息量与它所能载荷的最大信息量的比值。

$$\eta = \frac{R}{R_{\max}} = \frac{\dfrac{H(S)}{\bar{L}}}{\log r}$$

(2) 编码效率也可以表示为

$$\eta = \frac{H(S)}{R'} = \frac{H(S)}{\bar{L} \log r}$$

其中,$R' = \bar{L} \log r$(比特/信源符号),称为编码后信源信息率,它表示编码后平均每个码字能载荷的最大信息量。编码效率表征了信源熵 $H(S)$ 和编码后平均每个信源符号能载荷的最

大信息量 $R'$ 的比值。

## 7.2 无失真信源编码定理

对 $N$ 次扩展信源进行等长编码,如果要求编得的等长码是唯一可译码,由于扩展信源符号共有 $q^N$ 个,则相应的输出码字应不少于 $q^N$ 个,即必须满足

$$q^N \leqslant r^{L_N}$$

其中,$L_N$ 是等长码的码长,码符号有 $r$ 种可能值,$r^{L_N}$ 表示长度为 $L_N$ 的等长码数目。上式两边取对数,得到

$$\bar{L} = \frac{L_N}{N} \geqslant \frac{\log q}{\log r}$$

可见对于等长唯一可译码,平均每个信源符号所需的码元至少为 $\frac{\log q}{\log r}$ 个。当采用二元码时,即 $r = 2$ 时,上式变为 $\bar{L} \geqslant \log q$。例如,英文电报中有 32 个符号(26 个字母加 6 个字符),即 $q = 32$,如采用等长码,为了实现无失真信源编码,则每个信源符号至少需要 5 位二元码符号编码。

实际英文电报符号信源,在考虑了符号出现概率以及符号之间的依赖性后,平均每个英文电报符号所能提供的信息量约等于 1.4bit,即编码后的 5 个二元码符号最大能载荷的信息量为 5bit。可见,这种编码方式的传输效率极低。

请思考以下问题:

(1) 能否使每个信源符号所需要的编码符号数减少,以提高传输效率呢?

(2) 最小平均码长为多少时,才能得到无失真的译码?

(3) 若小于这个平均码长是否还能无失真地译码?

这就是无失真信源编码定理要研究的内容。

### 7.2.1 无失真定长信源编码定理

设离散无记忆信源的熵为 $H(S)$,其 $N$ 次扩展信源用 $L_N$ 个码符号进行定长编码,对于任意 $\varepsilon > 0$,只要满足

$$\frac{L_N}{N} \geqslant \frac{H(S) + \varepsilon}{\log r}$$

则当 $N$ 足够大时,可使译码错误概率为任意小。反之,当 $\frac{L_N}{N} \leqslant \frac{H(S) - 2\varepsilon}{\log r}$ 时,则不可能实现无失真编码,而当 $N$ 足够大时,译码几乎必定出错。

上述定理蕴含了如下思想:

(1) 定长无失真信源编码的错误概率可以任意小,但并非为 0。

(2) 定长无失真信源编码通常是对非常长的消息序列进行的,特别是信源符号序列长度 $N$ 趋于无穷时,才能实现香农意义上的有效信源编码。

为什么不等概信源的每个符号平均所需的码元数可以减少呢?

对不等概信源 $S$ 进行若干次扩展,可以推想,当扩展次数 $N$ 足够长时,扩展信源中一部分序列出现的概率将比其他符号序列出现的概率大得多,整个扩展信源可划分为高概率

集合和低概率集合,在一定的允许误差条件下,如果舍弃扩展信源中的低概率集合,而只对高概率集合进行等长编码,这样所需的码元数就可以减少。

定长无失真信源编码定理给出了对信源进行等长编码所需的理论极限值。

由定理可知,当 $L_N \log r \geqslant NH(S)$ 时,可以实现几乎无失真编码。这个不等式的左边表示长为 $L_N$ 的码元序列所能载荷的最大信息量,右边表示长度为 $N$ 的信源符号序列平均携带的信息量。

定长编码定理表明,只要码字所能载荷的信息量大于信源序列携带的信息量,总可以实现几乎无失真编码。

由 $\dfrac{L_N}{N} \geqslant \dfrac{H(S)+\varepsilon}{\log r}$ 可得编码信息率

$$R' = \frac{L_N \log r}{N} \geqslant H(S)$$

可见,信源平均符号熵 $H(S)$ 为一个临界值,只要 $R' > H(S)$,这种编码器就可以做到几乎无失真,条件是 $N$ 足够大。

编码效率

$$\eta = \frac{H(S)}{R'} = \frac{H(S)}{\overline{L}\log r} = \frac{H(S)}{\dfrac{L_N}{N}\log r}$$

编码定理从理论上阐明了编码效率接近 1 的理想编码器的存在。

当二元编码时($r=2$),编码器容许的输出信息率

$$R' = \overline{L} = \frac{L_N}{N}$$

编码效率为

$$\eta = \frac{H(S)}{\overline{L}}$$

下面讨论译码错误概率。

由于等长编码时,舍弃了扩展信源中的低概率集合,而只对高概率集合进行等长编码,所以会产生译码错误。通过推导可得,译码错误概率为

$$P_E \leqslant \frac{\sigma^2(S)}{N\varepsilon^2}$$

其中,$\sigma^2(S) = E\{[I(s_i) - H(S)]^2\} = \displaystyle\sum_{i=1}^{q} p_i (\log p_i)^2 - [H(S)]^2$ 为信源符号的自信息方差;$\varepsilon$ 为一个正数。

当 $\sigma^2(S)$ 和 $\varepsilon$ 均为定值时,只要信源序列长度 $N$ 足够大,$P_E$ 可以小于任一正数 $\delta$。即 $\dfrac{\sigma^2(S)}{N\varepsilon^2} \leqslant \delta$ 或 $N \geqslant \dfrac{\sigma^2(S)}{\varepsilon^2\delta}$ 时,能达到差错率要求。如果取足够小的 $\delta$,就可几乎无差错地译码,而所需的编码信息率不会超过 $H(S)+\varepsilon$。

【例 7.3】 设一个离散无记忆信源的概率空间为

$$\begin{bmatrix} S \\ P(s) \end{bmatrix} = \begin{bmatrix} s_1 & s_2 & s_3 & s_4 \\ \dfrac{1}{8} & \dfrac{1}{8} & \dfrac{1}{4} & \dfrac{1}{2} \end{bmatrix}$$

若采取等长二元编码,要求编码效率 $\eta = 0.9$,允许译码错误概率 $\delta \leqslant 10^{-5}$,试计算信源序列长度 $N$。

**解**:信源熵为

$$H(S) = 2 \times \frac{1}{8}\log 8 + \frac{1}{4}\log 4 + \frac{1}{2}\log 2 = 1.75 \text{(比特/符号)}$$

自信息量的方差为

$$\sigma^2(S) = \sum_{i=1}^{q} p_i (\log p_i)^2 - [H(S)]^2 = 0.6875$$

因为编码效率 $\eta = 0.9$,可得

$$\varepsilon = \frac{1-\eta}{\eta} H(S) = 0.1944$$

因此

$$N \geqslant \frac{\sigma^2(S)}{\varepsilon^2 \delta} = \frac{0.6875}{0.1944^2 \times 10^{-5}} = 1.819 \times 10^6$$

所以,信源序列长度达到 $1.819 \times 10^6$ 以上,才能实现给定的要求,这在实际中是很难实现的。因此等长编码没有实际意义,实际中一般都采用变长编码。

## 7.2.2 无失真变长信源编码定理

在变长编码中,码长 $L_i$ 是变化的,根据信源符号的统计特性,对概率大的符号用短码,而对概率小的符号用较长的码,这样平均码长 $\bar{L}$ 就可以降低,从而提高编码效率。当平均码长 $\bar{L} = H(S)$ 时,编码效率达到 1。是否此时的平均码长就是无失真信源编码的最小值?无失真变长信源编码定理将回答这个问题。

**定理 7.2**(单个符号的无失真变长编码定理) 一个符号熵为 $H(S)$ 的离散无记忆信源,每个信源符号用 $r$ 进制码元进行变长编码,一定存在一种无失真编码方法,构成唯一可译码,其码字平均长度 $\bar{L}$ 满足

$$\frac{H(S)}{\log r} \leqslant \bar{L} \leqslant \frac{H(S)}{\log r} + 1$$

定理说明:码字的平均码长 $\bar{L}$ 不能小于极限值 $\dfrac{H(S)}{\log r}$,否则唯一可译码不存在。可以看出变长编码的极限值和定长编码定理的极限值是一样的。

**定理 7.3**(离散平稳无记忆序列的无失真变长编码定理) 一个平均符号熵为 $H(S)$ 的离散平稳无记忆信源,若对 $N$ 次扩展信源符号序列用 $r$ 进制码元进行变长编码,一定存在一种无失真编码方法,构成唯一可译码,使得平均码长 $\dfrac{\bar{L}_N}{N}$ 满足

$$\frac{H(S)}{\log r} \leqslant \frac{\bar{L}_N}{N} \leqslant \frac{H(S)}{\log r} + \frac{1}{N}$$

当 $N \to \infty$ 时,有

$$\lim_{N \to \infty} \frac{\bar{L}_N}{N} = \frac{H(S)}{\log r} = H_r(S)$$

定理 7.3 又称为香农第一定理,定理 7.2 可以看作它的特例。香农第一定理的结论同

样适用于平稳遍历的有记忆信源。

香农第一定理是香农信息论的主要定理之一。定理指出：要实现无失真的信源编码，每个信源符号的平均码长的极限值就是原始信源的熵值 $H_r(S)$。当编码的平均码长小于信源的熵值，则唯一可译码不存在，在译码时必然带来失真或差错。同时它还表明：通过对扩展信源进行变长编码，当 $N \to \infty$ 时，平均码长可达到这个极限值。

香农第一定理也可陈述为：若 $R' > H(S)$，则存在唯一可译码变长编码；若 $R' < H(S)$，则不存在唯一可译变长编码，不能实现无失真的信源编码。

编码效率为

$$\eta = \frac{H(S)}{R'} = \frac{H(S)/\overline{L}}{\log r}$$

二元编码时，编码效率为

$$\eta = \frac{H(S)}{\overline{L}}$$

由香农第一定理可以看出，当平均码长达到极限值时，编码效率为 1。这时编码后的信道信息传输率 $R = \frac{H(S)}{\overline{L}} = \log r$（比特/码元），即 $r$ 个码符号独立等概分布，达到最大熵。

无失真信源编码的实质就是对离散信源进行适当的变换，使变换后新的码元概率尽可能等概，以使每个码元平均所含的信息量达到最大。

请思考以下问题：

（1）为什么一般不采用定长码，而采用变长码？

（2）无失真定长信源编码定理（或无失真变长信源编码定理）指出，平均码长的极限值为多少？

（3）无失真变长信源编码定理指出，当编码效率达到 1 时，编码后的信道信息传输率 $R$ 为多少？变换后新的码元概率分布如何？

## 7.3　常见的无失真信源编码方法

原始信源普遍存在剩余度，香农信息论认为信源的剩余度主要来自两方面：一方面是信源符号间的相关性；另一方面是信源符号概率分布的不均匀性。为了去除信源剩余度，提高信源的信息传输率，必须对信源进行压缩编码。

目前去除信源符号间相关性的主要方法是预测编码和变换编码（两种编码方法不是本书讨论重点），而去除信源符号概率分布不均匀性的主要方法是统计编码。

本节主要介绍对统计特性已知的无记忆离散信源进行的统计编码。统计编码又称为匹配编码，因为编码过程需要匹配信源的统计特性。对于无记忆信源，其剩余度主要体现在各个信源符号概率分布的不均匀性上。统计编码能实现压缩的关键是编码器在编码过程中尽可能等概率地使用各个码符号，从而使原始信源各符号出现概率的不均匀性在编码后得以消除。

### 7.3.1　香农编码

香农第一定理的证明过程给出了一种编码方法，称为香农编码。其编码方法是选择每

个码字长度 $L_i$ 满足

$$-\log(p_i) \leqslant L_i < -\log(p_i) + 1 \quad (i = 1,2,\cdots,q) \tag{7.1}$$

可以证明,这样的码长一定满足克拉夫特不等式,所以一定存在这样码长的唯一可译码和即时码。

香农编码的基本思想是概率匹配原则,即概率大的信源概率符号用短码,概率小的信源符号用长码,以减小平均码长,提高编码效率。

香农编码的步骤如下:

(1) 将信源发出的 $q$ 个消息,按出现概率递减顺序进行排列;

(2) 计算各消息的 $-\log(p_i)$;

(3) 确定满足式(7.1)的整数码长 $L_i$;

(4) 计算第 $i$ 个消息的累积分布函数 $F_i = \sum\limits_{k=1}^{i-1} P(s_k)$;

(5) 将累积分布函数 $F_i$ 变换成二进制数;

(6) 取 $F_i$ 二进制数的小数点后 $L_i$ 位作为第 $i$ 个符号的二进制码字 $W_i$。

【例 7.4】 已知信源共 6 个符号,其概率空间为

$$\begin{bmatrix} S \\ P(s) \end{bmatrix} = \begin{bmatrix} s_1 & s_2 & s_3 & s_4 & s_5 & s_6 \\ 0.2 & 0.19 & 0.18 & 0.17 & 0.15 & 0.11 \end{bmatrix}$$

试进行香农编码。

**解:** 以消息 $s_5$ 为例来介绍。计算 $-\log(p_5) = -\log 0.15 = 2.74$,取整数 $L_5 = 3$ 作为 $s_5$ 的码长。计算 $s_1, s_2, s_3, s_4$ 的累积分布函数

$$F_5 = \sum_{k=1}^{4} p(s_k) = 0.2 + 0.19 + 0.18 + 0.17 = 0.74$$

将 0.74 变换成二进制小数 $(0.74)_{10} = (0.1011110)_2$,取小数点后面三位 101 作为 $s_5$ 的代码。

香农编码是依据香农第一编码定理而来的,有着重要的理论意义。但香农编码的冗余度稍大,实用性不强。比如信源有 3 个符号,概率分布为 $(0.5, 0.4, 0.1)$,根据香农编码方法求出各个符号的码长对应为 1,2,4,码字为 $(0,10,1110)$。下面将看到如果采用霍夫曼编码,可以构造出平均码长更短的即时码 $(0,10,11)$。

## 7.3.2 霍夫曼编码

对于某一信源和某一码元集来说,若有一个唯一可译码,其平均长度 $\bar{L}$ 不大于其他唯一可译码的平均长度,则称此码为最佳码(紧致码)。最佳码具有以下性质:

(1) 若 $p_i > p_j$,则 $L_i \leqslant L_j$。即概率大的信源符号所对应的码长不大于概率小的信源符号所对应的码长。

(2) 对于二元最佳码,两个最小概率的信源符号所对应的码字具有相同的码长。而且这两个码字,除了最后一位码元不同之外,前面各位码元都相同。

1952 年霍夫曼提出了一种构造最佳码的方法,所得的码字是即时码,在所有的唯一可译码中,它的平均码长最短,是一种最佳变长码。

二元霍夫曼编码的编码步骤如下:

（1）将 $q$ 个信源符号 $s_i$ 按出现概率 $p(s_i)$ 递减次序排列起来。

（2）取两个概率最小的符号，其中一个符号编为 0，另一个符号编为 1；并将这两个概率相加作为一个新符号的概率，从而得到包含 $q-1$ 个符号的新信源，称为缩减信源。

（3）把缩减信源中的 $q-1$ 个符号重新以概率递减的次序排列，重复步骤（2）。

（4）依次继续下去，直至所有概率相加得到 1 为止。

（5）从最后一级开始，向前返回，得到各个信源符号所对应的码元序列，即相应的码字。

【例 7.5】 某离散无记忆信源共有 8 个符号消息，其概率空间为

$$\begin{bmatrix} S \\ P(s) \end{bmatrix} = \begin{bmatrix} s_1 & s_2 & s_3 & s_4 & s_5 & s_6 & s_7 & s_8 \\ 0.40 & 0.18 & 0.10 & 0.10 & 0.07 & 0.06 & 0.05 & 0.04 \end{bmatrix}$$

（1）计算信源熵 $H(S)$ 和信源的冗余度。

（2）进行霍夫曼编码，并计算编码后的信息传输率、编码效率和码冗余度。

**解：**（1）信源熵为

$$H(S) = -\sum_{i=1}^{8} p(s_i)\log p(s_i) = 2.55(\text{比特/符号})$$

信源的冗余度为

$$\gamma = 1 - \frac{H(S)}{\log q} = 1 - \frac{2.55}{3} = 0.15$$

（2）编码过程如图 7.5 所示。

对应的码字和码长如表 7.2 所示。

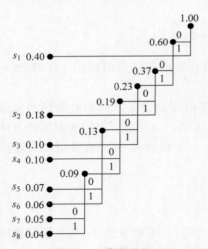

图 7.5 编码过程

表 7.2 例 7.5 中对应的码字和码长

| 信源符号 | 码 字 | 码 长 |
|---|---|---|
| $s_1$ | 1 | 1 |
| $s_2$ | 001 | 3 |
| $s_3$ | 011 | 3 |
| $s_4$ | 0000 | 4 |
| $s_5$ | 0100 | 4 |
| $s_6$ | 0101 | 4 |
| $s_7$ | 00010 | 5 |
| $s_8$ | 00011 | 5 |

平均码长为

$$\overline{L} = \sum_{i=1}^{s} p(s_i) \cdot L_i = 2.61(\text{码元/符号})$$

信息传输率为

$$R = \frac{H(S)}{\overline{L}} = \frac{2.55}{2.61} = 0.977(\text{比特/码元})$$

编码效率为

$$\eta = \frac{H(S)}{\overline{L}} = \frac{2.55}{2.71} = 0.977$$

码冗余度为

$$\gamma = 1 - \eta = 1 - 0.977 = 0.023$$

说明:

(1) 霍夫曼编码方法得到的码并非唯一。

每次对信源缩减时,赋予信源最后的两个概率最小的符号,用 0 和 1 可以是任意的,所以可以得到不同的霍夫曼码,但是不会影响码字的长度。

对信源进行缩减时,两个概率最小的符号合并后的概率与其他信源符号的概率相同时,这两者在缩减信源中进行概率排序,其位置放置次序可以是任意的,故会得到不同的霍夫曼码。这时将影响各码字的长度,但是平均码长相同。一般将合并后的概率放在上面,这样可以获得较小的码方差。

(2) 需要大量的存储设备来缓冲码字长度的差异,这是码长方差小的码质量好的原因。

$$\sigma_L^2 = E[(L_i - \overline{L})^2] = \sum_{i=1}^{q} p(s_i)(L_i - \overline{L})^2$$

【例 7.6】 某离散无记忆信源共有 5 个符号消息,其概率空间为

$$\begin{bmatrix} S \\ P(s) \end{bmatrix} = \begin{bmatrix} s_1 & s_2 & s_3 & s_4 & s_5 \\ 0.4 & 0.2 & 0.2 & 0.1 & 0.1 \end{bmatrix}$$

两种霍夫曼编码如图 7.6 所示。

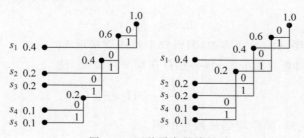

图 7.6 两种霍夫曼编码

两种码有相同的平均码长和编码效率,但第一种霍夫曼编码的码长方差比第二种霍夫曼编码的码长方差小许多,所以第一种霍夫曼编码的质量较好。

进行霍夫曼编码时,应把合并后的概率总是放在其他相同概率的信源符号之上,以得到码长方差最小的码。

【例 7.7】 设离散无记忆信源的概率空间为 $\begin{bmatrix} S \\ P(s) \end{bmatrix} = \begin{bmatrix} s_1 & s_2 \\ 0.9 & 0.1 \end{bmatrix}$,对信源进行 $N$ 次扩展,采用二元霍夫曼编码。当 $N=1,2,3,4,\cdots$ 时的平均码长和编码效率为多少?

**解:**(1) $N=1$ 时,将 $s_1$ 编成 0,将 $s_2$ 编成 1,则

$$L_1 = 1$$

又因为信源熵 $H(S) = H(0.9, 0.1) = 0.469$(比特/符号)

所以编码效率 $\eta_1 = \dfrac{H(S)}{L_1} = 0.469$

（2）如果对长度 $N=2$ 的信源序列进行霍夫曼编码，编码结果如表 7.3 所示。

**表 7.3 例 7.7 编码结果**

| 信源序列 $\alpha_i$ | $P(\alpha_i)$ | 霍夫曼码 |
|---|---|---|
| $s_1 s_1$ | 0.81 | 1 |
| $s_1 s_2$ | 0.09 | 01 |
| $s_2 s_1$ | 0.09 | 001 |
| $s_2 s_2$ | 0.01 | 000 |

此时，信源序列的平均码长为

$$\overline{L}_2 = 1 \times 0.81 + 2 \times 0.09 + 3 \times (0.01 + 0.09)$$
$$= 1.29(二元码符号/信源符号序列)$$

则单个符号的平均码长为

$$\overline{L} = \frac{\overline{L}_2}{2} = 0.645(二元码符号 / 信源符号)$$

所以对长度为 2 的信源序列进行变长编码，编码后的编码效率为

$$\eta_2 = \frac{H(S)}{\overline{L}} = 0.73$$

（3）用同样的方法进一步将信源序列的长度增加，对 $N=3, N=4$ 的序列进行最佳编码，可得编码效率为

$$\eta_3 = 0.88, \quad \eta_4 = 0.952$$

显然，随着信源序列的长度增加，编码效率越来越接近 1。

（4）$N = \infty$ 时，由香农第一定理，必然存在唯一可译码，使

$$\lim_{N \to \infty} \frac{\overline{L}_N}{N} = H_r(S)$$

而霍夫曼编码为最佳码，即平均码长最短的码，故

$$\lim_{N \to \infty} \frac{\overline{L}_N}{N} = H_r(S) = H(S) = 0.469$$

即

$$\lim_{N \to \infty} \eta_N = 1$$

下面讨论 $r$ 元霍夫曼编码。

二元霍夫曼编码方法可以推广到 $r$ 元编码中。不同的是每次将 $r$ 个概率最小的符号合并成一个新的信源符号，并分别用 $0, 1, \cdots, r-1$ 等码元表示。

为了使短码得到充分利用，平均码长最短，必须使最后一步的缩减信源有 $r$ 个信源符号，因此对于 $r$ 元编码，信源的符号个数 $q$ 必须满足

$$q = (r-1)\theta + r \tag{7.2}$$

其中，$\theta$ 表示缩减的次数；$r-1$ 为每次缩减所减少的信源符号个数。

对于 $r$ 元码，$q$ 为任意整数时不一定能找到一个 $\theta$ 满足式（7.2）。若 $q$ 不满足时，不妨

人为地增加一些概率为 0 的符号。设增加 $t$ 个信号源符号 $s_{q+1}, s_{q+2}, \cdots, s_{q+t}$，并使它们对应的概率为 0，即

$$p(s_{q+1}) = p(s_{q+2}) = \cdots = p(s_{q+t}) = 0$$

设 $n = q + t$，此时 $n$ 满足 $n = (r-1)\theta + r$。

然后取概率最小的 $r$ 个符号合并成一个新符号，并把这些符号的概率相加作为该节点的概率，重新按概率由大到小顺序排队，再取概率最小的 $r$ 个符号并列；如此下去直至树根。

【例 7.8】　已知离散无记忆信源

$$\begin{bmatrix} S \\ P(s) \end{bmatrix} = \begin{bmatrix} s_1 & s_2 & s_3 & s_4 & s_5 \\ 0.4 & 0.3 & 0.2 & 0.05 & 0.05 \end{bmatrix}$$

试编出三元霍夫曼编码和四元霍夫曼编码，并计算编码效率。

解：三元霍夫曼编码和四元霍夫曼编码如图 7.7 所示；三元霍夫曼编码结果如表 7.4 所示，四元霍夫曼编码结果如表 7.5 所示。

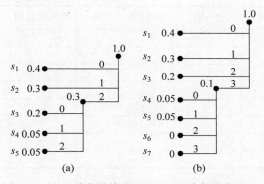

图 7.7　三元霍夫曼编码(a)和四元霍夫曼编码(b)

表 7.4　三元霍夫曼编码结果

| 信源符号 | 码　字 | 码　长 |
|---|---|---|
| $s_1$ | 0 | 1 |
| $s_2$ | 1 | 1 |
| $s_3$ | 20 | 2 |
| $s_4$ | 21 | 2 |
| $s_5$ | 22 | 2 |

表 7.5　四元霍夫曼编码结果

| 信源符号 | 码　字 | 码　长 |
|---|---|---|
| $s_1$ | 0 | 1 |
| $s_2$ | 1 | 1 |
| $s_3$ | 2 | 1 |
| $s_4$ | 30 | 2 |
| $s_5$ | 31 | 2 |

说明：要发挥霍夫曼编码的优势，一般情况下，信源符号数应远大于码元数。本例中，若编五元码，只能对每个信源符号赋予一个码元，相当于没有编码，当然无压缩可言。

霍夫曼编码为最佳码，其平均码长满足

$$H_r(S) \leqslant \bar{L} \leqslant H_r(S) + 1$$

### 7.3.3　费诺编码

费诺编码属于统计匹配编码。它不是最佳码，但有时也能得到与霍夫曼编码相同的性

能。二元费诺编码的步骤如下:

(1) 将信源符号按其出现的概率由大到小依次排列。

(2) 将依次排列的信源符号按概率值分为两大组,使两个组的概率值近于相同,并对各组分别赋予一个二进制码元"0"和"1"。

(3) 将每一大组的信源符号进一步再分成两组,使划分后的两个组的概率之和近于相同,并再分别赋予一个二进制码元"0"和"1"。

(4) 如此重复,直至每组只剩下一个信源符号为止。

(5) 信源符号所对应的码字即为费诺编码。

【例 7.9】 某离散无记忆信源共有 8 个符号消息,其概率空间为

$$\begin{bmatrix} S \\ P(s) \end{bmatrix} = \begin{bmatrix} s_1 & s_2 & s_3 & s_4 & s_5 & s_6 & s_7 & s_8 \\ 0.40 & 0.18 & 0.10 & 0.10 & 0.07 & 0.06 & 0.05 & 0.04 \end{bmatrix}$$

解:费诺编码如表 7.6 所示。

表 7.6 费诺编码过程

| 信源符号 | 概 率 | 第一次分组 | 第二次分组 | 第三次分组 | 第四次分组 | 所得码字 | 码 长 |
|---|---|---|---|---|---|---|---|
| $s_1$ | 0.4 | 0 | 0 | | | 00 | 2 |
| $s_2$ | 0.18 | 0 | 1 | | | 01 | 2 |
| $s_3$ | 0.10 | 1 | 0 | 0 | | 100 | 3 |
| $s_4$ | 0.10 | 1 | 0 | 1 | | 101 | 3 |
| $s_5$ | 0.07 | 1 | 1 | 0 | 0 | 1100 | 4 |
| $s_6$ | 0.06 | 1 | 1 | 0 | 1 | 1101 | 4 |
| $s_7$ | 0.05 | 1 | 1 | 1 | 0 | 1110 | 4 |
| $s_8$ | 0.04 | 1 | 1 | 1 | 1 | 1111 | 4 |

## 7.4 实用编码方法

### 7.4.1 游程编码

游程编码是适用于相关信源的有效编码方法,尤其适用于二元相关信源。游程编码已在图文传真、图像传输等实际工程中得到应用。工程中,游程编码常与其他编码方法混合使用。

游程定义:指字符序列中各种字符连续地重复出现而形成的字符串的长度,又称游程长度或游长。

游程编码:将字符序列映射成串的字符、串的长度和串的位置的标志序列。游程编码适用于一维字符序列,也适用于二维字符序列。

二元相关信源,仅输出 0 游程和 1 游程。

$l(0)$ — 0 游程长度　　　　$l(1)$ — 1 游程长度

二元相关信源的 0 游程和 1 游程总是交替出现。游程长度的取值为 $1,2,3,\cdots$,直至无穷大。可规定二元序列总是从 0 游程开始。游程长度常用自然数标记,所以,游程序列是自然数序列,且这种游程映射是可逆、无失真的。

【例 7.10】 某二元序列为 00001100011111100000001⋯,可以映射成游程序列 42367⋯。

规定从 0 游程开始,由上面的游程序列极易恢复二元序列,也包括序列最后一个 1 符号,因为 $L(0) = 7$ 的游程后面必定是符号 1。

一般对于二元数字信道,还需将游程序列变换成二元码字序列,即对游程长度进行二次编码。二次编码可以采用等长编码或变长编码。本例用等长游程编码,因最大游程长度为 7,三位码元编码。本例码字序列为 100,010,011,110,111,⋯。也可用变长游程编码,即对游程长度再进行其他变长编码,如霍夫曼编码,以进一步提高通信效率。需要测定 0 游程和 1 游程长度的概率分布,再设计变长码。一般来说,0 游程和 1 游程长度分别编码,建立两种码表,且两码表中一般码字是不同的。0 游程与 1 游程的两码表之间的码字不一定要满足非延长码的前缀条件。理论上,游程长度可以从 1 至无限大。但可采用一定技术,用有限码表实现编码。

给出一种编码方法(设 $l$ 为游程长度):

(1) 选取适当 $n$ 值,将 $l=1,2,\cdots,2^n$ 长的 $2^n$ 个游程进行霍夫曼编码,其中 $2^n$ 长游程码为 $C$。

(2) $l > 2^n$ 的游程长度用 $2^n$ 长游程码 $C$ 来处理。

方法:将 $2^n < l < 2^{n+1}$ 的 $2^n$ 个游程用 $C$ 加 $n$ 位的自然码 $A$ 表示。$A$ 代表余数,用以区分 $2^n \sim 2^{n+1}$ 之间的不同长度。

如:游程长度 $2^n$　$\leftrightarrow$　$C\ \underbrace{00\cdots00}_{n个}$

游程长度 $2^{n}+1$　$\leftrightarrow$　$C\ \underbrace{00\cdots01}_{n个}$

⋮

游程长度 $2^{n+1}-1$　$\leftrightarrow$　$C\ \underbrace{11\cdots11}_{n个}$

(3) 将 $2^{n+1} < l < 2^{n+2}$ 的 $2^n$ 个游程,就用两个 CA 为码字。

如:游程长度 $2^{n+1}$　$\leftrightarrow$　$C\ \underbrace{00\cdots00}_{n个}\ C\ \underbrace{00\cdots00}_{n个}$

游程长度 $2^{n+1}+1$　$\leftrightarrow$　$C\ \underbrace{00\cdots00}_{n个}\ C\ \underbrace{00\cdots01}_{n个}$

⋮

游程长度 $2^{n+2}-1$　$\leftrightarrow$　$C\ \underbrace{00\cdots00}_{n个}\ C\ \underbrace{11\cdots11}_{n个}$

以此类推,可得到所有游程长度的一一对应的码字。0 游程和 1 游程的码表中,为 $2n$ 的码字 $C$ 必须不同,且必须与码表中的其他码字都满足非延长码的前缀条件,以保证译码。

$\eta_0, \eta_1$ 指 0 游程和 1 游程长度的霍夫曼编码的编码效率。由编码效率定义,可得 0 和 1 游程的平均码长为

$$L_0 = \frac{H(l(0))}{\eta_0}, \quad L_1 = \frac{H(l(1))}{\eta_1}$$

可推导出对应的二元序列的编码效率为

$$\eta=\frac{H(l(0))+H(l(1))}{\dfrac{H(l(0))}{\eta_0}+\dfrac{H(l(1))}{\eta_1}}$$

假设 $\eta_0>\eta_1$，可以证明 $\eta_0>\eta>\eta_1$。

### 7.4.2 数字传真编码

文件传真是指一般文件、图纸、手写稿、表格、报纸等文件的传真，是黑白二值的(二元信源，$r=2$)。为测定信源的概率分布，CCITT 精选 8 种标准文件样本，如图 7.8～图 7.15 所示。

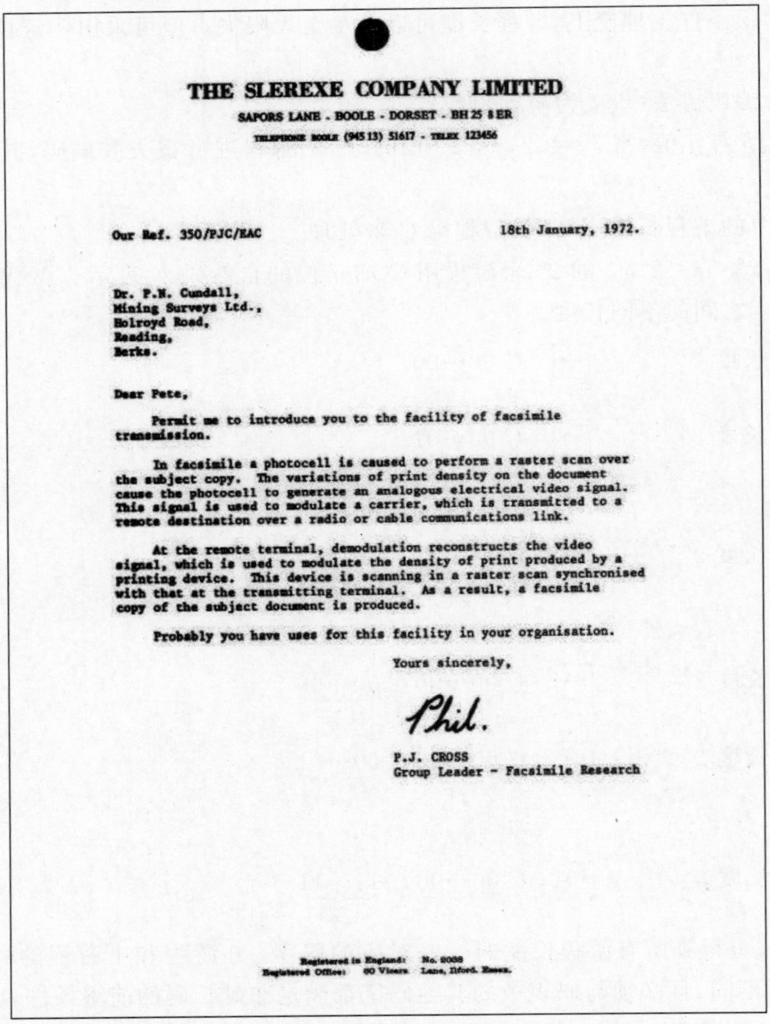

THE SLEREXE COMPANY LIMITED

SAPORS LANE - BOOLE - DORSET - BH25 8ER

TELEPHONE BOOLE (945 13) 51617 - TELEX 123456

Our Ref. 350/PJC/EAC 18th January, 1972.

Dr. P.N. Cundall,
Mining Surveys Ltd.,
Holroyd Road,
Reading,
Berks.

Dear Pete,

Permit me to introduce you to the facility of facsimile transmission.

In facsimile a photocell is caused to perform a raster scan over the subject copy. The variations of print density on the document cause the photocell to generate an analogous electrical video signal. This signal is used to modulate a carrier, which is transmitted to a remote destination over a radio or cable communications link.

At the remote terminal, demodulation reconstructs the video signal, which is used to modulate the density of print produced by a printing device. This device is scanning in a raster scan synchronised with that at the transmitting terminal. As a result, a facsimile copy of the subject document is produced.

Probably you have uses for this facility in your organisation.

Yours sincerely,

Phil.

P.J. CROSS
Group Leader - Facsimile Research

Registered in England: No. 2038
Registered Office: 60 Vicars Lane, Ilford. Essex.

图 7.8 打字的商业信函(英文)

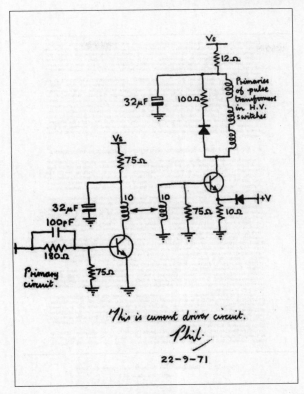

图 7.9　电路图（手绘）

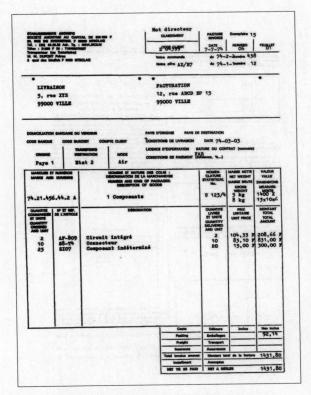

图 7.10　印刷和打字的发票（法文）

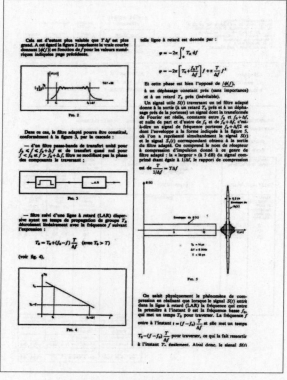

图 7.11　密集打字报告（法文）

图 7.12　包括插图与公式

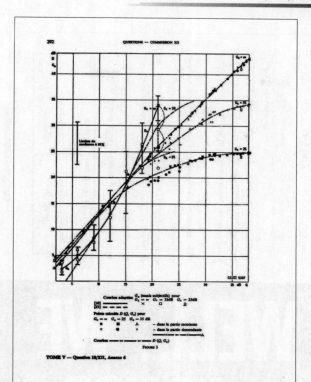

图 7.13 带有印刷解说词

图 7.14 密集文件（日文假名）

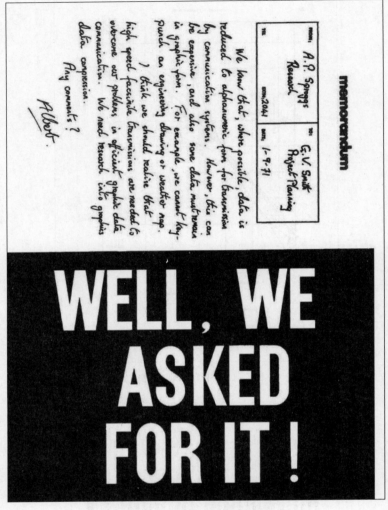

图 7.15　具有很大黑白字母

　　数字文件传真：将一页文件分成为 $n×m$ 像素。像素只有白、黑两种灰度值,用 0、1 编码表示。一页文件的码元数就是该页的二值图像的像素数,这种编码称为直接编码。

　　分辨率：定义为单位长度(1mm)所包含的像素数。分辨率越高,细节越清晰,文件质量越高,但数据量就越多。例如,一页 A4 幅面文件(210mm×297mm),分辨率 5 样点/mm。直接编码需传 $210×297×52≈1.56$Mbit,用 2.4kbit/s 码率传送约需 11min。

　　CCITT 对选用的 8 种标准文件样本建议使用以下两种分辨率：

　　(1) 1728 像素/行(8 样点/mm),3.85 行/mm;

　　(2) 1728 像素/行(8 样点/mm),7.7 行/mm。

　　直接表达数字传真文件的数据量非常大,必须进行数据压缩。

　　MH 编码：一维编码方案,即对一行一行的数据进行编码。

　　特点：将游程编码和霍夫曼编码相结合,是一种标准的改进霍夫曼编码。CCITT 的 T.4 推荐 MH 编码为文件传真三类机(G3)一维压缩编码的国际标准。MH 编码过程是查表,可实时,易扩展且基本适合中文传真。因每行标准像素为1728,样张统计,黑、白游程长度在0~63的情况居多,MH编码设计为终端码(结尾码)和组合码(形成码)两种。

MH编码的编码规则如下:

(1) 游程长度在0~63时,码字直接用相应的终端码(结尾码)表示。

例如,一行中,连续15个白,接着连续30个黑,即白游程长度为15,接着黑游程长度为30。查表(表7.7~表7.9)得码字为110101,000001101000。

表 7.7 MH 码表(1),终端码(结尾码)

| RL | 白游程码 | 黑游程码 | RL | 白游程码 | 黑游程码 | RL | 白游程码 | 黑游程码 |
|---|---|---|---|---|---|---|---|---|
| 0 | 00110101 | 0000110111 | 22 | 0000011 | 00000110111 | 44 | 00101101 | 000001010100 |
| 1 | 000111 | 010 | 23 | 0000100 | 00000101000 | 45 | 00000100 | 000001010101 |
| 2 | 0111 | 11 | 24 | 0101000 | 00000010111 | 46 | 00000101 | 000001010110 |
| 3 | 1000 | 10 | 25 | 0101011 | 00000011000 | 47 | 00001010 | 000001010111 |
| 4 | 1011 | 011 | 26 | 0010011 | 000011001010 | 48 | 00001011 | 000001100100 |
| 5 | 1100 | 0011 | 27 | 0100100 | 000011001011 | 49 | 01010010 | 000001100101 |
| 6 | 1110 | 0010 | 28 | 0011000 | 000011001100 | 50 | 01010011 | 000001010010 |
| 7 | 1111 | 00011 | 29 | 00000010 | 000011001101 | 51 | 01010100 | 000001010011 |
| 8 | 10011 | 000101 | 30 | 00000011 | 000001101000 | 52 | 01010101 | 000000100100 |
| 9 | 10100 | 000100 | 31 | 00011010 | 000001101001 | 53 | 00100100 | 000000110111 |
| 10 | 00111 | 0000100 | 32 | 00011011 | 000001101010 | 54 | 00100101 | 000000111000 |
| 11 | 01000 | 0000101 | 33 | 00010010 | 000001101011 | 55 | 01011000 | 000000100111 |
| 12 | 001000 | 0000111 | 34 | 00010011 | 000011010010 | 56 | 01011001 | 000000101000 |
| 13 | 000011 | 00000100 | 35 | 00010100 | 000011010011 | 57 | 01011010 | 000001011000 |
| 14 | 110100 | 00000111 | 36 | 00010101 | 000011010100 | 58 | 01011011 | 000001011001 |
| 15 | 110101 | 000011000 | 37 | 00010110 | 000011010101 | 59 | 01001010 | 000000101011 |
| ... | ... | ... | ... | ... | ... | ... | ... | ... |

表 7.8 MH 码表(2),组合基干码

| RL | 白游程码 | 黑游程码 | RL | 白游程码 | 黑游程码 |
|---|---|---|---|---|---|
| 64 | 11011 | 0000001111 | 960 | 011010100 | 0000001110011 |
| 128 | 10010 | 000011001000 | 1024 | 011010101 | 0000001110100 |
| 192 | 010111 | 000011001001 | 1088 | 011010110 | 0000001110101 |
| 256 | 0110111 | 000001011011 | 1152 | 011010111 | 0000001110110 |
| 320 | 00110110 | 000000110011 | 1216 | 011011000 | 0000001110111 |
| 384 | 00110111 | 000000110100 | 1280 | 011011001 | 0000001010010 |
| 448 | 01100100 | 000000110101 | 1344 | 011011010 | 0000001010011 |
| 512 | 01100101 | 0000001101100 | 1408 | 011011011 | 0000001010100 |
| 576 | 01101000 | 0000001101101 | 1472 | 010011000 | 0000001010101 |
| 640 | 01100111 | 0000001001010 | 1536 | 010011001 | 0000001011010 |
| 704 | 011001100 | 0000001001011 | 1600 | 010011010 | 0000001011011 |
| 768 | 011001101 | 0000001001100 | 1664 | 011000 | 0000001100100 |
| 832 | 011010010 | 0000001001101 | 1728 | 010011011 | 0000001100101 |
| 896 | 011010011 | 0000001110010 | EOL | 000000000001 | 000000000001 |

**表 7.9  MH 码表（3），供加大纸宽用的组合基干码**

**（1792～2560，黑、白相同）**

| 游程长度 | 组合基干码 | 游程长度 | 组合基干码 |
|---|---|---|---|
| 1792 | 00000001000 | 2240 | 000000010110 |
| 1856 | 00000001100 | 2304 | 000000010111 |
| 1920 | 00000001101 | 2368 | 000000011100 |
| 1984 | 000000010010 | 2432 | 000000011101 |
| 2048 | 000000010011 | 2496 | 000000011110 |
| 2112 | 000000010100 | 2560 | 000000011111 |
| 2176 | 000000010101 | | |

（2）游程长度在 64～1728，用"组合码＋终端码"表示。

例如，白游程长度 65（＝64＋1），表示为白游程长度组合码 64＋白游程长度终端码 1，查表（表 7.7～表 7.9）得码字为 11011,000111。

黑游程长度 855＝832＋23＝64×13＋23，查表（表 7.7～表 7.9）得码字为 0000001001101,00000101000。

（3）规定每行从白游程开始。若实际为黑游程开始，则行首加上零长度白游程码字，每行结束用一个结束码（EOL）。

（4）每页文件开始第一个数据前加一个结束码。每页尾连续使用 6 个结束码表示结尾，如图 7.16 所示。

（5）每行恢复成 1728 个像素，否则有错。

（6）为实现同步操作，规定 $T$ 为每编码行的最小传输时间。一般规定 $20\text{ms}<T<5\text{s}$。若行传输小于 $T$，则在结束码之前填充 0 码元（填充码）。

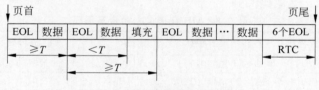

图 7.16  传真信息传输格式

**【例 7.11】**  某页传真文件中某一扫描行的像素点为 16 白，6 黑，57 白，8 黑，1641 白。该扫描行 MH 码为

$$101010,0010,01011010,000101,$$

16白　　6黑　　57白　　8黑

$$010011010,00101010,000000000001$$

1600白　　41白　　EOL

原一行为 1728 像素，需 1728 位二元码元。现 MH 编码则只需用 53 位二元码元。数据压缩比为 1728:53＝32.6，压缩效率很高。

### 7.4.3　算术编码

**1. 累积概率的计算**

设信源为

$$\begin{bmatrix} X \\ P(x) \end{bmatrix} = \begin{bmatrix} a_0 & a_1 & \cdots & a_{r-1} \\ p_0 & p_1 & \cdots & p_{r-1} \end{bmatrix}$$

各符号的累积概率为

$$Q_i = \sum_{k=0}^{i-1} p_k \quad (i=0,1,\cdots,r-1)$$

可得

$$Q_0 = 0, \quad Q_1 = p_0, \quad Q_2 = p_0 + p_1 = Q_1 + p_1, \cdots, Q_{r-1} = Q_{r-2} + p_{r-2}$$

以 $r+1$ 个点

$$0 = Q_0, Q_1, Q_2, \cdots, Q_{r-1}, 1$$

可以完整地分割区间$[0,1)$，如图 7.17 所示。可以发现以下几点：

（1）$[Q_i - 1, Q_i)$ 与信源符号 $a_i - 1$ 建立一一对应关系；

（2）用区间$[Q_i - 1, Q_i)$ 内任一点可作为该对应信源符号 $a_i - 1$ 的代码；

（3）只要代码长度与概率相匹配，就得到高效编码。

信源 $X$ 输出的 $N$ 长序列为

$$\alpha = \alpha_1 \alpha_2 \cdots \alpha_N \quad (a_i \in X)$$

输出的可能序列的总数为 $r^N$。

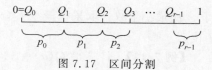

图 7.17　区间分割

**说明**：算术编码时，一般 $N$ 比较大，甚至是一个文件的长度。

实际中，很难得到对应信源序列的概率和累积概率，一般从已知的信源符号概率 $P = (p_0, p_1, \cdots, p_{r-1})$ 递推得到。为了简单，先讨论独立二元序列，再推广到一般。

设二元序列 $\alpha = 011$，3 位长二元序列共有 8 个，按自然二进制数排列为 $000, 001, 010, 011, 100, 101, 110, 111$，相当于 $\alpha_0, \alpha_1, \alpha_2, \alpha_3, \alpha_4, \alpha_5, \alpha_6, \alpha_7$。例如 $\alpha = 011$ 对应 $\alpha_3$，其累积概率为

$$Q(\alpha) = P(000) + P(001) + P(010)$$

设想扩展序列长为 4，则总序列数为 16 个。其中，由 $\alpha = 011$ 扩展的两个符号为 0110 或 0111，按自然二进制数排序，在 0110 前有 6 个序列，在 0111 前有 7 个序列，计算累积概率为

$$Q(\alpha_0) = P(0000) + P(0001) + P(0010) + P(0011) + P(0100) + P(0101)$$
$$= P(000) + P(001) + P(010) \quad (因为 P(x_0) + P(x_1) = P(x))$$
$$= Q(\alpha)$$
$$Q(\alpha_1) = P(0000) + P(0001) + P(0010) + P(0011) + P(0100) + P(0101) + P(0110)$$
$$= Q(\alpha) + P(0110)$$
$$= Q(\alpha) + P(\alpha) P_0$$

因二元信源的累积概率为 $Q_0 = 0, Q_1 = p_0$，且有 $P(\alpha_r) = P(\alpha) p_r$，可进一步得

$$\begin{cases} Q(\alpha_k) = Q(\alpha) + P(\alpha)Q_k \\ P(\alpha_k) = P(\alpha)p_k \end{cases} \qquad (k = 0 \text{ 或 } 1)$$

可以证明,对于多元序列,有一般的递推关系

$$\begin{cases} Q(\alpha a_k) = Q(\alpha) + P(\alpha)Q_k \\ P(\alpha a_k) = P(\alpha)p_k \end{cases} \qquad (k = 0,1,\cdots,r-1)$$

其中,$\alpha$ 为多元序列;$a_k$ 为扩展字符;$p_k$ 是字符 $a_k$ 的发生概率。

**2. 码区间分割与代码**

(1) 码区间分割:计算各个 $Q_i$ 值,完成在半开区间 $[0,1)$ 上的码区间分割;每个 $Q_i$ 值是分割线,每个小区间的长度是信源符号概率。

(2) 代码:小区间内任一点的坐标值,可以代表该信源符号;特别地,用二进制数表示,就得到二元编码。类似地,对于字符串 $\alpha$,码区间分割用下式进行,即

$$\begin{cases} Q(\alpha a_k) = Q(\alpha) + P(\alpha)Q_k \\ P(\alpha a_k) = P(\alpha)p_k \end{cases} \qquad (k = 0,1,\cdots,r-1)$$

(3) 具体的编码过程。

代码长度 $l$ 的计算 $l = \left\lceil \log \dfrac{1}{P(\alpha)} \right\rceil$,其中 $P(\alpha)$ 为字符串 $\alpha$ 出现的概率,$[x]$ 为大于或等于 $x$ 的最小整数。取累积概率 $Q(\alpha)$ 的二进小数前 $l$ 位作为码字,若有尾数,则进位到第 $l$ 位。

【例 7.12】 计算得 $Q(\alpha) = 0.10110001$(二进制数),$P(\alpha) = 1/7$,则 $l = [\log 7] = 3$,该字符序列 $\alpha$ 的算术码长为 110(有进位)。

**3. 码字的唯一性**

可证明,上述规则编成的码字能唯一译出所代表的字符序列。

**4. 算术码的编码**

设待编码信源序列为 $\alpha_1\alpha_2\cdots\alpha_N(\alpha_i \in X)$,计算步骤如下:

(1) 初始化:$\alpha = \varnothing$,$Q(\varnothing) = 0$,$P(\varnothing) = 1$,$i = 1$;

(2) 输入信源符号 $\alpha_i = a_k$,计算 $\begin{cases} Q(\alpha a_k) = Q(\alpha) + P(\alpha)Q_k \\ P(\alpha a_k) = P(\alpha)p_k \end{cases}$;

(3) 序列输入是否结束,若未结束,则 $i = i+1$,转步骤(2);否则,执行步骤(4)。

(4) 计算 $l = \left\lceil \log \dfrac{1}{P(\alpha)} \right\rceil$,取二进制数的形式 $Q(\alpha)$ 的前 $l$ 位作为码字,若后面有尾数就进位到第 $l$ 位。

【例 7.13】 设二元独立信源

$$\begin{bmatrix} X \\ P(x) \end{bmatrix} = \begin{bmatrix} 0 & 1 \\ 0.25 & 0.75 \end{bmatrix}$$

求信源序列 10111101 的算术编码。

**解**:信源符号的概率为

$$p_0 = 0.25, \quad p_1 = 0.75$$

累积概率为

$$Q_0 = 0, \quad Q_1 = p_0 = 0.25$$

信源序列算术编码的相关数据如表 7.10 所示。得序列 10111101 的编码为 0110001。算术编码过程区间宽度减小，如图 7.18 所示。

**表 7.10  信源序列 10111101 的算术编码过程**

| 序　　列 | $Q(\alpha)$ | $P(\alpha)$ | $l$ | 序列的码字 $w$ |
|---|---|---|---|---|
| | 0 | 1 | 0 | |
| 1 | 0.01 | 0.11 | 1 | 1 |
| 10 | 0.01 | 0.0011 | 3 | 010 |
| 101 | 0.010011 | 0.001001 | 3 | 011 |
| 1011 | 0.01010101 | 0.00011011 | 4 | 0110 |
| 10111 | 0.0101101111 | 0.0001010001 | 4 | 0110 |
| 101111 | 0.011000001101 | 0.000011110011 | 5 | 01101 |
| 1011110 | 0.011000001101 | 0.00000011110011 | 7 | 0110001 |
| 10111101 | 0.0110000111000011 | 0.0000001011011001 | 7 | 0110001 |

设 $Q(\varnothing)=0, P(\varnothing)=1$, 表中数据的计算过程如下:

输入 1: $\begin{cases} Q(\varnothing 1)=Q(\varnothing)+P(\varnothing)Q_1=0+1\times 0.25=0.25=0.01 \\ P(\varnothing 1)=P(\varnothing)p_1=1\times 0.75=0.75=0.11 \end{cases}$

输入 0: $\begin{cases} Q(10)=Q(1)+P(1)Q_0=0.25+0.75\times 0=0.25=0.01 \\ P(10)=P(1)p_0=0.75\times 0.25=0.1875=0.0011 \end{cases}$

输入 1: $\begin{cases} Q(101)=Q(10)+P(10)Q_1=0.296875=0.010011 \\ P(101)=P(10)p_1=0.140625=0.001001 \end{cases}$

输入 1: $\begin{cases} Q(1011)=Q(101)+P(101)Q_1=0.33203125=0.01010101 \\ P(1011)=P(101)p_1=0.10546875=0.00011011 \end{cases}$

输入 1: $\begin{cases} Q(10111)=Q(1011)+P(1011)Q_1=0.3583984375=0.0101101111 \\ P(10111)=P(1011)p_1=0.0791015625=0.0001010001 \end{cases}$

输入 0: $\begin{cases} Q(101111)=Q(10111)+P(10111)Q_1=0.378173828125=0.011000001101 \\ P(101111)=P(10111)p_1=0.059326171875=0.000011110011 \end{cases}$

输入 1: $\begin{cases} Q(1011110)=Q(101111)+P(101111)Q_0=0.378173828125 \\ \qquad\qquad =0.011000001101 \\ P(1011110)=P(101111)p_0=0.01483154296875 \\ \qquad\qquad =0.00000011110011 \end{cases}$

输入 1: $\begin{cases} Q(10111101)=Q(1011110)+P(1011110)Q_1=0.3818817138671875 \\ \qquad\qquad =0.0110000111000011 \\ P(10111101)=P(1011110)p_1=0.0111236572265625 \\ \qquad\qquad =0.0000001011011001 \end{cases}$

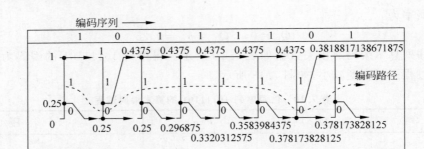

图 7.18  算术编码过程区间宽度减小图解

【例 7.14】 设四元无记忆信源

$$\begin{bmatrix} X \\ P(x) \end{bmatrix} = \begin{bmatrix} a & b & c & d \\ 0.5 & 0.25 & 0.125 & 0.125 \end{bmatrix}$$

求信源序列 $abdac$ 的算术编码。

**解**：信源符号的概率为

$$p_a = 0.5, \quad p_b = 0.25, \quad p_c = p_d = 0.125$$

累积概率为

$$Q_a = 0, \quad Q_b = p_a = 0.5$$

$$Q_c = Q_b + p_b = 0.75, \quad Q_d = Q_c + p_c = 0.875$$

信源序列 $abdac$ 算术编码的相关数据如表 7.11 所示，得序列 $abdac$ 的编码为 0101110110。算术编码过程区间宽度减小，如图 7.19 所示。

表 7.11  信源序列 $abdac$ 算术编码

| 序　列 | $Q(\alpha)$ | $P(\alpha)$ | $l$ | 序列的码字 $w$ |
|---|---|---|---|---|
| | 0 | 1 | 0 | |
| $a$ | 0 | 0.1 | 1 | 0 |
| $ab$ | 0.01 | 0.001 | 3 | 010 |
| $abd$ | 0.010111 | 0.000001 | 6 | 010111 |
| $abda$ | 0.010111 | 0.0000001 | 7 | 0101110 |
| $abdac$ | 0.010111011 | 0.0000000001 | 10 | 0101110110 |

设 $Q(\varnothing)=0, P(\varnothing)=1$，表中数据的计算过程如下：

输入 $a$：
$$\begin{cases} Q(\varnothing a)=Q(\varnothing)+P(\varnothing)Q_a=0+1\times0=0 \\ P(\varnothing a)=P(\varnothing)p_a=1\times0.5=0.5=0.1 \end{cases}$$

输入 $b$：
$$\begin{cases} Q(ab)=Q(a)+P(a)Q_b=0+0.5\times0.5=0.25=0.01 \\ P(ab)=P(a)p_b=0.5\times0.25=0.125=0.001 \end{cases}$$

输入 $d$：
$$\begin{cases} Q(abd)=Q(ab)+P(ab)Q_d=0.259375=0.010111 \\ P(abd)=P(ab)p_d=0.015625=0.000001 \end{cases}$$

$$\text{输入 } a: \begin{cases} Q(abda)=Q(abd)+P(abd)Q_a=0.359375=0.010111 \\ P(abda)=P(abd)p_a=0.0078125=0.0000001 \end{cases}$$

$$\text{输入 } c: \begin{cases} Q(abdac)=Q(abda)+P(abda)Q_c=0.365234375=0.010111011 \\ P(abdac)=P(abda)p_c=0.0009765625=0.0000000001 \end{cases}$$

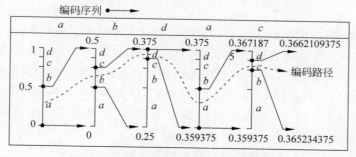

图 7.19　算术编码过程区间宽度减小图解

### 5. 算术码的译码

算术码的译码过程就是一系列的比较过程。接收到的编码 $w$ 是信源序列累积概率的小数部分,则累积概率数值 $C$ 一定满足

$$Q(\alpha) \leqslant C < Q(\alpha)+P(\alpha)$$

以二元码为例,给出的译码规则是:若 $C-Q(\alpha)<P(\alpha)Q_1$,则译码输出符号为 0;若 $C-Q(\alpha)>P(\alpha)Q_1$,则译码输出符号为 1。

## 7.4.4　字典码

基于统计概率的信源编码类要求信源是平稳的,且已知统计概率,如香农编码、费诺编码、霍夫曼编码和算术编码等。工程上,一些信源的统计特性难以得到或不存在。基于数据串特性的信源编码类要求不依赖于概率统计特性的编码方法,称为通用编码。1977—1978年,以色列学者 J. Ziv 和 A. Lempel 提出一种通用编码,称为 LZ 编码,也称为字典码。典型的字典码包括 LZ-77 编码、LZ-78 编码、LZW 编码以及改进或变形的多种字典码。举例说明字典码的思想:

(1) A 和 B 两人约定用相同的字典(例如辞海)互相通信。

(2) A 将信文中每个单词用二元标识符 $(k,l)$ 代替,当逐个单词被替代后,就将标识符序列发给 B。其中,$k$ 为单词在字典中的页数;$l$ 为单词在此页的位置次序。

(3) B 收到标识符序列后按标识符恢复单词。

如果标识符数据量少于单词符号数据量,就实现了文本压缩。

### 1. LZ-77 编码

LZ-77 编码算法的主要思想:把已输入的数据流存储起来,作为字典使用。编码器为输入数据流开设一个滑动窗口,其长可达几千字节,将输入数据存在窗内(用实线表示)作字典使用,窗口外是待编码数据,长只有几十字节(用虚线表示),如图 7.20 所示。

LZ-77 编码用三元标识 $(k,l,x)$ 给数据编码,其中 $k$ 为滑动窗(字典)内从尾部自右向左搜索的字符位数,称为移位数;$l$ 为滑动窗内可以与滑动窗外有相同符号的字符串的长

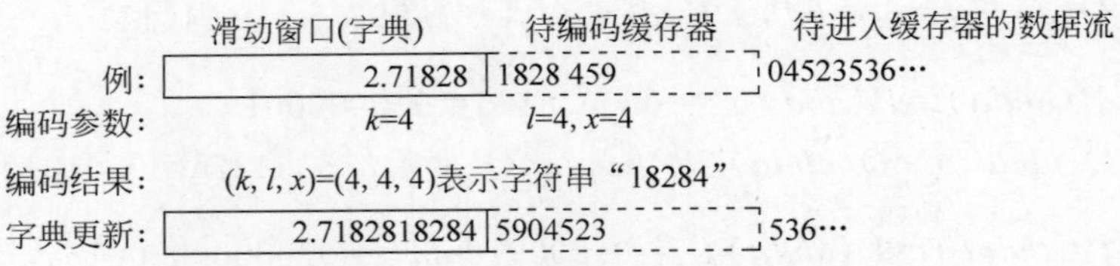

图 7.20   LZ-77 编码算法的主要思想

度,称为匹配字符串(匹配串)长度;$x$ 为窗外已找到的匹配串后的首字符。

LZ-77 编码器:滑动窗口初始化状态为空。若窗内没有与待编码字符 $x$ 匹配的字符时,编码为 $(0,0,x)$。以图 7.20 为例说明编码过程:待编码缓存器中首符号为"1",在字典"2.71828"中搜索"1",移位数 $k=4$,匹配串"1828",串长为 $l=4$,匹配串后的首字符 $x=4$。编码为 $(k,l,x)=(4,4,4)$ 表示的字符串为"18284"字典更新,将已编码 5 位字符串"18284"送入滑动窗口。

【例 7.15】   用 LZ-77 编码对自然对数的底数 e 进行编码。

解:自然对数的底数 e 为

e＝2.7182818284590452353602874713526624977572470936999595574966967…

仅对 e 的前若干位进行编码,LZ-77 编码的过程如表 7.12 所示。结果为 $(0,0,2)$,$(0,0,.)$,$(0,0,7)$,$(0,0,1)$,$(0,0,8)$,$(5,1,8)$,$(4,4,4)$,$(0,0,5)$,$(0,0,9)$,$(0,0,0)$,$(4,2,2)$,…

表 7.12   LZ-77 编码的过程

| 滑动窗口<br>(字典) | 待编码<br>缓存器 | 待进入缓存<br>器的数据流 | 缓存器<br>首符号 | 移位<br>数 $k$ | 匹配<br>串长 $l$ | 串后首<br>字符 $x$ | 编码 | 表达<br>字符串 |
|---|---|---|---|---|---|---|---|---|
|  | 2.71828 | 18284590452353… | 2 | 0 | 0 | 2 | $(0,0,2)$ | 2 |
| 2 | .718281 | 8284590452353… | . | 0 | 0 | . | $(0,0,.)$ | . |
| 2. | 7182818 | 284590452353… | 7 | 0 | 0 | 7 | $(0,0,7)$ | 7 |
| 2.7 | 1828182 | 84590452353… | 1 | 0 | 0 | 1 | $(0,0,1)$ | 1 |
| 2.71 | 8281828 | 4590452353… | 8 | 0 | 0 | 8 | $(0,0,8)$ | 8 |
| 2.718 | 2818284 | 590452353… | 2 | 5 | 1 | 8 | $(5,1,8)$ | 28 |
| 2.71828 | 1828459 | 04523536… | 1 | 4 | 4 | 4 | $(4,4,4)$ | 18284 |
| 2.7182818284 | 5904523 | 536… | 5 | 0 | 0 | 5 | $(0,0,5)$ | 5 |
| 2.71828182845 | 9045235 | 36… | 9 | 0 | 0 | 9 | $(0,0,9)$ | 9 |
| 2.718281828459 | 0452353 | 6… | 0 | 0 | 0 | 0 | $(0,0,0)$ | 0 |
| 2.7182818284590 | 4523536 | … | 4 | 4 | 2 | 2 | $(4,2,2)$ | 452 |
| 2.7182818284590452 | 3536… | … | 3 | … | … | … |  |  |

【例 7.16】   对编码结果 $(0,0,2)$,$(0,0,.)$,$(0,0,7)$,$(0,0,1)$,$(0,0,8)$,$(5,1,8)$,$(4,4,4)$,$(0,0,5)$,$(0,0,9)$,$(0,0,0)$,$(4,2,2)$,…进行译码。

解:译码过程如表 7.13 所示。译码结果为

$$e＝2.7182818284590452…$$

表 7.13　LZ-77 译码过程

| 接收序列 | 移位数 $k$ | 匹配串长 $l$ | 串后首字符 $x$ | 译码序列 | 字典窗口 |
| --- | --- | --- | --- | --- | --- |
| | | | | | 初始字典为空 |
| (0,0,2) | 0 | 0 | 2 | 2 | 2 |
| (0,0,.) | 0 | 0 | . | . | 2. |
| (0,0,7) | 0 | 0 | 7 | 7 | 2.7 |
| (0,0,1) | 0 | 0 | 1 | 1 | 2.71 |
| (0,0,8) | 0 | 0 | 8 | 8 | 2.718 |
| (5,1,8) | 5 | 1 | 8 | 28 | 2.71828 |
| (4,4,4) | 4 | 4 | 4 | 18284 | 2.7182818284 |
| (0,0,5) | 0 | 0 | 5 | 5 | 2.71828182845 |
| (0,0,9) | 0 | 0 | 9 | 9 | 2.718281828459 |
| (0,0,0) | 0 | 0 | 0 | 0 | 2.7182818284590 |
| (4,2,2) | 4 | 2 | 2 | 452 | 2.7182818284590452 |
| … | … | … | … | … | … |

### 2. LZ-78 编码

LZ-78 编码是对 LZ-77 编码算法的重要改进,即取消窗口,已编码的字符串全都存在字典内,标识改为二元标识的形式 $(k,x)$,其中 $k$ 为指向字典的指针(即段号数),$x$ 为待编码字符,匹配串长度 $l$ 隐含在字典中。$(0,x)$ 为字符 $x$ 首次出现,表示的字符串为 $x$;$(k,x)$,$k>0$ 为字符 $x$ 前是第 $k$ 号字符段,表示的字符串为第 $k$ 号字符段 $+x$。

LZ-78 的编码算法是一种分段编码算法。设信源符号集 $A=\{a_1,a_2,\cdots,a_r\}$ 共 $r$ 个符号,设输入信源符号序列为 $x_0x_1x_2\cdots x_n$,$x_i\in A$,编码就是将此序列分成不同的 $m$ 段。分段原则是:

(1) 先取第一个符号作为第一段,然后再继续分段;

(2) 若出现与前面相同符号时,就再添加紧跟后面的一个符号一起组成一个段,以使其与前面的段不同;

(3) 尽可能取最少个连着的信源符号,并保证各段都不相同,直至信源符号序列结束。

将不同的段看成短语,得对应的短语字典表。若编成二元码,段号用二进制数表示,段号所需码长为 $l=\log m$,其中 $m$ 为段号数。

LZ-78 的编码原则:

(1) 对字符段 $X$ 编码,若字符段 $X$ 仅由某一个信源符号组成,则编码为 $(0,x)$。

(2) 若字符段 $X$ 至少由两个或两个以上信源符号组成时,记 $X=x_1x_2\cdots x_r(x_i\in A)$,则先在字典表内搜索与符号串 $x_1x_2\cdots x_r$ 相匹配的短语的位置顺序号,其值就是指针 $k$,将最后一个信源符号 $x_0$ 作为标识的第二项 $x$,即得 $X$ 的码字 $(k,x)$。

【例 7.17】　信源符号集 $A=\{a,b,c,d\}$,信源序列为

$$aacdbbaaadcacbaaadccacbbbaadcbacba$$

对其进行 LZ-78 编码。

**解**:信源符号 $a,b,c,d$ 二元编码,$a\rightarrow 00$,$b\rightarrow 01$,$c\rightarrow 10$,$d\rightarrow 11$。其 LZ-78 编码的过程

如表 7.14 所示。

第 1 段 $X = a$ 单符号,字典表内无匹配串,编码为 $(0,a)$ 并将 $a$ 存入字典表中;第 2 段 $X = ac$ 符号,去掉最后符号 $c$,仅余 $a$,与字典表内的刚存入的 $a$ 匹配,故指针 $k = 1$,则 $ac$ 编码为 $(1,c)$。按编码原则,逐步给其余段编码。此例共 15 段,段号用 4 位二进制数,最后编码为 $(0000,00)$,$(0001,10)$,$(0000,11)$,$(0000,01)$,$(0100,00)$,$(0001,00)$,$(0011,10)$,$(0010,01)$,$(0110,00)$,$(0111,10)$,$(1000,01)$,$(0101,00)$,$(0111,01)$,$(1000,00)$。

表 7.14　LZ-78 编码的过程

| 编码结果 | $(0,a)$ | $(1,c)$ | $(0,d)$ | $(0,b)$ | $(4,a)$ | $(1,a)$ | $(3,c)$ |
|---|---|---|---|---|---|---|---|
| 地址(段号) | 1 | 2 | 3 | 4 | 5 | 6 | 7 |
| 字符段(字典) | $a$ | $ac$ | $d$ | $b$ | $ba$ | $aa$ | $dc$ |
| 编码结果 | $(2,b)$ | $(6,a)$ | $(7,c)$ | $(8,b)$ | $(5,a)$ | $(7,b)$ | $(8,a)$ |
| 地址(段号) | 8 | 9 | 10 | 11 | 12 | 13 | 14 |
| 字符段(字典) | $acb$ | $aaa$ | $dcc$ | $acbb$ | $baa$ | $dcb$ | $acba$ |

### 3. LZW 编码

1984 年,T. A. Welch(韦尔奇)开发了 LZW 编码,是 LZ 系列码中应用最广、变型最多的 LZ 算法。标识改为一元标识的形式 $k$ 即指向字典的指针(区别于 LZ-77、LZ-78)。

LZW 编码算法:先建立初始字典,再分解输入流为短语词条,这个短语若不在初始字典内,就将其存入字典,这些新词条和初始字典共同构成编码器的字典。初始字典可以由信源符号集构成,每个符号是一个词条。更一般地,是 ASCII 码(256 项)存入初始字典。

LZW 码的编码原理如下:

(1) 先建立初始化字典。

(2) 然后将待编码的输入数据流分解成短语词条。

编码器要逐个输入字符,并累积串联成一个字符串,即短语 $I$。若 $I$ 是已有的词条,则输入下一字符 $x$,形成新词条 $Ix$。当 $I$ 在字典内,$Ix$ 不在字典内时,编码器首先输出指向字典内词条 $I$ 的指针(即 $I$ 的相应码字);再将 $Ix$ 作为新词条存入字典,并为其确定顺序号;然后把 $x$ 赋值给 $I$,当作新词条的首字符。

(3) 重复上述过程,直到输入流都处理完为止。

【例 7.18】 信源符号集 $A = \{a, b, c, d\}$,信源序列为 $aacdbbaaadcacbaaadccacbbbaadcbacba$,对其进行 LZW 编码。

解:信源符号 $a$,$b$,$c$,$d$ 二元编码,$a \rightarrow 00$,$b \rightarrow 01$,$c \rightarrow 10$,$d \rightarrow 11$。其 LZW 编码的过程如表 7.15 所示。先建初始字典,将 $a$,$b$,$c$,$d$ 预置为字典的前 4 项。信源序列为

$$aacdbbaaadcacbaaadccacbbbaadcbacba$$

按编码原则,将首字符 $a$ 预置为 $I$,即 $I = a$。搜索后知 $I$ 在字典内,继续输入第二项 $a$,即有 $Ix = aa$,搜索后知 $Ix$ 不在字典内。则输出字典词条 $I = a$ 的指针(输出码字 1),把 $Ix = aa$ 作为新词条(编码 5)存入字典,再将 $x$ 赋值给 $I$(此时 $I = a$),作新词条的首字符,重复上述做法,得到表 7.15。

LZW 码字:1,1,3,4,2,2,5,1,4,3,6,10,5,13,14,3,9,16,13,10,20,1,EOF

表 7.15  编码表

| 初始字典 | | | | | | | | | | | | | | | | | | | |
|---|---|---|---|---|---|---|---|---|---|---|---|---|---|---|---|---|---|---|---|
| 码字 | 1 | 2 | 3 | 4 | 5 | | 6 | | 7 | | 8 | | 9 | | 10 | | 11 | | |
| 词条 | a | b | c | d | a | aa | a | ac | c | cd | d | db | b | bb | b | ba | a | aa | aaa | a |
| 新词条 | | | | | No | Yes | N | Y | N | Y | N | Y | N | Y | N | Y | N | | | |
| 输出码 | | | | | | 1 | | 1 | | 3 | | 4 | | 2 | | 2 | | 5 | | |

| 码字 | 12 | | 13 | | 14 | | | 15 | | | 16 | | | 17 | | | 18 | | | 19 |
|---|---|---|---|---|---|---|---|---|---|---|---|---|---|---|---|---|---|---|---|---|
| 词条 | ad | d | dc | c | ca | a | ac | acb | b | ba | baa | a | aa | aad | d | dc | dcc | c | ca | cac |
| 新词条 | Y | N | Y | N | Y | | | Y | | | Y | | | Y | | | Y | | | Y |
| 输出码 | 1 | | 4 | | 3 | | | 6 | | | 10 | | | 5 | | | 13 | | | 14 |

| 码字 | 20 | | 21 | | | 22 | | | 23 | | | 24 | | | 25 | | | |
|---|---|---|---|---|---|---|---|---|---|---|---|---|---|---|---|---|---|---|
| 词条 | c | cb | b | bb | bbb | b | ba | baa | baad | d | dc | dcb | b | ba | bac | c | cb | cba | a |
| 新词条 | Y | | Y | | | Y | | | Y | | | Y | | | Y | | | |
| 输出码 | 3 | | 9 | | | 16 | | | 13 | | | 10 | | | 20 | 1 | EOF | |

LZW 码解码：输入第 1 个码字（即第 1 个指针），从字典中取回一个词条 $I$，并将 $I$ 输出，同时将 $Ix$ 存入解码字典中（$x$ 未知，是下一次从字典中读取的词条的首个字符）。再输入下一个指针，从字典中取回词条 $J$，将其输出，并把 $J$ 的首字符赋予上一步存入字典的词条 $Ix$ 的 $x$（此时，$Ix$ 已完全确定），重复上述过程，则自动重建了译码表，并将译码输出。

## 本章要点

**1. 定义  信源编码器**

编码器将长度为 $N$ 的信源符号序列 $\alpha_i$ 变换成码字 $W_i$，表示为

$$\alpha_i \leftrightarrow W_i = (a_{i_1}, a_{i_2}, \cdots, a_{i_{L_i}})  (i = 1, 2, \cdots, q^N)$$

**2. 性质  即时码存在的充要条件**

满足克拉夫特（Kraft）不等式

$$\sum_{i=1}^{q} r^{-L_i} \leqslant 1$$

**3. 定义  编码后信道的信息传输率 $R$**

$$R = \frac{H(S)}{\bar{L}} \text{（比特/码元）}$$

**4. 定义  编码效率**

$$\eta = \frac{R}{R_{\max}} = \frac{\dfrac{H(S)}{\bar{L}}}{\log r}$$

**5. 离散平稳无记忆序列的无失真变长编码定理**

对 $N$ 次扩展信源符号序列用 $r$ 进制码元进行变长编码。一定存在一种无失真编码方法，构成唯一可译码，使得平均码长 $\dfrac{\overline{L_N}}{N}$ 满足

$$\frac{H(S)}{\log r} \leqslant \frac{\overline{L}_N}{N} \leqslant \frac{H(S)}{\log r} + \frac{1}{N}$$

当 $N \to \infty$ 时,有

$$\lim_{N \to \infty} \frac{\overline{L}_N}{N} = \frac{H(S)}{\log r} = H_r(S)$$

### 6. 无失真信源编码方法

香农编码、霍夫曼编码、费诺编码、算术编码、LZW 编码等。

第 7 章习题

# 第 8 章

# 有噪信道编码

信道编码是为了提高通信系统的可靠性而提供的技术,用来降低噪声、干扰以及衰弱等的影响。可靠性的提高以降低通信的有效性为代价,但大规模集成电路和高速数字信号处理技术可以弥补这一损失。

本章首先介绍信道编码定理,然后讨论几种常用的信道编码和译码方法。

## 8.1 错误概率和译码规则

错误概率是指经过信道译码后信宿接收码元的平均错误概率,即错误码元数与总码元数的比值,又称为译码错误概率或误码率。一般来说,错误概率和信道传输特性、信道编码方法及译码规则都有关。

在讨论信道编译码问题时,通常将信源和信源编码合并在一起作为等效信源,将信源译码和信宿合并作为等效信宿,而将信道编码和信道译码之间的所有部件看作广义信道,信道编码的数字通信模型如图8.1所示。信道编码一般只针对信道特性进行考虑,而假定其编码对象(即信源编码器输出的信息序列)是独立

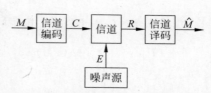

图 8.1 信道编码的数字通信模型

等概的。信道编码根据一定的规律在信息码元序列 $M$ 中加入监督码元,输出码字 $C$。由于信道中存在噪声和干扰,因此接收码字 $R$ 与发送码字 $C$ 之间存在差错。信道译码根据某种译码规则,从接收到的码字 $R$ 给出与发送的信息序列 $M$ 最接近的估值序列 $\hat{M}$。

### 8.1.1 错误概率与编码方法

针对二元对称信道,以简单重复编码为例,说明通过信道编码可以降低平均错误概率的原理。

将信源符号重复发送 $n$ 次,并在接收端采用相应的译码方法,就有可能减少错误概率,从而通过牺牲有效性来换取可靠性的提高。例如信源发出两种符号 $A$ 和 $B$,分别用“0”和“1”表示。在发送端,信源符号为“0”(或“1”)时,则重复发送三个“0”(或“1”),即用“000”代表消息 $A$,“111”表示 $B$。3 位的二元码有 $2^3 = 8$ 种组合,除去 2 组许用码字(“000”和“111”)外,余下的 6 组 001、010、100、011、101、110 不允许使用,称为禁用码字。此时,如果传输中产生一位错误,接收端将收到禁用码字,可以检测出传输有错,而且还可以根据“大

数法则"来译码,即 3 位码字中如有 2 个或 3 个"0",则译为消息 $A$;如有 2 个或 3 个"1",则译为消息 $B$。所以,此时可以纠正一位错码。如果在传输中产生两位错码,接收端也将收到禁用码字,译码器仍可检错,但是不再具有纠错能力。如果在传输中产生三位错码,接收端收到是许用码字,这时不再具有检错能力。因此,这时的信道编码具有检出两位和两位以下错码的能力或者具有纠正一位错码的能力。

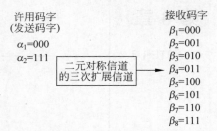

这时信道可以看作二元对称信道的三次扩展信道,信道输入是码长为 3 的许用码字 $\alpha_i (i=1,2)$,输出是码长为 3 的接收码字 $\beta_j (j=1,2,\cdots,8)$,如图 8.2 所示。

图 8.2 (3,1)重复码的信道模型

对应的信道矩阵为

$$\boldsymbol{P} = \begin{array}{c} \phantom{\alpha_1} \\ \alpha_1 \\ \alpha_2 \end{array} \begin{array}{cccccccc} \beta_1 & \beta_2 & \beta_3 & \beta_4 & \beta_5 & \beta_6 & \beta_7 & \beta_8 \\ \left[ \begin{array}{cccccccc} \bar{p}^3 & \bar{p}^2 p & \bar{p}^2 p & \bar{p} p^2 & \bar{p}^2 p & \bar{p} p^2 & \bar{p} p^2 & p^3 \\ p^3 & \bar{p} p^2 & \bar{p} p^2 & \bar{p}^2 p & \bar{p} p^2 & \bar{p}^2 p & \bar{p}^2 p & \bar{p}^3 \end{array} \right] \end{array}$$

一般来说,信道的错误转移概率 $p < \dfrac{1}{2}$。根据最大似然准则进行译码,译码函数为

$$F(\beta_j) = \alpha_1 \quad (j=1,2,3,5)$$
$$F(\beta_j) = \alpha_2 \quad (j=4,6,7,8)$$

所以,当输入 $p=0.01$ 时,纠 1 位错码的 $n=3$ 的重复码的译码错误概率为

$$P_E = \sum_{C-\alpha^*,Y^3} p(\alpha_i) p(\beta_j \mid \alpha_i) = \frac{1}{2} \sum_{C-\alpha^*,Y^3} p(\beta_j \mid \alpha_i)$$

$$= \frac{1}{2}(p^3 + \bar{p} p^2 + \bar{p} p^2 + \bar{p} p^2 + \bar{p} p^2 + \bar{p} p^2 + \bar{p} p^2 + p^3) \approx 3 \times 10^{-4}$$

可见,采用简单重复编码,即使只能纠正这种码字中 1 个错误码元,当 $p=0.01$ 时,可以使平均错误概率从 0.01 下降到 $3 \times 10^{-4}$。这表明信道编码具有较大的实用价值。

如果进一步增大重复次数 $n$,则会继续降低平均错误概率 $P_E$。可以算出

$$n=5, \quad P_E \approx 10^{-5}$$
$$n=7, \quad P_E \approx 4 \times 10^{-7}$$
$$n=9, \quad P_E \approx 10^{-8}$$

当 $n$ 很大时,平均错误概率很小,但同时带来一个新问题,信息传输率大大减小。编码后的信息传输率(也称码率)表示为

$$R = \frac{\log M}{n} (\text{比特} / \text{码元}) \tag{8.1}$$

其中,$M$ 表示许用码字的个数(即输入信道编码器的消息个数),$\log M$ 表示消息集在等概条件下每个消息携带的平均信息量(底数为 2 时,单位为比特);$n$ 是编码后码字的长度。

当 $M=2$ 时,采用 $n$ 位重复码,得到的码率为

$$n=3,\quad R=\frac{1}{3}（比特／码元）$$

$$n=5,\quad R=\frac{1}{5}（比特／码元）$$

$$n=7,\quad R=\frac{1}{7}（比特／码元）$$

$$n=9,\quad R=\frac{1}{9}（比特／码元）$$

可见,信息传输有效性和可靠性是矛盾的。

## 8.1.2　错误概率和译码规则

设一个二元对称信道的转移概率矩阵 $\boldsymbol{P}=\begin{bmatrix}\bar{p}&p\\p&\bar{p}\end{bmatrix}$,错误转移概率为 $p=0.01$。如果在发送端直接将信息序列送入信道(即不进行信道编码,可以看作是一种特殊的信道编码),译码规则为:接收符号为“1”,则译成发送符号为“1”;接收符号为“0”,则译成发送符号为“0”。则平均错误概率为

$$P_E=p(a_1)p(b_2\mid a_1)+p(a_2)p(b_1\mid a_2)=0.01$$

如果译码规则为:接收符号为“1”,则译成发送符号为“0”;接收符号为“0”,则译成发送符号为“1”。则平均错误概率为

$$P_E=p(a_1)p(b_1\mid a_1)+p(a_2)p(b_2\mid a_2)=0.99$$

可见,错误概率不仅与信道的传输特性有关,也与译码规则有关。

现在来定义译码规则。设离散单符号信道的输入符号集为 $X=\{a_1,a_2,\cdots,a_r\}$,输出符号集为 $Y=\{b_1,b_2,\cdots,b_s\}$,如果对每一个输出符号 $b_j$ 都有一个确定的单值函数 $F(b_j)$,使 $b_j$ 对应于一个输入符号 $a_i$,则称这样的函数为译码规则。译码规则就是设计一个函数 $F(b_j)$,表示为

$$F(b_j)=a_i\quad(i=1,2,\cdots,r;\ j=1,2,\cdots,s)\tag{8.2}$$

显然,对于 $r$ 个输入 $s$ 个输出的信道而言,按上述定义得到的译码规则不是唯一的。在这些译码规则中,不是每一种译码规则都是合理的。译码规则的选择应该根据什么准则呢? 一个很自然的准则是使错误概率最小。因此在讨论译码规则的选择之前,首先介绍如何计算错误概率。

在确定译码规则 $F(b_j)=a_i$ 后,若信道输出端接收到的符号为 $b_j$,则一定译成 $a_i$。如果发送的就是 $a_i$,这就是正确译码;反之为错误译码。那么,收到符号 $b_j$ 的条件下正确译码的条件概率为

$$p\{F(b_j)\mid b_j\}=p(a_i\mid b_j)\tag{8.3}$$

则错误译码的条件概率为

$$p(e\mid b_j)=1-p\{F(b_j)\mid b_j\}=1-p(a_i\mid b_j)\tag{8.4}$$

其中,$e$ 表示除了 $a_i$ 之外的所有输入符号的集合。

错误概率 $P_E$ 应是错误译码的条件概率对 $Y$ 空间取统计平均,即

$$P_E=E[p(e\mid b_j)]=\sum_{j=1}^{s}p(b_j)p(e\mid b_j)\quad(b_j\in Y)\tag{8.5}$$

如何设计译码规则使 $P_E$ 最小呢？由于式(8.5)中右边是非负项之和，所以可以选择译码规则使每一项最小。因为 $p(b_j)$ 与译码规则无关，所以只要设计译码规则 $F(b_j) = a_i$ 使错误译码的条件概率 $p(e \mid b_j)$ 为最小，即后验概率 $p(a_i \mid b_j)$ 最大，就可使得平均错误概率 $P_E$ 最小。

**定义 8.1** 选择译码函数

$$F(b_j) = a^* \quad (a^* \in X; b_j \in Y)$$

使之满足条件

$$p(a^* \mid b_j) \geqslant p(a_i \mid b_j) \quad (a_i \in X, b_j \in Y) \tag{8.6}$$

则称为"**最大后验概率(MAP)准则**"或"**最小错误概率准则**"。

这就是说，在给定 $b_j$ 的条件下，对于不同的 $a_i$ 的后验概率 $p(a_i \mid b_j)(a_i \in X, b_j \in Y)$ 进行比较，从中选择最大的 $p(a_i \mid b_j)$ 对应的 $a_i$ 作为译码的结果。通常记为

$$a^* = \arg_{a_i} \max p(a_i \mid b_j) \quad (a_i \in X, b_j \in Y) \tag{8.7}$$

MAP 译码是一种最佳译码，对于每一个输出符号 $b_j$ 均译成具有最大后验概率的那个输入符号 $a^*$，就能使 $P_E$ 最小。但在实际译码中，找出后验概率相当困难，一般地，信道传递概率 $p(b_j \mid a_i)$ 与输入符号的先验概率 $p(a_i)$ 是已知的。由贝叶斯公式

$$p(a_i \mid b_j) = \frac{p(a_i) p(b_j \mid a_i)}{p(b_j)}$$

这时，式(8.6)等价为

$$p(a^*) p(b_j \mid a^*) \geqslant p(a_i) p(b_j \mid a_i) \tag{8.8}$$

可见，如果输入符号的先验概率 $p(a_i)$ 均相等，则 MAP 准则就可等价为寻找使 $p(b_j \mid a_i)$ 最大的 $a_i$，即最大似然译码准则。

**定义 8.2** 选择译码函数

$$F(b_j) = a^* \quad (a^* \in X; b_j \in Y)$$

使之满足条件

$$p(b_j \mid a^*) \geqslant p(b_j \mid a_i) \quad (a_i \in X; b_j \in Y) \tag{8.9}$$

或记为

$$a^* = \arg_{a_i} \max p(b_j \mid a_i) \quad (a_i \in X; b_j \in Y)$$

则称为"**最大似然译码准则**"。其中，$p(b_j \mid a_i)$ 称为**似然函数**。

这就是说，对于每一个输出符号 $b_j$ 均译成具有最大似然函数 $p(b_j \mid a_i)$ 的那个输入符号，如果输入符号的先验概率 $p(a_i)$ 均相等，就可使得平均错误概率 $P_E$ 最小。

最大似然译码准则是实际应用中最常用的一种译码规则。它不再依赖先验概率 $P(a_i)$，但是只有当先验概率相等时，最大似然译码准则和最大后验概率准则才是等价的。如果先验概率未知或不等概，仍采用这个准则，不一定能使平均错误概率 $P_E$ 最小。

根据译码准则，可写出平均错误概率

$$P_E = \sum_{j=1}^{s} p(b_j) p(e \mid b_j) = \sum_Y p(b_j) [1 - p(F(b_j) \mid b_j)]$$

$$= 1 - \sum_Y p(a^* b_j) = \sum_{X,Y} p(a_i b_j) - \sum_Y p(a^* b_j) = \sum_{X-a^*, Y} p(a_i b_j) \tag{8.10}$$

可见，无论采用最大后验译码准则还是最大似然译码准则，$P_E$ 是在联合概率矩阵 $\boldsymbol{P}(a_i b_j)$

中先求每列除去 $F(b_j)=a^*$ 所对应的 $p(a^*b_j)$ 以外所有元素的和,然后再对各列求和。

如果先验等概,式(8.10)可写成

$$P_E = \sum_{X-a^*,Y} p(b_j \mid a_i)p(a_i) = \frac{1}{r}\sum_{X-a^*,Y} p(b_j \mid a_i) \tag{8.11}$$

式(8.11)的求和是除去信道转移矩阵每列 $F(b_j)=a^*$ 对应的那个元素之后,再对矩阵中其他元素求和。

【例 8.1】 设有一个离散信道,信道转移矩阵

$$\boldsymbol{P} = \begin{bmatrix} \dfrac{5}{6} & \dfrac{1}{8} & \dfrac{1}{24} \\[2mm] \dfrac{1}{24} & \dfrac{5}{6} & \dfrac{1}{8} \\[2mm] \dfrac{1}{8} & \dfrac{1}{24} & \dfrac{5}{6} \end{bmatrix}$$

并设 $p(x_1)=\dfrac{9}{10}$,$p(x_2)=p(x_3)=\dfrac{1}{20}$。

(1) 试按照"最大后验译码准则"确定译码规则,并计算相应的译码错误概率。

(2) 试按照"最大似然译码准则"确定译码规则,并计算相应的译码错误概率。

**解**:(1) 因为最大后验译码准则等价为

$$p(a^* \mid b_j) \geqslant p(a_k \mid b_j) \quad (a_k \in X; a_k \neq a^*; b_j \in Y)$$
$$p(a^*)p(b_j \mid a^*) \geqslant p(a_i)p(b_j \mid a_i)$$

可知,需要先计算联合概率 $\boldsymbol{P}(a_ib_j)$。因为

$$\boldsymbol{P}(a_ib_j) = \begin{bmatrix} \dfrac{3}{4} & \dfrac{9}{80} & \dfrac{9}{240} \\[2mm] \dfrac{1}{480} & \dfrac{1}{24} & \dfrac{1}{160} \\[2mm] \dfrac{1}{160} & \dfrac{1}{480} & \dfrac{1}{24} \end{bmatrix}$$

所以,由最大后验译码准则得到的译码规则为

$$F(y_1)=x_1, \quad F(y_2)=x_2, \quad F(y_3)=x_3$$

这时的译码错误概率为

$$P_E = \sum_{X-a^*,Y} p(a_ib_j) = 1 - \left(\frac{3}{4} + \frac{9}{80} + \frac{1}{24}\right) = \frac{23}{240}$$

(2) 已知信道矩阵,由最大似然译码准则得到的译码规则为

$$F(y_1)=x_1, \quad F(y_2)=x_2, \quad F(y_3)=x_3$$

这时的译码错误概率为

$$P_E = \sum_{X-a^*,Y} p(a_ib_j) = 1 - \left(\frac{3}{4} + \frac{1}{24} + \frac{1}{24}\right) = \frac{1}{6}$$

可见,先验概率不相等时,最大似然译码准则和最大后验译码准则不等价。

平均错误概率 $P_E$ 与译码规则有关,而译码规则又与信道特性有关。由于信道中存在噪声,导致输出端发生错误,并使接收到输出符号后,对发送的符号还存在不确定性。可见,

平均错误概率 $P_E$ 与信道疑义度 $H(X|Y)$ 有关,两者之间的关系表示为

$$H(X \mid Y) \leqslant H(P_E) + P_E \log(r-1) \tag{8.12}$$

其中,$r$ 是输入符号集的个数;$H(P_E)$ 是错误概率 $P_E$ 的熵。该不等式由费诺第一个证明得出,所以称为**费诺不等式**。费诺不等式给出了平均错误概率的下限,它表明:当作了译码判决后所保留的关于信源 $X$ 的平均不确定性可分为两部分,一部分是接收到 $Y$ 后是否产生错误概率 $P_E$ 的不确定性 $H(P_E)$;另一部分是当判决错误(错误概率为 $P_E$)发生后,到底是 $(r-1)$ 个输入符号中的哪一个造成错误的不确定性,它是 $(r-1)$ 个输入符号不确定性的最大值 $\log(r-1)$ 与错误概率 $P_E$ 的乘积,即 $P_E \log(r-1)$。

## 8.2  有噪信道编码定理

设有 $M$ 种信源码字要在信道中传送,信道的输入符号序列(即码字)为 $C = (x_{n-1}, x_{n-2}, \cdots, x_0)$,其中码元 $x_i (i = n-1, n-2, \cdots, 0)$ 为 $r$ 元码。如何在 $r^n$ 个码字中选用 $M$ 个许用码字来代表信源输出的消息,才能以任意小的错误概率传送,这就需要编码。这种编码实质上是针对信道特性对信源输出进行编码,以使信源与信道相匹配,所以称为信道编码。

### 8.2.1  香农第二定理

**定理 8.1**(有噪信道编码定理)  若一个离散无记忆信道 $[X, P(y|x), Y]$ 的信道容量为 $C$,当信息传输率 $R < C$ 时,只要码长 $n$ 足够大,总可以找到一种编码和相应的译码规则,使平均错误概率 $P_E$ 任意小。

定理 8.1 又称为香农第二定理,其含义是:设信道有 $r$ 个输入符号和 $s$ 个输出符号,其信道容量为 $C$。对信道进行 $n$ 次扩展,输入到扩展信道的码字(即经过信道编码得到的码字)长度为 $n$,因此有 $r^n$ 个可供选择的码字。从 $r^n$ 个符号集中找到 $M$ 个码字(即 $M$ 个许用码字,用来代表 $M$ 个等概出现的消息,且 $M \leqslant 2^{n(C-\varepsilon)}$,$\varepsilon$ 为任意小的正数)组成一码表。需要指明的是,定理中的等概消息数应理解为信源扩展后经信道编码输出的码字数;定理中的信道容量 $C$ 应该以"比特/码元"为单位(即对数底为 2),它与 $2^{n(C-\varepsilon)}$ 中的底数 2 相对应。这样编码后,信息传输率

$$R = \frac{\log M}{n} \leqslant C - \varepsilon (\text{比特} / \text{码元}) \tag{8.13}$$

则存在相应的译码规则,使有噪信道中传输信息的平均错误概率任意小。

定理 8.1 说明信道容量 $C$ 是保证无差错传输信息传输率 $R$ 的理论极限值。对于一个固定的信道,信道容量 $C$ 是一定的,它是衡量信道质量的一个重要物理量。

关于有噪信道编码定理有以下几点说明。

(1)有噪信道编码定理指出高效率和高可靠性的编码是存在的,并给出了信道编码的理想极限性能,为编码理论和技术的研究指明了方向。

(2)定理证明过程中采用随机编码,在信道输入端的 $X^n$ 集中随机地选取经常出现的 $2^{nR}$ 个高概率序列作为码字,数量很大,难以寻找到好码。

(3)定理证明过程中采用最大似然译码准则。在接收端,序列 $Y^n$ 集将映射到 $M$ 个消

息集中。

（4）可以证明：当 $R<C$ 时，平均错误概率 $P_E$ 满足不等式

$$P_E \leqslant e^{-nE(R)}$$

其中，$n$ 为码长；$E(R)$ 称为可靠性函数或随机编码指数，它在 $0<R<C$ 范围内是一个非增的非负函数，可靠性函数 $E(R)$ 与 $R$ 的关系如图 8.3 所示。可见，为了实现可靠通信，可以采用增大可靠性函数 $E(R)$ 或增加码长 $n$ 的方法；而且随着码长 $n$ 的增加，$P_E$ 按指数规律下降到任意小的值。

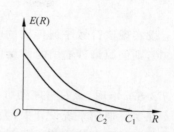

图 8.3　可靠性函数 $E(R)$ 与 $R$ 的关系示意图

**定理 8.2**（有噪信道编码逆定理）　若一个离散无记忆信道 $[X,P(y|x),Y]$ 的信道容量为 $C$，当信息传输率 $R>C$ 时，无论码长 $n$ 多么大，总也找不到一种编码和相应的译码规则，使平均错误概率 $P_E$ 为任意小。

需要指明的是，有噪信道编码定理及其逆定理对连续信道和有记忆信道同样成立。

综上所述，在任何信道中，信道容量是一个明显的分界点，它是保证信息可靠传输的最大信息传输率。香农第二定理从理论上指出，任何信道，只要信息传输率 $R$ 接近于 $C$，就有可能近似无差错传输，此差错可通过适当的编码来实现。也就是说，存在一种编码方式，通过不可靠的信道可实现可靠的传输，且有可能使信息传输速率接近于香农容量。这对实际信息传输工程有着重要的理论指导意义，多年来，编码理论家一直在探索逼近香农极限的实用码，即以接近香农信道容量的信息速率进行通信，而且近似无差错。近几十年来，信道编码取得可喜进展，信道编码采用 Turbo 码或 LDPC 码的通信系统，信息速率接近于香农容量时，在近似无差错（误比特率为 $10^{-5}$）条件下，它所要求的 $E_b/N_0$ 值仅与理想值相差不到 1dB，且其编译码可实现。

## 8.2.2　联合信源信道编码定理

由于信源每秒钟产生的信源符号数与信道中每秒钟传送的信道符号数通常不一样，因此实际信息传输系统往往需要从单位时间来考虑，实现有效、可靠传输的条件由定理 8.3 给出。

**定理 8.3**（联合信源信道编码定理）　离散无记忆信源 $S$ 的熵值为 $H(S)$（比特/信源符号），每秒输出 $1/T_s$ 个信源符号；离散无记忆信道的信道容量为 $C$（比特/信道符号），每秒钟输出 $1/T_c$ 个信道符号。如果满足

$$C/T_c > H(S)/T_s$$

或

$$C_t > R_t$$

则总可以找到信源和信道编码方法，使得信源输出信息能通过该信道传输后，平均错误概率 $P_E$ 任意小。

**【例 8.2】**　设一个二元对称信道，错误概率 $p=0.02$，设该信道以 2000 二元符号/秒的速率传送消息，现有长度为 15000 的独立等概的二元符号序列通过该信道传输，试回答实现该符号序列无差错传输的最短时间是多少？

**解**：二元对称信道的容量为

$$C = 1 - H(0.98, 0.02) = 0.8586(\text{比特} / \text{码元})$$

即每秒信道传送的信息量为

$$C = 0.8586 \times 2000 = 1717.2(\text{比特} / \text{秒})$$

设实现该符号序列传输的时间是 $T\text{s}$，因信源熵为 1 比特/信源符号，符号序列长度为 15000，则信源每秒输出的信息量为 $15000/T$。根据联合信源信道编码定理，有

$$1717.2 > 15000/T$$

即 $T > 8.74\text{s}$ 时，该符号序列可以无差错传输。

在实际通信系统设计中，为了做到既有效又可靠地传输信息，通常将通信系统的编码设计为信源编码和信道编码两部分。首先针对信源特性进行信源编码，然后针对信道特性设计信道编码。由于无失真信源编码和译码都是一一对应的变换，因此它不会带来任何的信息损失；而信道编码只要满足 $C_t > R_t$，就存在某种编码方法，使得平均错误概率 $P_E$ 任意小。因此满足式(8.16)，分两步处理不会增加信息损失，它和一步编码处理方法同样有效。

下面通过一个例子来进一步理解联合信源、信道编码定理。

【**例 8.3**】 设某二元无记忆信源

$$\begin{bmatrix} S \\ P(s) \end{bmatrix} = \begin{bmatrix} s_1 & s_2 \\ \dfrac{3}{4} & \dfrac{1}{4} \end{bmatrix}$$

(1) 如果信源每秒发出 2.3 个信源符号，将此信源的输出符号送入无噪信道中进行传输，而信道每秒只传送 2 个二元符号。通过适当编码，信源是否能够在此信道中进行无失真传输？试说明如何进行适当编码。

(2) 如果信源每秒发出 2.3 个信源符号，送入二元对称信道中进行传输，而信道每秒传送 25 个二元符号。已知信道矩阵为

$$\boldsymbol{P} = \begin{bmatrix} \dfrac{2}{3} & \dfrac{1}{3} \\ \dfrac{1}{3} & \dfrac{2}{3} \end{bmatrix}$$

是否存在一种编码方法，使得信源输出信息能通过该信道传输后，平均错误概率 $P_E$ 任意小？

**解**：信源熵为

$$H(S) = \frac{1}{4}\log 4 + \frac{3}{4}\log \frac{4}{3} = 0.811(\text{比特} / \text{信源符号})$$

(1) 二元无噪信道的最大信息传输率为 $C = 1$(比特/信道符号)。而信道每秒传送 2 个符号，所以该信道的最大信息传输速率为

$$C_t = 2(\text{比特} / \text{秒})$$

如果信源每秒发送 2.3 个信源符号，则信源输出的信息速率为

$$R_t = 2.3 \times H(S) = 1.8653(\text{比特} / \text{秒})$$

则

$$R_t < C_t$$

所以,通过适当编码,信源能够在此信道中进行无失真传输。如何进行编码呢? 可以对 $N$ 次扩展信源进行霍夫曼编码,然后再送入信道。当 $N=2$ 时,编码结果如表 8.1 所示。

表 8.1　$N=2$ 时的编码结果

| 信源序列 $\alpha_i$ | $P(\alpha_i)$ | 霍夫曼编码 |
|---|---|---|
| $s_1 s_1$ | 9/16 | 1 |
| $s_1 s_2$ | 3/16 | 01 |
| $s_2 s_1$ | 3/16 | 001 |
| $s_2 s_2$ | 1/16 | 000 |

当 $N=2$ 时,单个符号的平均码长

$$\overline{L} = \frac{\overline{L_2}}{2} = \frac{27}{32}(二元码符号 / 信源符号)$$

所以,二次扩展编码后,送入信道的传输速率为

$$\frac{27}{32} \times 2.3 = 1.94(二元码符号 / 秒)$$

信源编码得到的二元码符号进入信道,即信道符号就是二元码符号,由题意可知,信道每秒可以传送两个符号。因为 $1.94 < 2$,此时就可以在信道中进行无失真传输。

(2) 该二元对称信道的信道容量

$$C = 0.082(比特 / 信道符号)$$

而信道每秒传送 25 个符号,所以该信道的最大信息传输速率

$$C_t = 25 \times 0.082 = 2.05(比特 / 秒)$$

如果信源每秒发送 2.3 个信源符号,则信源输出的信息速率

$$R_t = 2.3 \times H(S) = 1.8653(比特 / 秒)$$

则

$$R_t < C_t$$

由联合无失真信源信道编码定理可知,理论上存在一种编码方法,使得信源输出信息能通过该信道传输后,平均错误概率 $P_E$ 任意小。

## 8.3　线性分组码

奇偶校验码属于线性分组码,它可以由前面提到的 $(n,k)$ 码形式表示。编码器将一个 $k$ 比特信息分组(信息向量)转变成一个更长的由给定元素符号集组成的 $n$ 比特编码分组(编码向量)。当这个符号集包含 2 个元素(0 和 1)时,与二进制数字相应,称为二进制编码。如不加说明,下面所指的线性分组码均指二进制编码。

$k$ 比特信息形成 $2^k$ 个不同的信息序列,称为 $k$ 元组($k$ 比特序列);同样,$n$ 比特可以形成 $2^n$ 个不同的序列,称为 $n$ 元组。编码过程就是将每个 $k$ 元组(共 $2^k$ 个)映射到 $2^n$ 个 $n$ 元组中的一个。分组码是一一对应的编码,即 $2^k$ 个 $k$ 元组唯一映射到 $2^k$ 个 $n$ 元组,映射可以通过一个查询表实现。

### 8.3.1　向量空间

所有的二进制 $n$ 元组组成的集合 $\boldsymbol{V}_n$，称为 0 和 1 的二进制域的向量空间（vector space）。这个二进制域有两个运算"加"和"乘"，所有运算的结果都在包含这两个元素的同一集合中。算术运算加与乘都由代数域中的规定定义。例如，在一个二进制域中，加与乘的规则如下：

| 加 | 乘 |
|---|---|
| $0 \oplus 0 = 1$ | $0 \cdot 0 = 0$ |
| $0 \oplus 1 = 1$ | $0 \cdot 1 = 0$ |
| $1 \oplus 0 = 1$ | $1 \cdot 0 = 0$ |
| $1 \oplus 1 = 0$ | $1 \cdot 1 = 1$ |

加操作用符号 $\oplus$ 表示，它是模 2 运算。二进制 $n$ 元组的"和"通常是模 2 加，但是，为了简单起见，一般用普通的"+"号。

### 8.3.2　向量子空间

向量空间 $\boldsymbol{V}_n$ 的一个子集 $\boldsymbol{S}$ 如果满足以下两个条件，则称为子空间（subspace）：

（1）全 0 向量在 $\boldsymbol{S}$ 中；

（2）$\boldsymbol{S}$ 中任意两个向量的和也在 $\boldsymbol{S}$ 中（即满足封闭性）。

这些性质是线性分组码（linear block code）的基本性质。假设 $\boldsymbol{V}_i$ 和 $\boldsymbol{V}_j$ 是 $(n, k)$ 二进制分组码中的两个码字（或码向量），当且仅当 $(\boldsymbol{V}_i \oplus \boldsymbol{V}_j)$ 也是一个码向量时，这个码才是线性的。一个线性分组码，它的子集以外的向量不能由该子集内的码字相加产生。

例如，向量空间 $\boldsymbol{V}_4$ 总共由下面的 $2^4 = 16$ 个 4 元组组成：

0000　0001　0010　0011　0100　0110　0111

1000　1001　1010　1011　1100　1110　1111

由 $\boldsymbol{V}_4$ 形成的一个子集如下：

0000　0101　1010　1111

容易证明，任意两个向量的和只能得到子集中的其他成员。一个由 $2^k$ 个 $n$ 元组组成的集合称为线性分组码，当且仅当它是所有 $n$ 元组的向量空间 $\boldsymbol{V}_n$ 的一个子集。图 8.4 用一个简单的几何结构类比线性分组码的结构。假设向量空间 $\boldsymbol{V}_n$ 包含 $2^n$ 个 $n$ 元组，向量空间中的 $2^k$ 个 $n$ 元组的子集组成一个子空间。这 $2^k$ 个向量或点"稀疏分布"在大量的 $2^n$ 个点中，表示合法和许用码字（legitimate or allowable codeword）。信息被编码为 $2^k$ 个许用码向量中的一个，然后发送。由于信道中存在噪声，接收到的可能是一个受干扰的码字。如果这个受干扰的码字与有效的码字相差不是很远，

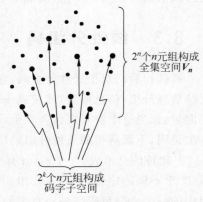

$2^n$ 个 $n$ 元组构成全集空间 $\boldsymbol{V}_n$

$2^k$ 个 $n$ 元组构成码字子空间

图 8.4　线性分组码结构

译码器可以将信息正确译码。选择一个特定编码的基本目标与选择一个调制波形集是相似的，可以根据图 8.4 表述如下：

（1）用尽可能多的码字构造 $V_n$ 空间，以争取高的编码效率。也就是说，希望使用很少的冗余度（附加带宽）。

（2）希望码字间的距离越远越好，这样即使向量在传输中受到干扰，它们仍然能以很高的概率被正确译码。

## 8.3.3 （6,3）线性分组码举例

考察这样一个（6,3）码，它有 $2^k = 2^3 = 8$ 个信息向量，共有 8 个码字；在 $V_6$ 空间中有 $2^k = 2^6 = 64$ 个 6 元组。

可以验证，表 8.2 所示的 8 个码字形成 $V_6$ 的一个子空间（包括全 0 向量，任意两个码字和形成子空间的另一个码字）。所以，这些码字代表一个线性分组码。现在存在这样一个问题，怎样为（6,3）码指定"码字到信息"间的映射关系？对于给定的 $(n,k)$ 码，映射关系并非是唯一的，当然选择也不是任意的。

**表 8.2 信息和码字间的映射关系**

| 信 息 向 量 | 码 字 |
|---|---|
| 000 | 000000 |
| 100 | 110100 |
| 010 | 011010 |
| 110 | 101110 |
| 001 | 101001 |
| 101 | 011101 |
| 011 | 110011 |
| 111 | 000111 |

## 8.3.4 生成矩阵

当 $k$ 很大时，编码器查询表（table lookup）的实现比较复杂。对一个（127,92）码，有 $2^{92}$ 个或 $5 \times 10^{27}$ 个码向量，如果编码过程由一个简单的查询表组成，容纳如此之多码字所需要的存储器的容量将是巨大的。幸运的是，可以按需随时产生码字而非存储码字来减少复杂性。

由于形成线性分组码的码字集是 $n$ 维二进制向量空间的一个 $k$ 维子空间（$k < n$），因而总能够找到一个 $n$ 元组集合，它包含的向量个数少于 $2^k$ 个，但可以用它产生子空间的 $2^k$ 个码字。产生的向量集称为扩展子空间。用于扩展子空间的最小线性无关（linearly independent）集称为子空间的基（basis），该集合中包含的向量个数称为该子空间的维数。任意 $k$ 个线性独立 $n$ 元组 $V_1, V_2, \cdots, V_k$ 的一个线性组合，也即 $2^k$ 个码字 $\{U\}$ 中的任意一个都可以描述为

$$U = m_1 V_1 + m_2 V_2 + \cdots + m_k V_k$$

其中，$m_i = (0 \text{ 或 } 1)$ 是消息数字，$i = 1, 2, \cdots, k$。

通常可以按如下方法定义一个生成矩阵

$$G = \begin{bmatrix} \boldsymbol{V}_1 \\ \boldsymbol{V}_2 \\ \vdots \\ \boldsymbol{V}_k \end{bmatrix} = \begin{bmatrix} v_{11} & v_{12} & \cdots & v_{1n} \\ v_{21} & v_{22} & \cdots & v_{2n} \\ \vdots & \vdots & \ddots & \vdots \\ v_{k1} & v_{k2} & \cdots & v_{kn} \end{bmatrix} \tag{8.14}$$

码字向量通常用行向量描述。这样,$k$ 个消息比特的序列 $\boldsymbol{m}$ 表示为一个行向量:

$$\boldsymbol{M} = m_1, m_2, \cdots, m_k$$

码字 $\boldsymbol{U}$ 是 $\boldsymbol{m}$ 与 $\boldsymbol{G}$ 的乘积,用矩阵形式表示为

$$\boldsymbol{U} = \boldsymbol{mG} \tag{8.15}$$

采用以下规则实现矩阵的相乘 $\boldsymbol{C} = \boldsymbol{AB}$,则

$$c_{ij} = \sum_{k}^{n} a_{ik} b_{kj} \quad (i = 1, 2, \cdots, l; \; j = 1, 2, \cdots, m)$$

其中,$\boldsymbol{A}$ 是 $l \times n$ 矩阵,$\boldsymbol{B}$ 是 $n \times m$ 矩阵,结果 $\boldsymbol{C}$ 是 $l \times m$ 矩阵。对于前面介绍的例子,可以将生成矩阵定义为

$$G = \begin{bmatrix} \boldsymbol{V}_1 \\ \boldsymbol{V}_2 \\ \boldsymbol{V}_3 \end{bmatrix} = \begin{bmatrix} 1 & 1 & 0 & 1 & 0 & 0 \\ 0 & 1 & 1 & 0 & 1 & 0 \\ 1 & 0 & 1 & 0 & 0 & 1 \end{bmatrix} \tag{8.16}$$

其中,$\boldsymbol{V}_1, \boldsymbol{V}_2, \boldsymbol{V}_3$ 是三个线性无关向量(是 8 个码向量的一个子集)。用它们可以产生所有的码向量。注意,任意两个生成向量的和不能够产生任何其他的生成向量(与封闭性相反)。现根据式(8.16)的生成矩阵,表 8.2 中的第 4 个消息向量 110 生成码字 $\boldsymbol{U}_4$,即

$$\boldsymbol{U}_4 = \begin{bmatrix} 1 & 1 & 0 \end{bmatrix} \begin{bmatrix} \boldsymbol{V}_1 \\ \boldsymbol{V}_2 \\ \boldsymbol{V}_3 \end{bmatrix} = 1 \cdot \boldsymbol{V}_1 + 1 \cdot \boldsymbol{V}_2 + 0 \cdot \boldsymbol{V}_3$$

$$= 110100 + 011010 + 000000$$

$$= 101110 \text{(消息向量 110 的码字)}$$

这样,对应于一个消息向量的码向量是矩阵 $\boldsymbol{G}$ 的行向量的线性组合,既然这个码字完全由 $\boldsymbol{G}$ 确定,那么编码器只要存储 $\boldsymbol{G}$ 的 $k$ 个行而非 $2^k$ 个向量。

**注意**:用式(8.16)的 $3 \times 6$ 生成矩阵代替表 8.2 中 $8 \times 6$ 原始码字矩阵,带来了系统复杂性的降低。

### 8.3.5　系统线性分组码

系统线性分组码 $(n, k)$ 是从 $k$ 维消息向量到 $n$ 维码字的映射,其中的 $k$ 位与消息位对应,余下的 $(n-k)$ 比特是监督比特。系统线性分组码的生成矩阵具有如下形式:

$$\boldsymbol{G} = \begin{bmatrix} \boldsymbol{P} & \vdots & \boldsymbol{I}_k \end{bmatrix}$$

$$= \begin{bmatrix} p_{11} & p_{12} & \cdots & p_{1(n-k)} & \vdots & 1 & 0 & \cdots & 0 \\ p_{21} & p_{22} & \cdots & p_{2(n-k)} & \vdots & 0 & 1 & \cdots & 0 \\ \vdots & \vdots & \ddots & \vdots & \vdots & \vdots & \vdots & \ddots & \vdots \\ p_{k1} & p_{k2} & \cdots & p_{k(n-k)} & \vdots & 0 & 0 & \cdots & 1 \end{bmatrix} \tag{8.17}$$

其中,$\boldsymbol{P}$ 是生成矩阵的监督阵列;$p_{ij} = 0$ 或 1;$\boldsymbol{I}_k$ 是 $k \times k$ 的单位矩阵(主对角线元素为 1,其余为 0)。注意,对于系统生成矩阵,可以进一步减少复杂性,因为不需要存储单位矩阵。

联立式(8.16)和式(8.17),每个码字可以表示为

$$u_1, u_2, \cdots, u_n = [m_1, m_2, \cdots, m_k] \times \begin{bmatrix} p_{11} & p_{12} & \cdots & p_{1(n-k)} & 1 & 0 & \cdots & 0 \\ p_{21} & p_{22} & \cdots & p_{2(n-k)} & 0 & 1 & \cdots & 0 \\ \vdots & \vdots & \ddots & \vdots & \vdots & \vdots & \ddots & \vdots \\ p_{k1} & p_{k2} & \cdots & p_{k(n-k)} & 0 & 0 & \cdots & 1 \end{bmatrix}$$

其中,

$$u_i = m_1 p_{1i} + m_2 p_{2i} + \cdots + m_k p_{ki} \quad (i = 1, \cdots, (n-k))$$
$$= m_{i-n+k} \quad (i = (n-k+1), \cdots, n)$$

对于给定消息 $k$ 元组

$$\boldsymbol{m} = m_1, m_2, \cdots, m_k$$

和码字向量 $n$ 元组

$$\boldsymbol{U} = u_1, u_2, \cdots, u_n$$

系统编码向量可以表示为

$$\boldsymbol{U} = \underbrace{p_1, p_2, \cdots, p_{n-k}}_{\text{监督比特}}, \underbrace{m_1, m_2, \cdots, m_k}_{\text{消息比特}} \tag{8.18}$$

其中,

$$\begin{cases} p_1 = m_1 p_{11} + m_2 p_{21} + \cdots + m_k p_{k1} \\ p_2 = m_1 p_{12} + m_2 p_{22} + \cdots + m_k p_{k2} \\ \vdots \\ p_{n-k} = m_1 p_{1(n-k)} + m_2 p_{2(n-k)} + \cdots + m_k p_{k(n-k)} \end{cases} \tag{8.19}$$

系统码字有时将消息比特写在左半边,校验比特在右半边。这样并不会影响检错或纠错的性能,后面不再考虑这种情形。

对于(6,3)码,码字可以描述为

$$\boldsymbol{U} = [m_1, m_2, m_3] \underbrace{\begin{bmatrix} 1 & 1 & 0 \\ 0 & 1 & 1 \\ 1 & 0 & 1 \end{bmatrix}}_{\boldsymbol{P}} \vdots \underbrace{\begin{bmatrix} 1 & 0 & 0 \\ 0 & 1 & 0 \\ 0 & 0 & 1 \end{bmatrix}}_{\boldsymbol{I}_3}$$

$$= \underbrace{m_1 + m_3}_{u_1}, \underbrace{m_1 + m_2}_{u_2}, \underbrace{m_2 + m_3}_{u_3}, \underbrace{m_1}_{u_4}, \underbrace{m_2}_{u_5}, \underbrace{m_3}_{u_6} \tag{8.20}$$

式(8.20)提供了一些有关线性分组码的结构信息。可以看到,冗余位可由很多方法产生。第一个检验比特是第一个消息比特和第三个消息比特的和;第二个检验比特是第一个消息比特和第二个消息比特的和;第三个检验比特是第二个消息比特和第三个消息比特的和。由直觉可知,与单校验比特检测或简单的重复信息码元相比,这种结构可以提供更强大的检测和纠错能力。

## 8.3.6 监督矩阵

现在定义一个矩阵 $\boldsymbol{H}$,称为监督矩阵(parity-check matrix),它有助于对接收向量进行译码。对应每一个 $k \times n$ 的生成矩阵 $\boldsymbol{G}$,存在一个 $(n-k) \times n$ 的矩阵 $\boldsymbol{H}$,$\boldsymbol{G}$ 的行与 $\boldsymbol{H}$ 的行正交,即 $\boldsymbol{GW} = \boldsymbol{0}$。$\boldsymbol{W}$ 是 $\boldsymbol{H}$ 的转置矩阵,$\boldsymbol{0}$ 是一个 $k \times (n-k)$ 的全0矩阵。$\boldsymbol{H}^T$ 的行是 $\boldsymbol{H}$ 的列,$\boldsymbol{H}^T$ 的列是 $\boldsymbol{H}$ 的行。为了实现系统码的正交性要求,$\boldsymbol{H}$ 可如下表示:

$$H = [I_{n-k} \vdots P^{\mathrm{T}}] \tag{8.21}$$

因此

$$H^{\mathrm{T}} = \begin{bmatrix} I_{n-k} \\ \vdots \\ P \end{bmatrix}$$

$$= \begin{bmatrix} 1 & 0 & \cdots & 0 \\ 0 & 1 & \cdots & 0 \\ \vdots & \vdots & \ddots & \vdots \\ 0 & 0 & \cdots & 1 \\ p_{11} & p_{12} & \cdots & p_{1(n-k)} \\ p_{21} & p_{22} & \cdots & p_{2(n-k)} \\ \vdots & \vdots & \ddots & \vdots \\ p_{k1} & p_{k2} & \cdots & p_{k(n-k)} \end{bmatrix} \tag{8.22}$$

容易证明,乘积 $UH^{\mathrm{T}}$ 满足

$$UH^{\mathrm{T}} = p_1 + p_1, p_2 + p_2, \cdots, p_{n-k} + p_{n-k} = 0$$

其中,监督比特 $p_1, p_2, \cdots, p_{n-k}$ 由式(6.19)定义,这样一旦监督矩阵 $H$ 是根据正交性要求生成的,就可以利用它来检验接收向量是否是码字集合中的有效码组。当且仅当 $UH^{\mathrm{T}} = 0$ 时,$U$ 才是由 $G$ 生成的码字。

### 8.3.7 伴随式检验

设 $r = r_1, r_2, \cdots, r_n$ 是一个接收向量($2^n$ 个 $n$ 元组中的一个),由传输的 $U = u_1, u_2, \cdots, u_n$($2^k$ 个 $n$ 元组中的一个)产生。可以将 $r$ 写成

$$r = U + e \tag{8.23}$$

其中,$e = e_1, e_2, \cdots, e_n$ 是错误向量,是由信道引入的错误图样,在 $2^n$ 个 $n$ 元组空间中存在 $2^n - 1$ 个非零的潜在错误图样。$r$ 的伴随式(也称校正子)定义为

$$S = rH^{\mathrm{T}} \tag{8.24}$$

伴随式是对 $r$ 进行监督校验的结果,它用来确定 $r$ 是否是一个有效码字。如果 $r$ 是有效码字,则 $S$ 的值将为 0;如果 $r$ 包含可检测到的错误,伴随式将有非零值;如果 $r$ 包含可纠正的错误,伴随式将有特殊的非零值来指示特定的错误图样。译码器根据要求实现 FEC 或 ARQ,采取措施定位错误并加以纠正(FEC)或请求一个重传(ARQ)。联立式(8.23)和式(8.24),$r$ 的伴随式表示为

$$S = (U + e)H^{\mathrm{T}}$$
$$= UH^{\mathrm{T}} + eH^{\mathrm{T}} \tag{8.25}$$

然而,对所有的码向量都有 $UH^{\mathrm{T}} = 0$,所以

$$S = eH^{\mathrm{T}} \tag{8.26}$$

前面从式(8.23)开始到式(8.26)的推导,说明不论是受干扰码字向量还是错误图样,伴随式检验都能得到相同的伴随式。线性分组码的一个重要性质是(也是译码的基础),错误图样与伴随式之间是一一对应的。

注意监督矩阵所必需的两个性质:

(1) $H$ 中没有全 0 列,否则相应码字位置上的错误就无法影响伴随式,因而无法检测;

(2) $H$ 中的所有列是唯一的,如果 $H$ 有两列相同,那么对应这两列发生的错码位置将无法识别。

【例 8.4】 伴随式检验

假设发送码字 $U = 101110$,接收向量 $r = 001110$,即最左边 1 bit 接收错误。试求伴随式向量 $S = rH^T$ 并证明它等于 $eH^T$。

解:

$$S = rH^T$$

$$= [001110] \begin{bmatrix} 1 & 0 & 0 \\ 0 & 1 & 0 \\ 0 & 0 & 1 \\ 1 & 1 & 0 \\ 0 & 1 & 1 \\ 1 & 0 & 1 \end{bmatrix}$$

$$= [1, 1+1, 1+1] = [100] \text{(受损码向量的伴随式)}$$

下面证明这个受干扰码字向量的伴随式与错误图样的伴随式相等。

## 8.3.8 纠错

前面已经检测了单个错误,并说明无论是错误码字,还是导致其错误的错误图样,伴随式检验都能产生相同的伴随式。这样,不仅可以检测错误,而且可以同时纠正错误,因为可纠正的错误图样与伴随式之间呈现一一对应的关系。现在用一个矩阵表示所有可能的 $2^n$ 个 $n$ 元组的接收向量,这个矩阵称为标准阵(standard array),第一行以全 0 码字开始,包括了所有码字,而第一列包括了所有可纠正的错误图样。回忆一下线性码的基本性质,即全 0 向量必须是码字集的一个成员。每行称为一个陪集(coset),由第一列的错误图样(称为陪集首)及其干扰的码字组成。$(n, k)$ 码的标准阵形式如下:

$$
\begin{array}{cccccc}
U_1 & U_2 & \cdots & U_i & \cdots & U_{2^k} \\
e_2 & U_2 + e_2 & \cdots & U_i + e_2 & \cdots & U_{2^k} + e_2 \\
e_3 & U_2 + e_3 & \cdots & U_i + e_3 & \cdots & U_{2^k} + e_3 \\
\vdots & \vdots & \ddots & \vdots & \ddots & \vdots \\
e_j & U_2 + e_j & \cdots & U_i + e_j & \cdots & U_{2^k} + e_j \\
e_{2^{n-k}} & U_2 + e_{2^{n-k}} & \cdots & U_i + e_{2^{n-k}} & \cdots & U_{2^k} + e_{2^{n-k}}
\end{array}
\tag{8.27}
$$

注意,码字 $U_1$(全 0 码字)起两个作用:既是其中一个码字,也是错误图样 $e_1$,代表没有错误,即 $r = U$。该矩阵包括了 $V_n$ 空间中所有的 $2^n$ 个 $n$ 元组。每个 $n$ 元组只出现在一个位置(没有一个缺少,也没有一个重复)。每个陪集包含 $2^k$ 个 $n$ 元组,因此共有 $\binom{2^n}{2^k} = 2^{n-k}$ 个陪集。

译码机制要求将每个有错的向量用与此向量同列的最顶端有效码字代替。假设一个码字 $U_i (i = 1, 2, \cdots, 2^k)$ 通过一个噪声信道,接收向量为 $U_i + e_j$,如果错误图样 $e_j$ 是一个陪集首(coset leader),其中 $j=1,2,\cdots,2^{n-k}$,则接收向量将被正确译码为码字 $\boldsymbol{U}_i$。如果错误图样不是一个陪集首,那么将会导致译码错误。

**1. 陪集的伴随式**

如果 $e_j$ 是第 $j$ 个陪集首或错误图样,那么 $\boldsymbol{U}_i+e_j$ 是此陪集中的一个 $n$ 元组。这个 $n$ 元组的伴随式可以写为

$$\boldsymbol{S}=(\boldsymbol{U}_i+e_j)\boldsymbol{H}^{\mathrm{T}}=\boldsymbol{U}_i\boldsymbol{H}^{\mathrm{T}}+e_j\boldsymbol{H}^{\mathrm{T}} \tag{8.28}$$

陪集是"具有相同特征的数字集"。对于任意给定的行(陪集),成员之间存在什么共同点?从式(8.28)可以清楚地看到,陪集中的每一个元素具有相同的伴随式(syndrome)。编码时每个陪集的伴随式是不同的。伴随式用于估计错误图样。

**2. 纠错译码**

纠错译码的过程如下:

(1) 计算 $r$ 的伴随式 $\boldsymbol{S}=r\boldsymbol{H}^{\mathrm{T}}$。

(2) 定位错误图样(陪集首)$e_j$,它的伴随式与 $r\boldsymbol{H}^{\mathrm{T}}$ 相等。

(3) 假设错误图样是由信道衰落引起的。

(4) 错误接收的向量或码字表示为 $\boldsymbol{U}=r+e_j$。通过减去其中已识别出的错误来恢复正确的码字。

注意:模 2 运算中,减运算与加运算相同。

**3. 错误图样的定位**

将 $2^6=64$ 个 6 元组如图 8.5 所示排列成一个标准阵。有效码字是第一行的 8 个向量,可纠正的错误图样是第一列的 7 个非零陪集首。

注意:所有 1 bit 错误图样都可以纠正。

同时,除去所有 1 bit 的错误图样,还有一些可纠正的错误,因为并没有用完所有 64 个 6 元组。还剩一个未分配的陪集首,因而还可以纠正一个附加的错误图样。可以灵活地将此错误图样定为 010001。当且仅当信道引起的错误是其中一个陪集首时,译码才是正确的。

现在,通过计算 $e_j\boldsymbol{H}^{\mathrm{T}}$ 来确定每个可纠正错误序列的伴随式,即

$$\boldsymbol{S}=e_j\begin{bmatrix}1&0&0\\0&1&0\\0&0&1\\1&1&0\\0&1&1\\1&0&1\end{bmatrix}$$

| 000000 | 110100 | 011010 | 101110 | 101001 | 011101 | 110011 | 000111 |
|--------|--------|--------|--------|--------|--------|--------|--------|
| 000001 | 110101 | 011011 | 101111 | 101000 | 011100 | 110010 | 000110 |
| 000010 | 110110 | 011000 | 101100 | 101011 | 011111 | 110001 | 000101 |
| 000100 | 110000 | 011110 | 101010 | 101101 | 011001 | 110111 | 000011 |
| 001000 | 111100 | 010010 | 100110 | 100001 | 010101 | 111011 | 001111 |
| 010000 | 100100 | 001010 | 111110 | 111001 | 001101 | 100011 | 010111 |
| 100000 | 010100 | 111010 | 001110 | 001001 | 111101 | 010011 | 100111 |
| 010001 | 100101 | 001011 | 111111 | 111000 | 001100 | 100010 | 010110 |

图 8.5 (6,3)码的标准阵示例

结果列于表 8.3。由于表中的每个伴随式都是唯一的,因此译码器可以确定与 $e$ 对应的错误图样。

表 8.3　伴随式查询表

| 错误图样 | 伴随式 |
|---|---|
| 000000 | 000 |
| 000001 | 101 |
| 000010 | 011 |
| 000100 | 110 |
| 001000 | 001 |
| 010000 | 010 |
| 100000 | 100 |
| 010001 | 111 |

**4. 纠错举例**

我们得到向量 $r$,并用 $S = rH^T$ 计算其伴随式。然后利用前面得到的查询表(表 8.3),求出相应的错误图样。这个错误图样是对错误的一个估计,记为 $\hat{e}$。译码器将 $\hat{e}$ 加到 $r$ 上得到一个估计的发送码字

$$\hat{U} = r + \hat{e} = (U + e) + \hat{e} = U + (e + \hat{e}) \tag{8.29}$$

如果估计的错误图样与真实的错误图样相同,即 $\hat{e} = e$,那么估计值 $\hat{U}$ 等于发送码字 $U$。另外,如果错误估计不正确,则译码器得到的估计值不是发送的码字,这是一个无法检验的译码错误。

**【例 8.5】** 纠错

假设发送码字 $U = 101110$,接收向量 $r = 001110$。根据表 8.3 的伴随式查询表,试说明译码器是如何纠错的。

**解**: $r$ 的伴随式计算如下,即

$$S = [001110]H^T = [100]$$

利用表 8.3,与此伴随式对应的错误图样估计为

$$\hat{e} = 100000$$

正确的向量估计为

$$\begin{aligned} \hat{U} &= r + \hat{e} \\ &= 001110 + 100000 \\ &= 101110 \end{aligned}$$

因为此例中估计的错误图样就是实际的错误图样,所以由纠错过程得到 $\hat{U} = U$。

**注意**:对于受干扰码字的译码,首先要检测,然后纠正一个错误,这一过程可以与医疗过程做个类比。病人(可能受到干扰的码字)进入医疗机构(译码器);检查的医生做了一个诊断(乘以 $H^T$),以找到症状(伴随式)。想象医生找到了病人 X 光照片上的特定点,一个有经验的医生会立即将症状与肺结核病(错误图样)联系起来。而一个新手医生可能还要参阅医科手册(表 8.3),将症状(伴随式)与病症(错误图样)联系起来。最后一步是提供合理的治疗来消除疾病,就像式(8.29)所看到的一样。在二进制编码与医疗的类比中,式(8.29)揭

示了一种特殊的医学实践方法,即病人通过重新运用原来的疾病而获得治疗。

### 8.3.9　译码器的实现

在码比较短的情况下,如同在 8.3.3 节描述的(6,3)码,译码器可以用简单的电路实现。考虑译码器必须采取的步骤:第一步,计算伴随式;第二步,找出错误图样;第三步,对错误图样和接收到的向量执行模 2 加运算(除去错误)。在例 8.5 中,从一个被干扰的向量开始,可以看到以上这些步骤如何产生正确的码字。现在考虑图 8.6 中的电路由异或门和与门组成,它可以与(6,3)码的单个错误图样产生相同的结果。根据表 8.3 和式(8.28),以及接收到的码字为每个伴随式写出表达式

$$\boldsymbol{S} = \boldsymbol{r}\boldsymbol{H}^{\mathrm{T}}$$

$$= [r_1 r_2 r_3 r_4 r_5 r_6] \begin{bmatrix} 1 & 0 & 0 \\ 0 & 1 & 0 \\ 0 & 0 & 1 \\ 1 & 1 & 0 \\ 0 & 1 & 1 \\ 1 & 0 & 1 \end{bmatrix}$$

和

$$s_1 = r_1 + r_4 + r_6$$
$$s_2 = r_2 + r_4 + r_5$$
$$s_3 = r_3 + r_5 + r_6$$

下面用这些伴随式构成图 8.6 中的电路。异或门进行的是模 2 算术加的操作,因此使用相同的符号。进入与门的连线结尾的小圆圈代表信号的逻辑取反。

受到干扰的信号同时进入译码器的两个位置。在电路上端,计算伴随式;在电路的下端,伴随式变为它对应的错误图样。通过把错误图样加到接收向量以产生正确的码字,这样就消除了错误。

**注意**:为了讲解方便,图 8.6 只强调了代数译码步骤:伴随式的计算、错误图样和正确的结果。实际情况是,一个$(n,k)$码通常设置为系统码,译码器不需要输出整个码字;它的输出只要仅包含数据比特。因此,图 8.6 通过删除带阴影的门得到简化。对于较长的码,这种实现非常复杂,更常使用的译码技术是通过采用串行方法而不是并行方法简化电路。同样需要强调的是,图 8.6 只能检测和纠正(6,3)码单个错误的图样,对两个错误图样的控制需要更多的电路。

码字、错误图样、接收向量和伴随式分别用向量 $\boldsymbol{U}, \boldsymbol{e}, \boldsymbol{r}$ 和 $\boldsymbol{S}$ 表示,为了简化起见,表示一个向量所用的下标通常被省略,准确地说,这些向量 $\boldsymbol{U}, \boldsymbol{e}, \boldsymbol{r}, \boldsymbol{S}$,每一个都是一个集合,具有如下形式:

$$\boldsymbol{x}_j = \{x_1, x_2, \cdots, x_i, \cdots\}$$

考虑下标 $j$ 和 $i$ 在表 8.2 中(6,3)码的取值范围。对于码字 $\boldsymbol{U}_j$ 的下标 $j = 1, 2, \cdots, 2^k$ 表明有 $2^3 = 8$ 个不同的码字,而下标 $i = 1, 2, \cdots, n$ 代表每一个码字由 $n = 6\mathrm{bit}$ 组成。对于

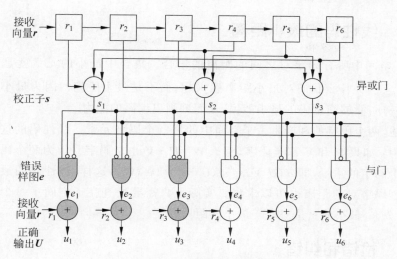

图 8.6 (6,3)译码器的实现

一个可纠正的错误图样 $e_j$，下标 $j=1,2,\cdots,2^{n-k}$ 代表有 $2^3=8$ 个陪集首(7 个非零可纠正的错误图样)，而下标 $i=1,2,\cdots,n$ 代表每一个错误图样由 $n=6\mathrm{bit}$ 组成。而对于接收向量 $r_j$，下标 $j=1,2,\cdots,2^n$ 代表有 $2^6=64$ 个可能的 $n$ 元组可能被接收到，而下标 $i=1,2,\cdots,n$ 代表每一个接收到的 $n$ 元组有 $6\mathrm{bit}$。最后，对于伴随式 $S_j$，下标 $j=1,2,\cdots,2^{n-k}$ 代表有 $2^3=8$ 个不同的伴随式向量，而下标 $i=1,2,\cdots,n-k$ 代表每一个伴随式由 $n-k=3\mathrm{bit}$ 组成。在本章中，下标通常被省略，而向量 $U_j$，$e_j$，$r_j$ 和 $S_j$ 分别记为 $U$，$e$，$r$ 和 $S$。

## 8.4 检错和纠错能力

### 8.4.1 二进制向量的重量和距离

必须明确，并不是所有的错误图样都能够正确译码。一个码的纠错能力必须首先通过定义它的结构来考察。一个码字 $U$ 的汉明重量 $w(U)$ 定义为 $U$ 中非 0 元素的数目。对于一个二进制向量，这相当于向量中 1 的个数。举例来说，如果 $U=100101101$，那么 $w(U)=5$。两个码字 $U$ 和 $V$ 的汉明距离标记为 $d(U,V)$，定义为它们之间不同元素的数目，例如

$$U=100101101$$
$$V=011110100$$
$$d(U,V)=6$$

根据模 2 加的属性，将两个二进制向量的和记为另一个向量，该向量的数字 1 存在于两个向量元素不同的那些位置上，例如

$$U+V=111011001$$

这样，观察两个码字间的汉明距离等价于这两个码字和的汉明重量，即 $d(U,V)=w(U+V)$。同样，一个码字的汉明重量等于它与全零向量间的汉明距离。

### 8.4.2　线性码的最小距离

考虑 $V_n$ 空间中所有码字对之间的距离的集合。集合中最小的元素就是码的最小距离,标记为 $d_{\min}$。为什么我们对最小距离感兴趣,而不是最大距离?因为最小距离如同链条中最弱的一环,能够衡量码的最小能力,从而刻画出编码的能力。

如前所述,两个码字的和产生了子空间中的另一个码字元素。线性码的这一特性可以简单地描述为:如果 $U$ 和 $V$ 都是码字,那么 $W=U+V$ 也是码字。因为两个码字之间的距离等于第三个码字的重量,即 $d(U,V)=w(U+V)=w(W)$,这样,线性码的最小距离就可以不通过检查码字对的距离也可以求出。实际上只需要检查在子空间中每个码字的重量(全零码字除外);最小的重量对应于最小的距离 $d_{\min}$。

### 8.4.3　检错和纠错

译码器的任务是,在接收到向量 $r$ 后,估计出传输的码字 $U_i$。最佳的译码器策略可以用最大似然(maximum likelihood)算法表示如下:

$$p(r \mid U_i) = \max_{\text{对于所有}U_j} \{p(r \mid U_j)\} \tag{8.30}$$

则判决为 $U_i$。因为在二进制对称信道(BSC)中,$r$ 是 $U_i$ 的可能性与 $r$ 到 $U_i$ 之间的距离成反比,可以写为:

$$d(r \mid U_i) = \min_{\text{对于所有}U_j} \{d(r \mid U_j)\} \tag{8.31}$$

则判决为 $U_i$。换句话说,译码器计算 $r$ 与每一个可能的传输码字 $U_j$ 的距离并选出最可能的满足下式的 $U_i$

$$d(r \mid U_i) \leqslant d(r \mid U_j) \quad (i,j=1,2,\cdots,M; i \neq j) \tag{8.32}$$

其中,$M=2^k$ 是码字集合的大小。如果最小距离不是唯一的,那么任意选择最小距离码字中的一个。

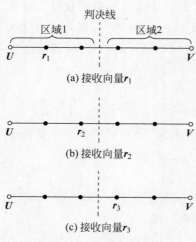

(a) 接收向量 $r_1$

(b) 接收向量 $r_2$

(c) 接收向量 $r_3$

图 8.7　纠错和检错能力

图 8.7 中,两个码字 $U$ 和 $V$ 的距离表现为一条由汉明距离作刻度的数字线。每一个黑点代表一个受到干扰的码字。图 8.7(a)中接收向量 $r_1$,它与 $U$ 的距离为 1,与 $V$ 的距离为 4。采用最大似然准则的纠错译码器,在收到 $r_1$ 时将选择 $U$。如果 $r_1$ 是传输向量 $U$ 被 1 bit 干扰的结果,那么纠错是正确的。但是如果 $r_1$ 是传输向量 $V$ 受到 4bit 干扰的结果,那么译码就是错误的。类似地,$U$ 在传输中出 2 个错的结果是 $r_2$,它与 $U$ 的距离为 2,与 $V$ 的距离为 3,如图 8.7(b)所示,这里,译码器也将在收到 $r_2$ 时选择 $U$。如果 $U$ 在传输时发生 3 个错误,则将导致接收到 $r_3$,$r_3$ 与 $U$ 的距离为 3,与 $V$ 的距离为 2,如图 8.7(c)中所示,这样译码器将在收到 $r_3$ 时选择 $V$,从而在译码时出错。从图 8.7 可以很清楚地

看出，如果任务是检错而不用纠错，一个受干扰的码字（用黑点表示，代表 1 bit、2 bit、3 bit、4 bit 错误）可以被检测到。不过，出 5bit 错误时，在传 $U$ 的时候会接收到 $V$；这样的差错是不可检测的。

从图 8.7 可以看出，码的检错和纠错能力是由码字间的最小距离决定的。图中的判决线在译码和解调过程中起相同的作用，即定义判决区间。在图 8.7 的例子中，如果 $r$ 落入区域 1 就选择 $U$，落入区域 2 就选择 $V$，这种判决标准表明，对于这样的码（$d_{min}=5$）可以纠正 2bit 错误。一般来说，码的纠错能力 $t$ 是由每个码字确保的最大纠错个数来定义的，即

$$t = \left\lfloor \frac{d_{min}-1}{2} \right\rfloor \tag{8.33}$$

其中，$\lfloor x \rfloor$ 代表不超过 $x$ 的最大整数。通常，一个可以纠正所有 $t$ 个或少于 $t$ 个错误的序列的编码，也可以纠正一些特定的 $t+1$ 个错误的序列，这可以从图 8.5 中看出。在这个例子中 $d_{min}=3$，这样由式（8.33）看到，所有 $t=1$ bit 的错误图样都是可以纠正的。同样，一个 $t+1$ 即 2 bit 的错误图样也是可纠正的。一般来说，一个 $t$ bit 纠错（$n,k$）线性码有能力纠正总共 $2^{n-k}$ 个错误图样。如果一个比特纠错分组码被严格地用来在一个转移错误概率为 $p$ 的二进制对称信道（BSC）中纠错，消息错误的概率 $P_M$ 即译码器做出错误译码，$N$ 位分组出错的概率，可以得出上界为

$$P_M \leqslant \sum_{j=i+1}^{n} \binom{n}{j} p^j (1-p)^{n-j} \tag{8.34}$$

只有当译码器能够纠正所有小于等 $t$ 的错误组合，而不能纠正多于 $t$ 个错误组合时，这个界限才取等号。这种译码器称为界限距离译码器（bounded distance decoder）。译码的误比特率 $P_B$ 取决于特定的码本和译码器，可以通过下式近似表示为

$$P_B \approx \frac{1}{n} \sum_{j=i+1}^{n} j \binom{n}{j} p^j (1-p)^{n-j} \tag{8.35}$$

一个分组码需要在纠错之前先检错，或者它可能只用于检错。从图 8.7 中可以看出，所有标了黑点的接收向量（受到干扰的码字）都可以判为有错。这样，检错的能用 $d_{min}$ 的形式定义为

$$e = d_{min} - 1 \tag{8.36}$$

最小码间距离为 $d_{min}$ 的分组码，可以保证所有具有 $d_{min}-1$ 或更少错误的图样能够检测到。这样的码也能检测出大部分有 $d_{min}$ 或更多错误的图样。实际上，一个（$n,k$）码有能力检测 $2^n-2^k$ 个长度为 $n$ 的错误图样。其原因如下：对于 $2^n$ 个可能的 $n$ 元组空间，共有 $2^n-1$ 种可能的错误图样。即便是一个有效的码字也可能是潜在的错误图样。这样 $2^k-1$ 个错误图样就与 $2^k-1$ 个非零码字相同，如果这 $2^k-1$ 个错误图样中任何一个出现，它将传输的码字 $U_i$ 转变为另一个码字 $U_j$。这样，$U_j$ 将被接收而它的伴随式是 0，译码器接收 $U_j$ 作为传输的码字，于是做了错误的译码。因此，有 $2^k-1$ 种不能检测的错误图样。如果错误图样不同于 $2^k$ 个码字中的任一个，那么，伴随式检测对于接收向量会产生一个非 0 伴随式，从而检出错误。因此，一共有恰好 $2^n-2^k$ 种可检测的错误图样。对于大的 $n$，有 $2^k<2^n$，只有很小一部分的错误图样不能检测。

**1. 码字重量分布**

令 $A_j$ 为 $(n,k)$ 线性码中重量为 $j$ 的码字的数目,那么 $A_0,A_1,\cdots,A_n$ 称为码的重量分布(weight distribution)。如果在二进制对称信道上编码只用于错误检测,则译码器不能检测到错误的概率可以通过码的重量分布求出

$$P_{nd} = \sum_{j=1}^{n} A_j p^j (1-p)^{n-j} \tag{8.37}$$

其中,$p$ 是二进制对称信道的传输概率。如果码的最小距离是 $d_{\min}$,则从 $A_1$ 到 $A_{d_{\min}-1}$ 的值都是 0。

**【例 8.6】** 检错码中出现不能检测错误的概率

考虑前面给出的 $(6,3)$ 码,只用于检错。计算信道是二进制对称信道且转移概率为 $10^{-2}$ 时,一个错误不能被检测到的概率。

**解**:该码的重量分布为 $A_0=1,A_1=A_2=0,A_3=4,A_4=3,A_5=0,A_6=0$。因此,根据式(8.37),可得

$$P_{nd} = 4p^3(1-p)^3 + 3p^4(1-p)^2$$

对于 $p=10^{-2}$,一个错误不能检测出的概率是 $3.9 \times 10^{-6}$。

**2. 同时纠错和检错**

可以将由式(8.33)给出的最大可保证的纠错能力降低,从而同时能够检测一些错误。如果最小码距满足下述条件,则这种码可以同时纠正 $\alpha$ 个错,并检测 $\beta$ 个错(其中 $\beta \geqslant \alpha$),则

$$d_{\min} \geqslant \alpha + \beta + 1 \tag{8.38}$$

当有 $t$ 个或更少的错误出现时,码有能力检测并纠正之。当多于 $t$ 但少于 $e+1$ 个错误出现[其中,$e$ 由式(8.36)定义]时,码有能力检测出错码的存在,但只能纠正它们的一个子集。

## 8.4.4　6 元组空间的视图

图 8.8 是前面的例子中 8 个码字的视图。码字组由式(8.16)中三个独立的 6 元组经线性组合而成。这些码字构成了一个三维子空间。此图表示了一个由 8 个码字完全占据的(大黑圆圈)的子空间;子空间的坐标特意被画出以强调其并非正交。尽管并没有精确的方法来画出或构建这样的模型,但是图 8.8 仍试图说明一个包含 64 个 6 元组的整个空间。球形的层或者壳围绕着每个码字。每一个不相交的内层与它对应的码字间的汉明距离为 1,每一个外层与它对应的汉明距离为 2。此例中没有使用更大的距离。对于每一个码字,画出的两层被受到干扰的码字占据。每个内层都有 6 个这样的点,(总共有 48 个点),代表了对应于各个码字的 6 个可能的 1 bit 干扰错误向量。这些 1 bit 干扰的码字仅与一个码字呈现最佳关联,从这个意义上说,它们可以互相区分,因此可以被纠正。正如从图 8.5 中看到的标准阵列,只有一个 2 bit 错误图样可以纠正。总共有 $\binom{6}{2}=15$ 种不同的 2 bit 错误图样可以加于每个码字上,但其中只有 1 个可以被纠正(在我们的例子中是 010001 错误图样)。其他的 14 种 2 bit 错误图样产生的向量,难以被唯一地鉴别为单一的码字;这些不可纠正的错误图样产生的向量,与两个或更多码字受到错误干扰的向量相同。在图中,所有可纠正的(56)1 bit 或 2 bit 错误干扰的码字都被画成小黑圈,受到干扰而不能纠正的码字被画成

白圈。

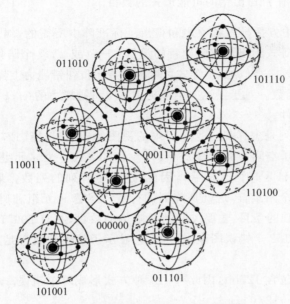

图 8.8 6元组空间中的 8 个码字示例

图 8.8 的一类码称为完备码(perfect code),图中描述了这种码的性质。如果一个 $t$ bit 纠错码的标准阵列包括了所有 $t$ 位或更少位错误的错误图样,且不含有其他的陪集首(没有剩余的纠错能力),它就称为完备码。根据图 8.8,一个 $t$ 位纠错的完备码,采用最大似然译码时,能够纠正所有与原码字的汉明距离为 $t$ 或小于 $t$ 的干扰码字,而不能纠正与原码字距离大于 $t$ 的码字。

图 8.8 对于理解寻找良好性能编码的目标也是十分有用的。我们希望空间中存在尽可能多的码字(有效利用增加的冗余度),但同时也希望码字间的距离尽可能大。显然,这些目标是相互矛盾的。

## 8.5 标准阵的用途

### 8.5.1 估码能力

可以将标准阵列想象成一个有组织的管理工具,一个被填满的小屋,它装着所有的 $n$ 元组空间中的 $2^n$ 个项,没有遗漏,也没有重复。直觉上看,这个工具的好处局限于小的分组码,因为码字长度大于 $n=20$ 时,空间中将有数以百万计的 $n$ 元组。不过,即使对于较大的码本,标准阵列也可以将一些重要性能问题,例如在纠错和检错间权衡的可能性以及纠错能力的界限等,进行可视化处理。一种称为汉明界限(Hamming bound)的界限表述如下:

$$n-k \geqslant \log_2\left[1+\binom{n}{1}+\binom{n}{2}+\cdots+\binom{n}{t}\right] \tag{8.39a}$$

或陪集数目为

$$2^{n-k} \geqslant 1+\binom{n}{1}+\binom{n}{2}+\cdots+\binom{n}{t} \tag{8.39b}$$

其中,$\binom{n}{j}$ 表示 $n$ 位中有 $j$ bit 出错的可能形式的数目。

**注意**:式(8.39)中方括号内各项之和得出了标准阵中所需的,纠正所有 $t$ 位错误线性组合的最小行数。不等式给出了监督比特的数目 $n-k$(或 $2^{n-k}$ 个陪集的数目)的下界是码的 $t$ 位纠错能力的函数。类似地,不等式可以描述成 $t$ 位纠错能力上界是 $n-k$ 个监督比特(或 $2^{n-k}$ 个陪集)的函数。对于任意一个能提供 $t$ 位纠错能力的 $(n,k)$ 线性分组码,满足汉明界限是一个必要条件。

为了说明标准阵列是怎样提供这个界限的视图的,不妨选择 $(127,106)$ BCH 编码作为一个例子。阵列包含了空间中的所有 $2^n = 2^{127} \approx 1.70 \times 10^{38}$ 个 $n$ 元组。阵列最上面的一行包含了 $2^k = 2^{106} \approx 8.11 \times 10^{31}$ 个码字。因此,这就是阵列的列数。最左边的一列包含了 $2^{n-k} = 2^{21} = 2097152$ 个陪集首,这就是阵列的行数。尽管 $n$ 元组和码字的数目巨大,但我们并不关心每一个单独的条目,主要关心的是陪集的数目,共有 2097152 个陪集,因此这种码最多只能纠正 2097152 个错误图样。另外,它显示了陪集的数目是怎样决定码的 $t$ 位纠错能力的上界的。

由于每个码字都包含 127 bit,因此有 127 种方式形成单个错误。可以计算出构成两个错误有多少种情况,即 $\binom{127}{2} = 8001$。下面继续分析出 3 个错误的情况,因为到目前为止,总共 2097151 个可纠正的错误图样中,只使用了很少一部分。一共有 $\binom{127}{3} = 333375$ 种方式可以组成 3 个错误。表 8.4 中列出了这些计算结果,说明全 0 错误图样要求第一个陪集的出现,其后是单错、双错和 3 个错误。表中同样说明了每种错误类型所需的陪集数和到该种错误类型为止所需的累积的陪集数。从该表中可以看出,$(127,106)$ 码可以纠正所有的单错、双错、三错图样,而这些只需要所有可用的 2097152 个陪集中的 341504 种。没有使用的 1755648 行表明了更多位纠错的可能性。实际上,可以试图把所有的 4 错图样映射到阵列中,但是由表 8.4 可以看出,这是不可能的,因为正如表最后一行显示的那样,阵列中剩下的陪集数比纠正 4 错图样所需的累积陪集数小得多。因此,对于这个 $(127,106)$ 的例子,该码的汉明界限保证了可以纠正小于或等于 3 个错误的所有图样。

**表 8.4　$(127,106)$ 码的纠错界限**

| 错误的比特数 | 需要的陪集数 | 累积需要的陪集数 |
|---|---|---|
| 0 | 1 | 1 |
| 1 | 127 | 128 |
| 2 | 8001 | 8129 |
| 3 | 333375 | 341504 |
| 4 | 10334625 | 10676129 |

## 8.5.2　$(n,k)$ 码的一个例子

标准阵列提供了在纠错和检错之间权衡的可能性。考虑另一个 $(n,k)$ 码的例子,并考

虑影响$(n,k)$取值的因素。

（1）为了使在纠错和检错之间的权衡有意义，编码的纠错能力至少应为$t=2$。寻找最小距离如下：

$$d_{\min} = 2t + 1 = 5$$

（2）对于有意义的编码系统，数据比特的数目至少为$k=2$，这样，有$2^k=4$个码字，现在编码可以设计成$(n,2)$码。

（3）寻找最小的$n$值以允许纠正所有的单错和双错。在这个例子中，每一个阵列中的$2^n$个$n$元组都将被列入表中。显然希望$n$的值最小，因为$n$值每增加1，标准阵列中$n$元组的数目都将增加1倍。当然，还希望表的大小易于管理。对于实际应用中的编码，希望$n$最小是鉴于其他的原因：频带利用率和简洁性。如果根据汉明界限选择$n$，那么将会选择$n=7$。但这样的$(7,2)$码的尺寸并不能满足$t=2$的纠错能力和$d_{\min}=5$的要求。因此，有必要引入$t$位纠错能力（或$d_{\min}$）的另一个上界。这个上界称为普洛特金界限（Plotkin bound），即

$$d_{\min} \leqslant \frac{n \times 2^{k-1}}{2^k - 1} \tag{8.40}$$

一般而言，一个线性码$(n,k)$必须满足与纠错能力或最小距离有关的所有上界。对于高码率编码，如果满足汉明界限，则同样能满足普洛特金界限，这种情况可见于前面$(127,106)$码的例子。而对于低码率编码，就是另一种情况了。因为此例要求低码率编码，所以根据普洛特金界限检验其纠错能力就显得很重要。因为$d_{\min}=5$，由式(8.40)可以看出，$n$必须等于8，因此，码的最小尺寸是$(8,2)$才能满足要求。会有人使用诸如$(8,2)$码这样的低码率纠2 bit错误的编码吗？没有。相比于那些码率更高的编码，这种编码将带宽扩展很多。在这里使用这种编码只是为了教学的目的，因为其标准阵列的大小易于管理。

## 8.5.3　$(8,2)$码的设计

也许有人会问这样的问题：怎样从有28个8元组的码字空间中选择码字？有多种解决方法，但是选择时是有限制的。下面是解决这个问题时需要考虑的一些要素：

（1）码字的个数为$2^k=2^2=4$；

（2）全0向量必须是其中的一个码字；

（3）必须满足封闭性，这个特性要求空间中两个码字的和必须是空间中另一个有效的码字；

（4）每个码字的长度都是8比特；

（5）因为$d_{\min}=5$，每个码字的重量（除去全0码）至少为5（由封闭性原理可得），向量的重量定义为向量中非0元素的数量；

（6）假定是系统码，因而这种码的最右两比特对应于信息比特。

表8.5是对消息的一种码字分配候选方案，它满足前面所有的条件。

表 8.5　码字分配候选方案

| 消　息 | 码　字 |
| --- | --- |
| 00 | 00000000 |
| 01 | 11110001 |
| 10 | 00111110 |
| 11 | 11001111 |

## 8.5.4　检错和纠错的权衡

对于前面的 $(8,2)$ 码系统，$(k \times n) = (2 \times 8)$ 生成矩阵可以写为

$$G = \begin{bmatrix} 00111110 \\ 11110001 \end{bmatrix}$$

从计算伴随式开始进行译码，这可以认为是了解错误的"症状"。对于 $(n,k)$ 码，一个 $(n-k)$ 比特的伴随式 $S$ 是 $n$ bit 的接收向量 $r$ 和一个 $(n-k) \times n$ 的监督矩阵 $H$ 转置的乘积。这里，$H$ 的行正交于 $G$ 的行，即 $GH^{T} = 0$。对于这个 $(8,2)$ 码的例子，$S$ 是一个 6 bit 向量，而 $H$ 是一个 $6 \times 8$ 的矩阵，即

$$H^{T} = \begin{bmatrix} 1 & 0 & 0 & 0 & 0 & 0 \\ 0 & 1 & 0 & 0 & 0 & 0 \\ 0 & 0 & 1 & 0 & 0 & 0 \\ 0 & 0 & 0 & 1 & 0 & 0 \\ 0 & 0 & 0 & 0 & 1 & 0 \\ 0 & 0 & 0 & 0 & 0 & 1 \\ 0 & 0 & 1 & 1 & 1 & 1 \\ 1 & 1 & 1 & 1 & 0 & 0 \end{bmatrix}$$

对于每个错误图样，可以通过式(6.37)计算伴随式，即

$$S_i = e_i H^{T} \quad (i = 1, 2, \cdots, 2^{n-k})$$

其中，$S_i$ 是 $2^{n-k} = 64$ 个伴随式之一，$e_i$ 是标准阵列中 64 个陪集首（错误图样）之一。图 8.9 以表格形式列出了标准阵列和 $(8,2)$ 码的所有 64 个伴随式。伴随式的集合由式(8.26)计算而得。标准阵列的每一行（陪集）的元素都有相同的伴随式。对受到干扰的码字的纠正是通过计算它的伴随式找出其对应的错误图样。随后错误图样和受到干扰的码字模 2 加，生成正确的输出。纠错能力和检错能力是可以权衡的，只要距离关系 $d_{\min} = \alpha + \beta + 1$ 成立；其中，$\alpha$ 代表了需要纠正的错误比特数，$\beta$ 代表了需要检测的错误比特数，$\beta \geqslant \alpha$。对于 $(8,2)$ 码的例子，可以采用的权衡选择如表 8.6 所示。

表 8.6　可以采用的权衡选择

| 检错($\beta$) | 纠错($\alpha$) |
| --- | --- |
| 2 | 2 |
| 3 | 1 |
| 4 | 0 |

| 伴随式 | | | 标准阵列 | | |
|---|---|---|---|---|---|
| 000000 | 1 | 00000000 | 11110001 | 00111110 | 11001111 |
| 111100 | 2 | 00000001 | 11110000 | 00111111 | 11001110 |
| 001111 | 3 | 00000010 | 11110011 | 00111100 | 11001101 |
| 000001 | 4 | 00000100 | 11110101 | 00111010 | 11001011 |
| 000010 | 5 | 00001000 | 11111001 | 00110110 | 11000111 |
| 000100 | 6 | 00010000 | 11100001 | 00101110 | 11011111 |
| 001000 | 7 | 00100000 | 11010001 | 00011110 | 11101111 |
| 010000 | 8 | 01000000 | 10110001 | 0111110 | 10001111 |
| 100000 | 9 | 10000000 | 01110001 | 10111110 | 01001111 |
| 110011 | 10 | 00000011 | 11110010 | 00111101 | 11001100 |
| 111101 | 11 | 00000101 | 11110100 | 00111011 | 11001010 |
| 111110 | 12 | 00001001 | 11111000 | 00110111 | 11000110 |
| 111000 | 13 | 00010001 | 11100000 | 00101111 | 11011110 |
| 110100 | 14 | 00100001 | 11010000 | 00011111 | 11101110 |
| 101100 | 15 | 01000001 | 10110000 | 01111111 | 10001110 |
| 011100 | 16 | 10000001 | 01110000 | 10111111 | 01001110 |
| 001110 | 17 | 00000110 | 11110111 | 00111000 | 11001001 |
| 001101 | 18 | 00001010 | 11111011 | 00110100 | 11000101 |
| 001011 | 19 | 00010010 | 11100011 | 00101100 | 11011101 |
| 000111 | 20 | 00100010 | 11010011 | 00011100 | 11101101 |
| 011111 | 21 | 01000010 | 10110011 | 01111100 | 10001101 |
| 101111 | 22 | 10000010 | 01110011 | 10111100 | 01001101 |
| 000011 | 23 | 00001100 | 11111101 | 00110010 | 11000011 |
| 000101 | 24 | 00010100 | 11100101 | 00101010 | 11011011 |
| 001001 | 25 | 00100100 | 11010101 | 00011010 | 11101011 |
| 010001 | 26 | 01000100 | 10110101 | 01111010 | 10001011 |
| 100001 | 27 | 10000100 | 01110101 | 10111010 | 01001011 |
| 000110 | 28 | 00011000 | 11101111 | 00100110 | 11010111 |
| 001010 | 29 | 00101000 | 11011001 | 00010110 | 11100111 |
| 010010 | 30 | 01001000 | 10111001 | 01110110 | 10000111 |
| 100010 | 31 | 10001000 | 01111001 | 10110110 | 01000111 |
| 001100 | 32 | 00110000 | 11000001 | 00001110 | 11111111 |
| 010100 | 33 | 01010000 | 10100001 | 01101110 | 10011111 |
| 100100 | 34 | 10010000 | 01100001 | 10101110 | 01011111 |
| 011000 | 35 | 01100000 | 10010001 | 01011110 | 10101111 |
| 101000 | 36 | 10100000 | 01010001 | 10011110 | 01101111 |
| 110000 | 37 | 11000000 | 00110001 | 11111110 | 00001111 |
| 110010 | 38 | 00000111 | 11100010 | 00111001 | 11101000 |
| 110111 | 39 | 00010011 | 11100010 | 00101101 | 11011100 |
| 111011 | 40 | 00100011 | 11010010 | 00011101 | 11101100 |
| 100011 | 41 | 01000011 | 10110010 | 01111101 | 10001100 |
| 010011 | 42 | 10000011 | 01110010 | 10111101 | 01001100 |
| 111111 | 43 | 00001101 | 11111100 | 00110011 | 11000010 |
| 111001 | 44 | 00010101 | 11100100 | 00101011 | 11011010 |
| 110101 | 45 | 00100101 | 11010100 | 00011011 | 11101010 |
| 101101 | 46 | 01000101 | 10110100 | 01111011 | 10001010 |
| 011101 | 47 | 10000101 | 01110100 | 10111011 | 01001010 |
| 011110 | 48 | 01000110 | 10110111 | 01111000 | 10001001 |
| 101110 | 49 | 10000110 | 01110111 | 10111000 | 01001001 |
| 100101 | 50 | 10010100 | 01100101 | 10101010 | 01011011 |

图 8.9　标准阵列和(8,2)码的所有 64 个伴随式

| 011001 | 51 | 01100100 | 10010101 | 01011010 | 10101011 |
| 110001 | 52 | 11000100 | 00110101 | 11111010 | 00001011 |
| 011010 | 53 | 01101000 | 10011001 | 01010110 | 10100111 |
| 010110 | 54 | 01011000 | 10101001 | 01100110 | 10010111 |
| 100110 | 55 | 10011000 | 01101001 | 10100110 | 01010111 |
| 101010 | 56 | 10101000 | 01011001 | 10010110 | 01100111 |
| 101001 | 57 | 10100100 | 01010101 | 10011010 | 01101011 |
| 100111 | 58 | 10100010 | 01010011 | 10011100 | 01101101 |
| 010111 | 59 | 01100010 | 10010011 | 01011100 | 10101101 |
| 010101 | 60 | 01010010 | 10100011 | 01101100 | 10011011 |
| 011011 | 61 | 01010010 | 10100011 | 01101100 | 10011101 |
| 110110 | 62 | 00101001 | 11011000 | 00010111 | 11100110 |
| 111010 | 63 | 00011001 | 11101000 | 00100111 | 11010110 |
| 101011 | 64 | 10010010 | 01100011 | 10101100 | 01011101 |

图 8.9 （续）

该表显示了(8,2)码可以只用来实现纠错,这意味着它首先检测到多达 $\beta=2$ 个错误,然后纠正它们。如果减少纠错能力使码只能纠正一个错误,那么,检错能力上升到可以检测到 $\beta=3$ 个错误。最后,如果完全放弃纠错能力,那么译码器可以设计成能检测到所有 $\beta=4$ 个错误。在只检错的情况下,电路十分简单。计算伴随式,当只要有一个伴随式非零时,即检测出有错。

对于纠正单个错误,译码器可以通过门电路实现,类似于图 8.6 的电路,接收向量进入两个位置。在图的上半部分,接收向量进入异或门,产生伴随式。对于所有给定的接收向量,伴随式可以通过式(8.24)获得

$$S_i = r_i H^T \quad (i=1,2,\cdots,2^{n-k})$$

根据(8,2)码的 $H^T$ 的值,接收向量和异或门之间的连线电路类似于图 8.6 中的那一个,连接后可以得到

$$S_i = [r_1 r_2 r_3 r_4 r_5 r_6 r_7 r_8] \begin{bmatrix} 1 & 0 & 0 & 0 & 0 & 0 \\ 0 & 1 & 0 & 0 & 0 & 0 \\ 0 & 0 & 1 & 0 & 0 & 0 \\ 0 & 0 & 0 & 1 & 0 & 0 \\ 0 & 0 & 0 & 0 & 1 & 0 \\ 0 & 0 & 0 & 0 & 0 & 1 \\ 0 & 0 & 1 & 1 & 1 & 1 \\ 1 & 1 & 1 & 1 & 0 & 0 \end{bmatrix}$$

组成伴随式 $S_i(i=1,\cdots,64)$ 的每一个数字 $s_j(j=1,\cdots,6)$ 按下列方式与输入端接收的码字向量相关联,即

$$s_1 = r_1 + r_8, \qquad s_2 = r_2 + r_8, \quad s_3 = r_3 + r_7 + r_8$$
$$s_4 = r_4 + r_7 + r_8, \quad s_5 = r_5 + r_7, \quad s_6 = r_6 + r_7$$

要实现类似于图 8.6 中(8,2)码的译码器电路,需要将 8 个接收数字与上面描述的 6 个模 2 加法器产生的伴随式数字联系起来。相应地,需要对此图做额外的修改。

如果译码器只要求纠正单个错误,即 $\alpha=1$ 且 $\beta=3$,那么,这相当于在图 8.9 的陪集 9 下面画一条线,只有当与单个错误相对应的 8 个伴随式出现时才进行纠错。然后译码电路

(与图 8.6 类似)将伴随式变换为它对应的错误图样。随后,错误图样与可能受到干扰的接收向量模 2 相加,产生正确的结果。另外需要一些附加的门在产生了非零伴随式,但是并没有设计其对应的纠正时作检测使用。对于纠正单错的情况,这种事件发生于任何一个序号在 10~64 的伴随式,其结果用来指示检测到了错误。

如果译码器用于纠正所有的单错和双错,这意味着 $\beta=2$ 的错误被检测并被纠正,这相当于在图 8.9 标准阵列的陪集 37 下画一条线。尽管这个 (8,2) 码有能力检测到一些三错的组合,这时对应于 38~64 的陪集首,但我们通常把译码器设计成界限距离译码器,这意味着它能纠正所有少于或等于 $t$ 个错误组合,却不能纠正多于 $t$ 个错误的组合。没有使用的纠错能力被用来增强一些检测能力。与前面介绍的一样,译码器可以类似于图 8.6,用门电路实现。

## 8.5.5 标准阵列的进一步说明

在图 8.9 中,(8,2) 码满足汉明界限。也就是说,从标准阵列中可知,(8,2) 码可以纠正所有单、双错的组合。考虑下面的问题:如果在一个总是带来突发的 3 bit 错码的信道中进行传输,这时纠正单、双错就没有意义。能否建立一个仅对应于 3 个错误的陪集首呢? 很明显,8 位的序列有 $\binom{8}{3}=56$ 种方式发生 3 个错误。如果只想纠正 3 个错误的 56 种组合,在标准阵列中就有足够的空间(足够的陪集数),因为阵列有 64 行。这样可行吗? 不行。因为对于任何码,纠错能力的决定性参数是 $d_{\min}$。对于 (8,2) 码,$d_{\min}=5$ 决定了它只可能纠正 2 比特错误。

怎样通过标准阵列理解这种方式是不可行的呢? 为了使一组 $x$ 比特的错误图样能够进行 $x$ 比特的纠错,所有重量为 $x$ 的向量组都必须是陪集首,即它们必须只占据最左边的一列。在图 8.9 中可以看到,所有重量为 1 和 2 的向量都仅出现在标准阵列最左边的一列。即使把所有重量为 3 的向量塞入 2~57 行中,也可以发现这些向量将在阵列的其他地方重复出现(违反了标准阵列的基本属性)。在图 8.9 中,56 个重量为 3 的向量中的每一个都画了阴影区。观察阵列中第 38 行,41~43 行,46~49 行和 52 行中代表 3 比特错误图样陪集首,再看一看最后一列中相同行的内容,同样是阴影,代表了另外一个重量为 3 的向量,就会发现上述各行中存在模糊性问题,以及不能用 (8,2) 码纠正所有的 3 比特错误图样的原因。假定译码器收到重量为 3 的向量 11001111 而受到了错误图样 00000111 的干扰;另一种则可能是发送码字 00000000 而受到了错误图样 11001000 的干扰。

## 8.6 信道编码的基本数学知识

近世代数中群、环和域的定义,域上多项式,本原多项式等基本定理是学习编码理论,特别是学习循环码理论的基础。本节仅介绍些必要的概念、基本定理和性质。定理和性质的证明请参考文献[27]。

### 8.6.1 群、环和域的基本概念

**1. 群**

**定义 8.3** 非空集合 $G$ 及其上定义一种运算"。",若

(1) 满足封闭性,即对于任意 $a,b \in G$,恒有 $a \circ b \in G$。

(2) 满足结合律,即对于任意 $a,b,c \in G$,恒有 $(a \circ b) \circ c = a \circ (b \circ c)$。

(3) 存在单位元 e,即对于任意 $a \in G$,满足 $a \circ e = e \circ a = a$。

(4) 对任意 $a \in G$,都存在逆元 $a^{-1} \in G$,使 $a \circ a^{-1} = a^{-1} \circ a = e$。

则称 $G$ 构成群(group),记为 $\langle G, \circ \rangle$ 或 $G$。

由定义 8.1 可知,群是种只定义了一种代数运算的系统。

定义中的运算"$\circ$"若为普通加法,运算符"$\circ$"记为"$+$",则 $a \circ b$ 就记为 $a+b$,此时的单位元 e 记为 0,它可以是数值零,也可以是零向量或零矩阵等;而其逆元就是 $-a$;$G$ 称为加法群(或加群)。

若运算"$\circ$"表示普通乘法,运算符"$\circ$"记为"$\cdot$",则 $a \circ b$ 记为 $a \cdot b$ 或简记为 $ab$,此时的单位元 e 记为 1,它可以代表数 1,也可以代表恒等变换成单位矩阵;而其逆元可以记为 $1/a$;$G$ 称为乘法群(或乘群)。

在加群中,对于任意 $a \in G$,把 $n$ 个 $a$ 的运算记为 $a+a+\cdots+a = na$。在乘群中,对于任意 $a \in G$,把 $n$ 个 $a$ 的运算记为 $a \cdot a \cdots \cdot a = a^n$。规定 $a^0 = e$。特别要注意的是,在上述表达式中,$a$ 是群中的元素,$n$ 是整数。

若对于任意 $a,b \in G$,有 $a \circ b = b \circ a$,则 $G$ 称为交换群(或 Abel 群)。无疑,加群总是交换群,但乘群却不一定,如矩阵乘法在一般情况下并不满足交换律。

【例 8.7】 (1) 全体整数集合 **N** 对普通加法构成交换群,单位元是 0,元素 $a$ 逆元是 $-a$。全体整数集合 **N** 对乘法运算不构成群,因为没有乘法逆元。

(2) 全体实数集合 **R** 和有理数集合 **Q** 对加法构成交换群,单位元是 0,元素 $a$ 逆元是 $-a$;而全体非零实数集合 **R**\0 和全体非零有理数集合 **Q**\0(集合符号 **R**\0 或 **Q**\0 表示从集合中去掉元素 0 以后的集合)对乘法运算构成交换群(因为 0 没有逆元),单位元是 1,元素 $a$ 的逆元是 $1/a$。

(3) 全体 $n$ 阶方阵集合对矩阵加法构成交换加群,单位元是零矩阵。全体非奇异的 $n$ 阶矩阵集合构成乘群,单位元是 $n$ 阶单位矩阵。

**注意**:在数学上常用黑正体的大写字母表示特定的集合,如整数集合 **N**、有理数集合 **Q**、实数集合 **R**、复数集合 **C** 等。这样,相同的斜体符号还可以用于表达其他的量,例如后面应用黑体、斜体 $R$ 表示环。

**定义 8.4** 若整数 $a$ 和 $b$ 之差可以被正整数 $m$ 整除,记为 $m \mid (a-b)$(竖线表示整除),则称 $a$、$b$ 同余,记为 $a \equiv b \pmod{m}$。

**定义 8.5** 给定整数 $m(m > 1)$,将全部整数按模 $m$ 有相同的余数进行分类,得到 $m$ 个集合 $\bar{0}, \bar{1}, \cdots, \overline{m-1}$,其中 $\bar{r}(r = 0, 1, \cdots, m-1)$ 是由形如 $qm+r(q = 0, \pm 1, \pm 2, \cdots)$ 的整数组成,称 $\bar{0}, \bar{1}, \cdots, \overline{m-1}$ 为模 $m$ 同余类,称 $Z_m = \{\bar{0}, \bar{1}, \cdots, \overline{m-1}\}$ 为模 $m$ 同余类集合,一个同余类中任一数称为同类的数的同余。

同余也称为剩余,同余类也称为剩余类。为了方便,也可以将同余类 $\bar{0}, \bar{1}, \cdots, \overline{m-1}$ 简记为 $0, 1, \cdots, m-1$,相应的模 $m$ 同余类集合也简记为 $\mathbf{Z}_m = \{0, 1, \cdots, m-1\}$。

同余和同余类的概念给出了一种全体整数集合 **Z** 的分类方法,即 **Z** 分成 $m$ 个模 $m$ 同余类。任意一个整数模 $m$ 的余数必处于这 $m$ 个同余类之一。

同余类之间可以定义加法和乘法运算,这种运算称为模运算,其定义为

$$\begin{cases} \overline{a}+\overline{b}=\overline{a+b}(\bmod m) \\ \overline{a}\cdot\overline{b}=\overline{a\cdot b}(\bmod m) \end{cases} \tag{8.41}$$

可以证明,模 $m$ 的同余类中,$m$ 个元象对于模 $m$ 加法和乘法具有和整数相同的性质。

**【例 8.8】**　(1) $\{0,1\}$ 对模 2 加运算构成群,单位元是 0,元素 1 的逆元是 1。

(2) 模 $m$ 同余类集合 $\mathbf{Z}_m=\{0,1,\cdots,m-1\}$ 对模 $m$ 加法运算构成交换加群,对模 $m$ 乘法运算构成交换乘群。

**定理 8.4**　群 $G$ 中单位元是唯一的,每个元素的逆元也是唯一的。

**定理 8.5**　若 $a,b\in G$,则 $(a\circ b)^{-1}=b^{-1}\circ a^{-1}$。

**推论 8.1**　若 $a,b,c,\cdots,f\in G$,则 $(a\circ b\circ c\circ\cdots\circ f)^{-1}=f^{-1}\circ\cdots\circ c^{-1}\circ b^{-1}\circ a^{-1}$。

**定理 8.6**　给定 $G$ 中任意两个元素 $a$ 和 $b$,则方程 $a\circ x=b$ 和 $y\circ a=b$ 在 $G$ 中有唯一解。

**推论 8.2**　群 $G$ 中的消去律成立,即由 $a\circ x=a\circ y$ 和 $x\circ a=y\circ a$ 推得 $x=y$。

**定义 8.6**　群中元素的个数称为群的阶;若群的阶为无限则称为无限群,否则称为有限群。

**定义 8.7**　若存在 $a\in G$,使得 $G$ 中每个元素都是 $a$ 的某次幂,即 $a^n$($n$ 是整数),则 $G$ 称为循环群。此时称该循环群由 $a$ 生成,$a$ 是该群的生成元。记为 $G=(a)$ 或 $G(a)$。

**【例 8.9】**

(1) 全体整数集合 $\mathbf{Z}$ 关于加法构成循环群,1 是生成元。因为该群有无限多个元素,故是一个无限循环群。

(2) 若 $a^0=1,a^1=e^{j\frac{2\pi}{3}},a^2=e^{j\frac{4\pi}{3}},a^3=a^0=1,a^4=e^{j\frac{8\pi}{3}}=a^1,\cdots$,是一个循环的交换乘群。该群只有 3 个元素,表示为 $\{1,a,a^2\}$,1 是乘法单位元。该群是有限循环群。

**定义 8.8**　使 $a^n=1$ 的最小正整数 $n$ 称为元素 $a$ 的级。

有限循环群 $G(a)$ 有以下性质:

**性质 8.1**　若 $a$ 是 $n$ 级元素,群 $G(a)$ 中的 $n$ 个元素 $a^0=1,a^1,a^2,\cdots,a^{n-1}$ 均互不相同,且由 $a$ 的一切幂次生成的元素都在 $G(a)$ 的集合中。

**性质 8.2**　若 $a$ 是 $n$ 级元素,则 $a^m=1$ 的充要条件是 $n$ 整除 $m$。

**性质 8.3**　若 $a,b\in G$,$a$ 是 $n$ 级元素,$b$ 是 $m$ 级元素,且 $n$ 和 $m$ 互素,则 $ab$ 的级为 $nm$。

**性质 8.4**　若 $a$ 为 $nm$ 级元素,则 $a^m$ 元素的级为 $n$。

**2. 环和域**

**定义 8.9**　非空元素集合 $R$ 中定义了加法和乘法两种运算,若满足下述公理:

(1) $R$ 中全体元素构成交换加群,加法单位元为 0,称 $a$ 的加法逆元为负元,记为 $-a$。

(2) 乘法运算满足封闭性。

(3) 乘法满足结合律。

(4) 加法和乘法之间满足分配律。

则称 $R$ 是环(Ring),记为 $\langle R,+,\cdot\rangle$,简记为 $R$。

由定义 8.9 知,环是一种定义了称为加法和乘法的两种代数运算的系统。

在环中加法运算构成加群,因此集合中必含有加法单位元;而乘法运算并没有要求构成乘群,也没有要求一定含有乘法单位元。若在一个环中无乘法单位元,此时当然也无逆元。对于有乘法单位元的环,称这类环为单位元环。若环关于乘法满足交换律,即对任意 $a,b\in \mathbf{R}$,恒有 $ab=ba$,则称此环为交换环。

**【例 8.10】**

(1) 全体整数集合 $\mathbf{Z}$ 关于普通加法和普通乘法运算构成交换环。全体偶数集合构成环,且是没有乘法单位元的环。

(2) 模 $m$ 同余类集合 $\mathbf{Z}_m=\{0,1,\cdots,m-1\}$ 关于模 $m$ 同余类加法和乘法构成交换环,称 $\mathbf{Z}_m$ 为模 $m$ 同余类环。

(3) 全体实系数多项式集合 $\mathbf{R}[x]$ 构成环。

(4) 全体 $n$ 阶方阵集合构成环。

**定义 8.10** 设 $a,b\in \mathbf{R},a\neq 0,b\neq 0$,若 $ab=0$,则称 $a,b$ 为零因子;含有零因子的环称为有零因子环;不含零因子的环称为整环。

**【例 8.11】** 模 6 同余类集合 $\mathbf{Z}_6=\{0,1,2,3,4,5\}$ 有 6 个元素。因为 $2\neq 0,3\neq 0$,但 $2\times 3=6=0(\mathrm{mod}\ 6)$。所以,2 和 3 是同余类环 $\mathbf{Z}_6$ 的零因子,该环是有零因子环。

可以证明,若 $m$ 是合数,则模 $m$ 同余类环 $\mathbf{Z}_m$ 是有零因子环;若 $m$ 是素数,则模 $m$ 同余类环 $\mathbf{Z}_m$ 是整环。

**定义 8.11** 非空集合 $F$ 中定义了加法和乘法两种运算,若满足下述公理:

(1) $F$ 中全体元素构成交换加群,加法单位元为 0,称 $a$ 的加法逆元为负元,记为 $-a$。

(2) $F$ 中全体非零元素构成交换乘群,乘法单位元为 1。

(3) 加法和乘法之间满足分配律。

则称 $F$ 是域(Field),记为 $\langle F,+,\cdot\rangle$ 或 $F$。

对于环或域均有对于任意 $a,b\in \mathbf{R}$ 或 $a,b\in G$,把 $a+(-b)$ 记为 $a-b$,并由此引入了减法的概念。因此在研究代数结构时,一般仅研究加法运算。

非空集合是否构成域,可以根据定义 8.11 逐条验证,但最关键的是封闭性与乘法逆元。

**定义 8.12** 域中元素的个数称为域的阶。若域中元素有无限多个,则称为无限域;若域中元素个数有有限多个,则称为有限域或 Galois(伽罗华)域。

通常,含有 $q$ 个元素的有限域记为 $GF(q)$ 或 $F_q$。

**【例 8.12】**

(1) 全体有理数集合 $\mathbf{Q}$、全体实数集合 $\mathbf{R}$ 和全体复数集合 $\mathbf{C}$ 对普通加法和乘法运算分别构成有理数域、实数域和复数域。它们都是无限域。

(2) $\{0,1\}$ 对模 2 加法和模 2 乘法运算构成二元域,记为 $GF(2)$ 或 $F_2$。

(3) 模 $m$ 同余类的集合 $\mathbf{Z}_m$,无论 $m$ 是素数还是合数,均构成交换加群。而整数模 6 同余类集合 $\mathbf{Z}_6$ 不能构成域,这是因为其非零元素的全体不能构成交换乘群(参见例 8.11,2 和 3 没有乘法逆元)。

**定理 8.7** 设 $p$ 为素数,则集合 $\mathbf{Z}_p=\{0,1,\cdots,p-1\}$ 在模 $p$ 加法和乘法运算下构成 $p$ 阶有限域 $GF(p)$ 或 $F_P$。

**3. 子群和陪集**

**定义 8.13** 若群 $G$ 的非空子集 $H$ 对于 $G$ 中的代数运算构成群,则称 $H$ 为群 $G$ 的子群。

**定理 8.8** 群 $G$ 的非空子集 $H$ 为 $G$ 的子群的充要条件是,对于任意 $h_1,h_2\in H$,恒有

$h_1 \circ h_2 \in H$。

【例 8.13】 全体偶数集合构成的加群是全体整数集合 **Z** 构成的加群的一个子群。全体整数集合 **Z** 构成的加群是全体有理数集合 **Q** 构成的加群的一个子群。

**定义 8.14** 设 $H$ 是群 $G$ 的一个子群。任一元素 $g \in G, h_1, h_2, h_3, \cdots$ 是 $H$ 中的所有元素,称 $g \circ H = \{g \circ h_1, g \circ h_2, g \circ h_3, \cdots\}$ 为子群 $H$ 在群 $G$ 中的一个左陪集,称 $H \circ g = \{h_1 \circ g, h_2 \circ g, h_3 \circ g, \cdots\}$ 为右陪集。陪集中左面第一个元素称为陪集首。$H$ 的第一个元素规定为 $G$ 的单位元。

在编码中应用的是交换群,故左陪集等于右陪集,简称为陪集。利用子群和陪集的概念,把 $G$ 中的元素按子群 $H$ 划分成等价类。设 $G$ 中的元素是 $g_1, g_2, g_3, \cdots$ 则陪集的划分如表 8.7 所示。

表 8.7 陪集划分

| 子 群 | $h_1 = e$ | $h_2$ | $h_3$ | $\cdots$ |
|---|---|---|---|---|
| 陪 集 | $g_1 \circ h_1 = g_1$ | $g_1 \circ h_2$ | $g_1 \circ h_3$ | $\cdots$ |
| 陪 集 | $g_2 \circ h_1 = g_2$ | $g_2 \circ h_2$ | $g_2 \circ h_3$ | $\cdots$ |
| $\vdots$ | $\vdots$ | $\vdots$ | $\vdots$ | $\vdots$ |
| 陪 集 | $g_n \circ h_1 = g_n$ | $g_n \circ h_2$ | $g_n \circ h_3$ | $\cdots$ |

有限群 $G$ 按子群 $H$ 划分成有限个互不相交的陪集,各个陪集的元素数目相同,即等于子群 $H$ 的阶。将群 $G$ 进行陪集划分是一种完备的划分方法,$G$ 中所有元素均在此阵列中,且不重复出现。若 $G$ 的阶为 $N$,$H$ 的阶为 $n$,则应有 $N = kn$,其中 $k$ 为整数。

类似于子群的概念,也可以定义子环和子域。

## 8.6.2 有限域上的多项式

**定义 8.15** 系数取自 $GF(q)$ 上的 $x$ 的多项式称为有限域上的多项式,表示为

$$f(x) = \sum_{i=0}^{n} f_i x^i \quad (f_i \in GF(q)) \tag{8.42}$$

当 $f(x)$ 的系数均为零时,称其为零多项式,用 0 表示;若 $f(x)$ 是 $n$ 次多项式,则记为 $\partial f(x) = n$ 或 $\deg f(x) = n$,规定 $\partial 0 = -\infty$;全体 $GF(q)$ 上的 $x$ 的多项式集合记为 $F_q[x]$ 或 $GF(q)[x]$。

**定义 8.16** 首项系数为 1 的多项式称为首一多项式。

有限域上多项式的相等与加法和乘法运算规则与普通代数多项式相同。特别地,对于 $GF(2)$ 上的多项式,因为是模 2 运算,加与减相同,故有

$$x^i + x^i = 0, \quad f_i + f_i = 0, \quad f_i^2 = f_i f_i = f_i$$

可以验证,全体 $GF(q)$ 上的 $x$ 的多项式集合 $F_q[x]$ 构成一个交换环。

**定义 8.17** 在 $GF(q)$ 上次数大于零的多项式 $f(x)$,若除了常数和常数与本身的乘积以外,不能再被 $GF(q)$ 上的其他多项式除尽,则称 $f(x)$ 为 $GF(q)$ 上的既约多项式(或不可约多项式)。

由定义知,一个非零常数总是多项式的因子;不论在哪一个域上,一次多项式都是既约多项式;多项式 $f(x)$ 是否是既约的,与讨论的域关系很大。

**【例 8.14】**

给定 $f(x)=x^2+1$,则在实数域 **R** 上 $f(x)$ 是既约的;在复数域上 $f(x)=(x+\mathrm{i})(x-\mathrm{i})$ 是可约的。在 $CF(2)$ 上 $f(x)=(x+1)(x+1)$ 也是可约的。

与整数的唯一分解定理类似,有限域上的多项式也有相应的性质存在。

**定理 8.9** 首一多项式 $f(x)$ 必可以分解为首一既约多项式之积,并且当不考虑因式的顺序时,这种分解是唯一的,即

$$f(x)=p_1^{\alpha_1}(x)p_2^{\alpha_2}(x)\cdots p_s^{\alpha_s}(x)$$

其中,$p_i(x)(i=1,2,\cdots,s)$ 是首一既约多项式;$\alpha_i(i=1,2,\cdots,s)$ 是正整数。

**定义 8.18** 设 $f(x)\in F_P[x]$,若 $x=\beta$ 时有 $f(\beta)=0$,则称 $\beta$ 为多项式 $f(x)$ 的一个零点或根。

**定理 8.10** $\beta$ 为多项式 $f(x)$ 的根的充要条件是 $(x-\beta)\,|\,f(x)$。

**定理 8.11** $n$ 次多项式 $f(x)$ 至多有 $n$ 个根。

**定义 8.19** 同时能够除尽多项式 $a(x),b(x),\cdots,f(x)$ 的次数最高的首一多项式,称为这一组多项式的最大公因式,记为 $(a(x),b(x),\cdots,f(x))$ 或 $GCD(a(x),b(x),\cdots,f(x))$。

**定义 8.20** 同时能够被多项式 $a(x),b(x),\cdots,f(x)$ 除尽的次数最低的首一多项式,称为这一组多项式的最小公倍式,记为 $[a(x),b(x),\cdots,f(x)]$ 或 $LCM[a(x),b(x),\cdots,f(x)]$。

$GF(q)$ 上全体多项式集合 $F_q[x]$ 与全体整数集合 **Z** 均构成一个交换环,可以验证,多项式理论与整数理论是完全平行的。多项式相当于一般的整数;既约多项式相当于素数,非既约多项式(可约多项式)相当于合数;而常数(零次多项式)相当于整数中的1,它既不是既约多项式,也不是可约多项式;多项式的最大公因式和最小公倍式与整数的最大公因数和最小公倍数相似。多项式与整数的这种平行关系,在下面的讨论中还将看到。

### 8.6.3 多项式同余类环

类似于整数模 $m$ 同余类环的概念,可以引入多项式模 $g(x)$ 同余类环的新概念,这就是项式同余类环。为此先给出模多项式同余和多项式同余类的定义。

**定义 8.21** 若两个 $GF(q)$ 上的多项式 $a(x)$ 和 $b(x)$ 之差可以被另一个多项式 $g(x)$ 整除,记为 $g(x)|(a(x)-b(x))$,则称 $a(x)$ 和 $b(x)$ 关于模 $g(x)$ 同余,记为 $a(x)\equiv b(x)$ $(\bmod\ g(x))$。

**【例 8.15】** 设 $GF(2)$ 上两个多项式 $a(x)=x^4+x^3+1,b(x)=x^3+x^2+x+1$,计算

$$a(x)-b(x)=(x^4+x^3+1)-(x^3+x^2+x+1)=x(x^3+x+1)$$
$$a(x)\equiv b(x)(\bmod\ x^3+x+1)$$

**定义 8.22** 给定 $GF(q)$ 上的 $m$ 次多项式 $g(x)(m>0)$,将 $GF(q)$ 上的全部多项式按模 $g(x)$ 有相同的余式 $r(x)[\partial r(x)<\partial g(x)$ 或 $r(x)=0]$ 进行分类,得到 $q^m$ 个集合 $\overline{r(x)}$,其中 $\overline{r(x)}$ 是由具有相同的余式的多项式组成,称 $\overline{r(x)}$ 为模 $g(x)$ 同余类。

多项式同余和同余类的概念给出一种 $GF(q)$ 上的多项式集合 $F_q[x]$ 的分类方法,即将 $F_q[x]$ 分成 $q^m$ 个模 $g(x)$ 同余类。任意多项式模 $g(x)$ 的余数必为这 $q^m$ 个多项式同余类之一。

【例 8.16】 以 $GF(2)$ 上的 $g(x) = x^3 + x + 1$ 为模,将 $F_2[x]$ 划分为 $2^3 = 8$ 个模 $g(x)$ 同余类,如表 8.8 所示。

表 8.8 模 $x^3 + x + 1$ 划分的同余类

| 同余类 | 多项式 | | | |
|---|---|---|---|---|
| $\overline{0}$ | 0 | $x^3 + x + 1$ | $x^4 + x^2 + x$ | ... |
| $\overline{1}$ | 1 | $x^3 + x$ | $x^4 + x^2 + x + 1$ | ... |
| $\overline{x}$ | $x$ | $x^3 + 1$ | $x^4 + x^2$ | ... |
| $\overline{x+1}$ | $x+1$ | $x^3$ | $x^4 + x^2 + 1$ | ... |
| $\overline{x^2}$ | $x^2$ | $x^3 + x^2 + x + 1$ | $x^4 + x$ | ... |
| $\overline{x^2+1}$ | $x^2 + 1$ | $x^3 + x^2 + x$ | $x^4 + x + 1$ | ... |
| $\overline{x^2+x}$ | $x^2 + x$ | $x^3 + x^2 + 1$ | $x^4$ | ... |
| $\overline{x^2+x+1}$ | $x^2 + x + 1$ | $x^3 + x^2$ | $x^4 + 1$ | ... |

如同构造整数同余类环一样,也可以构造多项式同余类环。

**定理 8.12** 给定 $GF(q)$ 上的 $m$ 次多项式 $g(x)(m>0)$,则模 $g(x)$ 的多项式同余类集合构成一个环,称为多项式同余类环。

**定理 8.13** 给定 $GF(q)$ 上的 $m$ 次首一既约多项式 $g(x)(m>0)$,则模 $g(x)$ 的多项式同余类环是一个有 $q^m$ 个元素的有限域 $GF(q^m)$。

【例 8.17】 表 8.2 的第一列全部元素集合组成 $GF(2)$ 上的模 $g(x) = x^3 + x + 1$ 的多项式同余类环。又由于 $g(x) = x^3 + x + 1$ 在 $GF(2)$ 上是首一既约的,则该多项式同余类环是一个有 $2^3 = 8$ 个元素的有限域。

## 8.6.4 有限域的结构

由前面讨论知,以素数 $p$ 为模的整数同余类环构成 $p$ 阶有限域 $GF(p)$。以 $GF(p)$ 上 $m$ 次首一既约多项式 $g(x)$ 为模的多项式同余类环构成 $p^m$ 阶有限域,通常用 $GF(p^m)$ 表示。由于有限域理论在编码理论中起着特别重要的作用,故下面将较详细地讨论它的乘法结构、加法结构等代数结构。

**1. 有限域的乘法结构**

域的全体非 0 元素集合构成交换乘群;全体元素集合构成交换加群。

有限域的元素个数是有限的。因此,全体非 0 元素集合构成有限乘群,乘群中每个元素的级为有限。并可以证明,该群必由群中的一个元素生成,且是循环群。

**定义 8.23** 域中非 0 元素构成乘群,该乘群元素的级定义为域中该元素的级。

**定义 8.24** 若 $\alpha$ 为 $GF(q)$ 中的 $n$ 级元素,则称 $\alpha$ 为 $n$ 次单位原根。若在 $GF(q)$ 中,某元素 $\alpha$ 的级为 $q-1$,则称 $\alpha$ 为本原域元素,简称本原元。

由于 $GF(q)$ 中全体 $q-1$ 个非 0 元素集合组成乘群,因此,本原元 $\alpha$ 能生成这个乘群,与循环群中的定义类似,显然有 $\alpha^{q-1} = 1$。

**定理 8.14** $GF(q)$ 中的每个非 0 元素是多项式 $x^{q-1} - 1 = 0$ 的根;反之,多项式 $x^{q-1} - 1 = 0$ 的根必在 $GF(q)$ 中。

**推论 8.3** 由 $GF(q)$ 中 $n$ 级元素 $\alpha$ 生成的循环群 $G(\alpha)$,一定是 $x^{n-1} - 1 = 0$ 的根。

$GF(q)$ 中的全体 $q-1$ 个非 0 元素集合组成循环群。换言之,$q-1$ 个非 0 元象一定可

以由一个级为 $q-1$ 的本原元生成。

由上述可知，若 $\alpha$ 是 $GF(q)$ 中的本原元，则可以把 $x^{q-1}-1$ 在域中完全分解成一次因式，即

$$x^{q-1}-1=\prod_{i=1}^{q-1}(x-\alpha^i) \tag{8.43}$$

称 $GF(q)$ 为 $x^{q-1}-1$ 的最小完全分离解(域)。

**2. 有限域的加法结构**

在域中必有乘法单位元 1，若作 $1+1+1+\cdots$ 运算，对无限域来说，则有可能 $n\cdot 1\neq 0$，但在有限域中，$1+1+\cdots+1=0$，否则该域必成为无限域。例如，在 $GF(2)$ 中，$1+1=0$。

**定义 8.25**  满足 $n\cdot 1=0$ 的最小正整数 $n$，称为域的特征。如果对于每一个 $n$，恒有 $n\cdot 1\neq 0$，则称该域的特征为 $\infty$。

**【例 8.18】**  $GF(2)$ 的特征为 2；若 $p$ 为素数时，$GF(p)$ 的特征为 $p$。

**定理 8.15**  在特征为 $p$ 的域中，若 $a$ 是域中的任意元素，则均有 $pa=0$。

**定理 8.16**  每一个域的特征或为素数，或为 $\infty$。有限域的特征必为有限；但当域的特征为有限时，该域可以是有限域也可以是无限域。

**【例 8.19】**  $p$ 为素数，$GF(p)$ 上全体多项式集合关于多项式加法和乘法运算构成一个域，它的单位元为 1，且 $p\cdot 1=0$，所以域的特征为 $p$。但集合中多项式的次数可以是无限的，故集合中的元素个数是无限的。因此，这是一个有限特征的无限域。

**定义 8.26**  以 $p$ 为特征的域是 $GF(p)(m=1,2,\cdots)$，称 $GF(p)$ 是 $GF(p)$ 的基域，$GF(p^m)$ 为 $GF(p)$ 的扩域，称 $GF(p)$ 为素子域(或称素域)。

可以证明，$GF(q)$ 的阶 $q$ 一定是素数或素数的幂，即 $q=p^m(m=1,2,\cdots;p$ 是素数)，且域的特征为 $p$。进一步由定理 8.13 知，$GF(p^m)$ 是通过构造 $GF(p^n)$ 上模 $k$ 次多项式 $g(x)(k,n=1,2,\cdots;m=kn)$ 的多项式同余类集合得到的。

总结上述分析可知，$GF(p^m)$ 可以由：① $GF(p)$ 上模 $m$ 次多项式，或② $GF(p^n)$ 上模 $k$ 次多项式，或③ $GF(p^k)$ 上模 $n$ 次多项式构成，其中 $m=kn$；$GF(p^n)$ 由 $GF(p)$ 上模 $n$ 次多项式构成；$GF(p^k)$ 由 $GF(p)$ 上模 $k$ 次多项式构成。因此，$GF(p)$ 是 $GF(p^k)$、$GF(p^n)$ 和 $GF(p^m)$ 的素子域；$GF(p^k)$ 和 $GF(p^n)$ 是 $GF(p^m)$ 的子域，同时也是 $GF(p)$ 的扩域；$GF(p^m)$ 是 $GF(p)$、$GF(p^k)$ 和 $GF(p^n)$ 的扩域。

利用这种子域与扩域的相互关系，可以构造出许多复杂、巧妙的代数系统，这些系统在信道编码理论和密码理论中得到了广泛应用。

**定理 8.17**  在特征为 $p$ 的域中，有下列性质：

(1) 若 $a$ 是域中的任意元素，则均有 $(x-a)^p=x^p-a^p$ 和 $a^{p^m}=a$。

(2) 若 $a$ 和 $b$ 是域中的任意元素，则均有 $(a\pm b)^p=a^p\pm b^p$。

(3) 任意域元素的级均不是 $p$ 的倍数。

(4) 设 $f(x)$ 是 $GF(p)$ 上的 $n$ 次多项式，若 $p$ 特征域中的元素 $\beta$ 是 $f(x)$ 的根，则 $\beta^{p^k}(k=1,2,\cdots)$ 也是 $f(x)$ 的根。

在 $GF(p^m)$ 中，本原域元素的级是 $p^m-1$，而其他域元素的级必是 $p^m-1$ 的因子。在 $GF(2^m)$ 中，本原域元素和其他一切域元素的级均是奇数。

**3. 最小多项式和本原多项式**

由于多项式 $f(x)$ 是 $n$ 次多项式,其根不多于 $n$ 个。因此,定理 8.17 中性质(4)给出的 $f(x)$ 的根序列 $\beta,\beta^p,\beta^{p^2},\cdots$ 中必有重复,且不多于 $n$ 个。设这样的不重复的根数为 $k$ 个,则这 $k$ 个相写成 $\beta,\beta^p,\beta^{p^2},\cdots,\beta^{p^{k-1}}$。为此,引出共轭根系的定义。

**定义 8.27** 若多项式 $f(x)$ 以 $\beta$ 为根,则称 $\beta,\beta^p,\beta^{p^2},\cdots,\beta^{p^{k-1}}$ 为共轭根系。

如果 $\beta$ 是 $p$ 特征域上的 $n$ 级元素,$\beta^n=1$,则 $\beta$ 是系数取自 $GF(p)$ 上的多项式 $x^n-1$ 的根。系数取自 $GF(p)$ 上,且以 $\beta$ 为根的多项式可以有多个,其中必有一个次数最低的多项式。

**定义 8.28** 系数取自 $GF(p)$ 上,且以 $\beta$ 为根的所有首一多项式中,必有一个次数最低的多项式,称之为最小多项式,记为 $m(x)$。

**定理 8.18** 在 $p$ 特征有限域中,每一个元素 $\beta$,皆存在唯一的最小多项式 $m(x)$,具有以下性质:

(1) $m(x)$ 在 $GF(p)$ 上是既约的。

(2) 若 $f(x)$ 是 $GF(p)$ 上的多项式,且 $f(\beta)=0$,则 $m(x)\mid f(x)$,显然 $m(x)\mid(x^{p^{m-1}}-1)$。

**定理 8.19** 设 $\beta$ 是 $p$ 特征有限域中的元素,若 $\beta,\beta^p,\beta^{p^2},\cdots,\beta^{p^{k-1}}$ 为一组共轭根系,则 $\beta$ 的最小多项式 $m(x)$ 是 $k$ 次的,且为

$$m(x)=\prod_{i=0}^{k-1}(x-\beta^{p^i}) \tag{8.44}$$

**定义 8.29** 系数取自 $GF(p)$ 上,以 $GF(p^m)$ 中本原元为根的最小多项式,称为本原多项式。

由定义 8.29 知,本原多项式一定以 $n=p^m-1$ 级元素为根。设 $\alpha$ 为本原元,则以 $\alpha$ 为根的本原多项式的共轭根系是 $\alpha,\alpha^p,\alpha^{p^2},\cdots,\alpha^{p^{m-1}}$,共有 $m$ 个根。因此,以 $GF(p^m)$ 上的本原元为根的 $GF(p)$ 上的本原多项式,必是 $m$ 次多项式。

**定义 8.30** 设 $f(x)$ 是 $GF(p)$ 上次数>1,而零次项不为 0 的多项式,称满足 $f(x)\mid x^n-1$ 的最小正整数 $n$ 为 $f(x)$ 的周期,记为 $p(f)=n$。

**定义 8.31** 若 $f(x)$ 是 $GF(p)$ 上的 $n$ 次多项式,则称 $\tilde{f}(x)=x^n f(x^{-1})$ 为 $f(x)$ 的互反多项式。

互反多项式有如下性质:

**性质 8.5** 若 $\alpha$ 是 $f(x)$ 的根,则 $\alpha^{-1}$ 必是 $\tilde{f}(x)$ 的根。

**性质 8.6** 若 $f(x)$ 是既约多项式,则 $\tilde{f}(x)$ 也是既约多项式,反之亦然。

**性质 8.7** 若 $f(x)$ 是本原多项式,则 $\tilde{f}(x)$ 也是本原多项式,反之亦然。

可以证明,$m$ 次本原多项式的周期为 $p^m-1$,且 $m$ 次多项式是本原多项式的充要条件是其周期为 $p^m-1$。

**【例 8.20】** $f_1(x)=x^3+x+1$,$f_2(x)=x^4+x^3+x^2+x+1$,$f_3(x)=x^4+x+1$,$f_4(x)=x^4+x^3+x^2+1$ 均是 $GF(2)$ 上的多项式。因为 $x^7+1=(x+1)(x^3+x+1)(x^3+x^2+1)$,$(x+1)(x^3+x+1)=f_4(x)$,故知 $p(f_1)=p(f_4)=7$;又因为 $x^5+1=(x+1)f_2(x)$,故有 $p(f_2)=5$;实际上,$f_3(x)\mid x^{15}+1$,故有 $p(f_3)=15$。可以验证,$f_1(x),f_2(x),f_3(x)$

是既约多项式,$f_4(x)$ 不是既约多项式。

既约多项式 $f_1(x)$、$f_3(x)$ 是本原多项式,因为 $p(f_1)=2^3-1=7$,$p(f_3)=2^4-1=15$;而 $f_2(x)$ 是非本原多项式,因为 $p(f_2)=5\neq 2^4-1=15$。

由定义知,本原多项式必是既约多项式,但反之不一定。对于正整数 $m$,至少有一个 $m$ 次本原多项式。但 $m$ 次本原多项式可能有多个。可以证明,$m$ 次本原多项式有 $\varphi(p^m-1)/m$ 个,其中 $\varphi(n)$ 是欧拉函数,是指当 $n$ 为自然数,不超过 $n$ 且与 $n$ 互素的正整数的个数。

**【例 8.21】** $x^3+x+1$ 和 $x^3+x^2+1$ 是 $GF(2)$ 上两个 3 次本原多项式,且这两个多项式是互反多项式。

本原多项式在编码理论中十分重要,而确定本原多项式是很困难的。为方便读者,表 8.9 给出了 $GF(2)$ 上次数 40 以内的本原多项式,每个长度仅列出一个。

**表 8.9 $GF(2)$ 上 $m\leqslant 40$ 次的本原多项式**

| $m$ | 本原多项式 | $m$ | 本原多项式 | $m$ | 本原多项式 | $m$ | 本原多项式 |
| --- | --- | --- | --- | --- | --- | --- | --- |
| 1 | 1,0 | 11 | 11,2,0 | 21 | 21,2,0 | 31 | 31,3,0 |
| 2 | 2,1,0 | 12 | 12,7,4,3,0 | 22 | 22,1,0 | 32 | 32,28,27,1,0 |
| 3 | 3,1,0 | 13 | 13,4,3,1,0 | 23 | 23,5,0 | 33 | 33,13,0 |
| 4 | 4,1,0 | 14 | 14,12,11,1,0 | 24 | 24,4,3,1,0 | 34 | 34,15,14,1,0 |
| 5 | 5,2,0 | 15 | 15,1,0 | 25 | 25,3,0 | 35 | 35,2,0 |
| 6 | 6,1,0 | 16 | 16,5,3,2,0 | 26 | 26,8,7,1,0 | 36 | 36,11,0 |
| 7 | 7,3,0 | 17 | 17,3,0 | 27 | 27,8,7,1,0 | 37 | 37,12,10,2,0 |
| 8 | 8,4,3,2,0 | 18 | 18,7,0 | 28 | 28,3,0 | 38 | 38,6,5,1,0 |
| 9 | 9,4,0 | 19 | 19,6,5,1,0 | 29 | 29,2,0 | 39 | 39,4,0 |
| 10 | 10,3,0 | 20 | 20,3,0 | 30 | 30,16,15,1,0 | 40 | 40,21,19,2,0 |

**注意**:表中所列数字表示多项式非零系数所对应的幂次,如 10 次本原多项式为 $m(x)=x^{10}+x^3+1$。

### 4. 用本原多项式构造有限域

前面已经讨论了有限域的性质和多种有限域 $GF(p^m)$ 的表示方法。由于有限域理论是讨论循环码的重要的数学基础,下面以有限域 $GF(2^4)$ 为例,详细给出用本原多项式构造有限域的方法与加法和乘法的计算方法。

查表 8.3 知 4 次多项式 $x^4+x+1$ 是 $GF(2)$ 上的本原多项式。设 $\alpha$ 是 4 次本原多项式 $x^4+x+1$ 的根($\alpha$ 是本原元),则 $\alpha$ 是 $2^4-1=15$ 级元素 $\alpha^{15}=1$,也就是说,元素 $\alpha^0=1$。$\alpha^1$,$\alpha^2,\cdots,\alpha^{14}$ 互不相同。因此,元素 $0,1,\alpha,\alpha^2,\cdots,\alpha^{14}$ 是有限域 $GF(2^{14})$ 的全部 16 个元素。

由 $\alpha^4+\alpha+1=0$ 得 $\alpha^4=\alpha+1$。利用恒等式 $\alpha^4=\alpha+1$ 可以将 $\alpha^i$ 表示为本原元 $\alpha$ 的 3 次多项式的形式,而这些多项式可以用其系数组成的 4 维向量表示。例如,$\alpha^4=\alpha+1$ 的 4 维向量是 1100;$\alpha^5=\alpha(\alpha+1)=\alpha^2+\alpha$,其 4 维向量是 0110。因此,有限域 $GF(2^4)$ 的元素的表示方法有 $\alpha$ 的幂次、$\alpha$ 的多项式、$\alpha$ 的多项式系数和多项式同余类等方法。在编码理论中主要使用前 3 种表示方法。表 8.10 给出 $GF(2^4)$ 的全部元素。

表 8.10　用本原多项式 $x^4+x+1$ 构造的 $GF(2^4)$ 的元素

| 幂次表示 | 向量表示 | 幂次表示 | 向量表示 | 幂次表示 | 向量表示 | 幂次表示 | 向量表示 |
|---|---|---|---|---|---|---|---|
| 0 | 0000 | $\alpha^3$ | 0001 | $\alpha^7=1+\alpha+\alpha^3$ | 1101 | $\alpha^{11}=\alpha+\alpha^2+\alpha^3$ | 0111 |
| 1 | 1000 | $\alpha^4=1+\alpha$ | 1100 | $\alpha^8=1+\alpha^2$ | 1010 | $\alpha^{12}=1+\alpha+\alpha^2+\alpha^3$ | 1111 |
| $\alpha$ | 0100 | $\alpha^5=\alpha+\alpha^2$ | 0110 | $\alpha^9=\alpha+\alpha^3$ | 0101 | $\alpha^{13}=1+\alpha^2+\alpha^3$ | 1011 |
| $\alpha^2$ | 0010 | $\alpha^6=\alpha^2+\alpha^3$ | 0011 | $\alpha^{10}=1+\alpha+\alpha^2$ | 1110 | $\alpha^{14}=1+\alpha^3$ | 1001 |

在进行有限域运算时,加法使用 $\alpha$ 的多项式或 $\alpha$ 多项式系数的表示法比较方便,乘法使用 $\alpha$ 的幂次的表示法比较方便。如

$$\alpha^{11}+\alpha^8=(\alpha+\alpha^2+\alpha^3)+(1+\alpha^2)=1+\alpha+\alpha^3=\alpha^7,\quad \alpha^{11}\alpha^8=\alpha^{19}=\alpha^4$$

## 8.6.5　线性空间

实数域上的线性空间是通常所熟知的概念,如全体实数集合 $\mathbf{R}$ 构成一维线性空间,全体二维向量集合(平面)构成二维线性空间等。下面在域的概念基础上,引入一般的线性空间的概念。

**定义 8.32**　$n$ 个数排成有顺序的数组 $a=(a_0,a_1,\cdots,a_{n-1})$,称为 $n$ 维向量($n$ 维数组),而 $a_i(i=0,1,\cdots,n-1)$ 称为向量 $a$ 的分量。

**定义 8.33**　设 $a=(a_0,a_1,\cdots,a_{n-1})$ 和 $b=(b_0,b_1,\cdots,b_{n-1})$ 是域 $F$ 上的两个 $n$ 维数组,$c$ 是域 $F$ 中的任一个元素(称为标量),则数组 $a$ 和 $b$ 的加法定义为

$$a+b=(a_0+b_0,a_1+b_1,\cdots,a_{n-1}+b_{n-1}) \tag{8.45}$$

数组 $a$ 与标量 $c$ 的数乘定义为

$$ca=(ca_0,ca_1,\cdots,ca_{n-1}) \tag{8.46}$$

数组 $a$ 和 $b$ 的内积定义为

$$a\cdot b=a_0b_0+a_1b_1+\cdots+a_{n-1}b_{n-1} \tag{8.47}$$

**定义 8.34**　若域 $F$ 上的向量集合 $V$ 满足:

(1) $V$ 关于加法运算构成交换群。

(2) 数乘运算满足封闭性,即对任意 $c\in F$ 和 $a\in V$,有 $ca\in V$。

(3) 分配律成立,即对任意 $c,d\in F$ 和 $a,b\in V$,有

$$c(a+b)=ca+cb,\quad (c+d)a=ca+da。$$

(4) 结合律成立,即对任意 $c,d\in F$ 和 $a\in V$,有 $(cd)a=c(da)$。则称 $V$ 为域 $F$ 上的向量空间或线性空间。

**【例 8.22】**　(1) $F_2$ 上全体 $n$ 维向量的集合 $\{(a_0,a_1,\cdots,a_{n-1})|a_i\in GF(2)\}$ 构成线性空间 $\mathbf{V}_n^2$。

(2) 实数域 $\mathbf{R}$ 上全体 $n$ 维向量的集合 $\{(a_0,a_1,\cdots,a_{n-1})|a_i\in \mathbf{R}\}$ 构成线性空间 $\mathbf{V}_n^R$。

(3) 实数域 $\mathbf{R}$ 上小于 $n$ 次的全体多项式的集合 $\{f_0+f_1x+\cdots+f_{n-1}x^{n-1}|f_i\in \mathbf{R}\}$ 构成线性空间。

**定义 8.35**　若子集 $V_1\in V$,且满足线性空间的条件,则称 $V_1$ 是 $V$ 的一个子空间。

要确定一个集合是子空间,只要证明该集合构成交换群以及数乘满足封闭性。向量空间中各元素之间的运算规则,以及线性相关、线性无关、向量空间和子空间的构成都是极为

重要的概念。

**定义 8.36**　如有数 $n_1, n_2, \cdots, n_k \in F$，使 $b = n_1 a_1 + n_2 a_2 + n_3 a_3 \cdots + n_k a_k (a_i \in V, i = 1, 2, \cdots, k)$，则称向量 $b$ 为向量组 $a_1, a_2, \cdots, a_k$ 的一个线性组合。

**定理 8.20**　线性空间 $V$ 中向量 $a_1, a_2, \cdots, a_k$ 的所有线性组合所构成的集合 $S$ 是 $V$ 的子空间。

**定义 8.37**　如果存在 $k$ 个不全为 0 的数 $n_1, n_2, \cdots, n_k$，使线性空间 $V$ 中一组非全零向量 $a_1, a_2, \cdots, a_k$ 满足

$$n_1 a_1 + n_2 a_2 + \cdots + n_k a_k = 0 \tag{8.48}$$

则称向量组 $a_1, a_2, \cdots, a_k$ 线性相关，否则称此向量组线性无关(或线性独立)。

由定义易知线性无关就是上述 $n_1, n_2, \cdots, n_k$ 不存在，亦即仅当 $n_1, n_2, \cdots, n_k$ 全为 0 时，式(8.51)才成立。如果向量组的某一部分线性相关，则此向量组必线性相关；如向量组线性无关，则其任何部分都线性无关。

**【例 8.23】**　在 $GF(2)$ 上，找不到 3 个不全为 0 的数 $n_1, n_2, n_3$，使 $n_1(100) + n_2(010) + n_3(001) = (000)$。因此，$GF(2)$ 上 3 个三维向量 $(100), (010), (001)$ 线性无关。

在 $GF(2)$ 上，由于 $(001) + (101) + (100) = (000)$，因此，$GF(2)$ 上 3 个向量 $(001), (101), (100)$ 线性相关。

应当指出，因为两个成比例的向量总是线性相关的，故线性无关的向量组中不能包含成比例的向量和相同的向量。

**定义 8.38**　若线性空间 $V$ 中的每一向量均由其中一组线性无关向量的线性组合生成，则称这组向量张成了线性空间 $V$，称这组向量为 $V$ 的基底，称基底中向量的个数为 $V$ 的维数；若维数有限，则称 $V$ 为有限维数线性空间，否则称为无限维数线性空间。

**【例 8.24】**　在 $GF(2)$ 上三维向量共有 $2^3 = 8$ 个，即 $(000), (001), (010), (011), (100), (101), (110), (111)$。其中线性无关的向量最多有 3 个，可以取 $(001), (010), (100)$，也可以取 $(100), (010), (111)$ 等。每组有 3 个向量，这 3 个向量在 $GF(2)$ 上的非全 0 值的线性组合不等于 0，而其余 5 个向量均由这 3 个基底向量的线性组合得到，故此向量空间是三维的。

容易证明，如果 $V$ 是 $k$ 维线性空间，则 $V$ 中任何 $k$ 个线性无关的向量都是 $V$ 的基底；如果两组线性无关向量集合张成同一个空间，则在每一组集合中含有相同数目的向量数；如果线性空间 $V_1 \subset V_2$，且两者有相同的维数，则 $V_1 = V_2$；如 $V_1$ 和 $V_2$ 是 $V$ 的两个子空间，那么 $V_1 + V_2$ 也是 $V$ 的子空间。

**定义 8.39**　若两个向量 $a$ 和 $b$ 的内积 $a \cdot b = 0$，则称向量 $a$ 和 $b$ 互为正交。

**定理 8.21**　若 $V_1$ 是 $n$ 维线性空间 $V$ 的子空间，则与 $V_1$ 中每一个 $n$ 维向量正交的所有向量构成 $V$ 的另一个子空间 $V_2$，称 $V_2$ 为 $V_1$ 的零化空间(零空间)或解空间。

由零空间的定义不难推出，如果 $V_1$ 是 $V_2$ 的零空间，则 $V_2$ 也是 $V_1$ 的零空间，即 $V_1$ 与 $V_2$ 互为零空间。

**定理 8.22**　若 $n$ 维线性空间 $V$ 的子空间 $V_1$ 的维数为 $k$，则 $V_1$ 的零空间 $V_2$ 的维数为 $n - k$。

**【例 8.25】**　在 $GF(2)$ 上五维线性空间 $V_5^2$ 中，构造一个三维子空间及其零空间。

**解**：$GF(2)$ 上 32 个五维向量 $(00000), (00001), (00010), \cdots, (11111)$ 组成 5 维线性空间 $V_5^2$。

在 $V_5^2$ 中选出一个三维子空间 $V_{5,3}^2$，其基底为（00001），（00100），（01000），由此张成 $V_{5,3}^2$ 的全部 8 个向量为（00000），（00001），（00100），（01000），（00101），（01001），（01100），（01101）。

在 $V_5^2$ 中再选出一个二维空间 $V_{5,2}^2$，其基底为（00010），（10000），由此张成 $V_{5,2}^2$ 的全部 4 个向量为（00000），（00010），（10000），（10010）。

可以验证，$V_{5,3}^2$ 中的每一向量与 $V_{5,2}^2$ 中的每一向量正交，所以 $V_{5,3}^2$ 与 $V_{5,2}^2$ 互为零空间。

## 8.7 循环码

二进制循环码是一种重要的线性分组码，这种码可以通过简单的反馈移位寄存器来实现，伴随式的计算也可以简单地通过相似的反馈移位寄存器实现。循环码所具有的代数结构使它具有 $n$ 元组 $U=\{u_0,u_1,u_2,\cdots,u_{n-1}\}$ 是子空间 $S$ 的一个码字，那么经由循环移位得到的 $U^{(1)}=\{u_{n-1},u_0,u_1,u_2,\cdots,u_{n-2}\}$ 也同样是 $S$ 中的一个码字；一般来说，经过 $i$ 次循环移位得到的 $U^{(i)}=\{u_{n-i},u_{n-i+1},\cdots,u_{n-1},u_0,u_1,\cdots,u_{n-i-1}\}$ 也是 $S$ 中的一个码字。

码字 $U=\{u_0,u_1,u_2,\cdots,u_{n-1}\}$ 的各个分量可以看作是多项式 $U(X)$ 的系数，即

$$U(X)=u_0+u_1 X+u_2 X^2+u_{n-1}X^{n-1} \tag{8.48}$$

可以将多项式函数 $U(X)$ 看作码字 $U$ 中的数字的"占位符"，即将一个 $n$ 元向量用 $n-1$ 阶或更低阶的多项式来描述。每一项的存在或不存在对应了 $nn$ 元组中相应的位置为 1 或 0。如果 $u_{n-1}$ 非 0，那么多项式的阶为 $n-1$。在讨论循环码的代数结构时，将会看到把码字描述为多项式的作用。

### 8.7.1 循环码的代数结构

把一个码表示成多项式的形式后，码的循环特性将以如下方式表示出来。如果 $U(X)$ 是一个 $(n-1)$ 阶的码字多项式，那么，$U^{(i)}(X)$，即 $X^i U(X)$ 除以 $X^n+1$ 得到的余项同样是一个码字，即

$$\frac{X^i U(X)}{X^n+1}=q(X)+\frac{U^{(i)}(X)}{X^n+1} \tag{8.49a}$$

或者，两边同乘以 $X^n+1$，即

$$X^i U(X)=q(X)(X^n+1)+\underbrace{U^{(i)}(X)}_{\text{余项}} \tag{8.49b}$$

同样可以将它描述成取模的算术形式，即

$$U^{(i)}(X)=X^i U(X)\bmod(X^n+1) \tag{8.50}$$

其中，$x$ 模 $y$ 定义为 $x$ 除以 $y$ 后得到的余式。下面对 $i=1$ 的情形验证式（8.50）的有效性，即

$$U(X)=u_0+u_1 X+u_2 X^2+\cdots+u_{n-2}X^{n-2}+u_{n-1}X^{n-1}$$

$$XU(X)=u_0 X+u_1 X^2+u_2 X^3+\cdots+u_{n-2}X^{n-1}+u_{n-1}X^n$$

现在加减 $u_{n-1}$，或者由于使用的是模 2 算术运算，将 $u_{n-1}$ 加两次，即

$$XU(X)=\underbrace{u_{n-1}+u_0 X+u_1 X^2+u_2 X^3+\cdots+u_{n-2}X^{n-1}}_{U^{(1)}(X)}+u_{n-1}X^n+u_{n-1}$$

$$=U^{(1)}(X)+u_{n-1}(X^n+1)$$

因为 $U^{(1)}(X)$ 是 $n-1$ 阶的,它不能被 $X^n+1$ 除,这样,根据式(8.49a),有

$$U^{(1)}(X)=XU(X)\bmod(X^n+1)$$

经过扩展,得到式(8.50),即

$$U^{(i)}(X)=X^iU(X)\bmod(X^n+1)$$

**【例 8.26】** 码向量的循环移位

对 $n=4$,设 $U=1101$,把码字表示成多项式的形式,并且根据式(8.50),求出循环移位 3 比特后得到的码字。

**解**:$U(X)=1+X+X^3$(多项式按阶数从低到高排列)

$$X^iU(X)=X^3+X^4+X^6 \quad(i=3)$$

将 $X^3U(X)$ 除以 $X^4+1$,用多项式除法求出余式,则

$$
\begin{array}{r}
X^2+1 \\
X^4+1{\overline{\smash{\big)}\,X^6+X^4+X^3\phantom{00}}} \\
\underline{X^6\phantom{000}+X^2\phantom{0}} \\
X^4+X^3+X^2 \\
\underline{X^4\phantom{00000}+1} \\
X^3+X^2+1 \quad \text{余项}U^{(3)}(X)
\end{array}
$$

将余式写成低阶到高阶的形式为 $1+X^2+X^3$,码字 $U^{(3)}=1011$ 是 $U=1101$ 循环移位 3 位的结果。

**注意**:对于二进制码,加法操作是模 2 运算,所以 $+1=-1$,因此计算中没有出现任何负号。

## 8.7.2 二进制循环码的特性

类似于用生成矩阵生成分组码,也可以用生成多项式(generator polynomial)生成循环码。对于一个 $(n,k)$ 循环码,生成多项式 $g(X)$ 是唯一的,具有如下形式:

$$g(X)=g_0+g_1X+g_2X^2+\cdots+g_pX^p \tag{8.51}$$

其中,$g_0$ 和 $g_p$ 都必须等于 1。子空间中的任何一个码字多项式都满足

$$U(X)=m(X)g(X)$$

其中,$U(X)$ 是一个 $n-1$ 阶或更低阶的多项式。消息多项式写为

$$m(X)=m_0+m_1X+m_2X^2+\cdots+m_{n-p-1}X^{n-p-1} \tag{8.52}$$

共有 $2^{n-p}$ 个码字多项式,在一个 $(n,k)$ 码中有 $2^k$ 个码向量。因为对应于每一个码向量都必须有一个码字多项式,因此

$$n-p=k \quad \text{或} \quad p=n-k$$

正如式(8.51)显示的那样,$g(X)$ 必须为 $n-R$ 阶,并且每一个 $(n,R)$ 循环码的码字多项式可以表示成 $U(X)=(m_0+m_1X+m_2X^2+\cdots+m_{k-1}X^{k-1})g(X)$,当且仅当 $U(X)$ 除以 $g(X)$ 没有余项时,$U$ 是子空间 $S$ 中一个有效的码字。

一个 $(n,k)$ 循环码的生成多项式 $g(X)$ 是 $X^n+1$ 的一个因式,即 $X^n+1=g(X)h(X)$,例如,

$$X^7+1=(1+X+X^3)(1+X+X^2+X^4)$$

用 $g(X)=1+X+X^3$ 作为阶数为 $n-k=3$ 的一个生成多项式,可以生成一个 $(n,k)=$

$(7,4)$的循环码。或者当 $n-k=4$ 时,使用 $g(X)=1+X+X^2+X^4$,可以生成$(7,3)$循环码。总之,如果 $g(X)$ 是 $n-k$ 阶的多项式并且是 $X^n+1$ 的一个因子,那么 $g(X)$ 唯一地生成一个 $(n,k)$ 循环码。

### 8.7.3 系统形式的编码

根据循环码的代数性质建立系统编码的过程,可以把消息向量用如下多项式表示:

$$m(X)=m_0+m_1X+m_2X^2+\cdots+m_{k-1}X^{k-1} \tag{8.53}$$

在系统中,消息数字作为码字的一部分。可以把消息比特移入码字寄存器的最右边 $k$ 个,而把监督比特加在最左边的 $n-k$ 个中。这样,对消息多项式进行代数变换,使得它右移 $n-k$ 比特。如果将 $m(X)$ 乘以 $X^{n-k}$,则得到右移的消息多项式

$$X^{n-k}m(X)=m_0X^{n-k}+m_1X^{n-k+1}+\cdots+m_{k-1}X^{n-1} \tag{8.54}$$

如果再将式(8.54)除以 $g(X)$,结果可以表示成

$$X^{n-k}m(X)=q(X)g(X)+p(X) \tag{8.55}$$

其中,余式 $p(X)$ 可以表示成

$$p(X)=p_0+p_1X+p_2X^2+\cdots+p_{n-k-1}X^{n-k-1}$$

同样地,

$$p(X)=X^{n-k}m(X)\bmod g(X) \tag{8.56}$$

在式(8.55)两边同时加上 $p(X)$ 并进行模 2 运算,可得

$$p(X)+X^{n-k}m(X)=q(X)g(X)=U(X) \tag{8.57}$$

式(8.57)的左边是有效的码字多项式,因为它是 $n-1$ 阶或更低阶的多项式,当它除以 $g(X)$ 时,余式为 0,码字可以扩展为它的多项式形式,如下所示:

$$p(X)+X^{n-k}m(X)=p_0+p_1X+\cdots+p_{n-k-1}X^{n-k-1}+m_0X^{n-k}+m_1X^{n-k+1}+\cdots+m_{k-1}X^{n-1}$$

码多项式对应于码向量

$$U=(\underbrace{p_0,p_1,\cdots,p_{n-k-1}}_{(n-k)\text{监督比特}},\underbrace{m_0,m_1,\cdots,m_{k-1}}_{k\text{消息比特}}) \tag{8.58}$$

**【例 8.27】** 系统形式的循环码

使用生成多项式 $g(X)=1+X+X^3$,从$(7,4)$码字集中为消息向量 $\boldsymbol{m}=1011$ 生成系统码字。

**解**:$m(X)=1+X^2+X^3,n=7,k=4,n-k=3$

$$X^{n-k}m(X)=X^3(1+X^2+X^3)=X^3+X^5+X^6$$

将 $X^{n-k}m(X)$ 用多项式除法除以 $g(X)$,可以写为

$$X^3+X^5+X^6=\underbrace{(1+X+X^2+X^3)}_{\text{商}q(X)}\underbrace{(1+X+X^3)}_{\text{生成式}g(X)}+\underbrace{1}_{\text{余式}p(X)}$$

根据式(8.57),可得

$$U(X)=p(X)+X^3m(X)=1+X^3+X^5+X^6$$

$$U=\underbrace{100}_{\text{监督比特}}\quad\underbrace{1011}_{\text{消息比特}}$$

### 8.7.4 多项式除法电路

如前所述,码字多项式的循环移位和消息多项式的编码需要将一个多项式除以另外一

个多项式,这种操作可以由除法电路(反馈移位寄存器)实现。考虑两个多项式

$$V(X) = v_0 + v_1 X + v_2 X^2 + \cdots + v_m X^m$$

和

$$g(X) = g_0 + g_1 X + g_2 X^2 + \cdots + g_p X^p$$

对于 $m \geqslant p$,图 8.10 的除法电路实现了多项式 $V(X)$ 除以 $g(X)$ 的除法运算,并求出了商和余项:

$$\frac{V(X)}{g(X)} = q(X) + \frac{p(X)}{g(X)}$$

寄存器的各级首先初始化为 0。第一个 $p$ 移入 $V(X)$ 的最高有效系数。在 $p$ 次移位后,商输出是 $g_p^{-1} v_m$,这是商的最高项。对于商的每一个系数 $q_i$,都要从被除式中减去 $q_i g(X)$。图 8.10 中的反馈连接实现了这个减法。在每次移位时,计算被除式中剩下的最左边 $p$ 项和反馈项 $q_i g(X)$ 之差,并将此作为寄存器中的内容。寄存器每移位一次,差就向前移动一位;阶数最高的项(刚开始时是 0)被移出,而 $V(X)$ 中下一个有意义的系数被移进。在总共 $m+1$ 次进入寄存器的移位之后,商串行输出而余式留在寄存器中。

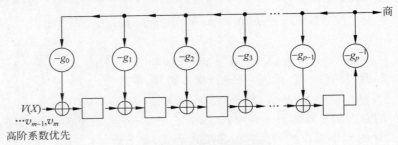

图 8.10  多项式除法电路

【例 8.28】  除法电路

使用图 8.10 所示的除法电路将 $V(X) = X^3 + X^5 + X^6$($V = 0001011$)除以 $g(X) = 1 + X + X^3$,求出商和余项。比较多项式除法的电路实现和手工实现。

解:除法电路需要实现以下操作:

$$\frac{X^3 + X^5 + X^6}{1 + X + X^3} = q(X) + \frac{p(X)}{1 + X + X^3}$$

依据图 8.10 的一般形式,所需要的反馈移位寄存器如图 8.11 所示。假定寄存器的内容初始化为 0,那么电路实现的操作步骤如表 8.11 所示。

表 8.11  电路实现的操作步骤

| 输入序列 | 移位次数 | 寄存器内容 | 输出和反馈 |
|---|---|---|---|
| 0001011 | 0 | 000 | — |
| 000101 | 1 | 100 | 0 |
| 00010 | 2 | 110 | 0 |
| 0001 | 3 | 011 | 0 |
| 000 | 4 | 011 | 1 |
| 00 | 5 | 111 | 1 |
| 0 | 6 | 101 | 1 |
| — | 7 | 100 | 1 |

4 次移位后,商的系数 $\{q_i\}$ 串行出现在输出端,是 1111,或者商多项式 $q(X)=1+X+X^2+X^3$,余式系数 $\{p_i\}$ 是 100,或者余数多项式是 $p(X)=1$。总之,电路计算 $V(X)/g(X)$ 的结果为

$$\frac{X^3+X^5+X^6}{1+X+X^3}=1+X+X^2+X^3+\frac{1}{1+X+X^3}$$

多项式除法步骤如下:

移位后的输出

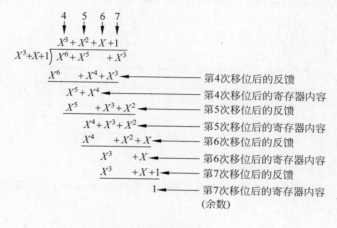

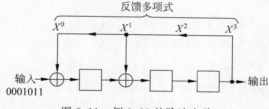

图 8.11　例 8.28 的除法电路

## 8.7.5　$(n-k)$ 级移位寄存器的系统编码

循环码的系统编码,需要计算 $X^{n-k}m(X)$ 模 $g(X)$ 得到的监督比特,换句话说,需要将信息多项式上移(右移)后与生成多项式 $g(X)$ 做除法。上移是为了给监督比特腾出空间,这些监督比特附加于消息比特后,产生了系统形式的码向量。将消息比特上移 $n-k$ 个位置是很普通的操作,实际上并不是由除法电路完成的。事实上,仅仅计算了监督比特,并适当地将其置于消息比特旁边的位置上。监督多项式是除以生成多项式后的余项(remainder),它可以通过图 8.11 所示的 $n-k$ 级反馈寄存器进行 $n$ 次移位后得到。注意,寄存器中最初的 $n-k$ 次移位只是为了填满寄存器。只有当最右端的一级寄存器也被填上时才可能产生反馈。因此,如图 8.12 所示,可以将输入数据加入到最后一级寄存器的输出端以缩短移位的次数。另外,进入最左端寄存器的反馈项是输入端和最右端寄存器内容之和。要生成这个和,必须确保对任意生成多项式 $g(X)$,都有 $g_0=g_{n-k}=1$。反馈电路按照如下生成多项式的系数进行连接:

$$g(X)=1+g_1X+g_2X^2+\cdots+g_{n-k-1}X^{n-k-1}+X^{n-k} \tag{8.59}$$

下面描述了使用图 8.12 中编码器进行编码的步骤：

(1) 开关 1 在前 $k$ 次移位时闭合，允许将消息比特传输到 $n-k$ 级编码移位寄存器；

(2) 开关 2 处于下方以允许在前 $k$ 次移位时消息比特直接传送到输出端；

(3) 传完 $k$ 个消息比特后，开关 1、开关 2 移到上面的位置；

(4) 剩余的 $n-k$ 次移位通过将监督比特传送到输出寄存器，清空编码寄存器；

(5) 总的移位次数等于 $n$，寄存器的输出内容是码字多项式 $p(X)+X^{n-k}m(X)$。

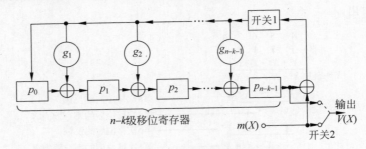

图 8.12　$n-k$ 级移位寄存器编码

**【例 8.29】**　循环码的系统编码

使用图 8.12 所示形式的反馈移位寄存器，将消息向量 $m=1011$ 编码成 $(7,4)$ 码，生成多项式为 $g(X)=1+X+X^3$。

**解：** $m=1011$

$$m(X)=1+X^2+X^3$$

$$X^{n-k}m(X)=X^3m(X)=X^3+X^5+X^6$$

$$X^{n-k}m(X)=q(X)g(X)+p(X)$$

$$p(X)=X^3+X^5+X^6 \bmod (1+X+X^3)$$

对于如图 8.13 所示的 $n-k=3$ 级编码移位寄存器，操作步骤如表 8.12 所示。

表 8.12　3 级编码移位寄存器操作步骤

| 输入序列 | 移位次数 | 寄存器内容 | 输　　出 |
|---|---|---|---|
| 1011 | 0 | 000 | — |
| 101 | 1 | 110 | 1 |
| 10 | 2 | 101 | 1 |
| 1 | 3 | 100 | 0 |
| — | 4 | 100 | 1 |

在 4 次移位之后，开关 1 打开，开关 2 移到上面的位置，在寄存器中获得的监督比特移位到输出端。输出的码字为 $U=1001011$，码字多项式为 $U(X)=1+X^3+X^5+X^6$。

## 8.7.6　$(n-k)$ 级移位寄存器检错

码字在传输中可能受到噪声干扰，因此，接收到的向量有可能并不是发送的向量。假设传输的码字具有多项式表达形式 $U(X)$，而接收到的向量的多项式表征为 $Z(X)$。$U(X)$ 是一个码字多项式，它必是生成多项式 $g(X)$ 与某个多项式的乘积，即

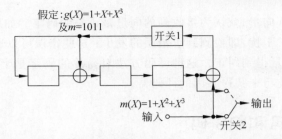

图 8.13　用 $(n-k)$ 级移位寄存器进行 $(7,4)$ 循环码编码例子

$$U(X) = m(X)g(X) \qquad (8.60)$$

而 $Z(X)$ 是 $U(X)$ 受到干扰后的形式,可以写为

$$Z(X) = U(X) + e(X) \qquad (8.61)$$

其中,$e(X)$ 是错误图样的多样式。译码器检验 $Z(X)$ 是否为一个码字多项式,即它除以 $g(X)$ 后,余项是否为 0。这是通过计算接收多项式的伴随式(syndrome)实现的。伴随式 $S(X)$ 等于 $Z(X)$ 除以 $g(X)$ 的余项,即

$$Z(X) = q(X)g(X) + S(X) \qquad (8.62)$$

其中,$S(X)$ 是一个 $n-k-1$ 或更低阶的多项式。这样,伴随式是一个 $n-k$ 元组。由式 $(8.60)\sim$ 式 $(8.62)$,可得

$$e(X) = [m(X) + q(X)]g(X) + S(X) \qquad (8.63)$$

比较式 $(8.62)$ 和式 $(8.63)$,可以发现伴随式 $S(X)$ 作为 $Z(X)$ 模 $g(X)$ 的余式,恰好等于 $e(X)$ 模 $g(X)$ 的余式。这样接收向量多项式 $Z(X)$ 的伴随式就包含了纠正错误图样的信息。伴随式的计算是通过除法电路实现的,几乎与发送器使用的编码电路相同。图 8.14 是一个用 $n-k$ 级移位寄存器计算伴随式的例子,这里码字向量的生成同例 8.29。开关 1 开始是闭合的,而开关 2 打开。开始时所有存储单元初始化为 0,接收向量移入寄存器的输入端。当整个接收向量进入移位寄存器后,寄存器的内容就是伴随式。然后,打开开关 1,合上开关 2,这样就把伴随式移出寄存器。译码器的操作步骤如表 8.13 所示。

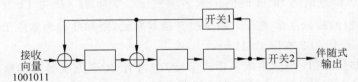

图 8.14　$n-k$ 级移位寄存器计算伴随式的例子

表 8.13　译码器的操作步骤

| 输入序列 | 移位次数 | 寄存器内容 |
|---|---|---|
| 1001011 | 0 | 000 |
| 100101 | 1 | 100 |
| 10010 | 2 | 110 |
| 1001 | 3 | 011 |
| 100 | 4 | 011 |
| 10 | 5 | 111 |
| 1 | 6 | 101 |
| — | 7 | 000 伴随式 |

如果伴随式是全 0 向量,就认为接收到的向量是正确的码字。如果伴随式是非 0 向量,则接收的向量就受到了干扰,即检测到了错误的发生;这些错误可以通过将错误向量(由伴随式指明)加于接收向量得到纠正。这种译码方法对简单的码字是十分有效的。更复杂的码字则需要使用代数技巧来获得实用的译码器。

## 8.8 BCH 码和 RS 码

$BCH$ 码是一类最重要的循环码,这是一类纠错能力强、构造方便的好码。它是 1959 年由博斯(Bose)、查德胡里(Chaudhuri)和霍昆格姆(Hocquenghem)分别独立提出的纠正多个随机错误的循环码,人们用他们三人名字的字头命名,称为 BCH 码。而 RS 码是 BCH 码最重要的一个子类,也是以发现者里德-所罗门(Reed-Solomon)的名字字头命名的。

### 8.8.1 二元 BCH 码

BCH 码是循环码的重要子类,类似于一般的循环码,寻找 BCH 码的生成多项式是构造 BCH 码的关键。如何构造一个循环码以满足纠错能力为 $t$ 的要求,这是编码理论中的一个重要课题,BCH 码就是针对这问题提出的。在已提出的许多纠正随机错误的分组码中,BCH 码是迄今为止所发现的一类很好的码。该码具有严格的代数结构,生成多项式 $g(x)$ 与最小码距 $d_{\min}$ 之间具有密切关系,设计者可以根据对 $d_{\min}$ 的要求,轻易地构造出具有预定纠错能力的码。BCH 编码和译码电路比较简单,易于工程实现,在中短码长的情况下性能接近理论最佳值。因此 BCH 码不仅在编码理论上占有重要地位,也是实际使用最广泛的码之一。

**定义 8.40** 对于 $GF(p)$ 域循环码的生成多项式 $g(x)$,如果以 $2t$ 个连续幂次 $\beta^{m_0}$,$\beta^{m_0+1}$,$\beta^{m_0+2}$,$\cdots$,$\beta^{m_0+2t-1}$ 为根,则由 $g(x)$ 生成的 $(n,k)$ 循环码称为 $P$ 进制 BCH 码。

可见,BCH 码的核心是 $2t$ 个连续幂次的根。其中 $m_0$ 的选取可为任意整数,通常取 $m_0=1$。一个纠 $t$ 位差错的 BCH 码的生成多项式 $g(x)$ 为 $GF(P)$ 上以 $2t$ 个连续幂次 $\beta$,$\beta^2$,$\beta^3$,$\cdots$,$\beta^{2t}$ 为根的最低次多项式。如果根 $\beta$ 是本原元,则称此码为本原 BCH 码;如果根 $\beta$ 是非本原元,称此码为非本原 BCH 码。

可以证明,如果 BCH 码的生成多项式 $g(x)$ 中含有 $2t$ 个连续幂次的根,则该码的最小距离 $d_{\min} \geqslant 2t+1$。因此由 $2t$ 个连续幂次的根构造出的 BCH 码的纠错能力至少为 $t$。

最初提出的 BCH 码是定义在 $GF(2)$ 域上的二元码,之后又被推广到 $GF(P)$ 多元域上。本节主要研究二元 BCH 码,先介绍本原 BCH 码,再讨论非本原 BCH 码。

**1. 二元本原 BCH 码**

如前所述,$GF(2)$ 上的 $m$ 次本原多项式可以产生一个多项式循环群,即扩域 $GF(2^m)$ 至少存在一个本原元 $\alpha$,它是 $2^m-1$ 阶的域元素,其各项幂 $\alpha^0$,$\alpha^1$,$\alpha^2$,$\cdots$,$\alpha^{2^m-2}$ 构成扩域 $GF(p^m)$ 全部非零域元素,都是方程 $x^{2^m-1}-1=0$(二元域中等效于 $x^{2^m-1}+1=0$)的根。

当码长 $n$ 及纠错能力 $t$ 给定后,可以通过以下步骤构造出符合要求的本原 BCH 码:

(1) 由关系式 $n=2^m-1$ 计算出 $m$,采用查表法可以找一个 $m$ 次本原多项式 $f(x)$,产生一个 $GF(2^m)$ 扩域。

（2）利用本原多项式 $f(x)$ 的根在 $GF(2^m)$ 上找出一个本原元 $\alpha$，取 $2t$ 个连续幂次的根 $\alpha,\alpha^2,\alpha^3,\cdots,\alpha^{2t}$，得到对应的 $GF(2)$ 域上的最小多项式 $\varphi_\alpha(x),\varphi_{\alpha^2}(x),\cdots,\varphi_{\alpha^{2t}}(x)$。

（3）计算这些最小多项式的最小公倍式，得到生成多项式

$$g(x)=LCM[\varphi_{\alpha^i}(x)],\quad 1\leqslant i\leqslant 2t \tag{8.64}$$

**注意**：$\varphi_{\alpha^i}(x)$ 在 $i=1,2,4,\cdots$ 时是同一个，因此 $\alpha,\alpha^2,\alpha^4,\cdots$ 是共轭元，具有相同的最小多项式，对于 $\alpha^3,\alpha^6,\alpha^{12},\cdots$ 同样如此，因此在表示 $g(x)$ 时只要考虑 $\alpha$ 的奇数次 $\alpha,\alpha^3,\cdots,\alpha^{2t-1}$ 就可以了，即

$$g(x)=LCM[\varphi_\alpha(x),\varphi_{\alpha^3}(x),\cdots,\varphi_{\alpha^{2t-1}}(x)] \tag{8.65}$$

（4）类似于般的循环码，可由关系式 $C(x)=M(x)g(x)$ 得到 BCH 码字，但这样得到的不是系统码。为了得到系统码，先对信息多项式 $M(x)$ 乘以 $x^{n-k}$，然后以 $x^{n-k}M(x)$ 除以 $g(x)$ 得到余式 $b(x)$，则编码输出的系统码的多项式为 $C(x)=x^{n-k}M(x)+b(x)$。

可见，步骤（2）中，求 $2t$ 个连续幂次的根对应的最小多项式是设计 BCH 码关键的一步。实际应用中，通常采用查表的方法得到，当 $2\leqslant m\leqslant 6$ 时，二元扩域 $GF(2^m)$ 中连续奇数幂次 $\alpha,\alpha^3,\cdots,\alpha^{2t-1}$ 的根对应的最小多项式如表 8.14 所示。

表 8.14 二元扩域 $GF(2^m)$ 中连续奇数幂次的根对应的最小多项式

| $m$ | $i$ | $\alpha^i$ 对应的最小多项式 | $i$ | $\alpha^i$ 对应的最小多项式 | $i$ | $\alpha^i$ 对应的最小多项式 |
|---|---|---|---|---|---|---|
| $m=2$ | 1 | (0,1,2) | | | | |
| $m=3$ | 1 | (0,1,3) | 3 | (0,2,3) | | |
| $m=4$ | 1 | (0,1,4) | 3 | (0,1,2,3,4) | 5 | (0,1,2) |
| | 7 | (0,3,4) | | | | |
| $m=5$ | 1 | (0,2,5) | 3 | (0,2,3,4,5) | 5 | (0,1,2,4,5) |
| | 7 | (0,1,2,3,5) | 11 | (0,1,3,4,5) | 15 | (0,3,5) |
| $m=6$ | 1 | (0,1,6) | 3 | (0,1,2,4,6) | 5 | (0,1,2,5,6) |
| | 7 | (0,3,6) | 9 | (0,2,3) | 11 | (0,2,3,5,6) |
| | 13 | (0,1,3,4,6) | 15 | (0,2,4,5,6) | 21 | (0,1,2) |
| | 23 | (0,1,4,5,6) | 27 | (0,1,3) | 31 | (0,5,6) |

① 表 8.14 中括号的值是最小多项式的非零项的幂次。如 $m=4,i=7$ 时的 (0,3,4) 表示二元扩域 $GF(2^m)$ 中元素 $\alpha^7$ 对应的最小多项式为 $1+x^3+x^4$，以此类推。

② 由 $\alpha^0$ 所对应的最小多项式 $(x+1)$ 和表 8.14 中所有最小多项式的乘积得到 $x^{2^m-1}+1$ 的因式分解。如 $m=4$ 时，则

$$x^{15}+1=(x+1)(x^4+x+1)(x^4+x^3+x^2+x+1)(x^2+x+1)(x^4+x^3+1)$$

③ 标注下画线者为本原多项式。

给定码长 $n$ 后，BCH 码的纠错能力 $t$ 的选择不是随意的，而要受到一定限制。对于二元 BCH 码，$t$ 个奇数幂次的根对应 $t$ 个最小多项式，因为每个最小多项式 $\varphi_{\alpha^i}(x)$ 的次数不超过 $m$，于是 $t$ 个最小多项式的最小公倍式 $g(x)$ 的次数至多为 $mt$，所以

$$\deg[g(x)]=n-k\leqslant tm \tag{8.66}$$

又因为 $x^n+1$ 共有 $n$ 个根，连续幂次根不能超过根的总数，即

$$2t\leqslant n \tag{8.67}$$

因此,对于任意的 $m \geqslant 2$,要求的确保纠错能力 $t < 2^{m-1}$,可以设计出一个本原二进制 BCH 码的参数满足以下关系:

① 码长 $n = 2^m - 1$;

② 码的校验位数量的边界 $n - k \leqslant mt$;

③ 最小码距 $d_{\min} \geqslant 2t + 1$(表明该码实际上可能纠正多于 $t$ 个差错)。

下面以一个简单的例子来演示如何设计二元本原 BCH 码。

【例 8.30】 设计一个码长 $n = 15$ 纠 $t (1 \leqslant t \leqslant 7)$ 个错误的二元本原 BCH 码,试问生成多项式为多少?

**解**:因为 $n = 15$,由关系式 $n = 2^m - 1$ 计算出 $m = 4$,选择本原多项式为 $f(x) = x^4 + x + 1$。令 $\alpha$ 是该本原多项式的根。即满足 $\alpha^4 + \alpha + 1 = 0$。

由式(8.67)可知该码的纠错能力 $t (1 \leqslant t \leqslant 7)$,得到连续奇数次幂之根 $\alpha, \alpha^3, \alpha^5, \alpha^7, \alpha^9,$ $\alpha^{11}, \alpha^{13}$ 所对应的最小多项式如下:

根 $\alpha \rightarrow \varphi_\alpha(x) = x^4 + x + 1$

根 $\alpha^3 \rightarrow \varphi_{\alpha^3}(x) = x^4 + x^3 + x^2 + x + 1$

根 $\alpha^5 \rightarrow \varphi_{\alpha^5}(x) = x^2 + x + 1$

根 $\alpha^7 \rightarrow \varphi_{\alpha^7}(x) = x^4 + x^3 + 1$

根 $\alpha^9$ 同 $\alpha^3$

根 $\alpha^{11}$ 同 $\alpha^7$

根 $\alpha^{13}$ 同 $\alpha^7$

若 $t = 1$,则 $g_1(x) = LCM[\varphi_\alpha(x), \varphi_{\alpha^3}(x)] = x^4 + x + 1$,因此 $n - k = 4$ 及 $k = 11$。该 BCH 码就是一个 $d_{\min} = 3$ 的 $(15, 11)$ 码,它实际是一个循环汉明码。一般地,循环汉明码就是纠单个差错的本原 BCH 码。

若 $t = 2$,则

$$g_2(x) = LCM[\varphi_\alpha(x), \varphi_{\alpha^3}(x)] = (x^4 + x + 1)(x^4 + x^3 + x^2 + x + 1)$$

$$= x^8 + x^7 + x^6 + x^4 + 1$$

因此 $n - k = 8$ 及 $n = 15$。该 BCH 码就是 $(15, 7)$ 码 BCH 码。

若 $t = 3$,则

$$g_3(x) = LCM[\varphi_\alpha(x), \varphi_{\alpha^3}(x), \varphi_{\alpha^5}(x)]$$

$$= (x^4 + x + 1)(x^4 + x^3 + x^2 + x + 1)(x^2 + x + 1)$$

$$= x^{10} + x^8 + x^5 + x^4 + x^2 + x + 1$$

因此 $n - k = 10$ 及 $n = 15$。该 BCH 码就是 $(15, 5)$ 码 BCH 码。

若 $t = 4$,则

$$g_4(x) = LCM[\varphi_\alpha(x), \varphi_{\alpha^3}(x), \varphi_{\alpha^5}(x), \varphi_{\alpha^7}(x)]$$

$$= (x^4 + x + 1)(x^4 + x^3 + x^2 + x + 1)(x^2 + x + 1)(x^4 + x^3 + 1)$$

$$= x^{14} + x^{13} + x^{12} + x^{11} + x^{10} + x^9 + x^8 + x^7 + x^6 + x^5 + x^4 + x^3 + x^2 + x + 1$$

因此 $n - k = 14$ 及 $n = 15$。该 BCH 码就是 $(15, 1)$ 码 BCH 码。

若 $t = 5$,则

$$g_5(x) = LCM[\varphi_\alpha(x), \varphi_{\alpha^3}(x), \varphi_{\alpha^5}(x), \varphi_{\alpha^7}(x), \varphi_{\alpha^9}(x)] = g_4(x)$$

若 $t=6$，则

$$g_6(x) = LCM[\varphi_\alpha(x), \varphi_{\alpha^3}(x), \varphi_{\alpha^5}(x), \varphi_{\alpha^7}(x), \varphi_{\alpha^9}(x), \varphi_{\alpha^{11}}(x)] = g_4(x)$$

若 $t=7$，则

$$g_7(x) = LCM[\varphi_\alpha(x), \varphi_{\alpha^3}(x), \varphi_{\alpha^5}(x), \varphi_{\alpha^7}(x), \varphi_{\alpha^9}(x), \varphi_{\alpha^{11}}(x), \varphi_{\alpha^{13}}(x)] = g_4(x)$$

可见，$t=4,5,6,7$ 时的 BCH 码都是一个 $t=4,5,6,7$ 的 $(15,1)$ 重复码，注意该码的设计目标为纠 4 个差错，但它的实际纠错能力高达 7 个差错。

在工程上，人们可能并不关注 BCH 码深厚的理论基础，更感兴趣的是如何构造 BCH 码，在工程上学会查阅已有的 BCH 码生成多项式的表格是非常有用的。表 8.15 中列出了码长 $7 \leq n \leq 63$，即 $3 \leq m \leq 6$ 的二进制本原 BCH 码生成多项式 $g(x)$ 的系数，系数以八进制形式给出，最左边的数字表示 $g(x)$ 最高次的项，例如，$t=1$ 的 $(15,11)$BCH 码的生成多项式系数为 23，转换成二进制形式是 010011，即 $g(x) = x^4 + x + 1$。

表 8.15　二进制本原 BCH 码生成多项式

| $n$ | $k$ | $t$ | $g(x)$（八进制形式） |
|---|---|---|---|
| 7 | 4 | 1 | 13 |
| 15 | 11 | 1 | 23 |
|  | 7 | 2 | 721 |
|  | 5 | 3 | 2426 |
| 31 | 26 | 1 | 45 |
|  | 21 | 2 | 3551 |
|  | 16 | 3 | 107657 |
|  | 11 | 5 | 5423325 |
|  | 6 | 7 | 313365047 |
| 63 | 57 | 1 | 103 |
|  | 51 | 2 | 12471 |
|  | 45 | 3 | 1701317 |
|  | 39 | 4 | 166623567 |
|  | 36 | 5 | 1033500423 |
|  | 30 | 6 | 157464165547 |
|  | 24 | 7 | 17323260404441 |
|  | 18 | 10 | 1363026512351725 |
|  | 16 | 11 | 6331141367235453 |
|  | 10 | 13 | 472622305527250155 |
|  | 7 | 15 | 5231045543503271737 |

## 2. 二元非本原 BCH 码

非本原 BCH 码与本原 BCH 码的主要区别在于使用的根是否为本原元。当码长 $n$ 及纠物能力 $t$ 给定后，本原 BCH 码的根 $\alpha$ 一定是 $n = p^m - 1$ 阶。而非本原 BCH 码的根 $\beta$ 的阶数 $n$ 满足 $n \mid (p^m - 1)$。

当码长 $n$ 及纠错能力 $t$ 给定后，二元非本原 BCH 码的设计步骤如下：

（1）计算出满足 $n \mid (2^m - 1)$ 关系的 $m$ 的最小值。

（2）采用查表法找到一个 $m$ 次本原多项式 $f(x)$，产生 $GF(2^m)$ 扩域。

（3）利用本原多项式 $f(x)$ 的根 $\alpha$，找出一个 $n$ 阶的非本原 $\beta$

$$\beta = \alpha^{\frac{2^m-1}{n}} \tag{8.68}$$

（4）计算与 $\beta, \beta^3, \cdots, \beta^{2t-1}$ 对应的最小多项式 $\varphi_\beta(x), \varphi_{\beta^3}(x), \cdots, \varphi_{\beta^{2t-1}}(x)$。

（5）计算这些最小多项式的最小公倍式，得到生成多项式。

$$g(x) = LCM\left[\varphi_{\beta^i}(x), i = 1, 3, \cdots, 2t-1\right] \tag{8.69}$$

下面通过一个例题来说明非本原 BCH 码的构造方法。

**【例 8.31】** 试设计一个码长 $n=23$，纠错能力 $t=2$ 的二元 BCH 码。

**解：** 由于码长 $n \neq 2^m-1$，可知要求设计的是二元非本原 BCH 码。能被 23 整除的 $2^m-1$ 对应的 $m$ 的最小值为 11，取 $m=11$。

得到 11 阶的本原多项式 $f(x)=x^{11}+x^2+1$。令 $\alpha$ 是该本原多项式的根，即满足 $\alpha^{11}+\alpha^2+1=0$。因为 $\alpha$ 是本原元，则 $\alpha^{2047}=1$。为了得到 23 阶域元素，将 $\alpha^{2047}=1$ 改写为 $\alpha^{2047}=(\alpha^{89})^{23}=1$，可判断 $\beta$ 是一个 23 阶的非本原元。

下面来计算与 $\beta, \beta^3, \cdots, \beta^{2t-1}$ 对应的最小多项式 $\varphi_\beta(x), \varphi_{\beta^3}(x), \cdots, \varphi_{\beta^{2t-1}}(x)$。首先找出 $\beta$ 的共轭元

$$\beta, \beta^2, \beta^4, \beta^8, \beta^{16}, \beta^{32}=\beta^9, \beta^{18}, \beta^{36}=\beta^{13}, \beta^{26}=\beta^3, \beta^6, \beta^{12}, \beta^{24}=\beta$$

因为 $\beta^{24}=\beta$ 完成了一个周期，这个周期的 11 个域元素都是共轭元，将它们重新按幂次顺序排列得到 $\beta, \beta^2, \beta^3, \beta^4, \beta^6, \beta^8, \beta^9, \beta^{12}, \beta^{13}, \beta^{16}, \beta^{18}$。

同理，可以得到另一组共轭元：$\beta^5, \beta^7, \beta^{10}, \beta^{11}, \beta^{14}, \beta^{15}, \beta^{17}, \beta^{19}, \beta^{20}, \beta^{21}, \beta^{22}$。

第一组共轭元对应的最小多项式为

$$\varphi_1(x) = (x+\beta)(x+\beta^2)(x+\beta^3)(x+\beta^4)(x+\beta^6)(x+\beta^8)(x+\beta^9)(x+\beta^{12}) \cdot$$

$$(x+\beta^{13})(x+\beta^{16})(x+\beta^{18})$$

$$= x^{11}+x^9+x^7+x^6+x^5+x+1$$

本题要求纠错能力 $t=2$，因为 $\beta$ 和 $\beta^3$ 是共轭元，因此 $\varphi_\beta(x)=\varphi_{\beta^3}(x)$ 可得生成多项式

$$g(x) = LCM\left[\varphi_\beta(x), \varphi_{\beta^3}(x)\right] = \varphi_1(x) = x^{11}+x^9+x^7+x^6+x^5+x+1 \tag{8.70}$$

式（8.70）的生成多项式 $g(x)$ 以产生一个 $(23,12)$ 的二元非本原 BCH 码，这就是著名的二元高莱（Golay）码，其生成多项式 $g(x)$ 的重量是 7，最小距离 $d_{\min}=7$，纠错能力为 $t=3$，它是唯一已知的 $GF(2)$ 上的纠多个随机独立差错的完备码，其监督位得到了最充分的应用。该码复杂度适中而且纠错能力强，在实践中得到了广泛的应用，其扩展高莱码更是得到广泛应用。扩展高莱码 $(24,12)$ 的最小码距为 8，码率为 $1/2$，能够纠正 3 位错码和检测 4 位错码，它比汉明码的纠错能力强得多，付出的代价是码率较低，解码更复杂。

表 8.16 中列出了部分二进制非本原 BCH 码生成多项式 $g(x)$ 的系数，系数依然以八进制形式给出，最左边的数字表 $g(x)$ 最高次的项。

表 8.16  二进制非本原 BCH 码生成多项式

| $n$ | $k$ | $t$ | $g(x)$ |
|-----|-----|-----|--------|
| 17 | 9 | 2 | 727 |
| 21 | 12 | 2 | 1663 |

续表

| $n$ | $k$ | $t$ | $g(x)$ |
|---|---|---|---|
| 23 | 12 | 3 | 5343 |
| 33 | 22 | 2 | 5145 |
| 41 | 21 | 4 | 6647133 |
| 47 | 24 | 5 | 43073357 |
| 65 | 53 | 2 | 10761 |
|  | 40 | 4 | 354300067 |
| 73 | 46 | 4 | 1717773537 |

## 8.8.2　多元 BCH 码和 RS 码

实际中还常采用一类纠错能力很强的里德-索洛蒙（Reed-Solomon）码,简称 RS 码。它是一种特殊的非二进制 BCH 码,它的发现先于 BCH 码。对于任意选取的正整数 $s$,可构造一个相应码长为 $n=p^s-1$ 的 $p$ 进制 BCH 码,其中 $p$ 为某个素数或者素数的幂。实际应用中 $p$ 一般取 2 的幂次,表示为 $p=2^m$,当 $s=1,m>2$ 时所建立的码长为 $n=p-1=2^m-1$ 的 $p$ 进制 BCH 码就是 RS 码。RS 码具有纠随机差错和突发差错的优越性能,在光纤通信、卫星通信、移动通信、深空通信以及高密度磁记录系统等领域具有广泛的应用。

RS 码一般具有如下参数。

（1）码长: $n=p-1$ 符号(实际应用中 $p=2^m$,即码长为 $m(2^m-1)$ 比特)。

（2）信息段: $k$ 符号或 $km$ 比特。

（3）校验段: $n-k=2t$ 符号($t$ 是 RS 码能够纠正的错码个数)。

（4）最小距离: $d_{min}=2t+1=n-k+1$ (表明 RS 码是 MDC 码)。

回忆码长 $n=2^m-1$ 二进制 BCH 的构造,首先选取一个 $GF(2^m)$ 上的本原元 $\alpha$,然后找出 $\alpha^i(1\leqslant i\leqslant 2t)$ 对应的最小多项式,并计算这些最小多项式的最小公倍式,得到生成多项式。前面已经看到,由扩域 $i$ 次幂根 $\alpha^i$ 求基域 $GF(2)$ 上最小多项式是件麻烦的事情,而 RS 码抛弃最小多项式必须定义在 $GF(2)$ 上的限制,在扩域 $GF(2^m)$ 来找最小多项式。相比于 BCH 码在基域 $GF(2)$ 上得到最小多项式,RS 码在扩域 $GF(2^m)$ 上得到最小多项式要容易得多。

和一般的 BCH 相同,RS 设计纠错能力为 $t$ 时,生成多项式的根为 $2t$ 个连续幂次。如前所述,对于一个在 $GF(2)$ 上的幂次为 $m$ 的多项式必然在 $GF(2^m)$ 上有 $m$ 个根。很明显, $\alpha$ 的连续 $2t$ 次幂就是生成多项式的根,指定生成多项式 $g(x)$ 的根为 $\alpha,\alpha^2,\alpha^3,\cdots,\alpha^{2t}$,则 RS 码的生成多项式为

$$g(x)=(x-\alpha)(x-\alpha^2)\cdots(x-\alpha^{2t})=x^{2t}+g_{2t-1}x^{2t-1}+\cdots+g_1x+g_0 \qquad (8.71)$$

其中, $\alpha$ 为 $GF(2^m)$ 中的本原元; $g(x)$ 的系数 $g_i\in GF(2^m)=\{0,\alpha^0,\alpha,\alpha^2,\cdots,\alpha^{2^m-2}\}$。由于 $\alpha^i(1\leqslant i\leqslant 2t)$ 是 $GF(2^m)$ 上的非零元素,它们都是 $x^{2^m-1}-1$ 的根,因此生成多项式 $g(x)$ 是 $x^{2^m-1}-1$ 的因式,其最高次数为 $n-k=2t$。注意 $g(x)$ 的重量不可能小于码的最小距离 $d_{min}$,因为所有 BCH 码都满足不等式 $d_{min}\geqslant 2t+1$,所以 $g(x)$ 的系数没有一个可以为 0,以此生成的循环码的 $d_{min}=2t+1$。又因为 $n-k=2t$,因此 $d_{min}=n-k+1$,即 RS 码是极大

最小距离码（MDC 码）。

由于 RS 为循环码，其系统码的编码类似于一般的二进制循环码编码过程。先对消息多项式 $M(x)$ 乘以 $x^{n-k}$，然后以 $x^{n-k}M(x)$ 除以 $g(x)$ 得到余式 $b(x)$，则编码输出的系统码的多项式为 $C(x)=x^{n-k}M(x)+g(x)$。但多进制系数的除法相对于二进制除法要复杂得多，其中涉及加法（减法）和乘法（除法）。

下面以一个 $(7,3)$ RS 码为例来说明如何设计 RS 码。

**【例 8.32】** 试设计一个纠错能力 $t=2$ 的 $(7,3)$ RS 码。

（1）写出 RS 码的生成多项式 $g(x)$。

（2）假定输出码元为 111011010，写出 RS 编码输出。

**解**：由于码长 $n=p-1=7$，所以码元进制数 $p=8$，八进制码元通常可用 3 个二进制码元来表示，这也是 $p$ 通常取 $2^m$ 的原因。$GF(2^3)$ 可由 $m=3$ 的本原多项式 $x^3+x+1$ 生成。令 $\alpha$ 是本原多项式 $p(x)=x^3+x+1$ 的根，即 $\alpha^3=\alpha+1$，则有限域 $GF(2^3)$ 中的 8 个元素（八进制域元素）用根的幂次、多项式或 3 重向量表示，如表 8.17 所示。

**表 8.17 $GF(2^3)$ 中的域元素**

| $GF(2^3)$ | 多 项 式 | 向 量 |
|---|---|---|
| 0 | 0 | 000 |
| $\alpha^0$ | 1 | 001 |
| $\alpha^1$ | $\alpha$ | 010 |
| $\alpha^2$ | $\alpha^2$ | 100 |
| $\alpha^3$ | $\alpha+1$ | 011 |
| $\alpha^4$ | $\alpha^2+\alpha$ | 110 |
| $\alpha^5$ | $\alpha^2+\alpha+1$ | 111 |
| $\alpha^6$ | $\alpha^2+1$ | 101 |

因 $n-k=4$，所以纠错能力 $t=2$，说明生成多项式 $g(x)$ 有 4 个连续根 $\alpha,\alpha^2,\alpha^3,\alpha^4$，因此

$$g(x)=(x-\alpha)(x-\alpha^2)(x-\alpha^3)(x-\alpha^4)$$
$$=x^4+\alpha^3x^3+\alpha^0x^2+\alpha x+\alpha^3$$

如果输入码元为 111011010，即为 $\alpha^5,\alpha^3,\alpha^1$，这时消息多项式 $M(x)=\alpha^5x^2+\alpha^3x+\alpha^1$，$M(x)$ 乘以 $x^4$ 后除以 $g(x)$ 得到余式 $b(x)=\alpha^6x^3+\alpha^4x^2+\alpha^2x+\alpha^0$，所以码字多项式为

$$C(x)=x^{n-k}M(x)+b(x)=\alpha^5x^6+\alpha^3x^5+\alpha^1x^4+\alpha^6x^3+\alpha^4x^2+\alpha^2x+\alpha^0$$

则当输入码元为 111 011 010 时，RS 编码输出为

$$111\quad 011\quad 010\quad 110\quad 101\quad 110\quad 100\quad 001$$

由例 8.32 可以看出，RS 码的生成多项式 $g(x)$、消息多项式 $M(x)$ 和码多项式 $C(x)$ 的系数均取值于 $GF(2^m)$ 有限域，也就是构成 RS 码的码元为 $2^m$ 进制。RS 码的进制数 $p=2^m$，理由是容易和系统其他部分的二进制信息接口，可以轻易将 $p$ 进制 $(n,k)$ RS 码变换成二进制 RS 衍生 $(mn,mk)$ 码。

需要指出的是，RS 码在出现突发差错情况下性能良好。例如一个 $(255,223)$ 的 RS 码，每个码元由 8 比特构成，纠错能力 $t=16$。该码可以纠正 16 个错误的 256 进制码元，即可以

纠正 121 个连续的错误比特,其中 121＝16×8－7。可见相对于二进制码,RS 码具有对抗突发噪声的优势,这就是它在无线通信中被广泛采用的原因。

同时指出的是,由于 BCH 码和 RS 码都是循环码,因而用于循环码的任何算法都适用。译码时,BCH 码和 RS 码也能采用梅吉特译码器。然而,由于 BCH 码和 RS 码特有的结构,特别是码长较大时,可以采用更为有效的译码算法,比如 Berlekamp-Massey 算法,感兴趣的读者可参考相关文献。

## 8.9 卷积码

本节讨论卷积编码。前面介绍的线性分组码由两个整数 $n$ 和 $k$ 以及一个生成矩阵或者生成多项式决定,其中整数 $k$ 是构成分组编码器输入的数据比特数,整数 $n$ 是与之相应的编码器输出字节的全部比特数。线性分组码的一个特点就是每个 $n$ 元组码字由 $k$ 元组输入消息唯一决定。$k/n$ 称为码本的编码效率,也即编码冗余度的一种量度。卷积码(convolutional code)由 3 个整数 $n,k,K$ 描述,这里的 $k/n$ 也表示分组码的编码效率(每编码比特所含的信息);但 $n$ 和分组码不一样,不再表示分组或码字长度,$K$ 称为约束长度(constraint length),表示在编码移位寄存器中 $k$ 元组的级数。卷积码不同于分组码的一个重要特征就是编码器的记忆性,即卷积编码过程产生的 $n$ 元组,不仅是输入 $k$ 元组的函数,而且还是前面 $K-1$ 个输入 $k$ 元组的函数。实际情况下,$n$ 和 $k$ 经常取较小的值,而通过 $K$ 的变化来控制编码的能力和复杂性。

### 8.9.1 卷积码的一般性描述

首先将典型的数字通信系统框图 1.2 修改后如图 8.15 所示。输入信息源由序列 $m=m_1,m_2,\cdots,m_i,\cdots$ 表示,$m_i$ 代表二进制数字(比特),$i$ 是时间标识。为精确起见,序列 $m$ 的元素需要类型标识(如二进制数字 0 或 1)和时间标识。但是在本节中,为了简化讨论,下标只用来表示时间(或者说在序列中的位置)。假设每个 $m_i$ 等概地取 0、1,数字之间彼此独立。独立性的假设使得该比特序列没有任何冗余性,即对比特 $m_i$ 的了解不能带来关于 $m_j$($i\neq j$)的信息。编码器将每个输入序列 $m$ 转换成唯一的码字序列 $U=G(m)$。尽管序列 $m$ 唯一决定了序列 $U$,卷积码的一个关键性质是,$m$ 中一个给定的 $k$ 元组并不能唯一地决定与之相关联的 $U$ 中的 $n$ 元组,因为每个 $k$ 元组的编码不仅是此 $k$ 元组的函数,而且是在它之前的 $k-1$ 个输入 $k$ 元组的函数。序列 $U$ 可以分成一系列的分支字序列为 $U=U_1,U_2,\cdots,U_i,\cdots$,每个分支字 $U_i$ 都由二进制码元(code symbol)组成,通常称为信道码元(channel symbol)、信道比特(channel bit)或者代码比特(code bit);与输入信息比特不同的是,码元彼此并不独立。

在一个典型的通信应用中,常用码字序列 $U$ 对波形 $s(t)$ 进行调制。$s(t)$ 在传输过程中受到噪声干扰,导致相应的接收波形为 $\hat{s}(t)$,相应的解调序列 $Z=Z_1,Z_2,\cdots,Z_i,\cdots$,如图 8.15 所示。译码器的任务就是利用接收序列 $Z$ 以及对编码过程的先验知识,生成对原信息序列的估计 $m=m_1,m_2,\cdots,m_i,\cdots$。

如图 8.16 所示,一个通用的卷积码编码器,包括一个 $kK$ 级移位寄存器和 $n$ 个模 2 加法器,其中,$K$ 是约束长度,表明输入的单个信息比特通过 $K$ 个 $k$ 比特移位寄存器共同决定

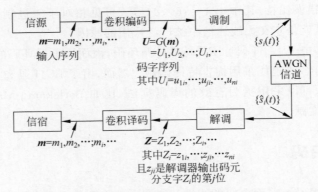

图 8.15　通信链路的编码/译码和调制/解调部分

编码器输出。在每个时间单元内,$k$ 比特信息位移入寄存器最开始的 $k$ 级,同时将寄存器中原有的各位右移 $k$ 级,顺序采样 $n$ 个加法器的输出就可以得到二进制码元或者代码比特,而后调制器利用这些码元确定要发往信道的波形。由于对每个 $k$ 消息比特输入组,有 $n$ 个代码比特与之对应,因此,编码效率就是 $k/n$,其中 $k<n$。

现在分析最常用的 $k=1$ 二进制卷积码编码器:编码器每次只移入一位信息比特。可以由此推广到更复杂的编码器。对于 $k=1$ 的编码器,在第 $i$ 个时间单元,信息比特 $m_i$ 被移入寄存器的第 1 级,寄存器中原有所有比特同时右移 1 级。在更一般的情况下,$n$ 个加法器的输出被依次顺序采样并发送。由于每个信息比特有 $n$ 个代码比特,因而编码效率是 $1/n$。在 $t_i$ 时刻输出的 $n$ 个码元就组成了第 $i$ 个分支字 $U_i = u_{1i}, \cdots, u_{ji}, \cdots, u_{ni}$,其中 $u_{ji}(j=1,2,\cdots,n)$ 是第 $i$ 个分支字的第 $j$ 个码元。注意,对于编码效率为 $1/n$ 的编码器,$kK$ 级移位寄存器简化为 $k$ 级移位寄存器,约束长度 $K$ 原来用 $k$ 元组的级数为单位表示,现在则可以用比特为单位表示。

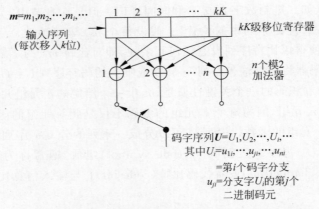

图 8.16　约束长度为 $K$,编码效率为 $k/n$ 的卷积编码器

## 8.9.2　卷积编码器表示

卷积码的关键特征是它的编码函数 $G(m)$,据此便可由输入序列 $m$ 方便地计算输出序列 $U$。下面分别介绍卷积编码器的一些常用描述方法,最常用的有连接图(connection pictorial)、连接向量(connection vector)、连接多项式(connection polynomial)、状态图(state diagram)、树状图(tree diagram)以及网格图(trellis diagram)。

**1. 连接表示**

下面以图 8.17 中的卷积编码器为例介绍卷积码编码器。该图表示一个约束长度 $k=3$ 的 $(2,1)$ 卷积编码器，模 2 加法器的数目为 $n=2$，因此编码效率 $k/n=1/2$。在每个输入比特时间上，1 位信息比特移入寄存器最左端的一级，同时将寄存器中原有比特均右移 1 级，接着便交替采样两个模 2 加法器(即先采样上面的加法器，再采样下面的加法器)，得到的码元对就是与该输入比特相对应的分支字。对每一个输入信号比特都重复上述采样过程。加法器和寄存器各级间的不同连接将导致不同的代码性能。当然，连接方式不可以随意选择或者改变，而究竟如何选择能得到具有良好距离特性的连接方式，则是一个复杂的问题，尚未有通用的准则。不过，借助计算机搜索已经找到了所有约束长度小于 20 的好的编码。

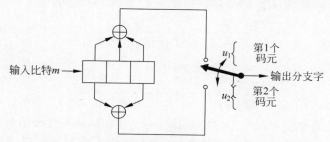

图 8.17　卷积码编码器(编码效率 $1/2$，$K=3$)

与分组码具有固定字长 $n$ 不同，卷积码没有特定的分组结构。不过，人们常通过周期性的截断(periodic truncation)赋予其分组的结构。为了达到清空或冲洗编码移位寄存器数据比特的目的，需要在输入数据序列末尾附加若干个 0 比特。由于附加的 0 不包含任何信息，因而，有效编码效率(effective code rate)降至 $k/n$ 以下。为了使编码效率尽可能接近 $k/n$，截断周期一般取值较长。

描述编码器的一种方法是指定 $n$ 个连接向量集，每个向量对应于一个模 2 加法器，每个向量都是 $K$ 维，表示该模 2 加法器和编码移位寄存器之间的连接。向量中第 $i$ 位上的 1 表示移位寄存器相应级与模 2 加法器的连接，若是 0，则表示相应级与模 2 加法器之间无连接。以图 8.17 中编码器为例，可以写出代表上方连接的连接向量 $\boldsymbol{g}_1$ 和代表下方连接的连接向量 $\boldsymbol{g}_2$ 分别为

$$\boldsymbol{g}_1=111$$
$$\boldsymbol{g}_2=101$$

现在假设用图 8.17 的卷积码编码器对信息向量 $\boldsymbol{m}=101$ 进行编码。如图 8.18 所示，3 位信息比特在时刻 $t_1,t_2,t_3$ 依次输入，随后，$K-1=2$ 个 0 分别在时刻 $t_4,t_5$ 输入以清空寄存器，从而确保信息的尾部也能完全移出寄存器。得到的输出序列是 1110001011，其中，最左端的码元是最早发送的。整个输出序列(包括用于清空寄存器的 2 位 0 产生的码元)将用于译码。为了清空寄存器，共需 $(K-1)$ 个冲洗比特，在 $t_6$ 时刻又输入一位 0 的目的，是为了说明在 $t_5$ 时已经完成了清空操作，即 $t_6$ 时刻已经可以输入新的信息。

1) 编码器的冲激响应

现借助冲激响应(impulse response),即编码器对移入的单个"1"比特的响应,来分析编码器。当一位 1 通过图 8.17 中的寄存器时,寄存器的内容为

| 寄存器内容 | 分支字 $u_1$ | $u_2$ |
|---|---|---|
| 100 | 1 | 1 |
| 010 | 1 | 0 |
| 001 | 1 | 1 |

输入序列:  1   0   0

输出序列:  11   10   11

输入"1"所对应的输出序列就称为这个编码器的响应。输入序列 $m=101$ 对应的输出可按如下方式线性叠加(linear addition)时移输入"脉冲"而得到:

| 输入 $m$ | 输出 |
|---|---|
| 1 | 11  10  11 |
| 0 | 00  00  00 |
| 1 | 11  10  11 |

模 2 和:  11  10  00  10  11

这里得到的输出序列和图 8.18 中的相同,可见卷积码和线性分组码都是线性码。由于可以通过将按时间移位的脉冲进行线性叠加,或者将输入序列和编码器的脉冲响应相卷积来产生输出编码,因此这种编码器称为卷积码编码器(convolutional encoder)。卷积码编码器的特性常用无穷阶生成矩阵来描述。

注意,上例中输入 3 比特序列,输出 10 比特序列,有效编码效率为 $k/n=3/10$,而根据每个输入信息比特对应两个输出信道比特的原理,期望的编码效率是 1/2,两者差距较大。产生这个差异的原因是,为了将所有信息比特都移出寄存器而引入不含有效信息的比特 0。输出的所有信道比特都将用于译码过程。如果信息序列较长,如 300 比特,那么相应的输出码字序列将是 604 比特,其编码效率 300/604 已经十分接近 1/2。

2) 多项式描述

用反馈移位寄存器实现循环码时所使用的生成多项式(generator polynomial),有时类似的过程也可以用于描述卷积码编码器的连接。应用 $n$ 个生成多项式描述编码的移位寄存器与模 2 加法器的连接方式,$n$ 个生成多项式分别对应 $n$ 个模 2 加法器,每个生成多项式不超过 $K-1$ 阶。这种描述方法与连接向量描述方法十分相似。这些 $K-1$ 阶生成多项式中各项的系数为 1 或 0,取决于移位寄存器和模 2 加法器之间的连接是否存在。仍以图 8.17 中的编码器为例,用生成多项式 $g_1(X)$ 代表上方连接,$g_2(X)$ 代表下方连接,则有

$$g_1(X)=1+X+X^2$$

$$g_2(X)=1+X^2$$

多项式中的最低阶项对应于寄存器的输入级。输出序列根据如下方式求得

$$U(X)=m(X)g_1(X) \text{ 与 } m(X)g_2(X) \text{ 交织}$$

先将信息向量 $m=101$ 表示成多项式形式:$m(X)=1+X^2$。仍假设在信息序列后附加 0 以清空寄存器,该输入信息序列 $m$ 经过图 8.17 所示编码器编码生成的输出多项式

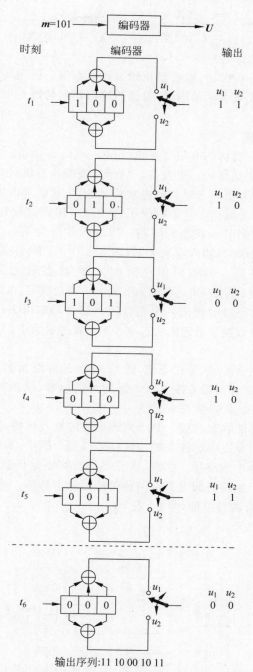

输出序列:11 10 00 10 11

图 8.18　编码效率为 1/2,约束长度为 3 的卷积码编码器进行信息序列编码示例

$U(X)$,或输出序列 $U$ 计算如下:

$$m(X)g_1(X) = (1 + X^2)(1 + X + X^2) = 1 + X + X^3 + X^4$$

$$m(X)g_2(X) = (1 + X^2)(1 + X^2) = 1 + X^4$$

$$m(X)g_1(X) = 1 + X + 0X^2 + X^3 + X^4$$

$$m(X)g_2(X) = 1 + 0X + 0X^2 + 0X^3 + X^4$$
$$U(X) = (1,1) + (1,0)X + (0,0)X^2 + (1,0)X^3 + (1,1)X^4$$
$$U = 11 \quad 10 \quad 00 \quad 10 \quad 11$$

此例中引入另一种分析方法,即将卷积码编码器看作一组循环码移位寄存器,用描述循环码时引入的生成多项式来表示编码器,得到的输出序列与图 8.18 结果及前一节冲激响应方法的结果均一致。

**2. 状态描述和状态图**

卷积码编码器属于一类称为有限状态机(finite-state machine)的器件,此通用名称用于表示对过去的信号具有记忆性的一类设备。"有限"表明状态机只有有限个不同的状态。那么,有限状态机的状态究竟指什么呢? 就通常意义而言,状态可以用设备的当前输入和最少的信息数量,来预测设备的输出。状态提供了有关过去序列过程及一组将来可能输出序列的限制,下一状态总是受到前一状态的限制。以编码效率为 $1/n$ 的卷积码编码器为例,状态就用最右端的 $K-1$ 级寄存器内容来表示(图 8.17)。了解当前状态以及下一个输入,是确定下一输出的充要条件。将编码器在时刻 $t_i$ 的状态定义为 $X_i = m_{i-1}, m_{i-2}, \cdots,$ $m_{i-K+1}$。分支字 $U_i$ 由状态 $X_i$ 和当前输入比特 $m_i$ 完全确定,由此状态 $X_i$ 代表了编码器的过去信息,用以确定编码器的输出。编码器的状态是马尔可夫(Markov)的,只要编码器处于状态 $X_{i+1}$ 的概率仅取决于最近的状态 $X_i$,用公式表示为 $P(X_{i+1}|X_i, X_{i-1}, \cdots, X_0) = P(X_{i+1}|X_i)$。

表示简单编码器的一种方法是状态图,图 8.19 就是对图 8.17 中编码器的状态图描述。该图方框内的状态表示寄存器最右端 $K-1$ 级的可能内容,状态间的路径表示由此状态转移时的输出分支字。寄存器的状态表示为 $a=00, b=10, c=01, d=11$,图 8.19 表示了图 8.17 编码器的所有可能状态转移。对于两种可能的输入比特,从每个状态出发只有两种转移,状态转移时的输出分支字标注在相应转移路径旁。图中,实线表示输入比特为 0 的路径,虚线表示输入比特为 1 的路径。注意,状态间的转移不是任意的,由于每次移入 1 个信息比特,故寄存器在每个比特时间上只有两种可能的状态转移。例如,如果编码器的当前状态是 00,则下一状态仅有两种可能,即 00 或 10。

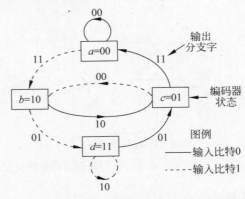

图 8.19 编码器状态图(编码效率为 $1/2$, $K=3$)

**【例 8.33】** 卷积编码

假定图 8.17 编码器的输入信息序列 $m=11011$,并附加 $K-1=2$ 个 0 以清空寄存器,假设寄存器初始状态是全 0,求对应的状态变化及输出码字序列 $U$。

**解**:步骤如下:

| 输入<br>比特 $m_i$ | 寄存器<br>内容 | $t_i$时刻<br>状态 | $t_{i+1}$时刻<br>状态 | $t_i$时刻<br>分支字<br>$u_1$ | $u_2$ |
|---|---|---|---|---|---|
| — | 000 | 00 | 00 | — | |
| 1 | 100 | 00 | 10 | 1 | 1 |
| 1 | 110 | 10 | 11 | 0 | 1 |
| 0 | 011 | 11 | 01 | 0 | 1 |
| 1 | 101 | 01 | 10 | 0 | 0 |
| 1 | 110 | 10 | 11 | 0 | 1 |
| 0 | 011 | 11 | 01 | 0 | 1 |
| 0 | 0<u>01</u> | 01 | 00 | 1 | 1 |

状态$t_{i+1}$ 状态$t_i$

对于上面画横线的 001 而言,前面的 00 表示为状态 $t_{i+1}$,而后面的 01 表示状态 $t_i$。
输出序列为

$$U = 11\ 01\ 01\ 00\ 01\ 01\ 11$$

**【例 8.34】** 卷积编码

例 8.33 中寄存器的初始内容是全 0,这相当于信息序列 $m$ 前输入了两个 0(编码是当前比特和前 $K-1$ 比特的函数)。现在假设在信息序列 $m$ 之前输入了两位 1,证明信息序列 $m=11011$ 对应的码字序列 $U$ 与例 8.33 中的不同。

**解**:记号"×"表示"未知",解题步骤如下。

| 输入<br>比特 $m_i$ | 寄存器<br>内容 | $t_i$时刻<br>状态 | $t_{i+1}$时刻<br>状态 | $t_i$时刻<br>分支字<br>$u_1$ | $u_2$ |
|---|---|---|---|---|---|
| — | 11× | 1× | 11 | — | |
| 1 | 111 | 11 | 11 | 1 | 0 |
| 1 | 111 | 11 | 11 | 1 | 0 |
| 0 | 011 | 11 | 01 | 0 | 1 |
| 1 | 101 | 01 | 10 | 0 | 0 |
| 1 | 110 | 10 | 11 | 0 | 1 |
| 0 | 011 | 11 | 01 | 0 | 1 |
| 0 | 001 | 01 | 00 | 1 | 1 |

状态$t_{i+1}$ 状态$t_i$

输出序列为

$$U = 10\ 10\ 01\ 00\ 01\ 01\ 11$$

比较例 8.33 和例 8.34 可见,输出序列 $U$ 的每个分支字不仅取决于相应输入比特,还取决于前 $K-1$ 比特。

**3. 树图**

虽然状态图完全地描述了编码器的特性,但由于没有表示时间过程,所以采用状态图跟踪编码器的状态转移很不方便。树状图在状态图的基础上增加了时间尺度。图 8.17 中所示卷积码编码器的树状图如图 8.20 所示,每个相继输入信息比特的编码过程可表述为从左向右经过树状图,每条树枝代表一个输出分字。寻找码字序列的分支准则如下:如果输入比特是 0,则向上方右移一个支路得到相应分支字；如果输入比特是 1,则向下方右移一个支路得到相应分支字。假设编码器初始状态是全 0,过程图显示如果第一位输入 0,则输出分支字是 00,如果第一位输入 1,则输出分支字 11。类似地,如果第一位输入 1,第二位输入 0,则第二个输出分支字就是 10；如果第一位输入 1,第二位输入 1,则第二个输出分支字就是 01。按照该准则在图 8.20 上用粗线表示出了输入序列 11011 在树状图上经过的路径,此路径对应于输出序列 1101010001。

树状图上增加的时间尺度(与状态图相比)使我们可以动态地描述输入序列的编码过程,不过,用树状图描述编码过程也存在一个问题,即树状图的支路数按 $2^L$ 增加,$L$ 是序列中分支字的数目。树状图的规模增长很快,因此只适于 $L$ 较小的情况。

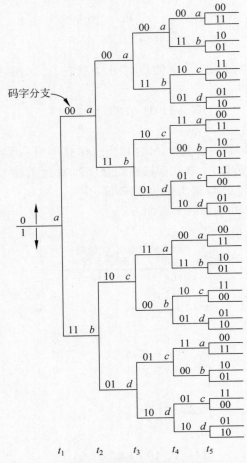

图 8.20　编码器的树状图描述(编码效率为 $1/2$,$K=3$)

### 4. 网格图

观察图 8.20 中的树状图可知,在上例中,树状图从 $t_4$ 时刻,即经过第三条支路后开始重复自身结构(一般地,约束长度为 $K$ 的树状图经过 $K$ 次分支后开始重复自身结构)。采用移位寄存器的 4 种可能状态来标注图 8.20 中树的各个节点：$a=00,b=01,c=10,d=11$。树结构的第一次分支在 $t_1$ 时刻,产生一对节点,记为 $a,b$；在后继的各个分支处,节点数翻倍。第二次分支在 $t_2$ 时刻,生成 4 个节点,记为 $a,b,c,d$;第三次分支后,共有 8 个节点:两个 $a$,两个 $b$,两个 $c$,两个 $d$。通过观察可知,从处于同一状态的两个节点发出的所有支路产生相同的分支字序列,由此可知,树的上半部分和下半部分一致。分析图 8.17 中的编码器就可以对这一现象做出解释:当第 4 位信息比特从左端进入编码器时,输入的第 1 位信息比特已经从寄存器右端移出,不再影响输出分支字,因此,输入序列 $100xy\cdots$ 和 $000xy\cdots$(最左端的数据比特最先输入)在经过($K=3$)次分支后产生相同的分支字。这一现象意味着,在同一时刻 $t_i$,具有相同状态的两个节点的后继分支将没有任何差别,因此,这两个节点可以合并。如果将图 8.20 的树状结构做这样的合并,则得到另一种图,称为网格图(trellis diagram)。网格图利用了结构上的重复性,用它来描述编码器比树状图更加方便。图 8.17 卷积码编码器的网格图如图 8.21 所示。

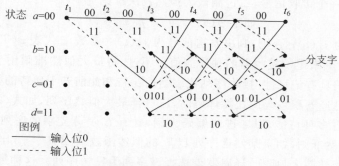

图 8.21　编码器网格图(编码效率为 $1/2,K=3$)

在画网格图时采用与画树状图时相同的规定,即实线表示输入 0 比特时产生的输出,虚线表示输入 1 比特时产生的输出。网格图的节点代表了编码器的状态:第一行节点对应于状态 $a=00$,后继各行节点分别对应于状态 $b=01,c=10,d=11$。在每个时间单元内,网格图用 $2^{K-1}$ 个节点表示 $2^{K-1}$ 个可能的编码器的状态。此例中的网格图在深度为 3 时(即 $t_4$ 时刻)得到固定的周期结构。一般情况下,固定的周期结构在深度为 $K$ 时得到,自此以后,每一状态可以由前面两个状态中的任意一个输入;而且每一状态都有两种可能的状态转移,分别对应于输入 0 比特和输入 1 比特。图 8.21 中状态转移时的输出分支字标注在网格图分支上。

利用完整网格图的某个时间段内的信息就可以完全确定编码,这里画出多个时间段是为了把码元序列看成时间的函数。这里,卷积编码器的状态用编码寄存器最右端的 $K-1$ 级的内容表示,也有著者用编码寄存器最左端的 $K-1$ 级的内容表示。从如下所述的观点来看,这两种表示方法都正确。每一次状态转移都包括一个初始状态和一个结束状态,最右端的 $K-1$ 级表示了当前输入对应的初始状态,此时,当前输入在最左端的 1 级中(假设编码器的编码效率为 $1/n$);而最左端的 $K-1$ 级表示这次状态转移的结束状态。输出的码元序列由占用 $N$ 个时间段的 $N$ 个分支组成(对应于输入的 $N$ 个比特),由始至终的 $N+1$ 个时刻都对应着特定的状态。由此,我们在时刻 $t_1,t_2,\cdots,t_N$ 输入信息比特,而分析时刻 $t_1$,$t_2,\cdots,t_{N+1}$ 的状态。这里规定,当前比特在寄存器的最左端级中(不在进入该级的信号线上),寄存器最右端的 $K-1$ 级初始状态为全 0,该时刻称为初始时刻(start time),标记为 $t_1$。将最后一次状态转移的末时刻称为结束时刻(terminating time),标记为 $t_{N+1}$。

### 8.9.3 卷积译码公式

#### 1. 最大似然译码

如果所有的输入信息序列等概，则通过比较各个条件概率，也称为似然函数 $p(Z \mid U^{(m)})$，选择其中的最大者，就可以得到具有最小差错概率的译码器，这里的 $Z$ 是接收序列，$U^{(m)}$ 是可能的发送序列，如果满足式(8.72)，译码器就选择 $U^{(m')}$ 为

$$p(Z \mid U^{(m')}) = \max\{p(Z \mid U^{(m)})\}$$

对所有的 $U^{(m)}$

(8.72)

上式的最大似然概念是判决理论的基本内容；当具备各种可能性的统计知识时，它是"常识性"的判决方法的正式表示。二进制解调仅涉及两个等概的发送信号，即 $s_1(t)$ 或 $s_2(t)$，因此，给定一个接收信号，二进制最大似然判决准则为

如果 $p(z \mid s_1) > p(z \mid s_2)$

则判决发送信号为 $s_1(t)$；否则，判决发送信号为 $s_2(t)$。参数 $z$ 代表 $z(T)$，即在每个信号持续时间 $t = T$ 时刻末尾的接收器的预检测值。不过，将最大似然准则用于卷积码译码时，必须注意到卷积码具有记忆性（接收序列代表当前比特和此前若干比特的叠加），因此，应用最大似然准则对已经卷积编码的比特译码时，应选择最大似然序列，如式(8.72)所示。通常发送的码字序列有多种可能，以二进制编码为例，含有 $L$ 个分支字的序列就有 $2^L$ 种可能。所以，按照最大似然准则，如果某发送序列 $U^{(m)}$ 的似然函数 $p(Z|U^{(m')})$ 比其他所有可能的发送序列的似然函数都大，那么，译码器就选择该序列为发送序列。这种最小差错概率的最优译码器（以所有发送序列等概率为前提），称为最大似然译码器（maximum likelihood decoder）。似然函数通常已给定或根据信道特性计算得到。

假定噪声是零均值的加性高斯白噪声，而且信道无记忆性，即噪声独立地影响各个码元。编码效率为 $1/n$ 的卷积码的似然函数为

$$p(Z \mid U^{(m)}) = \prod_{i=1}^{\infty} P(Z_i \mid U_i^{(m)}) = \prod_{i=1}^{\infty} \prod_{j=1}^{n} p(z_{ji} \mid u_{ji}^{(m)})$$

(8.73)

其中，$Z_i$ 是接收序列 $Z$ 的第 $i$ 个分支，$U_i^{(m)}$ 是特定码字序列 $U^{(m)}$ 的第 $i$ 个分支，$z_{ji}$ 是 $Z_i$ 的第 $j$ 个码元，$u_{ji}^{(m)}$ 是 $U_i^{(m)}$ 的第 $j$ 个码元，每个分支由 $n$ 个码元组成。译码问题即是在图 8.21 的网格图中选择一条路径（每条可能路径对应着一个码字序列）使得下式取最大值

$$\prod_{i=1}^{\infty} \prod_{j=1}^{n} p(z_{ji} \mid u_{ji}^{(m)})$$

(8.74)

通常对最大似然函数取对数，从而用加法代替乘法，以简化计算。可以利用这种变换的原因是，对数函数是单调递增函数，不会改变原来码字选择的最终结果。对数最大似然函数定义为

$$\gamma_U(m) = \log p(Z \mid U^{(m)}) = \sum_{i=1}^{\infty} \log p(Z_i \mid U_i^{(m)}) = \sum_{i=1}^{\infty} \sum_{j=1}^{n} \log p(z_{ji} \mid u_{ji}^{(m)}) \quad (8.75)$$

译码问题现在转化为从图 8.20 的树状图或者图 8.21 的网格图上选择一条路径，使 $\gamma_U(m)$ 最大的问题，树状图和网格图都可用于卷积码的译码。在编码的树状图表示中没有考虑支路的合并，对于二进制编码，$L$ 个分支字组成的码字序列有 $2^L$ 种可能。用最大似然准则对某个接收序列进行译码时，若使用树状图，则需要彻底比较与所有可能发送的码字序

列相对应的 $2^L$ 个累积对数似然函数值,因此用树状图进行最大似然译码并不实际。从下一节的描述中可以知道,使用网格图可以构造出实际可行的译码器,它能够抛弃最大似然序列不可能经过的路径,译码路径从幸存路径(surviving path)中选取。由这种译码器得到的译码路径和前述彻底比较型的最大似然译码器所得的译码路径相同,因此也是最优的。同时,因为它能够较早抛弃不可能路径,所以降低了译码的复杂性。

卷积码结构、最大似然译码以及编码性能的详细介绍见相关文献。还有一些算法可以得到与最大似然译码接近的结果,如序贯算法和门限算法。这些算法分别适用于某些特定的应用,但都是次最优的。维特比译码算法(viterbi decoding algorithm)采用的是最大似然译码准则,因此是最优的。但这并不表示维特比算法对一切应用均是最好的,它还受到硬件复杂性的严重限制。

**2. 信道模型:硬判决和软判决的比较**

在介绍最大似然判决准则的算法之前,先描述一下信道特性。卷积码的码字序列 $U$ 由分支字组成,每个分支字又由 $n$ 个码元组成,码字序列可以看成一个无穷长的比特流,这一点与分组码恰恰相反,分组码中的源数据和码字都分成大小固定的组。图 8.15 中的码字序列从卷积码编码器送入调制器,将码元转换为信号波形。调制可以是基带的(如冲被形)或者带通的(如 PSK 和 FSK)。一般地,一次送入的 $L$ 码元($L$ 为整数)被映射为信号波形 $s_i(t),i=1,2,\cdots,M=2^l$。$i=1$ 时,调制器将每一个码元映射为一个二进制波形。假设信道对传送波形的干扰是高斯噪声,受到干扰的信号被接收后,先经解调器解调,再经译码器处理。

假定在一个码元间隔 $(0,T)$ 内传送的二进制信号波形 $s_1(t),s_2(t)$ 分别对应于比特 1,0。接收信号是 $r(t)=s_i(t)+n(t)$,这里的 $n(t)$ 是零均值的高斯噪声。$r(t)$ 的检测分成两步:第一步,将接收波形降为单个数 $z(T)=a_i+n_0$,这里的 $a_i$ 是 $z(T)$ 的有用信号分量,$n_0$ 是 $z(T)$ 的噪声分量。噪声分量 $n_0$ 是一个零均值的高斯随机变量(Gaussian random variable),因而 $z(T)$ 是一个高斯随机量,其均值为 $a_1$ 或 $a_2$,取决于发送信息是比特 1 还是比特 0;第二步执行检测过程,将 $z(T)$ 和门限值进行比较,从而对发送信号做出判决。$z(T)$ 的条件概率函数 $p(z|s_1)$ 和 $p(z|s_2)$ 如图 8.22 所示,分别代表 $s_1(t)$ 和 $s_2(t)$ 的似然性。图 8.15 中的解调器将一组时序随机变量 $\{z(T)\}$ 转换为代码序列 $Z$,并将它发送至译码器。解调器的输出有多种构造方式。其中一种构造方式是硬判决实现,判定 $z(T)$ 的值是 0 还是 1,即将解调器的输出量化为 0 和 1 两级,并送入译码器。因此译码器对解调器做出的硬判决进行处理,所以这种译码称为硬判决译码(hard-decision decoding)。

解调器的结构也可以是将两个以上的 $z(T)$ 量化值馈送给译码器,这样可以为译码器提供比硬判决更多的信息。当解调器的输出量化级超过两级时,这种译码就称为软判决译码(soft-decision decoding)。图 8.22 的横坐标显示了 8 级(3 bit)量化。当解调器发送二进制硬判决给译码器时,它仅发送单个二进制码元;当解调器发送量化为 8 个电平的二进制软判决时,它发送给译码器 3 bit 码字用以表示 $z(T)$ 时间间隔。实际上,往译码器发送这样的 3 bit 码字而不是单个二进制码元,相当于给译码器发送一个带有置信度(measure of confidence)的码元判决。根据图 8.22,如果解调器发送 111 给译码器,则说明码元是 1 的置信度非常大;如果解调器发送 100 给译码器,则说明码元是 1 的置信度非常小。应当清楚地认识到,译码器做出的所有信息的最终判决都将是硬判决,否则,计算机的输出结果将

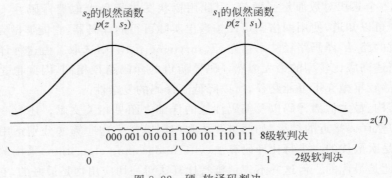

图 8.22　硬、软译码判决

成为："猜测是 1"、"猜测是 0"，等等。解调器不做硬判决，而是发送较多的数据（软判决）给译码器，以提供译码器更多的中间信息，使其能更好地恢复信息序列（即获得比硬判决更佳的差错性能）。在图 8.22 中的 8 级软判决量度经常表示成 $-7, -5, -3, -1, 1, 3, 5, 7$，这样的设计使得软判决易于阐释：度量的符号表示判决（例如，如果为正，则选择 $s_1$；如果为负，则选择 $s_2$），参数的幅度则表示此判决的置信度等级。图 8.22 中的度量表示方法的唯一好处是避免使用负数。

对于高斯信道来说，8 级量化比 2 级量化的信噪比提高了大约 2dB，这表明为了获得相同的比特差错性能，8 级软判决需要的 $E_b/N_0$ 比硬判决低 2dB。模拟装置（或无穷级量化）比 2 级量化的性能提高 2.2dB；因此，8 级量化比无穷级量化的性能损失仅约 0.2dB。由于这个原因，量化级超过 8 级只能获得较少的性能提高。软判决译码提高性能的代价如何呢？硬判决译码时，每个码元用 1 bit 表示；而对于 8 级量化软判决译码，每个码元则用 3 bit 表示，因此，软判决在译码过程中需要处理的数据量是硬判决的 3 倍。可见，软判决译码的代价是译码器所需存储器的容量的增大（可能还有速度的降低）。

分组译码算法和卷积译码算法都可用于硬判决和软判决。不过，软判决译码通常不用于分组码，因为这时它比硬判决译码实现的难度大得多。软判决译码最适用于维特比卷积译码算法（Viterbi convolutional decoding algorithm），这时采用软判决仅增加少许的计算量。

1）二进制对称信道

二进制对称信道（BSC）是一种离散无记忆信道，它的输入和输出是二进制数据，而且具有对称的转移概率，用条件概率函数描述为

$$p(0 \mid 1) = p(1 \mid 0) = p$$
$$p(1 \mid 1) = p(0 \mid 0) = 1 - p \qquad (8.76)$$

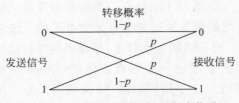

图 8.23　二进制对称信道（硬判决信道）

如图 8.23 所示，输出码元与输入码元不同的概率是 $p$，相同的概率是 $(1-p)$。BSC 是硬判决信道的一个例子，这意味着即使解调器接收的是连续信号，BSC 只允许进行硬判决，因而解调器的输出码元 $z_{ji}$ 仅由两个二进制数值之一组成，如图 8.15 所示，其中，$z_{ji}$ 是第 $i$ 个分支字

$Z_i$ 的第 $j$ 个码元。随后解调器把序列 $Z=\{Z_i\}$ 发送给译码器。

假设码字序列 $U^{(m)}$ 经码元差错概率为 $p$ 的 BSC 信道传送,$Z$ 是相应的接收译码序列。如前所述的最大似然译码器选择标准是,选择使似然函数 $p(Z|U^{(m)})$ 或其对数值最大的码字序列 $U^{(m')}$。对于 BSC 信道,其实就相当于选择和序列 $Z$ 具有最小汉明距离(minimum Hamming distance)的码字 $U^{(m')}$。汉明距离是表述 $U^{(m)}$ 和 $Z$ 之间距离或者接近程度的合适度量,译码器总是从所有可能的发送序列 $U^{(m)}$ 中选择和 $Z$ 距离最小的序列 $U^{(m')}$。

假设序列 $U^{(m)}$ 和 $Z$ 的长度都是 $L$ 比特,且有 $d_m$ 个数据比特不同,即 $U^{(m)}$ 和 $Z$ 之间的汉明距离是 $d_m$。由于假设信道没有记忆性,序列 $U^{(m)}$ 被转换成与它距离为 $d_m$ 的特定接收序列 $Z$ 的概率为

$$p(Z \mid U^{(m)}) = p^{d_m}(1-p)^{L-d_m} \tag{8.77}$$

其对数似然函数为

$$\log p(Z \mid U^{(m)}) = -d_m \log\left(\frac{1-p}{p}\right) + L\log(1-p) \tag{8.78}$$

当我们对每个可能的发送序列进行计算时,等式中的最后一项都是常数。假设 $p < 0.5$,式(8.78)可改写为

$$\log p(Z \mid U^{(m)}) = -Ad_m - B$$

其中,$A$ 和 $B$ 都是正的常数。所以,应选择这样的码字 $U^{(m')}$,即它与接收序列 $Z$ 之间的汉明距离 $d_m$ 最小,这相当于最大化似然函数或对数似然函数。因而,在 BSC 信道的情况下,对数似然函数常用汉明距离代替,最大似然译码器将在树状图或网格图上选择这样的一条路径,使其对应的序列 $U^{(m)}$ 与接收序列 $Z$ 具有最小汉明距离。

2)高斯信道

对于高斯信道,解调器的每个输出码元 $z_{ji}$ 都是取自一个连续字符的值,如图 8.15 所示,因而码元 $z_{ji}$ 不能标记为正确或错误判决。向译码器发送这样的软判决,相当于发送不同码元的一组条件概率。可以证明,最大化 $P(Z|U^{(m)})$ 相当于最大化码字序列 $U^{(m)}$(由表示为双极性值的二进制码元组成)与模拟值接收序列 $Z$ 的内积。因此,译码器应选择使如下表达式取最大值的码字 $U^{(m')}$

$$\sum_{i=1}^{\infty}\sum_{j=1}^{n} z_{ji} u_{ji}^{(m)} \tag{8.79}$$

这相当于选择与序列 $Z$ 具有最小欧氏距离(euclidean distance)的码字 $U^{(m')}$。尽管硬判决和软判决信道的量度不同,但它们的准则都是选择与接收序列 $Z$ 最接近的码字 $U^{(m')}$。为了对式(8.79)进行精确的最大化处理,译码器应该能够进行模拟值的算术运算,但这对于数字译码器而言是不切实际的,因此,需要量化接收码元 $z_{ji}$。式(8.79)是接收波形 $r(t)$ 与参考波形 $s_i(t)$ 进行相关运算的离散形式。通常将量化的高斯信道称为软判决信道,它是前面介绍的软判决译码器的信道模型。

**3. 维特比卷积译码算法**

维特比译码算法由维特比在 1967 年提出。维特比算法的实质是最大似然译码,但它利用了编码网格图的特殊结构,从而降低了计算的复杂性。与完全比较译码相比,它的优点是使得译码器的复杂性不再是码字序列中所含码元数的函数。该算法包括计算网格图上在时

刻 $t_i$ 到达各个状态的路径和接收序列之间的相似度(measure of similarity),或者说距离(distance)。维特比算法考虑的是,去除不可能成为最大似然选择对象的网格图上的路径,即如果有两条路径到达同一状态,则具有最佳量度的路径被选中,称为幸存路径(surviving path)。对所有状态都将进行这样的选路操作,译码器不断在网格图上深入,通过去除可能性最小的路径实现判决,较早地抛弃不可能的路径,降低了译码器的复杂性。Omura 在1969 年证明了维特比算法实际上就是最大似然算法。注意,选择最优路径可以表述为选择具有最大似然量度的码字,或者选择具有最小距离的码字。

**4. 维特比卷积译码算法举例**

为简化讨论,假设信道是 BSC,此时汉明距离是合适的距离量度。该例的编码器如图 8.17 所示,编码器网格图如图 8.21 所示。译码器也可以用类似的网格图表示,见图 8.24。在 $t_1$ 时刻从 00 状态开始(在发送信息前先清空译码器以提供初始状态信息)。因为该例中每个状态出发都仅有两种可能状态转移,所以开始时没有必要画出所有分支,完整的网格图结构从 $t_3$ 时刻起出现。结合考虑图 8.21 编码器的网格图和图 8.24 译码器的网格图,可以较好地理解译码过程的基本原理。在译码器网格图的每个时间间隔内,给各个分支标注上接收码元和编码器网格图相应各个分支上分支字之间的汉明距离,这是很方便的。图 8.24 中的例子显示了一个信息序列 $m$,相应的码字序列 $U$,以及受到噪声干扰的接收序列 $Z=1101011001\cdots$。编码器网格图分支上的分支字表明了图 8.17 中编码器的特性,这对于编码器和译码器都是已知的。编码器的分支字是每个状态转移时编码器将输出的码元比特,而译码器网格图(decoder trellis)分支上的标注是由译码器连续累加得到的。具体地,当码元被接收时,译码器网格图的每个分支上标注接收码码元和编码器上各个分支字在此时间间隔内之间的相似性量度(汉明距离)。由图 8.24 的接收序列 $Z$ 可见,在随后的 $t_1$ 时刻收到的码元是 11。为了在译码器相应分支上标注(起程)时刻的汉明距离,观察图 8.21 中编码器的网格图。在此图中,从 00→00 状态转移伴随的输出分支字是 00,但我们接收的码元是11,因此,在译码器网格图上标注 00→00 状态转移的汉明距离为 2。00→10 状态转移伴随的输出分支字是 11,和在 $t_1$ 时刻收到的码元恰好相同,因此,在译码器网格图上标注 00→10 状态转移的汉明距离为 0。总之,进入译码器网格图分支上的度量表明了接收序列和发送该分支对应的分支字"应该收到"序列之间的差别(距离)。实际上,这些度量描述了接收分支字和所有候选分支字之间的相关性。每个时刻 $t_i$ 接收信号时,按上述方法标注译码器网格图的分支。译码算法利用这些汉明距离度量在网格图上找到最大似然(最小距离)路径。

维特比译码的思想基础是基于如下观察:如果网格图上有两条路径在某个状态合并,在寻找最优路径时,一般总可以舍弃这两条路径中的一条。例如图 8.25 中,在 $t_5$ 时刻有两条路径在状态 00 合并。将某条给定的路径在 $t_i$ 时刻的累积汉明路径量度,定义为该路径直至 $t_i$ 沿途各分支的汉明距离之和。图 8.25 中上方路径的量度为 4,下方路径的量度为 1;由于下方路径与上方路径到达的状态相同,但度量值较小,因此,上方路径一定不是最优的。

这种思想成立的原因是编码器状态的马尔可夫性:当前状态完全概括了编码器的历史信息,以前的状态不会影响将来的状态或者将来的输出分支。

网格图中每个时刻 $t_i$ 上有 $2^{K-1}$ 个状态,这里的 $K$ 是约束长度,每种状态都可经两条

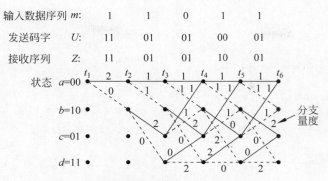

图 8.24 译码器网格图(编码效率为 $1/2, K = 3$)

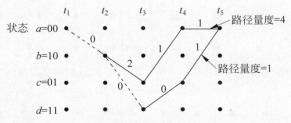

图 8.25 两条合并路径的路径量度

路径到达。维特比译码包括计算到达每个状态的两条路径的路径量度,并舍弃其中一条路径。在 $t_i$ 时刻,算法对 $2^{K-1}$ 个状态(节点)都进行上述计算,然后进入 $t_{i+1}$ 时刻,并重复上述过程。在一个给定的时刻,各状态的幸存路径量度就是该状态在该时刻的状态量度(state metric)。译码过程的前几步如下(图 8.26):假定输入数据序列 $m$,码字 $U$,接收序列 $Z$,如图 8.24 所示,并假设译码器确知网格图的初始状态(这种假设在实际应用中没有必要,但可以简化解释)。$t_1$ 时刻接收到的码元是 11,从状态 00 出发只有两种状态转移方向 00 和 10,如图 8.26(a)所示。状态转换 00→00 的分支量度是 2;状态转换 00→10 的分支量度是 0。$t_2$ 时刻从每个状态出发都有两种可能的分支,如图 8.26(b)所示。这些分支的累积量度标识为状态量度 $\Gamma_a, \Gamma_b, \Gamma_c, \Gamma_d$,与各自的结束状态相对应。同样地,图 8.26(c)中 $t_3$ 时刻从每个状态出发都有两个分支,因此,$t_4$ 时刻时到达每个状态的路径都有两条,这两条路径中,累积路径量度较大的将被舍弃。如果这两条路径的路径量度恰好相等,则任意舍弃其中一条路径。到各个状态的幸存路径如图 8.26(d)所示,译码过程进行到此时,$t_1$ 时刻和 $t_2$ 时刻之间仅有一条幸存路径,称为公共支(common stem)。因此,这时译码器可以判决 $t_1$ 和 $t_2$ 时刻之间的状态转移是 00→10;因为这个状态转移是由输入比特 1 产生的,所以译码器输出 1 作为第一位译码比特。由此可以看出,用实线表示输入比特 0,虚线表示输入比特 1,可以为幸存路径译码带来很大的便利。注意,只有当路径量度计算进行到网格图较深处时,才产生第一位译码比特。在典型的译码器实现中,这代表了大约是约束长度 5 倍的译码延迟。

在译码过程的每一步,到达每个状态的可能路径总有两条,通过比较路径量度舍弃其中一条。图 8.26(e)给出了译码过程的下一步:在 $t_5$ 时刻到达各个状态的路径都有两条,其中一条被舍弃;图 8.26(f)是 $t_5$ 时刻的幸存路径。注意,此例中尚不能对第二位输入数据

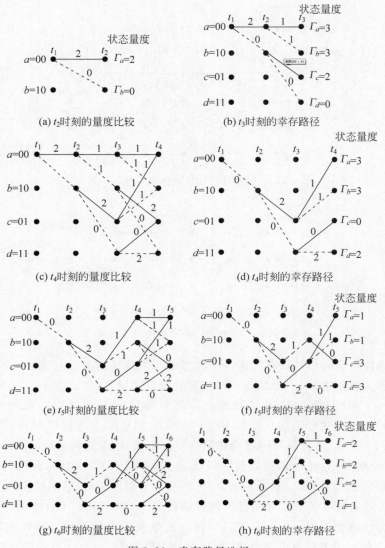

图 8.26　幸存路径选择

比特做出判决,因为在 $t_2$ 时刻离开状态 10 的路径仍为两条。图 8.26(g)中的时刻 $t_6$ 同样有路径合并,图 8.26(h)是 $t_6$ 时刻的幸存路径,可见编码器输出的第二位译码比特是 1,对应了 $t_2$ 和 $t_3$ 时刻之间的幸存路径。译码器在网格图上继续上述过程,通过不断舍弃路径直至仅剩一条,来对输入数据比特做出判决。

网格图的删减(通过路径的合并)确保了路径数不会超过状态数。对于此例的情况,可证明在图 8.26(b)、(d)、(f)、(h)中,每次删减后都只有 4 条路径。而对于未使用维特比算法的最大似然序列彻底比较法,其可能路径数(代表可能序列数)是序列长度的指数函数。对于分支字长为 $L$ 的二进制码字序列共有 $2^L$ 种可能的序列。

**5. 译码器的实现**

由图 8.24 的网格图可知,任意一个时间间隔内的状态转移可分组为 $2^{v-1}$ 个离散区间,每个区间描述 4 种可能的状态转移,其中 $v=K-1$,称为编码器记忆(encoder memory)。对 $K=3$ 的例子,$v=2$,因此有 $2^{v-1}=2$ 个区间。这些区间如图 8.27 所示,其中 $a,b,c,d$ 分别对应时刻 $t_{i+1}$ 的状态。在每个转移支路旁标有路径量度 $\delta_{xy}$,下标表示从状态 $x$ 到状态 $y$ 的转移,这些小区间以及与之相联系的逻辑单元描述了译码器的基本分组结构,逻辑单元用于更新状态量度 $\{\Gamma_x\}$,其中 $x$ 指明特定的状态。

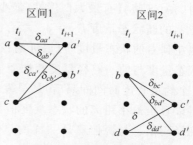

图 8.27 译码器区间示例

1) 加-比较-选择计算

继续上面 $K=3$ 的 2 区间例子,图 8.28 描绘了和区间 1 相应的逻辑单元,该逻辑单元进行的特殊计算,称为加-比较-选择(Add-Compare-Select,ACS)。状态量度 $\Gamma_{a'}$ 的计算方法如下:将前一状态 $a$ 的状态量度 $\Gamma_a$ 和相应分支量度 $\delta_{aa'}$ 相加,将前一状态 $c$ 的状态量度 $\Gamma_c$ 和相应分支量度 $\delta_{ca'}$ 相加,得到的两个可能路径量度作为新的状态量度 $\Gamma_{a'}$ 的候选项,送入图 8.28 的逻辑单元中进行比较,将其中似然性最大(距离最小)的一个作为状态 $a$ 的新状态量度 $\Gamma_{a'}$ 存储,同时存储的还有状态 $a$ 新的路径记录 $\hat{m}_{a'}$,这里的 $\hat{m}_{a'}$ 是由幸存路径增添的状态信息路径记录。

图 8.28 中还有区间 1 中得到新状态量度 $\Gamma_{b'}$ 和新路径记录 $\hat{m}_{b'}$ 的 ACS 逻辑。其他区间中路径的 ACS 操作是类似的,译码器的输出是具有最小状态量度的最早比特。

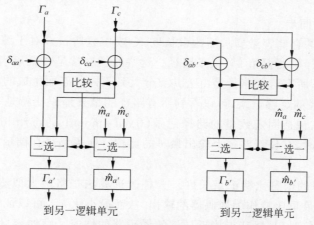

图 8.28 对区间 1 完成加-比较-选择功能的逻辑单元

2) 加-比较-选择在网格图上的表示

分析与描述维特比译码时相同的例子,信息序列 $m=11011$,码字序列 $U=11\ 01\ 01\ 00\ 01$,接收序列 $Z=11\ 01\ 01\ 10\ 01$。图 8.29 描绘的译码器网格图与图 8.24 相似,各个分支上标注的路径量度,是接收的码元与编码器网格图上相应分支字之间的汉明距离。此外,在图 8.29 上还标注了每个状态 $x$ 的值以及从 $t_2$ 时刻至 $t_6$ 时刻每个状态 $x$ 的状态量度 $\Gamma_x$。从 $t_4$ 时刻起,由于每个状态有两条到达路径,因此开始进行加-比较-选择操作(ACS)。例如在 $t_4$ 时刻,状态 $a$ 的量度值有两个选择:一个是 4,由 $t_4$ 时刻的状态量度值 $\Gamma_a=3$ 加上分支量度 $\delta_{aa'}=1$ 得到;另一个是 3,由 $t_3$ 时刻的状态量度值 $\Gamma_c=2$ 加上分支量度 $\delta_{ca'}=1$ 得到。ACS 将具有最大似然性(最小距离)的路径量度作为新的状态量度;因此,在 $t_4$ 时刻状态 $a$ 的新状态量度 $\Gamma_{a'}=3$。幸存路径用粗线表示,被舍弃的路径用细线表示。观察图 8.29 从左到右的状态量度,可以证明在每一时刻的各个状态量度值,是将幸存路径(粗线)上前一状态量度与前一路径量度相加而得到的。由网格图可知在网格图中的某个点上(经过 4 或 5 个约束长度时间间隔后)最早发送的编码比特已被译码。例如,观察图 8.29 的 $t_6$ 时刻,可以看出最小距离的状态量度值为 1。从状态 $d$ 开始,沿幸存路径追溯回 $t_1$ 时刻,可以看到译码信息与源信息是一样的。注意,为了方便起见,虚线和实现分别代表二进制数字 1 和 0。

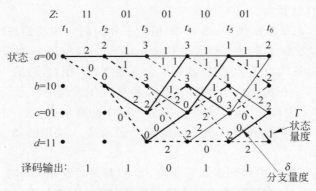

图 8.29　维特比译码中的加-比较-选择计算

### 6. 路径记忆与同步

维特比译码器的存储容量要求随约束长度 $K$ 按指数增长。对于编码效率为 $1/n$ 的编码,每一步译码后,译码器保留 $2^{K-1}$ 条路径。这些路径通常是在距离当前译码深度之前不远处分叉而得到的,所有这些路径是由公共支叉到不同状态而生成的。因此,若译码器存储了这 $2^{K-1}$ 条路径的足够记录,可以看到所有路径的最早译码比特是一样的。因此,一个简单译码器的实现,包括固定数量的路径记录(fixed amount of path history),并且每次深入到网络的下一级时,在任意路径上输出最早的比特。所需路径存储量为

$$u=h2^{K-1} \tag{8.80}$$

其中,$h$ 是每个状态的信息比特记录长度。一种改进算法是将最大似然路径上的最早比特代替任意路径上的最早比特作为译码器的输出,从而最小化 $h$。可以证明,当 $h$ 的值为编码约束长度的 4 或 5 倍时,足以获得接近最佳的译码器的性能。存储容量要求 $u$ 是维特比译码器实现的基本限制,商业上生产的译码器受到约束长度 $K=10$ 的限制。由式(8.80)可知,为了提高编码增益而增大约束长度,会带来存储容量要求按指数级的增加。

分支字的同步(branch word synchronization)是指对接收序列确定分支字的起始点的过程。这种同步不需要在发送的码元流中加入新的信息即可实现,因为未同步时接收数据会出现过大的差错概率;因此,实现该同步的一种简单方法是,监督这个较大差错概率的伴随信息,如网格图上状态量度的增加速率或者幸存路径的合并速率;将这些被监督参数与一个门限值相比较,并相应地调整同步。

### 8.9.4　卷积码的特性

#### 1. 卷积码的距离特性

分析图 8.17 简单编码器生成的卷积码的距离属性,该编码器的网格图如图 8.21 所示,我们希望评估所有可能码字序列对之间的距离。对于分组码,我们关心的是该编码中这些码字序列对之间的最小距离,因为最小距离与编码的纠错能力相关。因为卷积码是群码或者说线性码,寻找最小距离可以简化为寻找所有码字序列和全 0 序列之间的最小距离。换言之,对于线性码,不同检测参考信息具有相同的功效。因此,为什么不选择较容易跟踪的全 0 序列呢?假定输入序列是全 0 序列,那么,感兴趣的是起始和结束状态都是 00,且中间不出现 00 状态的路径。如果时刻 $t_i$ 在状态 $a=00$ 合并的另一条路径的距离比全 0 路径的距离短,则在译码过程中全 0 路径将被舍弃,这样就出现了差错。换言之,当发送全 0 序列时,若全 0 序列不再幸存就会出现差错。因此,感兴趣的差错与从全 0 路径分叉后又与全 0 路径合并的幸存路径有关。为什么这条路径要再次与全 0 路径合并,仅仅分叉不足以表示错误吗?当然可以,但是如果仅仅用分叉表示出错,只能说明该译码器从分叉点开始,输出的都将是无用的信息。但现在需要用出错情况来量化译码器的性能,即了解译码器最容易出错的情况。通过彻底检查所有从 00 状态到 00 状态的每一条路径就可以求出上述出错情况的最小距离。首先,重画网格图如图 8.30 所示,在各个分支上标注与全 0 码字序列之间的汉明距离,而不是分支字码元。如果两个序列长度不等,则先在较短序列后附加 0,以使两个序列等长,再计算它们之间的汉明距离。分析所有从全 0 序列分叉出去,又在某个节点第一次与全 0 序列合并的路径。从图 8.30 上可以计算出这些路径与全 0 路径之间的距离,有一条路径与全 0 路径的距离为 5,它在 $t_1$ 时刻与全口路径分叉,在 $t_4$ 时刻合并;有两条路径与全 0 路径的距离为 6,其中一条在 $t_1$ 时刻分叉,在 $t_5$ 时刻合并,另一条在 $t_1$ 时刻分叉,在 $t_6$ 时刻合并,等等。从图中的虚线和实线可以看出,距离为 5 的路径其输入比特是 100,它与全 0 输入序列只有 1 比特的差别;同样地,距离为 6 的输入比特分别是 1100 和 10100,它们与全 0 序列都有 2 位的差别。所有分叉后又合并的任意长度路径中的最小距离称为最小自由距离,简称自由距离(free distance)。此例中自由距离为 5,如图 8.30 中粗线所示。为了计算该编码的纠错能力,将式(8.33)中的最小距离 $d_{min}$ 用自由距离 $d_f$ 代替,重写为

$$t = \left\lfloor \frac{d_f - 1}{2} \right\rfloor \tag{8.81}$$

其中,$\lfloor x \rfloor$ 表示不超过 $x$ 的最大整数。设 $d_f=5$,图 8.17 中的编码器可以纠正任意两个信道错误。

网格图表示"游戏规则",它简洁描述了某个有限状态机的所有可能状态转移及其对应的起始、结束状态。当使用纠错编码时,通过网格图还可以了解性能改善程度(编码增益)。观察图 8.30 中可能的分叉-合并差错路径,可见译码器不是随意出错的,差错路径必须是允许路径之一。网格图已标明了所有这些允许路径。以这种方式对数据编码,相当于对发送信号加了限制。译码器已知这些限制,从而使得系统能更容易(使用较小的信噪比 $E_b/N_0$)地满足差错性能要求。

尽管图 8.30 提供了计算自由距离的直观方法,但从图 8.19 的状态图着手可以获得更

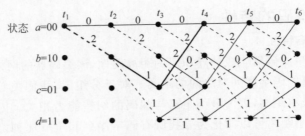

图 8.30　标注了与全 0 路径之间距离的网格图

为直接的封闭形式描述。首先,在状态图各分支上标注 $D^0 = 1, D^1, D^2$,如图 8.31 所示,这里的 $D$ 的指数表示该分支的分支字与全 0 路径之间的汉明距离。节点 $a$ 的自环可以省略,因为它不影响码字序列相对于全 0 序列的距离属性。并且,节点 $a$ 可以分成两个节点(标记为 $a$ 和 $e$),其中一个代表状态图的输入,另一个代表状态图的输出。在图 8.31 的修改状态图上可以跟踪所有起始于状态 $a = 00$ 和终止于状态 $e = 00$ 的路径。利用未定"占位符"$D$ 可以计算出路径 $abce$(初始和结束状态都是 00)的转移函数为 $D^2 D D^2 = D^5$,$D$ 的指数表明了路径上 1 的总累积个数,也就是该路径与全 0 路径之间的汉明距离。类似地,路径 $abdce$ 和 $abcbce$ 的转移函数都是 $D^6$,这就是路径与全 0 路径之间的汉明距离。状态方程如下:

$$\begin{cases} X_b = D^2 X_a + X_c \\ X_c = D X_b + D X_d \\ X_d = D X_b + D X_d \\ X_e = D^2 X_c \end{cases} \tag{8.82}$$

其中,$X_a, X_b, \cdots, X_e$ 都是到达中间节点的局部路径的虚拟变量。转移函数 $T(D)$,有时也称为编码的生成函数,可以表示为 $T(D) = X_e / X_a$。求解式(8.82)中的状态方程可得

$$T(D) = \frac{D^5}{1 - 2D}$$
$$= D^5 + 2D^6 + 4D^7 + \cdots + 2^l D^{l+5} + \cdots \tag{8.83}$$

该编码的转移函数表明,与全 0 序列距离为 5 的路径只有 1 条,与全 0 序列距离为 6 有 2 条,与全 0 序列距离为 7 有 4 条。一般地,与全 0 路径的距离为 $l+5$ 的路径共有 $2^l$ 条,$l = 0, 1, 2, \cdots$。编码的自由距离 $d_f$ 就是 $T(D)$ 展开式中最低阶项的汉明重量,此例中 $d_f = 5$。在评估距离属性时,转移函数 $T(D)$ 不能用于较长的约束长度,因为 $T(D)$ 的复杂性将随约束长度呈指数级增长。

与仅用路径距离相比,转移函数可以提供更多的信息。为状态图的每个分支引入一个因子 $L$,则 $L$ 的指数即表示任意给定的路径上从状态 $a = 00$ 到状态 $e = 00$ 的分支数。同时,在所有输入比特 1 产生的分支转移里引入因子 $N$,则经过每个分支时,仅当状态转移是由输入比特 1 引起时,$N$ 的累积指数值增加 1。对于图 8.17 例子中描述的卷积码,附加因子 $L$、$N$,见图 8.32 的修正状态图,式(8.82)可以改写为

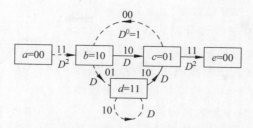

图 8.31 标注了与全 0 路径之间距离的状态图

$$\begin{cases} X_b = D^2 L N X_a + L N X_c \\ X_c = D L X_b + D L X_b \\ X_d = D L N X_b + D L N X_d \\ X_e = D^2 L X_c \end{cases} \tag{8.84}$$

该扩增状态图的转移函数为

$$T(D,L,N) = \frac{D^5 L^3 N}{1 - DL(1+L)N}$$

$$= D^5 L^3 N + D^6 L^4 (1+L) N^2 + D^7 L^5 (1+N)^2 N^3 + \cdots + D^{l+5} L^{l+3} N^{l+1} + \cdots \tag{8.85}$$

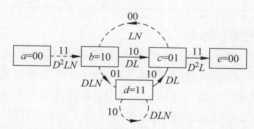

图 8.32 标注有距离、长度和输入比特 1 个数的状态图

现在验证图 8.30 中描述的路径性质：有 1 条距离为 5 的路径，其长度为 3，与全 0 路径的输入序列只有 1 比特的差别；有 2 条距离为 6 的路径，其长度分别为 4 和 5，与全 0 路径的输入序列都有 2 比特的差别；有 4 条距离为 7 的路径，其中 1 条长度为 5，2 条长度为 6，另 1 条长度为 7，这 4 条路径与全 0 路径的输入序列都有 3 比特的差别。假定全 0 路径是正确路径，但是如果因为噪声干扰选择了一条距离为 7 的非正确路径，那么将产生 3 比特译码差错。

**2. 卷积码的纠错能力**

由分组码内容可知，纠错能力 $t$ 表示采用最大似然译码时，在码本的每个分组长度内可以纠正的错误码元的数目。但是当对卷积码进行译码时，卷积码的纠错能力不能如此简洁地描述。根据图 8.25，完整的说法应当是，当采用最大似然译码时，该卷积码能在 3～5 个约束长度内纠正 $t$ 个差错。确切的长度依赖于差错的分布，对于特定的编码和差错图样，该长度可以用转移函数来界定，具体讨论见相关文献。

**3. 系统卷积码和非系统卷积码**

系统卷积码是指这样的卷积码，其输入的 $k$ 元组是与其关联的输出 $n$ 元组分支字的一部分。图 8.33 显示了一个编码效率为 $1/2, K=3$ 的二进制系统码编码器。对于线性分组码,将非系统码转化为系统码不会改变分组的距离属性。但对于卷积码,情况则不同,其原因就在于卷积码很大程度上依赖于自由距离。一般地,对于给定约束长度和编码效率的卷积码,将其系统化会减小最大自由距离。

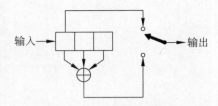

图 8.33　系统卷积码编码器
(编码效率 $1/2, K=3$)

表 8.18 列出了 $K$ 为 2～8,编码效率为 12 的系统码和非系统码的最大自由距离。若约束长度更大,得到的结果差别也将更大。

表 8.18　系统码与非系统自由距离比较(编码效率为 1/2)

| 约束长度 | 系统码自由距离 | 非系统码自由距离 |
| --- | --- | --- |
| 2 | 3 | 3 |
| 3 | 4 | 5 |
| 4 | 4 | 6 |
| 5 | 5 | 7 |
| 6 | 6 | 8 |
| 7 | 6 | 10 |
| 8 | 7 | 10 |

#### 4. 卷积码中的灾难性错误传播

所谓灾难性错误(catastrophic error),是指由有限数量的码元差错引起的无限数量的已译码数据比特差错。Massey 和 Sain 推导了卷积码出现灾难性错误传播的充要条件。对于寄存器抽头按照前面描述的生成多项式进行连接,编码效率为 $1/n$ 的编码方式,发生灾难性错误传播的条件是这些生成多项式有共同的多项式因子(阶数不低于 1)。例如图 8.34(a) 中表示的编码效率为 $1/2, K=3$ 的编码器,上方生成多项式 $g_1(X)$,下方生成多项式 $g_2(X)$ 分别为

$$\begin{cases} g_1(X)=1+X \\ g_2(X)=1+X^2 \end{cases} \tag{8.86}$$

由于 $1+X^2=(1+X)(1+X)$,因此生成多项式 $g_1(X)$ 和 $g_2(X)$ 有共同的多项式因子 $1+X$,所以,图 8.34(a) 中的编码器会引起灾难性错误传播(catastrophic error propagation)。

对于编码效率任意的编码器状态图,当且仅当任意闭环路径的重量为 0(与全 0 路径距离为 0)时,才会出现灾难性错误传播。现以图 8.34 为例进行阐述。图 8.34(b) 的状态图将状态 $a=00$ 分成两个节点 $a$ 和 $e$。假定全 0 路径是正确路径,那么,无论在节点 $d$ 的自环有多少次,不正确的路径 $abdd\cdots dce$ 上共有 6 个 1。举例来说,对于 BSC 信道,若发生 3 个信道比特差错,结果就会选择这条不正确的路径,而在这条路径上可以有任意多个判决错误(2 个加上经过的自环的次数)。经观察可见,对于编码效率为 $1/n$ 的编码,若编码器的每个加法器都有偶数个连接,那么对应于全 1 状态的自环重量将为 0,从而代码将是灾难性的。

系统码的优点在于它不会引起灾难性错误传播,因为每个闭环中至少有一个分支由非 0 输入比特产生,从而使每个闭环必有非 0 码元。不过,可以证明,仅有一小部分的非系统

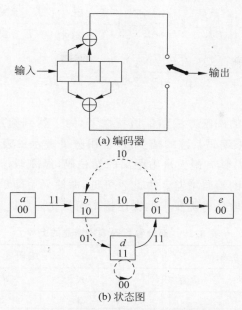

(a) 编码器

(b) 状态图

图 8.34　引起灾难性错误传播的编码器

码(除去所有加法器都有偶数个抽头的)会引起灾难性错误传播。

**5. 卷积码的性能界限**

可以证明,对于采用硬判决译码的二进制卷积码,其误比特率 $P_B$ 的上界为

$$P_B \leqslant \frac{\mathrm{d}T(D,N)}{\mathrm{d}N}\bigg|_{N=1,D=2\sqrt{p(1-p)}} \tag{8.87}$$

其中,$p$ 是信道码元差错概率。对图 8.17 中的例子,令式(8.85)中的 $L=1$,可由 $T(D,L,N)$ 求得

$$T(D,N) = \frac{D^5 N}{1-2DN} \tag{8.88}$$

并有

$$\frac{\mathrm{d}T(D,N)}{\mathrm{d}N}\bigg|_{N=1} = \frac{D^5}{(1-2D)^2} \tag{8.89}$$

联立式(8.87)和式(8.89),可得

$$P_B \leqslant \frac{\{2[p(1-p)]^{1/2}\}^5}{\{1-4[p(1-p)]^{1/2}\}^2} \tag{8.90}$$

对于加性高斯白噪声(AWGN)信道的相干 BPSK 调制,可以证明,误比特率的上界为

$$P_B \leqslant Q\left(\sqrt{2d_f\frac{E_c}{N_0}}\right) \exp\left(d_f\frac{E_c}{N_0}\right) \frac{\mathrm{d}T(D,N)}{\mathrm{d}N}\bigg|_{N=1,D=\exp(-E_c/N_0)} \tag{8.91}$$

其中,$E_c/N_0 = rE_b/N_0$。$E_b/N_0$ 为信息比特能量与噪声功率谱密度之比;$E_c/N_0$ 为信道码元能量与噪声功率谱密度之比;$r=k/n$ 为编码效率。

因此,对于编码效率为 1/2,自由距离 $d_f=5$ 的编码,若采用相干 BPSK 调制和硬判决译码,则有

$$P_B \leqslant Q\left(\sqrt{\frac{5E_b}{N_0}}\right) \exp\left(\frac{5E_b}{2N_0}\right) \frac{\exp(-5E_b/2N_0)}{[1-2\exp(-E_b/2N_0)]^2}$$

$$\leqslant \frac{Q(\sqrt{5E_b/N_0})}{[1-2\exp(-E_b/2N_0)]^2} \tag{8.92}$$

### 6. 编码增益

编码增益是指在相同的调制方法和信道特性下,为了达到给定的差错概率,编码系统所需信噪比 $E_b/N_0$ 较之未编码系统的减少量,常用分贝表示。表 8.19 给出的编码增益上界,是约束长度 $K$ 为 3～9,具有最大自由距离的卷积码,经高斯信道传输和硬判决译码后,相对于未编码相干 BPSK 的编码增益。由此表可见,即使只用简单的卷积码,也可以获得很好的编码增益。实际编码增益将随要求的误比特率而变化。

**表 8.19 部分卷积码编码增益的上界**

| 编码效率 1/2 的编码 | | | 编码效率 1/2 的编码 | | |
|---|---|---|---|---|---|
| $K$ | $d_f$ | 上界/dB | $K$ | $d_f$ | 上界/dB |
| 3 | 5 | 3.97 | 3 | 8 | 4.26 |
| 4 | 6 | 4.76 | 4 | 10 | 5.23 |
| 5 | 7 | 5.43 | 5 | 12 | 6.02 |
| 6 | 8 | 6.00 | 6 | 13 | 6.37 |
| 7 | 10 | 6.99 | 7 | 15 | 6.99 |
| 8 | 10 | 6.99 | 8 | 16 | 7.72 |
| 9 | 12 | 7.78 | 9 | 18 | 7.78 |

表 8.20 列出了经高斯信道传输、采用软判决译码、硬件实现或计算机仿真的编码,与未编码的相干 BPSK 相比的编码增益。未编码的 $E_b/N_0$ 列在表的最左边。由表可知,编码增益随误比特率的减小而增大,但不会无限上升,其上界如表中所示,用分贝表示的增益上界可以记为

$$编码增益 \leqslant 10\lg(rd_f) \tag{8.93}$$

其中,$r$ 是编码效率,$d_f$ 是自由距离。从表 8.20 还可以看到,对于编码效率为 1/2 和 2/3 的编码,当 $P_B = 10^{-7}$ 时,较弱的编码比较强编码增益和增益上界更为接近。

**表 8.20 软判决维特比译码的基本编码增益(dB)**

| 未编码 | 编码效率 | | 1/3 | | 1/2 | | | 2/3 | | 3/4 | |
|---|---|---|---|---|---|---|---|---|---|---|---|
| $E_b/N_0$/dB | $P_B$ | $K$ | 7 | 8 | 5 | 6 | 7 | 6 | 8 | 6 | 9 |
| 6.8 | $10^{-3}$ | | 4.2 | 4.4 | 3.3 | 3.5 | 3.8 | 2.9 | 3.1 | 2.6 | 2.6 |
| 9.6 | $10^{-5}$ | | 5.7 | 5.9 | 4.3 | 4.6 | 5.1 | 4.2 | 4.6 | 3.6 | 4.2 |
| 11.3 | $10^{-7}$ | | 6.2 | 6.5 | 4.9 | 5.3 | 5.8 | 4.7 | 5.2 | 3.9 | 4.8 |
| | 上界 | | 7.0 | 7.3 | 5.4 | 6.0 | 7.0 | 5.2 | 6.7 | 4.8 | 5.7 |

一般地,维特比译码通常应用于二进制输入、硬判决或 3 比特量化软判决输出信道,约束长度为 3～9,编码效率一般大于 1/3,路径存储容量为几个约束长度。路径存储容量指的是译码器存储的输入比特记录的长度。分析维特比译码的例子,读者也许会对固定路径存储容量大小的必要性提出疑问。由该例可看出,对于任何节点,只要该节点上仅有一条幸存

路径,就可以译码出分支字。然而在实际应用中,为了实现该译码器,当对分支字进行译码时,必须伴有大量的处理过程以实现连续检测。若存在固定延迟,分支字就可在固定延迟后被译码。可以证明,对于 BSC 和高斯信道,从具有最小状态量度的状态回溯固定长度的路径记录(4 或 5 倍约束长度),足以把相对于最优译码器的性能下降限制在 0.1dB 左右。图 8.35 给出了采用硬判决量化的维特比译码时,其差错性能的仿真结果。注意,当 $P_B = 10^{-5}$ 时,约束长度每增加一个单位,所需的 $E_b/N_0$ 降低大约 0.5dB。

**7. 最常用的卷积码**

卷积码的连接向量或生成多项式通常根据码的自由距离特性进行选择。第一准则是,对于给定的编码效率和约束长度,选择具有最大自由距离而且不会发生灾难性错误传播的编码,然后最小化最大自由距离 $d_f$ 下的路径数,或这些路径代表的数据比特错误数。可以对自由距离为 $d_f+1, d_f+2$ 的路径数或比特错误数采用上述过程进步细化,直至仅剩一个或一组编码。Odenwalder 按照上述准则得到了编码效率为 $1/2, K=3\sim9$,以及效率为 $1/3, K=3\sim8$ 的最常用编码,如表 8.21 所示。表中的连接向量,表示卷积码编码器相应的各级与加法器之间是否存在(1 或 0)抽头连接,连接向量最左边的数据项对应了编码寄存器最左端一级。值得注意的是,这些连接向量都可以反转(左右交换)。在维特比译码情况下,反转连接得到的编码和原连接具有相同的距离参数,因此也具有相同的性能,如表 8.21 所示。

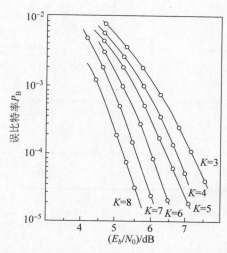

图 8.35　误比特率和 $E_b/N_0$ 的关系曲线(BSC 信道、相干 BPSK、

编码效率为 1/2 的维特比译码,具有 32 比特路径存储容量)

表 8.21　短约束长度的最佳卷积码(编码效率为 1/2、1/3)

| 编码效率 | 约束长度 | 自由距离 | 编码向量 |
|---|---|---|---|
| 1/2 | 3 | 5 | 111<br>101 |
| 1/2 | 4 | 6 | 1111<br>1011 |

| 编 码 效 率 | 约 束 长 度 | 自 由 距 离 | 编 码 向 量 |
|---|---|---|---|
| 1/2 | 5 | 7 | 10111<br>11001 |
| 1/2 | 6 | 8 | 101111<br>110101 |
| 1/2 | 7 | 10 | 1001111<br>1101101 |
| 1/2 | 8 | 10 | 100011111<br>11100101 |
| 1/2 | 9 | 12 | 110101111<br>100011101<br>111 |
| 1/3 | 3 | 8 | 111<br>101<br>1111 |
| 1/3 | 4 | 10 | 1011<br>1101<br>11111 |
| 1/3 | 5 | 12 | 11011<br>10101<br>10111 |
| 1/3 | 6 | 13 | 110101<br>111001<br>1001111 |
| 1/3 | 7 | 15 | 1010111<br>1101101<br>11101111 |
| 1/3 | 8 | 16 | 100110011<br>10101001 |

## 8.10　交织码

许多实际通信系统中,如移动通信中,多径传播造成的衰落可能会产生一系列突发差错。前面讨论的纠错码(除 RS 码以外)主要是针对随机错误的,这里将讨论针对突发差错的交织码。

交织技术对编码器输出的码流与信道上传输的符号流做顺序上的变换,从而将突发差错均化,达到噪声均化的目的。从某种意义上说,交织是一种信道改造技术,将一个原来属于突发差错的有记忆信道改造为基本上是独立差错的随机无记忆信道。交织编码原理如图 8.36 所示。

最简单的交织器就是一个 $M$ 列 $M$ 行的存储阵列,码流按列输入后按行输出。如果信道传输时出现突发差错,去交织(按行输入按列输出)后,将使突发差错均化。

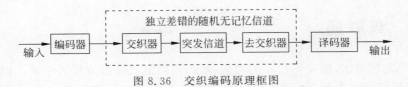

图 8.36 交织编码原理框图

举例说明。假设交织器设计成 5 行 4 列,交织器的输入为

$$X = [x_1, x_2, x_3, x_4, x_5, x_6, x_7, x_8, x_9, x_{10}, x_{11}, x_{12}, x_{13}, x_{14}, x_{15}, x_{16}, x_{17}, x_{18}, x_{19}, x_{20}]$$

交织矩阵为

$$\begin{bmatrix} x_1 & x_6 & x_{11} & x_{16} \\ x_2 & x_7 & x_{12} & x_{17} \\ x_3 & x_8 & x_{13} & x_{18} \\ x_4 & x_9 & x_{14} & x_{19} \\ x_5 & x_{10} & x_{15} & x_{20} \end{bmatrix}$$

则交织器输出为

$$[x_1, x_6, x_{11}, x_{16}, x_2, x_7, x_{12}, x_{17}, x_3, x_8, x_{13}, x_{18}, x_4, x_9, x_{14}, x_{19}, x_5, x_{10}, x_{15}, x_{20}]$$

然后送入突发差错的有记忆信道,假设突发信道产生在传递时连错 4 个,由 $x_3, x_8$, $x_{13}, x_{18}$ 变成 $x'_3, x'_8, x'_{13}, x'_{18}$。则去交织器的输出为

$$[x_1, x_2, x'_3, x_4, x_5, x_6, x_7, x'_8, x_9, x_{10}, x_{11}, x_{12}, x'_{13}, x_{14}, x_{15}, x_{16}, x_{17}, x'_{18}, x_{19}, x_{20}]$$

可见送入译码器的序列已不是突发差错。即交织码的作用是将突发错误随机化,从而减小错误事件之间的相关性。

上述类型的交织器称为周期性的分组交织器,推广至一般,如果分组长度为 $L = MN$,该交织器将分组长度 $L$ 分成 $M$ 列 $N$ 行并构成一个交织矩阵,交织矩阵存储器是按列写入按行读出,读出后送至发送信道。在接收端,将来自发送信道的信息送入去交织器的同一类型 $(M, N)$ 交织矩阵存储器,而它是按行写入按列读出的。该交织方法的特点如下:

(1) 任何长度 $l \leqslant M$ 的突发差错,经去交织变换后,成为至少被 $N-1$ 位隔开后的一些单个独立差错。

(2) 任何长度 $l > M$ 的突发性差错,经去交织变换后,可将长突发变换成短突发,长度为 $[l/M]$。

(3) 在不计信道时延的条件下,完成交织与去交织变换的时延为 $2MN$ 个符号;而交织与去交织各占 $MN$ 个符号,即要求各存储 $MN$ 个符号。

(4) 在特殊的情况下,周期为 $M$ 个符号的单个独立差错序列,经去交织后,可能会产生突发错误序列。

交织编码是克服衰落信道中突发性干扰的有效方法,目前已在移动通信中得到广泛的实际应用。但是交织编码的主要缺点正如特点(3)所指出,它会带来较大的 $2MN$ 个符号的迟延。而为了更有效地改造突发差错为独立差错,$MN$ 应足够大。大的附加时延会给实时语音通信带来很不利的影响,同时也增大了设备的复杂性。

除了这里讨论的分组交织,交织器的类型还有很多。另外,第 8.12 节中将看到交织器在 Turbo 码中的重要作用。

## 8.11 级联码

信道编码定理指出,随着码长 $n$ 的增加,译码错误概率按指数接近于零。但是,随着码长的增加,译码器的复杂性和计算量也相应增加。为了解决性能与复杂性的矛盾,1966 年 Forney 首先提出级联码的概念,利用两个短码串接来构成一种长码。级联码的结构如图 8.37 所示。连接信息源的称为外编码器,连接信道的称为内编码器。如果外码为码率为 $R_o$ 的 $(N,K)$ 分组码,内码为 $R_i$ 的 $(n,k)$ 分组码,则两者合起来相当于码长为 $Nn$、信息位 $Kk$、码率 $R_c=R_o R_i$ 的分组码。

图 8.37 串行级联码

由于维特比最大似然译码算法适合于约束度较小的卷积码,因此级联码的内码常采用卷积码。当卷积码为内码时,要么不出错,一旦出错就是一个序列的差错,相当于一个突发差错,因此,具有良好纠突发差错的 RS 码成为外码的首选。当 RS 码纠突发差错能力超过卷积码最可能的差错序列长度时,则卷积码的译码差错在大多数情况下能被 RS 码纠正。符合这种关系的卷积码内码加 RS 外码成为级联码的黄金搭配,它特别适合于高斯白噪声信道,如卫星通信和宇航通信。

1984 年美国国家航空航天局(National Aeronautics and Space Administration, NASA)给出了一种用于空间飞行数据网的级联码方案,以后被人们称为标准级联码系统,如图 8.38 所示。由于这种码的优良特性,在某种程度上被认为是一种工业标准而广泛应用,称为"NASA 码"。内码采用转移函数矩阵为

$$G(D)=(1+D+D^3+D^4+D^6 \quad 1+D^3+D^4+D^5+D^6)$$

其中,$G$ 为 $(2,1,6)$ 卷积码;外码采用 $(255,223)$RS 码,且在内码和外码中间插入 $5\times255$ 的交织器,码元是 $GF(2^8)$ 扩域的域元素,每个码元对应一个 8 bit。与不编码相比,该级联码可产生约 7dB 编码增益。

图 8.38 标准级联码系统

由于级联码码长是内外码之积而复杂度是内外码之和,具有极强的纠突发和纠随机错误的能力,更重要的是利用级联码的构造方法,能达到信道编码定理所给出的极限,故引起了很多学者的浓厚兴趣。随着对级联码研究的深入,现已从串行级联码发展到多级级联码和并行级联码。第 8.12 节讨论的 Turbo 码就属于并行级联码。

## 8.12 Turbo 码

信道编码定理指出,只要码字长度足够大,随机编码也能保证信误概率任意小,但由于码字数量巨大,使得译码不可能实现。很久以来人们一直在寻找码率接近香农理论值、错误概率小的好码,并提出了许多构造好码的方法。1993 年 C. Berro 等人提出的并行级联码,即 Turbo 码。它是级联码研究的里程碑式成果,巧妙地将卷积码和随机交织器结合在一起,实现了随机编码的思想;同时,采用软输入软输出(SISO)的迭代译码来逼近最大似然译码,无论在 AWGN 信道还是在衰落信道中,Turbo 码都取得了良好的性能。当 $E_b/N_0 = 0.7\text{dB}$ 时。码率为 1/2 的 Turbo 码在 AWGN 信道下的误比特率可达 $10^{-5}$ 以下,为真正达到香农限开辟了一条新的途径。

由于出色的纠错性能、可接受的复杂度和实现的灵活性,Turbo 码在各种通信系统中获得大量应用,如移动通信、卫星通信等。移动信道存在多径瑞利衰落、多普勒频移及多址接入干扰(MAI)等不利因素,而且带宽和功率受限,信道环境十分恶劣,因此对信道编码有着严格的要求,Turbo 码在移动通信中的应用尤其令人关注。

### 8.12.1 Turbo 编码

Turbo 码是一种带有内部交织器的并行级联码,它由两个结构相同的 RSC 分量码编码器并行级联而成,如图 8.38 所示。Turbo 码内部交织器在 RSC II 之前将信息序列中 $J$ 个比特的位置进行了随机置换,使得突发错误随机化,当交织器充分大时,Turbo 码就具有近似于随机长码的特性,码的性能就会接近香农限。

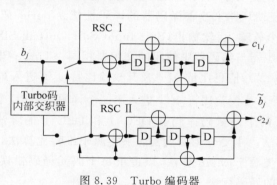

图 8.39 Turbo 编码器

图 8.39 所示的 RSC 编码器的生成多项式可表示为

$$G(D) = \left[ 1, \frac{g_1(D)}{g_0(D)} \right] \tag{8.94}$$

其中,逆向反馈多项式 $g_0(D) = 1 + D^2 + D^3$,前向反馈多项式 $g_1(D) = 1 + D + D^3$。

RSC I 编码器的输入信息序列 $\{b_j\}$ 由 $J$ 个独立的 0 或 1 等概取值的比特 $b_j$ 组成,RSC I 生成的校验序列为 $C_{1,j}$。$b_j$ 经交织后,输入到 RSC II,产生另一个校验序列 $C_{2,j}$。Turbo 码的码率为 1/3,输出序列经复用后的编码输出顺序为

$$b_1, c_{1,1}, c_{2,1}, b_2, c_{1,2}, c_{2,2}, \cdots, b_J, c_{1,J}, c_{2,J} \tag{8.95}$$

　　Turbo 码的归零可以通过如图 8.38 所示的双掷开关来完成,当一组信息比特经过编码器编码完成后,两个开关向下切换,编码器就通过移位寄存器的反馈信息进行归零。前 6 个比特用于第一个分量码的归零,后 6 个比特用于第二个分量码的归零,则所传输的编码后的归零信息为

$$b_{J+1},b_{J+2},b_{J+3},c_{1,J+1},c_{1,J+2},c_{1,J+3},\tilde{b}_{J+1},\tilde{b}_{J+2},\tilde{b}_{J+3},c_{2,J+1},c_{2,J+2},c_{3,J+3}$$

　　将编码器输出比特 $(b_j,C_{1,j},C_{2,j})$ 转换为双极性值 $(d_{j,1},d_{j,2}^{(1)},d_{j,2}^{(2)})$,通过离散无记忆信道后,在译码器输入端得到接收序列

$$y_1^{T_u}=(y_1\cdots y_j\cdots y_{T_u}),\quad T_u=J+3 \tag{8.96}$$

其中,$y_j=(y_{j,1},y_{j,2}^{(1)},y_{j,2}^{(2)})$ 表示时刻 $j$ 接收到的符号,即

$$y_{j,1}=(2b_{j-1})+n_{j,1}=d_{j,1}+n_{j,1} \tag{8.97}$$

$$y_{j,2}^{(1)}=(2c_{1,j}-1)+n_{j,2}^{(1)}=d_{j,2}^{(1)}+n_{j,2}^{(1)} \tag{8.98}$$

$$y_{j,2}^{(2)}=(2c_{2,j}-1)+n_{j,2}^{(2)}=d_{j,2}^{(2)}+n_{j,2}^{(2)} \tag{8.99}$$

其中,$n_{j,1},n_{j,2}^{(1)},n_{j,2}^{(2)}$ 是均值为 0,方差为 $\sigma^2$ 的独立正态变量。

## 8.12.2　Turbo 译码

　　由于交织器的出现,导致 Turbo 码的最优(最大似然)译码变得非常复杂,不可能实现。而一种次优迭代译码算法在降低了复杂度的同时又具有较好的性能,使得 Turbo 码的应用成为可能。译码算法中的迭代思想已经作为"Turbo 原理"广泛用于编码、调制、信号检测等领域。

　　迭代译码的基本思想是分别对两个 RSC 分量码进行最优译码,以迭代的方式使两者分享共同的信息,并利用反馈环路来改善译码器的译码性能。Turbo 码译码器的基本结构如图 8.40 所示。它是两个软输入/软输出(Soft Input Soft Output,SISO)译码器 DEC Ⅰ 和 DEC Ⅱ 的串行级联,交织器与编码器中使用的交织器相同。Turbo 码经信道传输后得到的符号 $R_j=(y_{j,1},y_{j,2}^{(1)},y_{j,2}^{(2)})$,信息比特 $y_{j,1}$ 及其校验比特 $y_{j,2}^{(1)}$ 进入第一个译码器 DEC Ⅰ,信息比特 $y_{j,1}$ 经交织后及其校验比特 $y_{j,2}^{(2)}$ 进入第二个译码器 DEC Ⅱ。

　　Turbo 译码中关于两个分量码译码器 DEC Ⅰ 和 DEC Ⅱ 的算法有多种,它们构成了 Turbo 码的不同译码算法。主要分为两大类:一类源于维特比算法,以追求每个码字错误概率最小为目标;另一类源于 MAP 算法,以追求每个码元译码错误概率最小为目标。这里将只涉及源于 MAP 的译码算法。

　　Turbo 码由两个结构相同的 RSC 分量码编码器并行级联而成,迭代译码分别对两个 RSC 分量码进行最优译码,下面以编码器 RSC Ⅰ 及其对应的译码器 DEC Ⅰ 为例作介绍。

　　码率为 1/2 的 RSC 分量码,假设在时刻 $j$,RSC 编码器的输入比特为 $b_j$,输出比特为 $b_j$ 和 $C_{1,j}$,变为双极性值为 $d_{j,1}$ 和 $d_{j,2}$,经离散无记忆信道后,MAP 译码器的输入序列为 $y_1^{T_u}=(y_1 y_2\cdots y_j\cdots y_{T_u})$,其中 $y_j$ 表示时刻 $j$ 接收到的符号,$y_j=(y_{j,1},y_{j,2})$,$y_{j,1},y_{j,2}$ 分别为译码器接收到的信息比特和校验比特,图 8.40 中 DEC Ⅰ 的输入 $y_{j,2}=y_{j,2}^{(1)}$。$\Lambda_a^{(2)}(j)$ 是由 DEC Ⅱ 提供的关于 $b_j$ 的先验信息,$\Lambda_a^{(1)}(j)$ 是关于 $b_j$ 的对数似然比。

　　定义 $b_j$ 的先验信息为

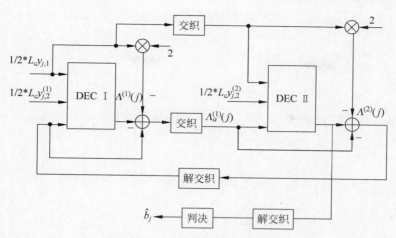

图 8.40　Turbo 码译码器

$$\Lambda_a^{(2)}(j) = \ln \frac{\Pr(b_j = 1)}{\Pr(b_j = 0)} \tag{8.100}$$

定义 $b_j$ 的对数似然比为

$$\Lambda^{(1)}(j) = \ln \frac{\Pr(b_j = 1 \mid y_1^{T_u})}{\Pr(b_j = 0 \mid y_1^{T_u})} = \ln \frac{\Pr(b_j = 1 \mid y_1^{T_u}) \mid p(y_1^{T_u})}{\Pr(b_j = 0 \mid y_1^{T_u}) \mid p(y_1^{T_u})}$$

$$= \ln \frac{\displaystyle\sum_{\substack{(m',m) \\ b_j = 1}} \Pr(S_{j-1} = m', S_j = m, y_1^{T_u})}{\displaystyle\sum_{\substack{(m',m) \\ b_j = 0}} \Pr(S_{j-1} = m', S_j = m, y_1^{T_u})} \tag{8.101}$$

其中，$\Pr(b_j \mid y_1^{T_u})$ 是数据比特 $b_j$ 的后验概率（APP）。对存储单元为 $v$ 的 RSC 编码器，在时间 $j$ 时刻，编码器状态 $S_j$ 可以表示为 $S_j = (b_j, b_{j-1}, \cdots, b_{j-v+1})$，所以 $m', m = 0, 1, \cdots, 2^v - 1$。

定义前向递推

$$\alpha_j(m) = \Pr(S_j = m, y_1^j) \tag{8.102}$$

后向递推

$$\beta_j(m) = \Pr(y_{j+1}^{T_u}, S_j = m) \tag{8.103}$$

$m' \to m$ 分支转移概率

$$\gamma_j(m', m) = \Pr(S_j = m, y_j \mid S_{j-1} = m') \tag{8.104}$$

则

$$\Pr(S_{j-1} = m', S_j = m, y_1^{T_u}) = \alpha_{j-1}(m') \cdot \gamma_j(m', m) \cdot \beta_j(m) \tag{8.105}$$

在状态 $S_{j-1}$ 已知时，在 $j-1$ 时刻以后发生的事件与以前的输入无关，所以 RSC 编码器等效于一个马尔可夫源，可得

$$\alpha_j(m) = \Pr(S_j = m, y_1^j) = \sum_{m'} \Pr(S_j = m, S_{j-1} = m', y_1^j)$$

$$= \sum_{m'} \Pr(S_{j-1} = m', y_1^{j-1}) * \Pr_r(S_j = m \mid S_{j-1} = m', y_1^{j-1})$$

$$= \sum_{m'} \alpha_{j-1}(m') \cdot \Pr(S = m, y_j \mid S_{j-1} = m')$$

$$= \sum_{m'} \alpha_{j-1}(m') \cdot \gamma_j(m', m) \tag{8.106}$$

如果 RSC 编码器的初始状态为零状态,$\alpha_j(m)$ 递推的初始状态则设定为

$$\alpha_0(0) = 1, \quad \alpha_0(m) = 0 \quad \forall m \neq 0 \tag{8.107}$$

同理可得

$$\beta_{j-1}(m') = \sum_m \Pr(S_j = m, y_j^{T_u} \mid S_{j-1} = m')$$

$$= \sum_m \beta_j(m) \cdot \gamma_j(m', m) \tag{8.108}$$

如果 RSC 编码器在每帧就编码完成之后通过归零处理回到零状态,那么 $\beta_j(m)$ 递推的初始状态设定为

$$\beta_{T_u}(0) = 1, \quad \beta_{T_u}(m) = 0 \quad \forall m \neq 0$$

$m' \rightarrow m$ 分支转移概率

$$\gamma_j(m', m) = \Pr(S_j = m, y_j \mid S_{j-1} = m')$$

$$= \Pr(S_j = m, S_{j-1} = m') \cdot \Pr(y_j \mid S_j = m, S_{j-1} = m')$$

$$= \Pr(S_j = m, S_{j-1} = m') \cdot \Pr(y_j \mid d_j)$$

$$= \Pr(b_j) \cdot \Pr(y_j \mid d_j) \tag{8.109}$$

其中,$\Pr(S_j = m, S_{j-1} = m')$ 是状态转移概率或先验转移概率,$\Pr(y_j \mid d_j)$ 是在信息比特 $j$ 时刻信道输出和编码比特的联合条件转移概率矩阵,它由信道转移概率 $\Pr(y_{j,n'} \mid d_{j,n'})$ 决定,如式(8.110)所示。

$$\Pr(y_j \mid d_j) = \prod_{n'=1}^n \Pr(y_{j,n'} \mid d_{j,n'}) \tag{8.110}$$

对于高斯信道

$$\Pr(y_{j,n'} \mid d_{j,n'}) = \frac{1}{\sigma\sqrt{2\pi}} \exp\left[-\frac{(y_{j,n'} - d_{j,n'})^2}{2\sigma^2}\right] \tag{8.111}$$

其中,$\sigma^2$ 是加性高斯噪声的方差。

由于

$$\Lambda_a^{(2)}(j) = \ln\frac{\Pr_r(b_j = 1)}{\Pr(b_j = 0)} = \ln\left(\frac{\Pr(d_{j,1} = +1)}{\Pr(d_{j,1} = -1)}\right) \tag{8.112}$$

所以,当 $\Pr(b_j = 1 \mid S_j = m, S_{j-1} = m') = 1$ 时,有

$$p_1 = \Pr(b_j = 1) = \frac{\exp[\Lambda_a^{(2)}(j)]}{1 + \exp[\Lambda_a^{(2)}(j)]} \tag{8.113}$$

当 $\Pr(b_j = 0 \mid S_j = m, S_{j-1} = m') = 1$ 时,有

$$p_0 = \Pr(b_j = 0) = \frac{1}{1 + \exp[\Lambda_a^{(2)}(j)]} \tag{8.114}$$

在第一次迭代过程中,不知道先验信息,则设定 $\Lambda_a^{(2)}(j) = 0$,即

$$\Pr(b_j = 1) = \Pr(b_j = 0) = 1/2 \tag{8.115}$$

又因为

$$\Pr(y_j \mid d_j) \propto \exp\left[-\frac{(y_{j,1} - d_{j,1})^2}{2\sigma^2} - \frac{(y_{j,2} - d_{j,2})^2}{2\sigma^2}\right]$$

$$= \exp\left(-\frac{y_{j,1}^2 + d_{j,1}^2 + y_{j,2}^2 + d_{j,2}^2}{2\sigma^2}\right) \cdot \exp\left(\frac{y_{j,1}^2 d_{j,1}^2 + y_{j,2}^2 d_{j,2}^2}{2\sigma^2}\right)$$

$$= K \exp\left(\frac{y_{j,1} d_{j,1} + y_{j,2} d_{j,2}}{\sigma^2}\right) \tag{8.116}$$

所以

$$\gamma_j(m', m) \propto p_i \exp\left(\frac{y_{j,1} d_{j,1} + y_{j,2} d_{j,2}}{\sigma^2}\right) \quad i = 0, 1 \tag{8.117}$$

因此,对数似然比的表达式为

$$\Lambda^{(1)}(j) = \ln \frac{\displaystyle\sum_{\substack{(m',m)\\ b_j=1}} \alpha_{j-1}(m') \cdot \gamma_j(m', m) \cdot \beta_j(m)}{\displaystyle\sum_{\substack{(m',m)\\ b_j=0}} \alpha_{j-1}(m') \cdot \gamma_j(m', m) \cdot \beta_j(m)}$$

$$= \ln \frac{p_1}{p_0} + \frac{2}{\sigma^2} y_{j,1} + \ln \frac{\displaystyle\sum_{\substack{(m',m)\\ b_j=1}} \alpha_{j-1}(m') \cdot \gamma_j(m', m) \cdot \exp\left(\frac{y_{j,2} d_{j,2}}{\sigma^2}\right)}{\displaystyle\sum_{\substack{(m',m)\\ b_j=0}} \alpha_{j-1}(m') \cdot \gamma_j(m', m) \cdot \exp\left(\frac{y_{j,2} d_{j,2}}{\sigma^2}\right)}$$

$$= \Lambda_a^{(2)}(j) + \frac{2}{\sigma^2} y_{j,1} + \Lambda_e^{(1)}(j) \tag{8.118}$$

式(8.118)的对数似然比即为 MAP 译码器的软输出,其中第一项代表的是另一个译码器为该译码器所提供的先验信息;第二项叫作信道值,通常设定 $L_c$ 为信道可靠值,$L_c = 4E_s/N_0 = 2/\sigma^2$;第三项代表的是可送给后续译码器的"外部信息"。

迭代译码算法的引入使组成 Turbo 码的两个编码器均可采用性能优良的卷积码,同时采用反馈译码的结构,实现了软输入/软输出,递推迭代译码。如果分量码译码器 DEC Ⅰ 和 DEC Ⅱ 均采用上述的 MAP 算法,则它们软输出分别是

$$\text{DEC Ⅰ}: \left[\Lambda^{(1)}(j)\right]^{(n)} = \left[\Lambda_a^{(2)}(j)\right]^{n-1} + \frac{2}{\sigma^2} y_{j,1} + \left[\Lambda_e^{(1)}(j)\right]^{(n)} \tag{8.119}$$

$$\text{DEC Ⅱ}: \left[\Lambda^{(2)}(j)\right]^{(n)} = \left[\Lambda_a^{(2)}(j)\right]^{n-1} + \frac{2}{\sigma^2} \tilde{y}_{j,1} + \left[\Lambda_e^{(2)}(j)\right]^{(n)} \tag{8.120}$$

其中,$(\tilde{\cdot})$ 表示交织后的信息,上标 $n$ 表示 Turbo 迭代译码的次数,$\Lambda^{(1)}(j)$ 是 DEC Ⅰ 的软输出,$\Lambda^{(2)}(j)$ 是前一次迭代中 DEC Ⅱ 给出的外信息经解交织后的信息,在本次迭代中被 DEC Ⅰ 用作先验信息;$\Lambda_e^{(1)}(j)$ 是 DEC Ⅰ 新产生的外信息,经交织后成为 $\Lambda_a^{(1)}(j)$,被 DEC Ⅱ 用作先验信息。

经过几次迭代后,译码性能达到一定要求时,就可以根据对数似然比 $\Lambda^{(2)}(j)$ 解交织后得到 $\Lambda^{(2)}(j)$,即 $\Lambda(j)$。与 0 门限的比较结果进行硬判决,得到译码比特的估计值:

(1) 若 $\Lambda(j) \geqslant 0$，则译码比特 $\hat{b}_j$ 为 1；

(2) 若 $\Lambda(j) < 0$，则译码比特 $\hat{b}_j$ 为 0。

可见，迭代译码的具体过程可以归纳为 DEC Ⅰ 对分量码 RSC Ⅰ 进行最佳译码，产生信息比特的似然信息，并将其中的"外部信息"经过交织器后传给 DEC Ⅱ；译码器 DEC Ⅱ 将此信息作为先验信息，对分量码 RSC Ⅱ 进行最佳译码，产生交织后的信息比特的似然信息，并将其中的"外部信息"经过解交织器后传给 DEC Ⅰ，译码器 DEC Ⅰ 将此信息作为先验信息，进行下一回合的译码。整个译码过程犹如两个译码器在打乒乓球，经过若干回合，DEC Ⅰ 或 DEC Ⅱ 的"外部信息"趋于稳定，似然比渐近值逼近于整个码的最大似然译码，然后对此似然比进行硬判决，即可得到信息序列 $\{b_j\}$ 的最佳估值序列 $\{\hat{b}_j\}$。值得注意的是，为了更好地利用译码器之间的信息，迭代译码过程中所用的是软判决信息而不是硬判决信息。

## 实践：编码信道下的通信系统仿真

这是一个综合性的大型实验，通过搭建一个包括信源、信源编译码器、信道、信道编译码器等各模块在内的仿真通信系统，使读者能够加深对本课程各个重点章节的理解，更好地掌握通信的本质意义。

说明：

由于搭建一个完整通信系统的工作量较大，所以本实验可以使用 MATLAB 等仿真工具。下面分别描述系统中各模块的需求。

(1) 离散信源：能以指定的概率分布 $(p, 1-p)$ 产生 0,1 符号构成的二进制信源符号序列。

(2) 信源编码器：信源编码器的输入是上一步产生的二进制符号序列。要求：能选择使用无编码（直通）、二进制香农编码、二进制霍夫曼编码、二进制费诺编码这四种编码方式中的任何一种。

在上一步指定信源的概率分布后，就可以马上生成这三种编码的码表，实际的编码工作只是查表而已。当然，直接对上一步指定的信源进行编码是不合适的，需要先进行信源的扩展，换句话说，需要确定信源分组的长度。这个长度 $N$ 也是本系统的一个重要参数，是在系统运行之前由用户输入的。

(3) 信道编码器：信道编码器的输入是信源编码器输出的二进制符号序列。编码方式要求能选择使用无编码、三次重复编码、Hamming(7,4) 码这三种信道编码方式中的任何一种。

信道编码器是个简单的一一对应的函数转换模块，没有额外的控制参数，可以事先实现这三种编码器，统一其输入/输出格式，运行时按照指定的类型直接使用即可。

(4) 信道：其输入是信道编码器输出的二进制符号序列。经过传输后输出被噪声干扰和损坏了的二进制符号序列。要求能够模拟理想信道、给定错误概率 $p$ 的 BSC 以及给定符号 0、1 各自错误概率 $p,q$ 的任意二进制信道。

(5) 信道译码器：由于信源经过信源编码器和信道编码器后的统计特性难以明确给出，所以此时理想译码器准则无法实施。因此，根据步骤(4)给出的信道统计特性，采用极大似然译码准则进行译码。

（6）信源译码器：在步骤（1）确定信源编码器后，即可同时确定信源译码器。信源译码器的工作仅仅是简单的查表。

要求：

（1）输入：各模块的相关参数。

（2）输出：信源产生的原始符号序列、信源译码器输出的符号序列、信道编码后的信息传输效率、整个通信过程的误比特率（BER）以及信道编译码过程中产生的误码率（BLER）。

提示：

（1）本实验中的信源模块部分都会用到随机数的产生。各种编程语言基本都提供了这个功能。

（2）MATLAB 是一个优秀的系统仿真软件，而 Simulink 是 MATLAB 中最著名的通信工具箱。上述实验要求中的很多功能 MATLAB 或 Simulink 已经实现并提供了方便的调用接口。例如二进制对称信道，在 MATLAB 中就有一个 bse() 函数完成了这个功能。读者在设计、开发这个实验前应该花一些时间先熟悉 MATLAB 及 Simulink。

# 本章要点

**1. 定义 最大后验概率（MAP）译码准则**

选择译码函数 $F(b_j) = a^*(a^* \in X; b_j \in Y)$

使之满足条件 $p(a^* | b_j) \geqslant p(a_i | b_j)(a_i \in X, b_j \in Y)$

**2. 定义 最大似然译码准则**

选择译码函数

$$F(b_j) = a^* \quad (a^* \in X; b_j \in Y)$$

使之满足条件

$$p(b_j | a^*) \geqslant p(b_j | a_i) \quad (a_i \in X, b_j \in Y)$$

**3. 有噪信道编码定理**

若一个离散无记忆信道 $[X, P(y|x), Y]$ 的信道容量为 $C$，当信息传输率 $R < C$ 时，只要码长 $n$ 足够大，总可以找到一种编码和相应的译码规则，使平均错误概率 $P_E$ 任意小。

**4. 联合信源信道编码定理**

若 $C/T_c > H(S)/T_s$ 或 $C_t > R_t$，则总可以找到信源和信道编码方法，使得信源输出信息能通过该信道传输后，平均错误概率 $P_E$ 任意小。

**5. 线性分组码生成矩阵**

$$\boldsymbol{G} = \begin{bmatrix} \boldsymbol{V}_1 \\ \boldsymbol{V}_2 \\ \vdots \\ \boldsymbol{V}_k \end{bmatrix} = \begin{bmatrix} v_{11} & v_{12} & \cdots & v_{1n} \\ v_{21} & v_{22} & \cdots & v_{2n} \\ \vdots & \vdots & \ddots & \vdots \\ v_{k1} & v_{k2} & \cdots & v_{kn} \end{bmatrix} = [\boldsymbol{P} \vdots \boldsymbol{I}_k]$$

**6. 线性分组码监督矩阵**

$$H = \begin{bmatrix} I_{n-k} & \vdots & P^{\mathrm{T}} \end{bmatrix}$$

**7. 定义　伴随式**

$$S = rH^{\mathrm{T}}$$

**8. 线性分组码的检错和纠错能力**

检 $e$ 个错：要求 $e \leqslant d_{\min} - 1$；

纠 $t$ 个错：要求 $t \leqslant \left[\dfrac{d_{\min}-1}{2}\right]$；

纠 $t$ 个错同时检 $e(>t)$ 个错：要求 $e + t \leqslant d_{\min} - 1$。

**9. 循环码的循环特性**

$$U^{(i)}(X) = X_i U(X) \bmod (X^n + 1)$$

**10. 卷积码的性能界限**

对于采用硬判决译码的二进制卷积码，其误比特率 $P_B$ 的上界为

$$P_B \leqslant \left. \frac{\mathrm{d}T(D,N)}{\mathrm{d}N} \right|_{N=1, D=2\sqrt{p(1-p)}}$$

**11. 卷积码的编码增益**

$$\text{编码增益} \leqslant 10\log(rd_f)$$

**12. 交织码，级联码，Turbo 码**

第 8 章习题

# 第 9 章 限失真信源编码

CHAPTER 9

连续信源的绝对熵为无限大，而通信系统信道容量总为有限的，不可能实现完全无失真地传输。即使离散信源，也存在信息压缩问题。而且人体感觉器官比如听觉和视觉，对感知对象存在一定的灵敏度，允许对原信源进行有损压缩。

本章的核心问题是，在给定失真度 $D$ 条件下，讨论信源信息压缩的程度，也就是描述信源的最小比特数是多少。信息率失真理论是量化、模数转换、频带压缩和数据压缩的理论基础。

本章首先介绍信息率失真理论的基础内容，给出失真测度、信息率失真函数的定义，然后讨论信源信息率失真函数的计算，以及论述香农第三定理：限失真信源编码定理等。

## 9.1 失真测度

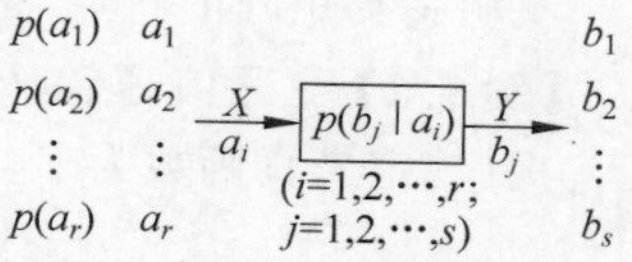

图 9.1 通信系统模型

对于如图 9.1 所示的通信系统，人为地规定一个非负实值函数

$$d(a_i,b_j)\geqslant 0 \quad (i=1,2,\cdots,r;\ j=1,2,\cdots,s)$$

称为 $a_i$ 和 $b_j$ 之间的失真度。

显然，$d(a_i,b_j)$共有 $r\times s$ 种取值，将其排列成一个 $r\times s$ 矩阵

$$\begin{array}{cc} & \begin{array}{cccc} b_1 & b_2 & \cdots & b_s \end{array} \\ \boldsymbol{D}= \begin{array}{c} a_1 \\ a_2 \\ \vdots \\ a_r \end{array} & \begin{bmatrix} d(a_1,b_1) & d(a_1,b_2) & \cdots & d(a_1,b_s) \\ d(a_2,b_1) & d(a_2,b_2) & \cdots & d(a_2,b_s) \\ \vdots & \vdots & \ddots & \vdots \\ d(a_r,b_1) & d(a_r,b_2) & \cdots & d(a_r,b_s) \end{bmatrix} \end{array}$$

矩阵 $\boldsymbol{D}$ 称为信道的失真矩阵。

**【例 9.1】** 设信道的输入符号个数和输出符号个数相等，都为 $r$，规定失真度

$$d(a_i,b_j)=\begin{cases} 0 & (i=j) \\ d & (i\neq j) \end{cases} \tag{9.1}$$

这种失真度称为对称失真度，相应的失真矩阵

$$
\begin{array}{cc}
& \begin{array}{cccc} a_1 & a_2 & \cdots & a_r \end{array} \\
\boldsymbol{D} = & \begin{array}{c} a_1 \\ a_2 \\ \vdots \\ a_r \end{array}
\begin{bmatrix}
0 & d & \cdots & d \\
d & 0 & \cdots & d \\
\vdots & \vdots & \ddots & \vdots \\
d & d & \cdots & 0
\end{bmatrix}
\end{array}
$$

这种失真矩阵 $\boldsymbol{D}$ 的特点,是对角线上的元素均为"0"$[d(a_i,a_i)=0(i=1,2,\cdots,r)]$,对角线以外所有其他元素均为 $d[d(a_i,a_j)=d(i\neq j)]$。

在式(9.1)所示失真度中,如 $d=1$,即失真度为

$$
d(a_i,a_j) = \begin{cases} 0 & (i=j) \\ 1 & (i \neq j) \end{cases}
$$

这种失真度称为汉明失真度,相应的失真矩阵

$$
\begin{array}{cc}
& \begin{array}{cccc} a_1 & a_2 & \cdots & a_r \end{array} \\
\boldsymbol{D} = & \begin{array}{c} a_1 \\ a_2 \\ \vdots \\ a_r \end{array}
\begin{bmatrix}
0 & 1 & \cdots & 1 \\
1 & 0 & \cdots & 1 \\
\vdots & \vdots & \ddots & \vdots \\
1 & 1 & \cdots & 0
\end{bmatrix}
\end{array}
$$

汉明失真矩阵的特点,是对角线上元素均为"0",对角线以外所有其他元素均为"1"。

**【例 9.2】** 设信道输入符号集 $X=\{a_1,a_2,\cdots,a_r\}$,输出符号集 $Y=\{a_1,a_2,\cdots,a_{r+1}\}$。规定失真函数为

$$
d(a_i,a_j) = \begin{cases} 0 & (i=j) \\ 1/2 & (i \neq j;\ j=r+1) \\ 1 & (i \neq j;\ j \neq r+1) \end{cases} \tag{9.2}
$$

相应的失真矩阵为

$$
\begin{array}{cc}
& \begin{array}{ccccc} a_1 & a_2 & \cdots & a_r & a_{r+1} \end{array} \\
\boldsymbol{D} = & \begin{array}{c} a_1 \\ a_2 \\ \vdots \\ a_r \end{array}
\begin{bmatrix}
0 & 1 & \cdots & 1 & \dfrac{1}{2} \\
1 & 0 & \cdots & 1 & \dfrac{1}{2} \\
\vdots & \vdots & \ddots & \vdots & \vdots \\
1 & 1 & \cdots & 0 & \dfrac{1}{2}
\end{bmatrix}
\end{array} \tag{9.3}
$$

若信道输入符号集为 $X:\{0,1\}$,信道输出符号集为 $Y:\{0,?,1\}$,则失真度式(9.2)可表示为

$$
\begin{cases}
d(0,0)=d(1,1)=0 \\
d(0,?)=d(1,?)=\dfrac{1}{2} \\
d(0,1)=d(1,0)=1
\end{cases}
$$

相应的失真矩阵式(9.3)可以改写为

$$
\boldsymbol{D} = \begin{array}{c} \\ 0 \\ 1 \end{array} \begin{array}{ccc} 0 \quad\quad ? \quad\quad 1 \\ \begin{bmatrix} 0 & 1/2 & 1 \\ 1 & 1/2 & 0 \end{bmatrix} \end{array}
$$

【例 9.3】　设信道的输入符号集 $X = \{a_1, a_2, \cdots, a_r\}$，输出符号集 $Y = \{b_1, b_2, \cdots, b_s\}$，规定失真函数为

$$
d(a_i, b_j) = (a_i - b_j)^2 \quad (i, j = 1, 2, \cdots, r) \tag{9.4}
$$

这种失真度称为均方误差失真度，相应的失真矩阵为

$$
\boldsymbol{D} = \begin{array}{c} \\ a_1 \\ a_2 \\ \vdots \\ a_r \end{array} \begin{array}{cccc} b_1 \quad\quad\quad b_2 \quad\quad\quad \cdots \quad\quad\quad b_r \\ \begin{bmatrix} (a_1 - b_1)^2 & (a_1 - b_2)^2 & \cdots & (a_1 - b_r)^2 \\ (a_2 - b_1)^2 & (a_2 - b_2)^2 & \cdots & (a_2 - b_r)^2 \\ \vdots & \vdots & \ddots & \vdots \\ (a_r - b_1)^2 & (a_r - b_2)^2 & \cdots & (a_r - b_r)^2 \end{bmatrix} \end{array} \tag{9.5}
$$

若信道的输入/输出的符号集 $X = \{0, 1, 2\}$，$Y = \{0, 1, 2\}$，则失真度式(9.4)可以改写为

$$
d(0,0) = 0; \quad d(0,1) = 1; \quad d(0,2) = 4;
$$
$$
d(1,0) = 1; \quad d(1,1) = 0; \quad d(1,2) = 1;
$$
$$
d(2,0) = 4; \quad d(2,1) = 1; \quad d(2,2) = 0;
$$

相应的失真矩阵式(9.5)可改写为

$$
\boldsymbol{D} = \begin{array}{c} \\ 0 \\ 1 \\ 2 \end{array} \begin{array}{ccc} 0 \quad 1 \quad 2 \\ \begin{bmatrix} 0 & 1 & 4 \\ 1 & 0 & 1 \\ 4 & 1 & 0 \end{bmatrix} \end{array}
$$

$d(a_i, b_j)$ 是一个概率为 $p(a_i b_j)$ 的随机变量，不可能作为一个通信系统整体失真大小的测度。定义通信系统的平均失真度为

$$
\overline{D} = \sum_{i=1}^{r} \sum_{j=1}^{s} d(a_i, b_j) p(a_i, b_j) = \sum_{i=1}^{r} \sum_{j=1}^{s} d(a_i, b_j) p(a_i) p(b_j \mid a_i) \tag{9.6}
$$

当信源 $X$ 给定，失真度 $d(a_i, b_j)(i = 1, 2, \cdots, r; j = 1, 2, \cdots, s)$ 规定后，平均失真度 $\overline{D}$ 就是信道传递概率 $P(Y \mid X) : \{p(b_j \mid a_i)(i = 1, 2, \cdots, r; j = 1, 2, \cdots, s)\}$ 的函数

$$
\overline{D} = \overline{D}[p(b_j \mid a_i)] \tag{9.7}
$$

从总体上，即从平均意义上给出允许失真的程度，也就是保真度规则

$$
\overline{D} \leqslant D
$$

满足保真度准则的试验信道可能有若干个，集合

$$
B_D : \{p(b_j \mid a_i)(i = 1, 2, \cdots, r; j = 1, 2, \cdots, s); \overline{D} \leqslant D\}
$$

表示所有满足保真度准则 $\overline{D} \leqslant D$ 的试验信道的集合。

## 9.2 信息率失真函数

### 9.2.1 保真度准则下的信源压缩举例

在允许一定程度失真的情况下,信源所需输出的信息率是可以压缩的。下面以具体实例加以证明,设信源 $X$ 有 $2n$ 种不同的符号,即 $X=\{a_1,a_2,\cdots,a_{n-1},a_n,a_{n+1},\cdots,a_{2n}\}$,且该信源为等概信源,即有

$$p(a_i)=\frac{1}{2n} \quad (i=1,2,\cdots,2n)$$

若规定失真度为汉明失真度,即

$$d(a_i,a_j)=\begin{cases} 0 & (i=j) \\ 1 & (i\neq j) \end{cases}$$

如要求从平均的意义上不允许有失真,即允许平均失真度 $D=0$,则必须用图 9.2 所示无噪信道进行传输,其平均交互信息量

$$I(X;Y)=H(X)-H(X/Y)=H(X)=\log(2n) \tag{9.8}$$

如允许平均失真 $D=1/2$,这意味着,收到 100 个符号允许有 50 个符号发生错误。为了满足保真度准则 $\overline{D}\leqslant D$,取 $\overline{D}=D=1/2$。为此,可选用图 9.3 所示信道。对于信源符号 $a_1\sim a_n$,按原样送出去;对 $a_{n+1}\sim a_{2n}$ 都用 $a_n$ 代表发出去(把 $a_{n+1},a_{n+2},\cdots,a_{2n}$ 都量化为 $a_n$,即可看作对信源符号的一种编码方法)。考虑到规定的是汉明失真度,所以 $a_1$,$a_2,\cdots,a_n$ 以概率 1 传送为各自本身,各自引起的失真均为 0;而 $a_{n+1},a_{n+2},\cdots,a_{2n}$ 以概率 1 传送为 $a_n$,各自引起的失真均为 1。因此,这个信道的平均失真度

$$\overline{D}=\sum_{i=1}^{2n}\sum_{j=1}^{2n}p(a_i)p(a_j\mid a_i)d(a_i,a_j)=\sum_{i=n+1}^{2n}p(a_i)p(a_n\mid a_i)d(a_i,a_n)$$

$$=\sum_{i=n+1}^{2n}\frac{1}{2n}\cdot 1\cdot 1=\frac{n}{2n}=\frac{1}{2}$$

即满足保真度准则 $\overline{D}=D=1/2$。

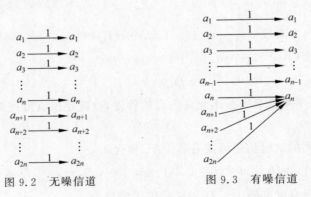

图 9.2  无噪信道          图 9.3  有噪信道

由于这个信道的传递概率 $p(a_j|a_i)$ 等于 0 或 1,所以噪声熵 $H'(Y|X)$ 一定等于 0,则平均交互信息量

$$I'(X;Y) = H'(Y) - H'(Y \mid X) = H'(Y) = H'[p_Y(a_1), p_Y(a_2), \cdots, p_Y(a_n)]$$

$$(9.9)$$

其中,随机变量 $Y$ 的概率分布

$$p_Y(a_1) = p_Y(a_2) = \cdots = p_Y(a_{n-1}) = \frac{1}{2n}$$

$$p_Y(a_n) = p(a_n) \cdot p(a_n \mid a_n) + p(a_{n+1}) \cdot p(a_n \mid a_{n+1}) + \cdots + p(a_{2n}) \cdot p(a_n \mid a_{2n})$$

$$= \underbrace{\frac{1}{2n} \cdot 1 + \frac{1}{2n} \cdot 1 + \cdots + \frac{1}{2n} \cdot 1}_{(n+1)\text{项}} = \frac{n+1}{2n}$$

则随机变量 $Y$ 的熵

$$H'(Y) = H\Big(\underbrace{\frac{1}{2n}, \frac{1}{2n}, \cdots, \frac{1}{2n}}_{(n-1)\text{项}}, \frac{n+1}{2n}\Big) = -\frac{n-1}{2n}\log\frac{1}{2n} - \frac{n+1}{2n}\log\frac{n+1}{2n}$$

$$= \Big(\frac{n-1}{2n} + \frac{n+1}{2n}\Big)\log 2n - \frac{n+1}{2n}\log(n+1)$$

$$= \log 2n - \frac{n+1}{2n}\log(n+1)$$

由式(9.9)可得,这个信道的平均交互信息量

$$I'(X;Y) = \log 2n - \frac{n+1}{2n}\log(n+1) \qquad (9.10)$$

式(9.8)和式(9.10)表明,正因为允许失真 $D = \frac{1}{2}$,在满足保真度准则 $\overline{D} \leqslant D$ 的条件下,信道所需传递的平均交互信息量可以不允许失真,即 $D=0$ 时的 $I(X;Y) = \log(2n)$ 下降到 $I'(X;Y)$。

下面给出一个重要定理,不做证明。

**定理 9.1** 若信源 $X$ 给定,则平均交互信息量 $I(X;Y)$ 是信道转移概率 $P(Y\mid X)$: $\{p(b_j \mid a_i)(i=1,2,\cdots,r; j=1,2,\cdots,s)\}$ 的 $\cup$ 型凸函数。

根据定理 9.1,若规定失真度为 $d(a_i, b_j)(i=1,2,\cdots,r; j=1,2,\cdots,s)$,允许平均失真度为 $D$,则在满足保真度准则 $\overline{D} \leqslant D$ 的所有试验信道的集合 $B_D$ 中,总可以找到某一试验信道,使信道的平均交互信息 $I[p(b_j\mid a_i)]_{p(a_i)}$ 达到最小值

$$R(D) = \min_{p(b_j \mid a_i) \in B_D} \{I(X;Y): \overline{D} \leqslant D\}$$

$$= \min_{p(b_j \mid a_i) \in B_D} \{I[p(b_j \mid a_i)]_{P(a_i)}: \overline{D} \leqslant D\} \qquad (9.11)$$

式(9.11)所示 $R(D)$ 称为给定信源 $X$ 在规定失真度 $d(a_i, b_j)(i=1,2,\cdots,r; j=1,2,\cdots, s)$,允许平均失真度为 $D$ 时的信息率-失真函数。

信息率-失真函数 $R(D)$ 就是在满足保真度准则 $\overline{D} \leqslant D$ 的前提下,信源 $X$ 所必须输出的最小信息率,$R(D)$ 是信源 $X$ 自身统计特性的函数,当然也是允许平均失真度 $D$ 的函数。

所谓满足保真度准则 $\overline{D} \leqslant D$ 的试验信道集合 $B_D$: $\{p(b_j \mid a_i)(i=1,2,\cdots,r; j=1, 2,\cdots,s)\}$ 中的条件概率 $p(b_j\mid a_i)(i=1,2,\cdots,r; j=1,2,\cdots,s)$ 并不一定具有实际信道含义,只是为了求得平均交互信息量 $I(X;Y)$ 的最小值而引用的虚拟可变信道。它只具有数

学意义,体现了在限定失真条件下的信源编码方法。

## 9.2.2  信息率失真函数的定义域

下面讨论 $R(D)$ 函数的定义域。

### 1. $D_{\min}$ 和 $R(D_{\min})$

平均失真度 $\overline{D}$ 是信道转移概率的函数,也就是试验信道的函数,如何选择试验信道,使平均失真度 $\overline{D}$ 达到最小值?

**定理 9.2**　设给定信源 $X$ 的概率分布在 $P(X)$：$\{p(a_i)(i=1,2,\cdots,r)\}$,规定失真度 $d(a_i,b_j)(i=1,2,\cdots,r;j=1,2,\cdots,s)$,则允许平均失真度 $\overline{D}$ 的最小值

$$\overline{D}_{\min} = \sum_{i=1}^{r} p(a_i)\min_{j}\{d(a_i,b_j)\}$$

**【证明】**　在图 9.1 所示通信系统中,设给定信源 $X$ 的概率分布 $P(X)$：$\{p(a_i)(i=1,2,\cdots,r)\}$,规定失真度

$$d(a_i,b_j) \geqslant 0 \quad (i=1,2,\cdots,r;j=1,2,\cdots,s) \tag{9.12}$$

其失真矩阵为

$$\boldsymbol{D} = \begin{bmatrix} d(a_1,b_1) & d(a_1,b_2) & \cdots & d(a_1,b_s) \\ d(a_2,b_1) & d(a_2,b_2) & \cdots & d(a_2,b_s) \\ \vdots & \vdots & & \vdots \\ d(a_r,b_1) & d(a_r,b_2) & \cdots & d(a_r,b_s) \end{bmatrix} \tag{9.13}$$

由定义式(9.6)和式(9.7)可知,在 $p(a_i)$ 和 $d(a_i,b_j)$ 都给定或规定的情况下,必须变动信道的传递概率 $p(b_j|a_i)$,才能求得平均失真度 $\overline{D}$ 的最小值 $\overline{D}_{\min}$,即有

$$
\begin{aligned}
\overline{D}_{\min} &= \min_{p(b_j|a_i)} \overline{D}[p(b_j|a_i)] \\
&= \min_{p(b_j|a_i)} \left\{ \sum_{i=1}^{r}\sum_{j=1}^{s} p(a_i)p(b_j|a_i)d(a_i,b_j) \right\} \\
&= \sum_{i=1}^{r} p(a_i) \left\{ \min_{p(b_j|a_i)} \sum_{j=1}^{s} p(b_j|a_i)d(a_i,b_j) \right\} \\
&= p(a_1) \cdot \min_{p(b_j|a_1)} \{p(b_1|a_1)d(a_1,b_1)+p(b_2|a_1)d(a_1,b_2)+\cdots+p(b_s|a_1)d(a_1,b_s)+ \\
&\quad p(a_2) \cdot \min_{p(b_j|a_2)} \{p(b_1|a_2)d(a_2,b_1)+p(b_2|a_2)d(a_2,b_2)+\cdots+p(b_s|a_1)d(a_1,b_s)\}+ \\
&\quad \cdots+ \\
&\quad p(a_r) \cdot \min_{p(b_j|a_r)} \{p(b_1|a_r)d(a_r,b_1)+p(b_2|a_r)d(a_r,b_2)+\cdots+p(b_s|a_r)d(a_r,b_s)\}
\end{aligned}
\right\} r \text{ 项}
$$

$$\tag{9.14}$$

现在的问题,就是以什么原则来选择合适的试验信道,使式(9.14)中的每一项都能取得最小值。

式(9.14)中的第 $i(i=1,2,\cdots,r)$ 项为

$$p(a_i)\{\min_{p(b_j|a_i)} [p(b_1|a_i)d(a_i,b_1)+p(b_2|a_i)d(a_i,b_2)+\cdots+p(b_s|a_i)d(a_i,b_s)]\}$$

$$\tag{9.15}$$

其中,

$$d(a_i,b_1),d(a_i,b_2),\cdots,d(a_i,b_s) \tag{9.16}$$

是式(9.13)规定的失真矩阵 $\boldsymbol{D}$ 中的第 $i(i=1,2,\cdots,r)$ 行的 $s$ 个元素。可以肯定,这 $s$ 个元素中必有最小值。把这个最小值记为

$$\min_j\{d(a_i,b_j)\} \tag{9.17}$$

这个最小值可能只有一个,也可能有若干个相同的最小值。设第 $i(i=1,2,\cdots,r)$ 行的第 $j_1',j_2',\cdots,j_s'$ 列元素都是相同的最小值,即

$$\min_j\{d(a_i,b_j)\}=d(a_i,b_{j_1'})=d(a_i,b_{j_2'})=\cdots=d(a_i,b_{j_s'})$$

其中,$J_i=\{j_1',j_2',\cdots,j_s'\}$。

式(9.15)中的 $s$ 个传递概率

$$p(b_1\mid a_i),p(b_2\mid a_i),\cdots,p(b_s\mid a_i)$$

是要寻找的试验信道的信道矩阵 $\boldsymbol{P}$ 中的第 $i(i=1,2,\cdots,r)$ 行的 $s$ 个元素,是式(9.15)中为了求得最小值而可变动的因素。显然,为了使式(9.15)取得最小值,必须遵循这样的原则来选择试验信道的信道矩阵 $\boldsymbol{P}$ 中的第 $i(i=1,2,\cdots,r)$ 行的 $s$ 个传递概率 $p(b_j\mid a_i)(j=1,2,\cdots,s)$

$$\begin{cases} \sum_{j\in J_i} p(b_j\mid a_i)=1 \\ p(b_j\mid a_i)=0 \quad (j\notin J_i) \end{cases} \tag{9.18}$$

按式(9.18)所示原则选择试验信道的信道矩阵 $\boldsymbol{P}$ 中的第 $i(i=1,2,\cdots,r)$ 行 $s$ 个元素,式(9.15)可改写为

$$p(a_i)\cdot\{p(b_{j_1'}\mid a_i)d(a_i,b_{j_1'})+p(b_{j_2'}\mid a_i)d(a_i,b_{j_2'})+\cdots+p(b_{j_s'}\mid a_i)d(a_i,b_{j_s'})+\sum_{j\notin J_i}p(b_j\mid a_i)d(a_i,b_j)\}$$

$$=p(a_i)\cdot\{p(b_{j_1'}\mid a_i)d(a_i,b_{j_1'})+p(b_{j_2'}\mid a_i)d(a_i,b_{j_2'})+\cdots+p(b_{j_s'}\mid a_i)d(a_i,b_{j_s'})+\sum_{j\notin J_i}0\cdot d(a_i,b_j)\}$$

$$=p(a_i)\cdot\{\min_j d(a_i,b_j)\cdot[p(b_{j_1'}\mid a_i)+p(b_{j_2'}\mid a_i)+\cdots+p(b_{j_s'}\mid a_i)]\}$$

$$=p(a_i)\cdot\min_j\{d(a_i,b_j)\cdot 1\}$$

$$=p(a_i)\cdot\min_j\{d(a_i,d_j)\} \tag{9.19}$$

因为式(9.18)所示原则的实质,就是通过选择试验信道的信道矩阵 $\boldsymbol{P}$ 中第 $i$ 行的 $s$ 个元素,保留失真矩阵 $\boldsymbol{D}$ 中第 $i(i=1,2,\cdots,r)$ 行中的最小值 $\min_j\{d(a_i,b_j)\}$,去掉所有比 $\min_j\{d(a_i,b_j)\}$ 大的元素,所以式(9.19)所得值,一定是式(9.14)中第 $i(i=1,2,\cdots,r)$ 项中的最小值。

把式(9.18)所示原则用于式(9.14)中 $r$ 项的每一项,则可得到能使其每一项都取得最小值的试验信道的信道矩阵 $\boldsymbol{P}$ 中 $r$ 行、$s$ 列的 $(r\times s)$ 个全部元素,即得到能使平均失真度 $\overline{D}$ 达到最小值 $\overline{D}_{\min}$ 的试验信道的 $r\times s$ 信道矩阵 $\boldsymbol{P}$,从而由式(9.14)求得平均失真度 $\overline{D}$ 的最小值

$$\overline{D}_{\min} = p(a_1) \cdot \min_j d(a_1, b_j) +$$

$$p(a_2) \cdot \min_j d(a_2, b_j) +$$

$$\cdots +$$

$$p(a_r) \cdot \min_j d(a_r, b_j)$$

$$= \sum_{i=1}^{r} p(a_i) \cdot \{\min_j d(a_i, b_j)\} \tag{9.20}$$

式(9.20)表明,平均失真度 $\overline{D}$ 的最小值 $\overline{D}_{\min}$,只与给定信源 $X$ 的概率分布 $P(X)$:$\{p(a_i)(i=1,2,\cdots,r)\}$ 和规定失真度 $d(a_i, b_j)(i=1,2,\cdots,r;j=1,2,\cdots,s)$,即失真矩阵 $\boldsymbol{D}$ 有关。平均失真度 $\overline{D}$ 的最小值 $\overline{D}_{\min}$,等于信源发符号 $a_i(i=1,2,\cdots,r)$ 的概率 $p(a_i)(i=1,2,\cdots,r)$ 与失真矩阵 $\boldsymbol{D}$ 中第 $i(i=1,2,\cdots,r)$ 行中最小元素 $\min_j d(a_i, b_j)$ 的乘积对所有 $i(i=1,2,\cdots,r)$ 相加之和。对于给定信源 $X$ 来说,平均失真度 $\overline{D}$ 的最小值 $\overline{D}_{\min}$,只取决于失真矩阵 $\boldsymbol{D}$ 中每一行的最小元素 $\min_j d(a_i, b_j)(i=1,2,\cdots,r)$。

人们只能在给定信源和规定失真度的条件下,在平均失真度 $\overline{D}$ 所能达到的范围内选择一个适当值作为允许失真度 $D$。所以,式(9.20)所示平均失真度 $\overline{D}$ 的最小值 $\overline{D}_{\min}$,也就是允许失真度 $D$ 的最小值 $D_{\min}$,即有

$$D_{\min} = \sum_{i=1}^{r} p(a_i) \min_j d(a_i, b_j)$$

求得最小平均失真度 $\overline{D}_{\min}$ 后,下面求解相应的信息率-失真函数 $R(\overline{D}_{\min})$。

**定理 9.3** 设离散无记忆信源 $X$ 的信息熵为 $H(X)$,则 $R(\overline{D}_{\min}) = H(X)$ 的充分必要条件是,规定的失真矩阵 $\boldsymbol{D}$ 中,每列最多只能有一个最小值。

**【证明】** (1)充分性的证明。

由平均失真度 $\overline{D}$ 取得最小值的试验信道选择原则式(9.18)可知,若失真矩阵 $\boldsymbol{D}$ 中的第 $k(k=1,2,\cdots,s)$ 列中,只有一个最小值

$$d(a_l, b_k) = \min_j d(a_l, b_j) \tag{9.21}$$

则使平均失真度 $\overline{D}$ 达到最小值 $\overline{D}_{\min}$ 的试验信道的信道矩阵 $\boldsymbol{P}$ 中,第 $l$ 行、$k$ 列元素就可取非零元素,即可有

$$0 < p(b_k \mid a_l) \leqslant 1 \tag{9.22}$$

而第 $k(k=1,2,\cdots,s)$ 列中所有 $r-1$ 个其他元素均等于 0,即

$$p(b_k \mid a_i) = 0 \quad (i \neq l) \tag{9.23}$$

这时,"在得知 $b_k$ 的前提下,推测 $a_l$"的后验概率

$$p(a_l \mid b_k) = \frac{p(a_l)p(b_k \mid a_l)}{\sum_{i=1}^{r} p(a_i)p(b_k \mid a_i)} = \frac{p(a_l)p(b_k \mid a_l)}{p(a_l)p(b_k \mid a_l)} = 1 \tag{9.24}$$

而"在得知 $b_k$ 的前提下,推测 $a_i(i \neq l)$"的 $r-1$ 个后验概率

$$p(a_i \mid b_k) = \frac{p(a_i)p(b_k \mid a_i)}{\sum_{i=1}^{r} p(a_i)p(b_k \mid a_i)} = \frac{0}{p(a_l)p(b_k \mid a_l)} = 0 \quad (i \neq l) \tag{9.25}$$

由式(9.24)和式(9.25)可知,使平均失真度 $\overline{D}$ 达到最小值 $\overline{D}_{\min}$ 的试验信道的所有后验概率不是等于 1 就是等于 0,即有

$$p(a_i \mid b_j) = \begin{cases} 1 \\ 0 \end{cases} \tag{9.26}$$

则试验信道的疑义度

$$H(X \mid Y) = -\sum_{i=1}^{r}\sum_{j=1}^{s} p(a_i b_j)\log p(a_i \mid b_j) = 0 \tag{9.27}$$

从而,通过试验信道的平均交互信息量

$$I(X;Y) = H(X) - H(X \mid Y) = H(X) \tag{9.28}$$

这表明,若人们规定的失真矩阵 $\boldsymbol{D}$ 中每列只有一个最小值,所有满足保真度准则 $\overline{D} = D_{\min}$ 的试验信道的平均交互信息量 $I(X;Y)$,均等于信源 $X$ 的信息熵 $H(X)$。根据信息率-失真函数的定义,即证得

$$R(D_{\min}) = H(X) \tag{9.29}$$

这样,定理的充分性就得到了证明。

（2）必要性的证明。

若允许失真度 $D$ 选取其最小值 $D_{\min}$,且离散无记忆信源 $X$ 的信息率-失真函数 $R(D_{\min})$ 等于信源 $X$ 的信息熵 $H(X)$,即

$$R(D_{\min}) = H(X) \tag{9.30}$$

则表明,满足保真度准则 $\overline{D} = D_{\min}$ 的试验信道的平均交互信息量 $I(X;Y)$ 都等于信源 $X$ 的信息熵 $H(X)$,即有

$$I(X;Y) = H(X) - H(X \mid Y) = H(X) \tag{9.31}$$

这说明,满足保真度准则 $\overline{D} = D_{\min}$ 的试验信道的疑义度 $H(X|Y)$ 都等于 0,即

$$H(X \mid Y) = 0 \tag{9.32}$$

则满足保真度准则 $\overline{D} = D_{\min}$ 的试验信道的后验概率 $p(a_i|b_j)$ 要么等于 1,要么等于 0,即有

$$p(a_i \mid b_j) = \begin{cases} 0 \\ 1 \end{cases} \quad (i=1,2,\cdots,r; j=1,2,\cdots,s) \tag{9.33}$$

由式(9.22)～式(9.25)可知,满足保真度准则 $\overline{D} = D_{\min}$ 的试验信道的信道矩阵 $\boldsymbol{P}$,每列至多只能有一个非零元素,其他 $r-1$ 个元素均等于 0。

根据式(9.18)所示的原则,若要满足保真度准则 $\overline{D} = D_{\min}$,则规定的失真矩阵 $\boldsymbol{D}$ 的每列中,与试验信道的信道矩阵 $\boldsymbol{P}$ 的每列中仅有的一个非零元素的对应位置上,必须是一个最小值,其他 $r-1$ 个元素必须都不是最小值。这就是说,失真矩阵 $\boldsymbol{D}$ 中,每列至多只能有一个最小值。

下面再给出两个定理,证明请参考相关文献。

**定理 9.4** 若离散无记忆信源 $X$ 的信息熵为 $H(X)$,则 $R(D_{\min}) < H(X)$ 的充分必要条件是,规定的失真矩阵 $\boldsymbol{D}$ 的 $s$ 列中,有些列存在两个或两个以上的最小值。

**定理 9.5** 对给定信源 $X$,若失真矩阵 $\boldsymbol{D}_0$ 的 $\overline{D}_{0\min} = 0$,相应的信息率-失真函数为 $R_0(0)$;若失真矩阵 $\boldsymbol{D}$ 的 $\overline{D}_{\min} > 0$,并取 $D_{\min} = \overline{D}_{\min}$,而相应的信息率-失真函数为

$R(D_{\min})$，则有

$$R(D_{\min}) = R_0(0) \tag{9.34}$$

【例 9.4】 设给定信源 $X$ 的信源空间为

$$\begin{bmatrix} X \\ P \end{bmatrix} : \begin{cases} X: & 0 \quad 1 \\ P(X): & p \quad q \end{cases} \tag{9.35}$$

其中，$0 < p, q < 1$；$p + q = 1$。

规定失真度为汉明失真，即失真矩阵为

$$D = \begin{matrix} & 0 \quad 1 \\ \begin{matrix} 0 \\ 1 \end{matrix} & \begin{bmatrix} 0 & 1 \\ 1 & 0 \end{bmatrix} \end{matrix} \tag{9.36}$$

试求：允许失真度 $D$ 的最小值 $D_{\min}$、满足保真度准则 $\overline{D} = D_{\min}$ 的试验信道以及 $R(D_{\min})$。

**解**：由式(9.20)可得

$$\overline{D}_{\min} = \sum_i^r p(a_i) \min_j d(a_i, b_j) = p \cdot 0 + q \cdot 0 = 0 \tag{9.37}$$

因为平均失真度 $\overline{D}$ 的最小值 $\overline{D}_{\min} = 0$，就是可选择的允许失真度 $D$ 的最小值

$$D_{\min} = \overline{D}_{\min} = 0 \tag{9.38}$$

由式(9.18)，可得满足保真度准则 $\overline{D} = D_{\min} = 0$ 的试验信道是唯一的，其信道矩阵

$$P = \begin{matrix} & 0 \quad 1 \\ \begin{matrix} 0 \\ 1 \end{matrix} & \begin{bmatrix} 1 & 0 \\ 0 & 1 \end{bmatrix} \end{matrix} \tag{9.39}$$

因为式(9.39)所示信道是满足保真度准则 $\overline{D} = D_{\min} = 0$ 的唯一试验信道，所以其平均交互信息量 $I(X; Y)$ 就是 $R(D_{\min}) = R(0)$，即

$$R(D_{\min}) = R(0) = I(X; Y) = H(X) - H(X \mid Y) \tag{9.40}$$

又因为式(9.39)所示的信道矩阵 $P$ 每列只有一个非零元素 1，所以

$$H(X \mid Y) = 0 \tag{9.41}$$

由(式 9.40)，得

$$R(0) = H(X) - H(X \mid Y) = H(X) = H(p) \tag{9.42}$$

**2. $D_{\max}$ 和 $R(D_{\max})$**

如何选择试验信道，能使平均失真度 $\overline{D}$ 达到最大值 $\overline{D}_{\max}$？平均失真度 $\overline{D}$ 达到最大值 $\overline{D}_{\max}$ 又如何表示？

**定理 9.6** 设给定信源 $X$ 的概率分布 $P(X): \{p(a_i)(i = 1, 2, \cdots, r)\}$，规定失真度 $d(a_i, b_j)(i = 1, 2, \cdots, r; j = 1, 2, \cdots, s)$，则允许平均失真度 $D$ 的最大值

$$D_{\max} = \min_j \sum_{i=1}^r p(a_i) d(a_i, b_j) \tag{9.43}$$

【证明】 在图 9.1 所示通信系统中，当输入随机变量 $X$ 和输出随机变量 $Y$ 之间统计独立，即对所有的 $i(i = 1, 2, \cdots, r)$ 和 $j(j = 1, 2, \cdots, s)$ 都有

$$p(b_j \mid a_i) = p(b_j) \quad (i = 1, 2, \cdots, r; j = 1, 2, \cdots, s) \tag{9.44}$$

时,通信系统的平均交互信息量 $I(X;Y)=0$。这种通信系统的最小平均失真度 $\overline{D}'_{\min}$ 定义为通信系统的最大平均失真度 $\overline{D}_{\max}$,即

$$\overline{D}_{\max}=\overline{D}'_{\min}$$

$$=\min_{p(b_j)}\left\{\sum_{i=1}^{r}\sum_{j=1}^{s}p(a_i)p(b_j)d(a_i,b_j)\right\}$$

$$=\min_{p(b_j)}\left\{\sum_{j=1}^{s}p(b_j)\sum_{i=1}^{r}p(a_i)d(a_i,b_j)\right\}$$

$$=\min_{p(b_j)}\{p(b_1)[p(a_1)d(a_1,b_1)+p(a_2)d(a_2,b_1)+\cdots+p(a_r)d(a_r,b_1)]+$$

$$p(b_2)[p(a_1)d(a_1,b_2)+p(a_2)d(a_2,b_2)+\cdots+p(a_r)d(a_r,b_2)]+$$

$$\cdots+$$

$$(b_s)[p(a_1)d(a_1,b_s)+p(a_2)d(a_2,b_s)+\cdots+p(a_r)d(a_r,b_s)]\} \tag{9.45}$$

在式(9.45)中,对于每一个 $j(j=1,2,\cdots,s)$ 都有一个相应的

$$\sum_{i=1}^{r}p(a_i)d(a_i,b_j)\quad(j=1,2,\cdots,s) \tag{9.46}$$

设

$$\left(\min_{j}\sum_{i=1}^{r}p(a_i)d(a_i,b_j)\right) \tag{9.47}$$

是式(9.46)所示这 $s$ 个 $\sum_{i=1}^{r}p(a_i)d(a_i,b_j)(j=1,2,\cdots,s)$ 中的最小值,且令

$$\min_{j}\sum_{i=1}^{r}p(a_i)d(a_i,b_j)=\sum_{i=1}^{r}p(a_i)d(a_i,b_{j_1'})$$

$$=\sum_{i=1}^{r}p(a_i)d(a_i,b_{j_2'})$$

$$=\cdots$$

$$=\sum_{i=1}^{r}p(a_i)d(a_i,b_{j_s'}) \tag{9.48}$$

令集合 $J'=\{j_1',j_2',\cdots,j_s'\}$,则式(9.48)可以改写为

$$\min_{j}\sum_{i=1}^{r}p(a_i)d(a_i,b_j)=\sum_{i=1}^{r}p(a_i)d(a_i,b_j)\quad(j\in J') \tag{9.49}$$

由式(9.45)可知,要取式(9.45)的最小值,必须选择适当的 $p(b_1),p(b_2),\cdots,p(b_s)$。由式(9.44)可知,选择 $p(b_j)(j=1,2,\cdots,s)$ 就是选择适当的试验信道。

若在式(9.44)所示的总的前提下,采用

$$\begin{cases}\sum_{j\in J'}p(b_j)=1\\ p(b_j)=0\quad(j\notin J')\end{cases} \tag{9.50}$$

则一定能使式(9.45)取得最小值,得

$$\overline{D}_{\max}=\overline{D}'_{\min}=\min_{j}\sum_{i=1}^{r}p(a_i)d(a_i,b_j) \tag{9.51}$$

式(9.51)表明,对于给定信源 $X$ 和规定的失真度,最大允许失真度

$$D_{\max} = \overline{D}_{\max} = \min_j \sum_{i=1}^r p(a_i) d(a_i, b_j) \tag{9.52}$$

是由信源 $X$ 的概率分布 $p(a_i)(i=1,2,\cdots,r)$ 和规定的失真度所确定的。

**定理 9.7** 给定信源 $X$ 的信息率-失真函数 $R(D)=0$ 的充分必要条件是允许失真度 $D \geqslant D_{\max}$。

**【证明】** (1) 充分性证明。

根据 $\overline{D}_{\max}$ 定义，凡满足保真度准则 $\overline{D}=D_{\max}=\overline{D}_{\max}$ 的试验信道的传递概率，一定满足(9.44)式，则试验信道的噪声熵为

$$H(Y \mid X) = -\sum_{i=1}^r \sum_{j=1}^s p(a_i) p(b_j \mid a_i) \log p(b_j \mid a_i)$$

$$= \sum_{i=1}^r p(a_i) \left[ -\sum_{j=1}^s p(b_j \mid a_i) \log p(b_j \mid a_i) \right] = \sum_{i=1}^r p(a_i) \left[ -\sum_{j=1}^s p(b_j) \log p(b_j) \right]$$

$$= \sum_{i=1}^r p(a_i) \left[ -\sum_{j \in J'} p(b_j) \log p(b_j) \right] = \sum_{i=1}^r p(a_i) \times H(Y) = H(Y) \tag{9.53}$$

这样，凡满足保真度准则的试验信道的平均交互信息量

$$I(X;Y) = H(Y) - H(Y \mid X) = H(Y) - H(Y) = 0 \tag{9.54}$$

根据信息率-失真函数的定义，即证得

$$R(D_{\max}) = \min_{p(b_j \mid a_i)} \{ I(X;Y); \overline{D}=D_{\max} \} = 0 \tag{9.55}$$

这样，定理的充分性得到了证明。

(2) 必要性证明。

对概率分布为 $P(X): \{p(a_i)(i=1,2,\cdots,r)\}$ 的给定信源 $X$ 和规定的失真度 $d(a_i, b_j)(i=1,2,\cdots,r; j=1,2,\cdots,s)$，若有

$$R(D) = 0 \tag{9.56}$$

则满足保真度准则 $\overline{D} \leqslant D$ 的试验信道的平均交互信息量 $I(X;Y)=0$，即输入随机变量 $X$ 和输出随机变量 $Y$ 之间一定统计独立，即一定有

$$p(b_j \mid a_i) = p(b_j) \quad (i=1,2,\cdots,r; j=1,2,\cdots,s) \tag{9.57}$$

试验信道的平均失真度

$$\overline{D} = \sum_{i=1}^r \sum_{j=1}^s p(a_i) p(b_j \mid a_i) d(a_i, b_j)$$

$$= \sum_{i=1}^r \sum_{j=1}^s p(a_i) p(b_j) d(a_i, b_j) = \sum_{j=1}^s p(b_j) \left\{ \sum_{i=1}^r p(a_i) d(a_i, b_j) \right\} \tag{9.58}$$

由式(9.47)可知

$$\min_j \sum_{i=1}^r p(a_i) d(a_i, b_j) \leqslant \sum_{i=1}^r p(a_i) d(a_i, b_j) \tag{9.59}$$

由式(9.58)和式(9.59)即可证得

$$\overline{D} = \sum_{j=1}^s p(b_j) \left[ \sum_{i=1}^r p(a_i) d(a_i, b_j) \right] \geqslant \sum_{j=1}^s p(b_j) \left[ \min_j \sum_{i=1}^r p(a_i) d(a_i, b_j) \right]$$

$$= \min_j \sum_{i=1}^{r} p(a_i) d(a_i, b_j) = D_{\max} \tag{9.60}$$

最后以定理形式给出函数的数学特性，证明略。

**定理 9.8**　给定信源 $X$ 的信息率-失真函数是允许失真度 $D$ 的 $\cup$ 型凸函数。

**定理 9.9**　给定信源 $X$ 的信息率-失真函数是允许失真度 $D$ 的单调递减函数。

**定理 9.10**　给定信源 $X$ 的信息率-失真函数是允许失真度 $D$ 的连续函数。

## 9.3　限失真信源编码定理（香农第三定理）

信息率失真函数 $R(D)$ 就是失真小于 $D$ 时所必须具有的最小信息率。本节将证明只要信息率大于 $R(D)$，一定存在一种编码方法，使得译码后的失真小于 $D$。

**定理 9.11**　（离散无记忆信源的限失真编码定理）若一个离散无记忆平稳信源的率失真函数是 $R(D)$，则当编码后每个信源符号的信息率 $R' > R(D)$ 时，只要信源序列长度 $N$ 足够长，对于任意 $D \geqslant 0, \varepsilon > 0$，一定存在一种编码方式，使编码后码的平均失真度 $\overline{D}$ 小于或等于 $D + \varepsilon$。

定理 9.11 的含义是只要信源序列长度 $N$ 足够长，总可以找到一种信源编码，使编码后的信息率略大于（直至无限逼近）率失真函数 $R(D)$，而平均失真不大于给定的允许失真度，即 $\overline{D} \leqslant D$。由于 $R(D)$ 为给定允许失真 $D$ 前提下信源编码可能达到的下限，所以香农第三定理说明了达到此下限的最佳信源编码是存在的。

定理 9.11 又称为香农第三定理。可以这样来理解：$N$ 维扩展信源 $\boldsymbol{U} = U_1 U_2 \cdots U_N$ 发送序列 $\alpha_i$ 和信宿接收序列 $\beta_j$ 均为 $N$ 长序列，即 $\alpha_i \in U^N, \beta_j \in V^N$，并在 $V^N$ 空间中按照一定原则选取 $M = 2^{N[R(D)+\varepsilon]}$ 个码字。信源编码时，就从 $M$ 个码字中选取一个码字 $\beta_j$ 来表示信源序列 $\alpha_i$，满足一定条件时，可以使编码后的平均失真 $\overline{D} \leqslant D$。此时，编码后每个信源符号的信息率为

$$R' = \frac{\log M}{N} = R(D) + \varepsilon \tag{9.61}$$

即 $R'$ 不小于信息率失真函数 $R(D)$。需要指明的是，$R'$ 和 $R(D)$ 都是以"比特/信源符号"为单位。

**定理 9.12**　（离散无记忆信源的限失真编码逆定理）若一个离散无记忆平稳信源的率失真函数 $R(D)$，编码后信息率 $R' < R(D)$，则保真度准则 $\overline{D} \leqslant D$ 不再满足。

限失真编码定理及其逆定理是有失真信源压缩的理论基础。这两个定理证实了允许失真 $D$ 确定后，总存在一种编码方法，使编码的信息率 $R'$ 可任意接近于 $R(D)$ 函数，而平均失真 $\overline{D} \leqslant D$。反之，如果 $R'$ 小于 $R(D)$，那么编码的平均失真将大于 $D$。如果用二元码符号来进行编码，在允许一定量失真 $D$ 的情况下，平均每个信源符号所需的二元码符号的下限值就是 $R(D)$。可见，从香农第三定理可知，$R(D)$ 确实是允许失真度为 $D$ 的情况下信源信息压缩的下限值。

比较香农第一定理和香农第三定理可知，当信源给定时，无失真信源编码的极限值就是信源熵 $H(S)$，而限信源编码的极限值就是信息率失真函数 $R(D)$。在给定允许失真度 $D$ 之后，一般 $R(D) < H(S)$。

对于连续平稳无记忆信源,虽然无法进行无失真信源编码。但是在限失真情况下,有与离散信源相同的编码定理。限失真编码定理只说明了最佳编码是存在的,但是具体构造编码的方法却未涉及。实际上迄今为止尚无合适的可实现的编码方法接近 $R(D)$ 这个界。

**【例 9.5】** 设一个离散无记忆信源的概率空间为 $\begin{bmatrix} U \\ P(u) \end{bmatrix} = \begin{bmatrix} 0 & 1 \\ \dfrac{1}{2} & \dfrac{1}{2} \end{bmatrix}$,假设此信源再现

时允许失真存在,并定义失真函数为汉明失真。经过有失真信源编码后,将发送码字通过广义无噪信道传输,经译码后到达信宿,如图 9.4 所示。

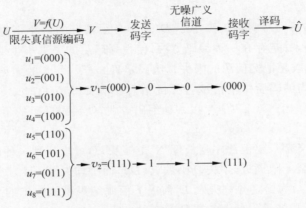

图 9.4   有失真压缩编码方法示例

(1) 图 9.4 所示的有失真编码方案的信息传输率 $R'$ 和平均失真 $D$ 为多少?

(2) 图 9.4 所示的有失真压缩编码是否为最佳方案?

**解**:(1) 如图 9.4 所示的这种编码方法,把 3 个二元信源符号压缩成 1 个二元符号。因此编码后的信息率为

$$R' = \frac{\log M}{N} = \frac{1}{3}(\text{比特／信源符号})$$

该编码方案中,接收序列 $\hat{U}$ 与发送序列 $U$ 之间有很大差异,其平均失真为

$$\overline{D} = \frac{1}{N}\sum_U E[d(u,v)] = \frac{1}{3} \times \frac{1}{8} \times (0+1+1+1+1+1+1+0) = \frac{1}{4}$$

可见,图 9.4 所示的这种限失真编码方法压缩后信息率 $R' = 1/3$(比特/信源符号),而产生的平均失真等于 $1/4$。

(2) 根据限失真信源编码定理,总可以找到一种压缩方法,使信源输出信息率压缩到极限值 $R(D)$,当 $D = 1/4$ 时,则

$$R(D) = 1 - H\left(\frac{1}{4}\right) \approx 0.189(\text{比特／信源符号})$$

显然,$R(D) < R'$。所以,在允许失真度为 $1/4$ 时,对等概率分布的二元信源来说,本例中的压缩方法并不是最佳方案,信源还可以进一步压缩。

由上例分析可知,在允许失真度 $D$ 的条件下,信源最小的、可达的信息传输率是 $R(D)$ 函数,它可以作为一种衡量压缩编码方法性能优劣的尺度。

## 9.4 $R(D)$函数的计算

### 1. 二元离散信源的 $R(D)$ 函数

二元离散无记忆信源在汉明失真度下的信息率-失真函数 $R(D)$ 的计算，是离散信源信息率失真理论的基础。

**定理 9.13** 若二元离散无记忆信源 $X$ 的概率分布中的一个概率分量为 $\omega < \frac{1}{2}$，且允许失真度为 $D$，则在汉明失真度下，信源 $X$ 的信息率-失真函数

$$R(D) = \begin{cases} H(\omega) - H(D) & (0 \leqslant D < \omega) \\ 0 & (D \geqslant \omega) \end{cases} \tag{9.62}$$

**【证明】** 设二元离散无记忆信源 $X$ 的信源空间为

$$\begin{bmatrix} X \\ P \end{bmatrix} = \begin{bmatrix} 0 & 1 \\ \omega & 1-\omega \end{bmatrix} \tag{9.63}$$

其中，$0 < \omega < \frac{1}{2}$。规定失真度为汉明失真度，即其失真矩阵为

$$\boldsymbol{D} = \begin{array}{c} \\ 0 \\ 1 \end{array} \begin{matrix} 0 & 1 \\ \begin{bmatrix} 0 & 1 \\ 1 & 0 \end{bmatrix} \end{matrix} \tag{9.64}$$

(1) $D_{\min}$ 和 $R(D_{\min})$。

根据定理 9.2，由式(9.63)式(9.64)得

$$D_{\min} = \sum_{i=1}^{r} p(a_i) \min_{j} d(a_i, b_j) = \omega \cdot 0 + (1-\omega) \cdot 0 = 0 \tag{9.65}$$

由式(9.65)，得满足保真度准则

$$\overline{D} = D_{\min} = 0 \tag{9.66}$$

的试验信道的信道矩阵

$$\boldsymbol{P} = \begin{array}{c} \\ 0 \\ 1 \end{array} \begin{matrix} 0 & 1 \\ \begin{bmatrix} 1 & 0 \\ 0 & 1 \end{bmatrix} \end{matrix} \tag{9.67}$$

这个试验信道是满足保真度准则 $\overline{D} = D_{\min} = 0$ 的唯一试验信道，其平均交互信息量就等于信息率-失真函数

$$R(D_{\min}) = R(0) = I(X; Y) = H(X) - H(X \mid Y) \tag{9.68}$$

因为式(9.67)所示试验信道矩阵 $\boldsymbol{P}$ 中，每列只有一个非零元素 1，所以试验信道的疑义度为

$$H(X \mid Y) = 0 \tag{9.69}$$

由式(9.63)、式(9.68)和式(9.69)，证得

$$R(D_{\min}) = R(0) = H(X) = H(\omega) \tag{9.70}$$

(2) $D_{\max}$ 和 $R(D_{\max})$。

根据定理 9.6，由式(9.63)和式(9.64)得最大允许失真度为

$$\begin{aligned}
D_{\max} &= \min_j \left\{ \sum_{i=1}^{r} p(a_i) d(a_i, b_j) \right\} \\
&= \min_j \{ [\omega \cdot 0 + (1-\omega) \cdot 1]; [\omega \cdot 1 + (1-\omega) \cdot 0] \} \\
&= \min_j \{ (1-\omega); \omega \} \\
&= \omega \quad (j=2)
\end{aligned} \tag{9.71}$$

可知,满足保真度准则 $\overline{D} = D_{\max} = \omega$ 的试验信道的输出随机变量 $Y$ 的概率分布为

$$P\{Y=0\}=0; \quad P\{Y=1\}=1 \tag{9.72}$$

由满足保真度准则 $\overline{D} = D_{\max} = \omega$ 的试验信道必须满足的条件可知,一定有

$$\begin{cases} p(1 \mid 0) = p(1 \mid 1) = 1 \\ p(0 \mid 0) = p(0 \mid 1) = 0 \end{cases} \tag{9.73}$$

则可以满足保真度准则 $\overline{D} = D_{\max} = \omega$ 的试验信道的信道矩阵

$$\boldsymbol{P} = \begin{matrix} & \begin{matrix} 0 & \ \ 1 \end{matrix} \\ \begin{matrix} 0 \\ 1 \end{matrix} & \begin{bmatrix} 0 & 1 \\ 0 & 1 \end{bmatrix} \end{matrix} \tag{9.74}$$

而且,这个试验信道是满足保真度准则 $\overline{D} = D_{\max} = \omega$ 的唯一试验信道,其平均交互信息量 $I(X; Y)$ 就等于信息率-失真函数

$$R(D_{\max}) = R(\omega) = I(X; Y) = H(Y) - H(Y \mid X) \tag{9.75}$$

显然,式(9.74)所示的信道矩阵的试验信道的噪声熵

$$\begin{aligned}
H(Y \mid X) &= -\sum_{i=1}^{2} \sum_{j=1}^{2} p(a_i) p(b_j \mid a_i) \log p(b_j \mid a_i) = -\sum_{i=1}^{2} \sum_{j=1}^{2} p(a_i) p(b_j) \log p(b_j) \\
&= \sum_{i=1}^{2} p(a_i) \left[ -\sum_{j=1}^{2} p(b_j) \log p(b_j) \right] = \sum_{i=1}^{2} p(a_i) H(Y) = H(Y) \\
&= H\{ P(Y=0) = 0; P(Y=1) = 1 \} = 0
\end{aligned} \tag{9.76}$$

由式(9.75)、式(9.76),证得

$$R(D_{\max}) = R(\omega) = 0 \tag{9.77}$$

(3) $R(D)$。

在图 9.1 所示的通信系统中,设给定离散无记忆信源 $X: \{a_1, a_2, \cdots, a_r\}$ 的概率分布为 $P(X): \{p(a_i)(i=1,2,\cdots,r)\}$,试验信道的传递概率 $P(Y|X): \{p(b_j|a_i)(i=1,2,\cdots, r; j=1,2,\cdots,r)\}$,在汉明失真度

$$d(a_i; b_j) = \begin{cases} 0 & (i=j) \\ 1 & (i \neq j) \end{cases} \tag{9.78}$$

下的平均失真度

$$\overline{D} = \sum_{i=1}^{r} \sum_{j=1}^{r} p(a_i) p(b_j \mid a_i) d(a_i, b_j) \tag{9.79}$$

由式(9.78)和式(9.79)可改写为

$$\overline{D} = \sum_{i=1}^{r} \sum_{j \neq i} p(a_i) p(b_j \mid a_i) \tag{9.80}$$

在式(9.80)中,传递概率

$$p(b_j \mid a_i) \quad (j \neq i;\ i = 1, 2, \cdots, r) \tag{9.81}$$

就是信道把符号 $a_i(i=1,2,\cdots,r)$ 错误地传递为符号 $b_j(j\neq i)$ 的错误传递概率,所以概率

$$p_{ei} = \sum_{j \neq i} p(b_j \mid a_i) \quad (i = 1, 2, \cdots, r) \tag{9.82}$$

是信道把符号 $a_i(i=1,2,\cdots,r)$ 传递为各种可能的错误概率 $b_j(j\neq i)$ 的概率的总和,即信道传递输入符号 $a_i(i=1,2,\cdots,r)$ 的总的错误概率。由式(9.80)可知,在汉明失真度下,平均失真度 $\overline{D}$ 就等于信道的平均错误传递概率 $P_e$,即

$$\overline{D} = \sum_{i=1}^{r} \sum_{j \neq i} p(a_i) p(b_j \mid a_i) = \sum_{i=1}^{r} p(a_i) \left[ \sum_{j \neq i} p(b_j \mid a_i) \right]$$

$$= \sum_{i=1}^{r} p(a_i) p_{ei} = P_e \tag{9.83}$$

这是汉明失真度的一个重要特点。由此,汉明失真度又称为"错误概率失真度"。

在阐明了汉明失真度这一重要的特点后,再回到如何导出 $R(D)$ 的一般表达式这个核心问题。

根据式(9.83),若选择允许失真度为 $D$,则保真度准则就为

$$\overline{D} = P_e = D \tag{9.84}$$

根据费诺不等式,由式(9.84),得

$$H(X \mid Y) \leqslant H(D) + D\log(r-1) \tag{9.85}$$

式(9.85)表明,在汉明失真度下,满足保真度准则 $\overline{D}=D$ 的试验信道的疑义度 $H(X|Y)$ 存在最大值

$$H(X \mid Y)_{\max} = H(D) + D\log(r-1) \tag{9.86}$$

则根据信息率-失真函数 $R(D)$ 的定义,有

$$R(D) = \min_{p(b_j|a_i)} \{ I(X;Y); \overline{D} = D \}$$

$$= \min_{p(b_j|a_i)} \{ H(X) - H(X \mid Y); \overline{D} = D \}$$

$$= H(X) - H(X \mid Y)_{\max}$$

$$= H(X) - H(D) - D\log(r-1) \tag{9.87}$$

式(9.87)是图 9.1 所示通信系统,在汉明失真度下的信息率-失真函数 $R(D)$ 的一般表达式。对于概率分布为 $(\omega, 1-\omega)$ 的二元 $(r=2)$ 离散无记忆信源 $X$ 来说,在汉明失真度下的信息率-失真函数

$$R(D) = H(X) - H(D) = H(\omega) - H(D) \quad (0 \leqslant D < \omega) \tag{9.88}$$

至此,由式(9.70)、式(9.77)和式(9.88),已证得概率分布为 $(\omega, 1-\omega)\left(\omega < \dfrac{1}{2}\right)$ 的二元离散无记忆信源 $X$,在汉明失真度下的信息率-失真函数

$$R(D) = \begin{cases} H(\omega) - H(D) & (0 \leqslant D < \omega) \\ 0 & (D \geqslant \omega) \end{cases} \tag{9.89}$$

其函数曲线如图 9.5 所示。

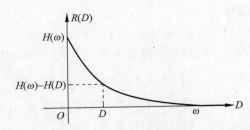

图 9.5 二元离散无记忆信源信息率-失真函数曲线

(4) $R(D)$ 的试验信道。

定理要得到完整的证明,还必须回答这样一个问题,即能不能找到一个试验信道,其平均失真度 $\overline{D} = D$,且平均交互信息量 $I(X;Y)$ 达到信息率-失真函数 $R(D) = H(\omega) - H(D)$?

在图 9.1 所示的一般通信系统中,若选择汉明失真度

$$d(a_i;b_j) = \begin{cases} 0 & (i=j) \\ 1 & (i \neq j) \end{cases} \tag{9.90}$$

则由式(9.83)可知,平均失真度 $\overline{D}$ 等于平均错误传递概率 $P_e$,即有

$$\overline{D} = \sum_{i=1}^{r} \sum_{j=1}^{s} p(a_i b_j) d(a_i, b_j)$$

$$= \sum_{i=1}^{r} \sum_{j=1}^{s} p(b_j) p(a_i \mid b_j) d(a_i, b_j)$$

$$= \sum_{j=1}^{s} \sum_{i \neq j} p(b_j) p(a_i \mid b_j)$$

$$= P_e \tag{9.91}$$

$$\sum_{i \neq j} p(a_i \mid b_j) \quad (j=1,2,\cdots,s) \tag{9.92}$$

是反向信道传递 $Y = b_j (j=1,2,\cdots,s)$ 的错误传递概率 $p_{ej} (j=1,2,\cdots,s)$,式(9.91)可改写为

$$P_e = \sum_j p(b_j) p_{ej} \tag{9.93}$$

式(9.91)既表明正常信道的平均失真度,又表示反向信道的平均失真度。所以式(9.91)～式(9.93)表明,在汉明失真度下,反向信道的平均失真度 $\overline{D}$,同样等于平均错误传递概率 $P_e$。由式(9.93)可知,平均错误概率 $P_e$ 可用随机变量 $Y$ 的概率分布 $P(Y)$:$\{p(b_j)(j=1,2,\cdots,s)\}$ 和后验概率 $P(X|Y)$:$\{p(a_i|b_j)(i \neq j)\}$ 来表示。这就意味着,可通过选择适当的后验概率 $p(a_i|b_j)(i \neq j)$,使"反向信道"成为满足保真度准则 $\overline{D} = D$ 的试验信道。

对概率分布为 $(\omega, 1-\omega)$ 的二元($r=2$)离散无记忆信源 $X$,若允许失真度为 $D$,设反向试验信道(图 9.6)的传递概率分别为

$$\begin{cases} P\{X=0\mid Y=0\}=p_Y(0\mid 0)=1-D \\ P\{X=1\mid Y=0\}=p_Y(1\mid 0)=D \\ P\{X=0\mid Y=1\}=p_Y(0\mid 1)=D \\ P\{X=1\mid Y=1\}=p_Y(1\mid 1)=1-D \end{cases} \tag{9.94}$$

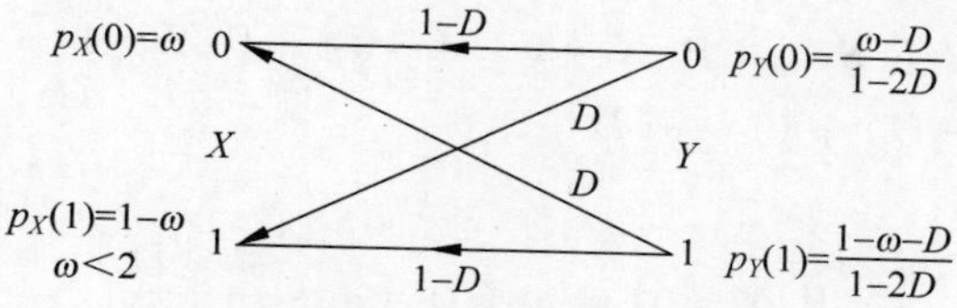

图 9.6 反向试验信道

由式(9.91)可知,反向试验信道的平均失真度

$$\begin{aligned}\overline{D} &= P\{Y=0\}\cdot P\{X=1\mid Y=0\}+P\{Y=1\}\cdot P\{X=0\mid Y=1\} \\ &= P\{Y=0\}\cdot D+P\{Y=1\}\cdot D \\ &= (P\{Y=0\}+P\{Y=1\})\cdot D=D=P_e\end{aligned} \tag{9.95}$$

这表明,图 9.6 所示反向试验信道满足保真度准则 $\overline{D}=D$。

由式(9.94),可得图 9.6 所示反向试验信道的条件熵

$$\begin{aligned}H(X\mid Y) &= -\sum_{i=1}^{2}\sum_{j=1}^{2}p(b_j)p(a_i\mid b_j)\log p(a_i\mid b_j) \\ &= P\{Y=0\}\cdot\{-[p_Y(0\mid 0)\log p_Y(0\mid 0)+p_Y(1\mid 0)\log p_Y(1\mid 0)]\}+ \\ &\quad P\{Y=1\}\cdot\{-[p_Y(0\mid 1)\log p_Y(0\mid 1)+p_Y(1\mid 1)\log p_Y(1\mid 1)]\} \\ &= P\{Y=0\}\cdot\{-[(1-D)\log(1-D)+D\log D]\}+ \\ &\quad P\{Y=1\}\cdot\{-[D\log D+(1-D)\log(1-D)]\} \\ &= H(D)\end{aligned} \tag{9.96}$$

另一方面,因为式(9.85)是在汉明失真度下普遍成立的,所以对于二元($r=2$)离散无记忆信源 $X$,式(9.85)可改写为

$$H(X\mid Y)\leqslant H(D) \tag{9.97}$$

由式(9.96)和式(9.97)可知,图 9.6 所示反向试验信道的条件熵 $H(X\mid Y)$,已达到最大值,即

$$H(X\mid Y)_{max}=H(D) \tag{9.98}$$

则其平均交互信息量 $I(X;Y)$ 达到最小值

$$\begin{aligned}I(X;Y)_{min} &= H(X)-H(X\mid Y)_{max} \\ &= H(X)-H(D)=H(\omega)-H(D)\end{aligned} \tag{9.99}$$

则根据信息率-失真函数 $R(D)$ 的定义,图 9.6 所示反向试验信道就是达到信息率-失真函数

$$R(D)=H(\omega)-H(D) \tag{9.100}$$

的试验信道。

最后,令反向试验信道的输入随机变量 $Y$ 的概率分布

$$P\{Y=0\}=p_Y(0)=\alpha \tag{9.101}$$

则

$$P\{Y=1\}=p_Y(1)=1-\alpha \tag{9.102}$$

由 $X$ 的概率分布 $(\omega,1-\omega)$ 可得

$$P\{X=0\}=\omega=P\{Y=0\}\cdot P\{X=0\mid Y=0\}+P\{Y=1\}\cdot P\{X=0\mid Y=1\}$$
$$=\alpha(1-D)+(1-\alpha)D \tag{9.103}$$

即解得

$$P\{Y=0\}=p_Y(0)=\alpha=\frac{\omega-D}{1-2D} \tag{9.104}$$

和

$$P\{Y=1\}=p_Y(1)=1-\alpha=\frac{1-\omega-D}{1-2D} \tag{9.105}$$

这表明,以式(9.104)和式(9.105)作为输出随机变量 $Y$ 的概率分布,以式(9.94)作为信道传递概率 $P(X|Y)$ 的反向试验信道,就是给定信源 $X$ 在汉明失真度下的信息率-失真函数 $R(D)$ 的试验信道。

由式(9.62)清楚地看到,当允许失真度 $D=D_{\min}=0$,即不允许失真时,为了满足保真度准则 $\overline{D}=D_{\min}=0$,信源 $X$ 必须输出全部的信息量,即 $R(0)=H(\omega)$;当允许失真度为 $D(0<D<\omega)$ 时,为了满足保真度准则 $\overline{D}=D$,则信源 $X$ 必须输出的最小信息量可由原来的 $H(X)=H(\omega)$ 下降到 $R(D)=H(\omega)-H(D)$,即由于允许失真 $D$,使信源 $X$ 的最小输出信息率压缩了 $H(D)$。

【例 9.6】 设二元离散无记忆信源 $X$ 的信源空间为

$$\begin{bmatrix}X\\P\end{bmatrix}=\begin{bmatrix}0 & 1\\ \dfrac{1}{4} & \dfrac{3}{4}\end{bmatrix}$$

规定汉明失真度,即失真矩阵为

$$\boldsymbol{D}=\begin{matrix}0 & 1\\ \begin{matrix}0\\1\end{matrix}\begin{bmatrix}0 & 1\\1 & 0\end{bmatrix}\end{matrix}$$

试求:该信源的 $D_{\min}$ 和 $R(D_{\min})$、$D_{\max}$ 和 $R(D_{\max})$ 以及 $R\left(\dfrac{1}{8}\right)$,并构建达到 $R\left(\dfrac{1}{8}\right)$ 的反向试验信道。

**解**:(1) 由式(9.65),有

$$D_{\min}=\sum_{i=1}^{r}p(a_i)\min_{j}\{d(a_i,b_j)\}$$
$$=\frac{1}{4}\cdot 0+\frac{3}{4}\cdot 0=0$$

由式(9.70),有

$$R(D_{\min})=R(0)=H\left(\frac{1}{4}\right)=0.81(比特 / 符号)$$

（2）由式（9.71），有

$$
\begin{aligned}
D_{\max} &= \min_j \Big\{ \sum_{i=1}^{2} p(a_i) d(a_i, b_j) \Big\} \\
&= \min_j \Big\{ \Big[ \frac{1}{4} \cdot 0 + \frac{3}{4} \cdot 1 \Big]; \ \Big[ \frac{1}{4} \cdot 1 + \frac{3}{4} \cdot 0 \Big] \Big\} \\
&= \min_j \Big\{ \frac{3}{4}; \ \frac{1}{4} \Big\} = \frac{1}{4} \quad (j=2)
\end{aligned}
$$

由式（9.77），有

$$
R(D_{\max}) = R\Big(\frac{1}{4}\Big) = 0
$$

（3）由式（9.88），有

$$
R\Big(\frac{1}{8}\Big) = H\Big(\frac{1}{4}\Big) - H\Big(\frac{1}{8}\Big) = 0.28（比特／符号）
$$

由 $D_{\min}$ 和 $R(D_{\min})$、$D_{\max}$ 和 $R(D_{\max})$ 以及 $R\Big(\frac{1}{8}\Big)$，可得图 9.7 所示的 $R(D)$ 曲线。

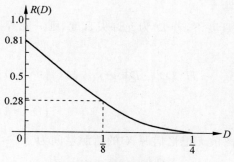

图 9.7　$R(D)$ 函数曲线

（4）由式（9.94）可知，达到 $R\Big(\frac{1}{8}\Big)$ 的反向试验信道的传递概率分别为

$$
\begin{cases}
P\{X=0 \mid Y=0\} = p_Y(0 \mid 0) = 1 - D = 1 - \dfrac{1}{8} = \dfrac{7}{8} \\[2mm]
P\{X=1 \mid Y=0\} = p_Y(1 \mid 0) = D = \dfrac{1}{8} \\[2mm]
P\{X=0 \mid Y=1\} = p_Y(0 \mid 1) = D = \dfrac{1}{8} \\[2mm]
P\{X=1 \mid Y=1\} = p_Y(1 \mid 1) = 1 - D = 1 - \dfrac{1}{8} = \dfrac{7}{8}
\end{cases}
$$

达到信息率-失真函数 $R\Big(\frac{1}{8}\Big)$ 的反向试验信道的传递特性如图 9.8 所示。

由式（9.95）和式（9.104）得随机变量 $Y$ 的概率分布

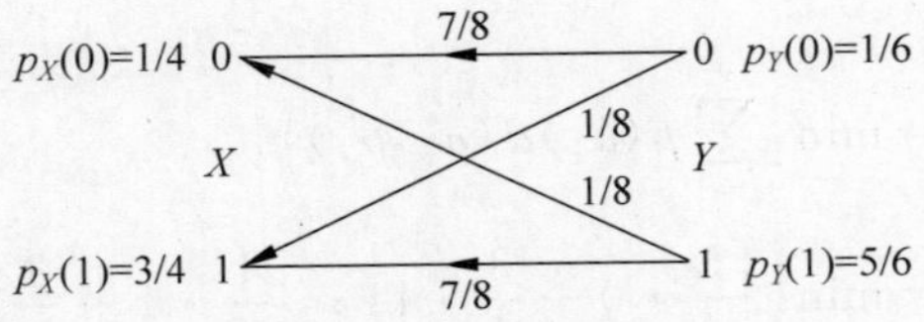

图 9.8 反向试验信道

$$P\{Y=0\}=p_Y(0)=\cfrac{\cfrac{1}{4}-\cfrac{1}{8}}{1-2\cdot\cfrac{1}{8}}=\cfrac{1}{6}$$

$$P\{Y=1\}=p_Y(1)=1-\cfrac{1}{6}=\cfrac{5}{6}$$

**2. 等概离散信源的 $R(D)$ 函数**

等概离散无记忆信源是一种应用广泛且比较典型的离散信源。在汉明失真度下,求解等概离散无记忆信源的信息率-失真函数,是离散信源的信息率失真理论中经常会遇到的课题。

**定理 9.14** 在汉明失真度下,若 $D$ 为允许失真度,则 $r$ 元等概离散无记忆信源 $X$ 的信息率-失真函数

$$R(D)=\begin{cases}\log r-H(D)-D\log(r-1) & \left(0\leqslant D<1-\cfrac{1}{r}\right)\\[2mm] 0 & \left(D\geqslant1-\cfrac{1}{r}\right)\end{cases}\tag{9.106}$$

**【证明】** 设 $r$ 元等概离散无记忆信源 $X$ 的信源空间为

$$\begin{bmatrix}X\\P\end{bmatrix}=\begin{bmatrix}a_1 & a_2 & \cdots & a_r\\[1mm]\cfrac{1}{r} & \cfrac{1}{r} & \cdots & \cfrac{1}{r}\end{bmatrix}\tag{9.107}$$

规定汉明失真度

$$d(a_i,b_j)=\begin{cases}0 & (i=j)\\1 & (i\neq j)\end{cases}\tag{9.108}$$

即失真矩阵为

$$\boldsymbol{D}=\begin{array}{c}\\a_1\\a_2\\\vdots\\a_r\end{array}\begin{array}{c}\begin{array}{cccc}b_1 & b_2 & \cdots & b_r\end{array}\\\begin{bmatrix}0 & 1 & \cdots & 1\\1 & 0 & \cdots & 1\\\vdots & \vdots & \ddots & \vdots\\1 & 1 & \cdots & 0\end{bmatrix}\end{array}\tag{9.109}$$

(1) $D_{\min}$ 和 $R(D_{\min})$。

由式(9.107)和(式 9.108),根据定理 9.2,得

$$D_{\min}=\sum_{i=1}^{r}p(a_i)\min_{j}\{d(a_i,b_j)\}$$

$$= p(a_1) \cdot 0 + p(a_2) \cdot 0 + \cdots + p(a_r) \cdot 0$$

$$= \frac{1}{r} \cdot 0 + \frac{1}{r} \cdot 0 + \cdots + \frac{1}{r} \cdot 0 = 0 \tag{9.110}$$

则满足保真度准则 $\bar{D} = D_{\min} = 0$ 的试验信道的传递概率

$$\begin{cases} p(b_j \mid a_i) = 1 & (i = j) \\ p(b_j \mid a_i) = 0 & (i \neq j) \end{cases} \tag{9.111}$$

即试验信道的信道矩阵为

$$\begin{matrix} & \begin{matrix} b_1 & b_2 & \cdots & b_r \end{matrix} \\ \boldsymbol{P} = \begin{matrix} a_1 \\ a_2 \\ \vdots \\ a_r \end{matrix} & \begin{bmatrix} 1 & 0 & \cdots & 0 \\ 0 & 1 & \cdots & 0 \\ \vdots & \vdots & \ddots & \vdots \\ 0 & 0 & \cdots & 1 \end{bmatrix} \end{matrix} \tag{9.112}$$

这个试验信道是满足保真度准则 $\bar{D} = D_{\min} = 0$ 的唯一试验信道,其平均交互信息量

$$I(X; Y) = H(X) - H(X \mid Y) \tag{9.113}$$

就是信息率-失真函数 $R(D_{\min}) = R(0)$。

因为式(9.112)所示信道矩阵 $\boldsymbol{P}$ 中每列只有一个非零元素 1,所以其后验概率

$$p(a_i \mid b_j) = \begin{cases} 0 & (i \neq j) \\ 1 & (i = j) \end{cases} \tag{9.114}$$

试验信道的疑义度

$$H(X \mid Y) = -\sum_{i=1}^{r} \sum_{j=1}^{s} (b_j) p(a_i \mid b_j) \log p(a_i \mid b_j) = 0 \tag{9.115}$$

由式(9.113)和式(9.115)可得

$$R(D_{\min}) = R(0) = H(X) = H\left(\frac{1}{r}, \frac{1}{r}, \cdots, \frac{1}{r}\right) = \log r \tag{9.116}$$

(2) $D_{\max}$ 和 $R(D_{\max})$。

由式(9.107)和式(9.108),可得

$$\begin{aligned} D_{\max} &= \min_j \left\{ \sum_{i=1}^{r} p(a_i) d(a_i, b_j) \right\} \\ &= \min_j \{ [p(a_1) \cdot 0 + p(a_2) \cdot 1 + \cdots + p(a_r) \cdot 1]; \\ & \quad [p(a_1) \cdot 1 + p(a_2) \cdot 0 + \cdots + p(a_r) \cdot 1]; \\ & \quad \vdots \\ & \quad [p(a_1) \cdot 1 + p(a_2) \cdot 1 + \cdots + p(a_r) \cdot 0] \} \\ &= \min_j \left\{ (r-1)\frac{1}{r}; (r-1)\frac{1}{r}; \cdots; (r-1)\frac{1}{r} \right\} = (r-1)\frac{1}{r} = 1 - \frac{1}{r} \tag{9.117} \end{aligned}$$

由此可见,$r$ 元等概信源的一个显著特点,就是每个 $j$ $(j = 1, 2, \cdots, r)$ 的

$\sum_{i=1}^{r} p(a_i) d(a_i, b_j)$ 都等于同一个值

$$\sum_{i=1}^{r} p(a_i) d(a_i, b_j) = 1 - \frac{1}{r} \quad (j = 1, 2, \cdots, s) \tag{9.118}$$

所有满足式(9.148)和式(9.155)的信道都是满足保真度准则 $\overline{D} = D_{\max} = \left(1 - \frac{1}{r}\right)$ 的试验信道集合 $B_{D_{\max}}$ 中的试验信道,而且它们有相同的噪声熵

$$H(Y \mid X) = -\sum_{i=1}^{r} \sum_{j=1}^{r} p(a_i) p(b_j \mid a_i) \log p(b_j \mid a_i)$$

$$= -\sum_{i=1}^{r} \sum_{j=1}^{r} p(a_i) p(b_j) \log p(b_j)$$

$$= \sum_{i=1}^{r} p(a_i) \left\{ -\sum_{j=1}^{r} p(b_j) \log p(b_j) \right\}$$

$$= \sum_{i=1}^{r} p(a_i) H(Y) = H(Y) \tag{9.119}$$

$B_{D_{\max}}$ 中所有试验信道都有相同的平均交互信息量

$$I(X; Y) = H(Y) - H(Y \mid X) = 0 \tag{9.120}$$

根据信息率-失真函数 $R(D)$ 的定义,可得

$$R(D_{\max}) = R\left(1 - \frac{1}{r}\right) = 0 \tag{9.121}$$

(3) $R(D)$。

由式(9.101)可知,在汉明失真度下,平均失真度 $\overline{D}$ 等于信道的平均错误传递概率 $P_e$。当选择允许失真度

$$0 \leqslant D \leqslant 1 - \frac{1}{r} \tag{9.122}$$

时,满足保真度准则 $\overline{D} = D$ 的试验信道,都有

$$P_e = D \tag{9.123}$$

另一方面,费诺不等式是普遍成立的,由式(9.123),得

$$H(X \mid Y) \leqslant H(D) + D \log(r - 1) \tag{9.124}$$

这表明,在汉明失真度下,满足保真度准则 $\overline{D} = D$ 的试验信道的疑义度 $H(X \mid Y)$ 的最大值为

$$H(X \mid Y)_{\max} = H(D) + D \log(r - 1) \tag{9.125}$$

这样,根据信息率-失真函数 $R(D)$ 的定义,由式(9.125),可得给定信源 $X$ 的信息率-失真函数

$$R(D) = \min_{p(b_j \mid a_i) \in B_D} \{ I(X; Y); \overline{D} = D \}$$

$$= \min_{p(b_j \mid a_i) \in B_D} \{ H(X) - H(X \mid Y) \}$$

$$= H(X) - H(X \mid Y)_{\max}$$

$$= H(X) - H(D) - D \log(r - 1) \tag{9.126}$$

由式(9.107)可知,式(9.126)可改写为

$$R(D) = \log r - H(D) - D\log(r-1) \quad \left(0 \leqslant D < 1 - \frac{1}{r}\right) \tag{9.127}$$

至此,式(9.116)、式(9.121)和式(9.127)得证,在汉明失真度下,$r$ 元等概离散无记忆信源 $X$ 的信息率-失真函数

$$R(D) = \begin{cases} \log r - H(D) - D\log(r-1) & \left(0 \leqslant D < \left(1 - \dfrac{1}{r}\right)\right) \\ 0 & \left(D \geqslant \left(1 - \dfrac{1}{r}\right)\right) \end{cases} \tag{9.128}$$

由此可得 $r$ 元等概离散无记忆信源 $X$ 在汉明失真度下的信息率-失真函数 $R(D)$ 曲线(图9.9)。

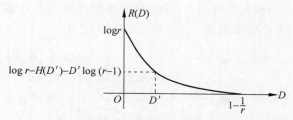

图 9.9　$r$ 元等概离散无记忆信源的信息率-失真函数 $R(D)$ 曲线

(4) $R(D)$ 的试验信道。

定理要得到完整的证明,还必须找出一个试验信道,在满足保真度准则 $\overline{D} = D$ 的条件下,其平均交互信息量 $I(X;Y)$ 达到式(9.128)所示 $R(D)$。

设图 9.10 所示反向试验信道的传递概率为

$$d(a_i \mid b_j) = \begin{cases} 1 - D & (i = j) \\ \dfrac{D}{r-1} & (i \neq j) \end{cases} \tag{9.129}$$

在汉明失真度下,反向试验信道的平均失真度,则

$$\overline{D} = \sum_{i=1}^{r} \sum_{j=1}^{s} p(b_j) p(a_i \mid b_j) d(a_i, b_j)$$

$$= \sum_{j=1}^{s} p(b_j) \sum_{i=1}^{r} p(a_i \mid b_j) d(a_i, b_j)$$

$$= p(b_1) \cdot [p(a_1 \mid b_1) d(a_1, b_1) + p(a_2 \mid b_1) d(a_2, b_1) + \cdots + p(a_r \mid b_1) d(a_r, b_1)] +$$

$$p(b_2) \cdot [p(a_1 \mid b_2) d(a_1, b_2) + p(a_2 \mid b_2) d(a_2, b_2) + \cdots + p(a_r \mid b_2) d(a_r, b_2)] +$$

$$\cdots +$$

$$p(b_r) \cdot [p(a_1 \mid b_r) d(a_1, b_r) + p(a_2 \mid b_r) d(a_2, b_r) + \cdots + p(a_r \mid b_r) d(a_r, b_r)]$$

$$= p(b_1) \cdot \left[(1-D) \cdot 0 + \frac{D}{r-1} \cdot 1 + \cdots + \frac{D}{r-1} \cdot 1\right] +$$

$$p(b_2) \cdot \left[\frac{D}{r-1} \cdot 1 + (1-D) \cdot 0 + \frac{D}{r-1} \cdot 1 + \cdots + \frac{D}{r-1} \cdot 1\right] +$$

$$\cdots +$$

$$p(b_r) \cdot \left[ \frac{D}{r-1} \cdot 1 + \frac{D}{r-1} \cdot 1 + \cdots + \frac{D}{r-1} \cdot 1 + (1-D) \cdot 0 \right]$$

$$= p(b_1) \cdot \frac{D}{r-1} \cdot (r-1) +$$

$$\quad p(b_2) \cdot \frac{D}{r-1} \cdot (r-1) +$$

$$\quad \cdots +$$

$$\quad p(b_r) \cdot \frac{D}{r-1} \cdot (r-1)$$

$$= D \cdot [p(b_1) + p(b_2) + \cdots + p(b_r)] = D \tag{9.130}$$

这表明,图 9.10 所示反向试验信道,是满足保真度准则 $\overline{D} = D$ 的试验信道集合 $B_D$ 中的一个试验信道,而且平均错误概率 $P_e$ 等于允许失真度 $D$。

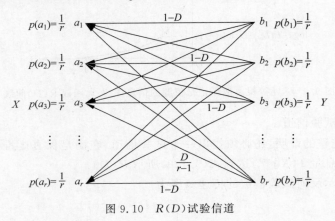

图 9.10  $R(D)$ 试验信道

另一方面,图 9.10 所示反向试验信道的条件熵为

$$H(X \mid Y) = -\sum_{i=1}^{r} \sum_{j=1}^{r} p(b_j) p(a_i \mid b_j) \log p(a_i \mid b_j)$$

$$= -\{ p(b_1)[p(a_1 \mid b_1)\log p(a_1 \mid b_1) + \cdots + p(a_r \mid b_1)\log p(a_r \mid b_1)] +$$

$$\quad p(b_2)[p(a_1 \mid b_2)\log p(a_1 \mid b_2) + \cdots + p(a_r \mid b_2)\log p(a_r \mid b_2)] +$$

$$\quad \cdots +$$

$$\quad p(b_r)[p(a_1 \mid b_r)\log p(a_1 \mid b_r) + \cdots + p(a_r \mid b_r)\log p(a_r \mid b_r)\}$$

$$= p(b_1) H\left[ (1-D), \frac{D}{r-1}, \frac{D}{r-1}, \cdots, \frac{D}{r-1} \right] +$$

$$\quad p(b_2) H\left[ \frac{D}{r-1}, (1-D), \frac{D}{r-1}, \cdots, \frac{D}{r-1} \right] +$$

$$\quad \cdots +$$

$$\quad p(b_r) H\left[ \frac{D}{r-1}, \frac{D}{r-1}, \frac{D}{r-1}, \cdots, (1-D) \right]$$

$$= H\left[ (1-D), \frac{D}{r-1}, \frac{D}{r-1}, \cdots, \frac{D}{r-1} \right]$$

$$= -\left[(1-D)\log(1-D) + (r-1) \cdot \frac{D}{r-1}\log\frac{D}{r-1}\right]$$

$$= -\left[(1-D)\log(1-D) + D\log\frac{D}{r-1}\right]$$

$$= -\left[(1-D)\log(1-D) + D\log D\right] + D\log(r-1)$$

$$= H(D) + D\log(r-1) \tag{9.131}$$

由式(9.83)可知,式(9.130)所示反向试验信道的平均失真度 $\overline{D}$ 等于平均错误概率 $P_e$,则有

$$P_e = D \tag{9.132}$$

所以,由费诺不等式,有

$$H(X \mid Y) \leqslant H(D) + D\log(r-1) \tag{9.133}$$

这说明,图 9.10 所示反向试验信道的条件熵 $H(X|Y)$ 已达到最大值

$$H(X \mid Y)_{\max} = H(D) + D\log(r-1) \tag{9.134}$$

这个反向试验信道的平均交互信息量 $I(X;Y)$ 达到最小值,即信息率-失真函数

$$R(D) = \min\{I(X;Y); \overline{D}=D\} = \min\{H(X) - H(X \mid Y); \overline{D}=D\}$$

$$= H(X) - H(X \mid Y)_{\max} = \log r - H(D) - D\log(r-1) \tag{9.135}$$

这表明,图 9.10 所示反向试验信道,是达到式(9.127)所示信息率-失真函数 $R(D)$ 的试验信道。

在图 9.10 所示的反向试验信道中,随机变量 $X$ 的概率分布 $P(X)$:$\{p(a_1), p(a_2), \cdots, p(a_r)\}$ 为

$$\begin{cases} p(a_1) = p(b_1)p(a_1 \mid b_1) + p(b_2)p(a_1 \mid b_2) + \cdots + p(b_r)p(a_1 \mid b_r) \\ p(a_2) = p(b_1)p(a_2 \mid b_1) + p(b_2)p(a_2 \mid b_2) + \cdots + p(b_r)p(a_2 \mid b_r) \\ \vdots \\ p(a_r) = p(b_1)p(a_r \mid b_1) + p(b_2)p(a_r \mid b_2) + \cdots + p(b_r)p(a_r \mid b_r) \end{cases} \tag{9.136}$$

由式(9.129),有

$$\begin{cases} p(a_1) = p(b_1) \cdot (1-D) + p(b_2)\frac{D}{r-1} + \cdots + p(b_r)\frac{D}{r-1} \\ p(a_2) = p(b_1) \cdot \frac{D}{r-1} + p(b_2) \cdot (1-D) + \cdots + p(b_r) \cdot \frac{D}{r-1} \\ \vdots \\ p(a_r) = p(b_1) \cdot \frac{D}{r-1} + p(b_2) \cdot \frac{D}{r-1} + \cdots + p(b_r)(1-D) \end{cases} \tag{9.137}$$

显然,当反向试验信道的输入随机变量 $Y$ 的概率分布 $P(Y)$:$\{p(b_1), p(b_2), \cdots, p(b_r)\}$ 选择为

$$p(b_1) = p(b_2) = \cdots = p(b_r) = \frac{1}{r} \tag{9.138}$$

时,反向试验信道的输出随机变量 $X$ 的概率分布 $P(X)$:$\{p(a_1), p(a_2), \cdots, p(a_r)\}$ 就可等于给定信源 $X$ 的概率分布,即

$$p(a_1) = p(a_2) = \cdots = p(a_r) = \frac{1}{r} \tag{9.139}$$

这样就证明了图 9.10 所示反向试验信道,是给定 $r$ 元等概信源 $X$,在汉明失真度下达到信息率-失真函数 $R(D)$ 的试验信道。

综合式(9.116)、式(9.121)和式(9.127)式证得,在汉明失真度下,$r$ 元等概信源 $X$ 的信息率-失真函数

$$R(D) = \begin{cases} \log r - H(D) - D\log(r-1) & \left(0 \leqslant D < 1 - \dfrac{1}{r}\right) \\ 0 & \left(D \geqslant 1 - \dfrac{1}{r}\right) \end{cases} \tag{9.140}$$

【例 9.7】 设离散无记忆信源 $X$ 的信源空间为

$$\begin{bmatrix} X \\ P \end{bmatrix} : \begin{cases} X: & a_1 & a_2 & a_3 & a_4 \\ P(X): & 1/4 & 1/4 & 1/4 & 1/4 \end{cases}$$

规定汉明失真度,即失真矩阵为

$$\mathbf{D} = \begin{array}{c} \\ a_1 \\ a_2 \\ a_3 \\ a_4 \end{array} \begin{array}{cccc} b_1 \ b_2 \ b_3 \ b_4 \end{array} \\ \begin{bmatrix} 0 & 1 & 1 & 1 \\ 1 & 0 & 1 & 1 \\ 1 & 1 & 0 & 1 \\ 1 & 1 & 1 & 0 \end{bmatrix}$$

试求:该信源 $X$ 的 $D_{\min}$ 和 $R(D_{\min})$、$D_{\max}$ 和 $R(D_{\max})$,计算 $R\left(\dfrac{1}{2}\right)$ 并构建其试验信道。

**解**:(1) $D_{\min}$ 和 $R(D_{\min})$。

由式(9.110),得

$$D_{\min} = \sum_{i=1}^{4} p(a_i) \min_j d(a_i, b_j) = \sum_{i=1}^{4} \frac{1}{4} \cdot 0 = 0$$

由式(9.116),得

$$R(0) = H(X) = \log 4 = 2 (比特 / 符号)$$

(2) $D_{\max}$ 和 $R(D_{\max})$。

由式(9.117),得

$$D_{\max} = \min_j \left\{ \frac{3}{4}, \frac{3}{4}, \frac{3}{4}, \frac{3}{4} \right\} = \frac{3}{4}$$

由式(9.121),有

$$R(D_{\max}) = R\left(\frac{3}{4}\right) = 0$$

(3) $R\left(\dfrac{1}{2}\right)$。

由式(9.127),有

$$R\left(\frac{1}{2}\right) = \log 4 - H\left(\frac{1}{2}\right) - \frac{1}{2}\log 3 = 0.21 (比特 / 符号)$$

根据 $D_{\min}$ 和 $R(D_{\min})$、$D_{\max}$ 和 $R(D_{\max})$ 以及 $R\left(\dfrac{1}{2}\right)$,可得信源 $X$ 在汉明失真度下的

$R(D)$曲线(如图 9.11 所示)。

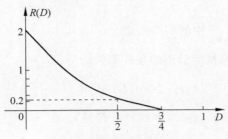

图 9.11　$R(D)$ 函数曲线

(4) $R\left(\dfrac{1}{2}\right)$ 试验信道。

由式(9.129)可知,达到 $R\left(\dfrac{1}{2}\right)$ 的反向试验信道的传递概率为

$$p(a_i \mid b_j) = \begin{cases} \dfrac{1}{2} & (i = j) \\[2mm] \dfrac{1}{6} & (i \neq j) \end{cases}$$

其传递特性如图 9.12 所示。

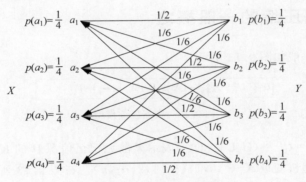

图 9.12　$R(D)$ 试验信道

由式(9.138)和式(9.139)可知,为了确保信源 $X$ 是等概信源,反向试验信道的输入随机变量 $Y$ 的概率分布必须为

$$P(Y = b_1) = P(Y = b_2) = P(Y = b_3) = P(Y = b_4) = \frac{1}{4}$$

由式(9.130)可知,在汉明失真度下,反向试验信道的平均失真度

$$\overline{D} = \sum_{i=1}^{4} \sum_{j=1}^{4} p(b_j) p(a_i \mid b_j) d(a_i, b_j)$$

$$= \sum_{j=1}^{4} p(b_j) \cdot \frac{1}{2} = \frac{1}{2} = D$$

这表明,图 9.12 所示反向试验信道满足保真度准则 $\overline{D} = \dfrac{1}{2} = D$,是满足保真度准则 $\overline{D} = \dfrac{1}{2} = D$ 的试验信道集合 $B_{D=\frac{1}{2}}$ 中的一个信道。

由式(9.131)可知,反向试验信道的条件熵为

$$H(X \mid Y) = H(D) + D\log 3 = H\left(\frac{1}{2}\right) + \frac{1}{2} \cdot \log 3$$

$$= 1.79(比特 / 符号)$$

由式(9.134)可知,则

$$H(X \mid Y)_{\max} = 1.79(比特 / 符号)$$

则平均交互信息量 $I(X; Y)$ 达到最小值,即信息率-失真函数为

$$R\left(\frac{1}{2}\right) = H(X) - H(X \mid Y)_{\max}$$

$$= \log 4 - 1.79$$

$$= 0.21(比特 / 符号)$$

这样,图 9.12 所示反向试验信道,是在汉明失真度下,给定的 $r$ 元等概信源 $X$,在满足保真度准则 $\overline{D} = \dfrac{1}{2}$ 的情况下,达到信息率-失真函数 $R\left(\dfrac{1}{2}\right)$ 的试验信道。

## 9.5 数据压缩的一般概念

数据压缩过程一般如图 9.13 所示。

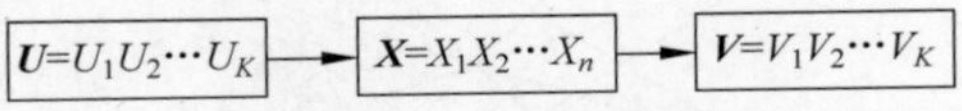

$$\boxed{U = U_1 U_2 \cdots U_K} \longrightarrow \boxed{X = X_1 X_2 \cdots X_n} \longrightarrow \boxed{V = V_1 V_2 \cdots V_K}$$

图 9.13　数据压缩模型

在图 9.13 中,$U = U^K = (U_1 U_2 \cdots U_K)$ 表示离散无记忆信源 $U$ 的 $K$ 次扩展信源。$X = (X_1 X_2 \cdots X_n)$ 中各随机变量 $X_i \in \{0, 1\}(i = 1, 2, \cdots, n)$。在图 9.13 所示一般数据压缩系统中,信源 $U = U^K = (U_1 U_2 \cdots U_K)$ 的 $K$ 个信源符号被压缩成 $X = (X_1 X_2 \cdots X_n)$ 的 $n$ 个比特,并通过某种方式,由 $X = (X_1 X_2 \cdots X_n)$ 还原出 $K$ 个信宿符号 $V = (V_1 V_2 \cdots V_K)$。

显然,在满足保真度准则的要求下,每个信源符号至少需要几比特来表示,这是数据压缩过程的关键性指标。根据信息率-失真函数的定义可知,这个指标与信息率-失真函数必定存在内在联系。

**定理 9.15**　设 $R(D)$ 是离散无记忆信源 $U$ 的信息率-失真函数,$\overline{D}$ 是 $U$ 和 $V$ 每一个符号的平均失真度。若 $\overline{D} \leqslant D$,则压缩比

$$\frac{n}{K} \geqslant R(D)$$

**【证明】**　若 $U = (U_1 U_2 \cdots U_K)$ 与 $V = (V_1 V_2 \cdots V_K)$ 之间的平均失真度满足

$$\overline{D}_K = \sum_{i=1}^{K} E[d(u_i, v_i)] = \sum_{i=1}^{K} \overline{D}(i) \leqslant KD \tag{9.141}$$

因有

$$\overline{D}_K = K\overline{D} \tag{9.142}$$

则就有

$$\overline{D} \leqslant D$$

这表明,在图 9.13 中,由 $\boldsymbol{U} = (U_1 U_2 \cdots U_K)$ 到 $\boldsymbol{X} = (X_1 X_2 \cdots X_n)$ 的压缩过程和由 $\boldsymbol{X} = (X_1 X_2 \cdots X_n)$ 到 $\boldsymbol{V} = (V_1 V_2 \cdots V_K)$ 的还原过程所形成总的变换过程,只要最终 $\boldsymbol{U} = (U_1 U_2 \cdots U_K)$ 与 $\boldsymbol{V} = (V_1 V_2 \cdots V_K)$ 之间满足保真度准则 $\overline{D}_K = KD$,则对单个符号来说,一定满足保真度准则 $\overline{D} \leqslant D$。

根据离散无记忆信源的 $K$ 次扩展信源 $\boldsymbol{U}$ 的信息率-失真函数 $R_K(D)$ 的定义,有

$$I(\boldsymbol{U}; \boldsymbol{V}) \geqslant R_K(D) \tag{9.143}$$

而离散无记忆信源 $U$ 的信息率-失真函数 $R(D)$ 与其 $K$ 次扩展信源 $\boldsymbol{U} = \boldsymbol{U}^K = (U_1 U_2 \cdots U_K)$ 的信息率-失真函数 $R_K(D)$ 之间有如下关系:

$$R_K(D) = KR(D) \tag{9.144}$$

由式(9.143)和式(9.144)可得

$$I(\boldsymbol{U}; \boldsymbol{V}) \geqslant KR(D) \tag{9.145}$$

另外,根据数据处理定理,有

$$I(\boldsymbol{U}; \boldsymbol{V}) \leqslant I(\boldsymbol{X}; \boldsymbol{V}) \tag{9.146}$$

而

$$I(\boldsymbol{X}; \boldsymbol{V}) = H(\boldsymbol{X}) - H(\boldsymbol{X} \mid \boldsymbol{V}) \leqslant H(\boldsymbol{X}) \tag{9.147}$$

因为 $\boldsymbol{X} = (X_1 X_2 \cdots X_n)$ 中各随机变量 $X_i \in \boldsymbol{X}: \{0,1\}$,所以联合熵

$$H(\boldsymbol{X}) = H(X_1 X_2 \cdots X_n)$$
$$= H(X_1) + H(X_2 \mid X_1) + H(X_3 \mid X_1 X_2) + \cdots +$$
$$H(X_n \mid X_1 X_2 \cdots X_{n-1}) \leqslant nH(\boldsymbol{X}) \leqslant n\{\log 2\} = n \text{（比特／符号）} \tag{9.148}$$

则由式(9.146)、式(9.147)和式(9.148)可得

$$I(\boldsymbol{U}; \boldsymbol{V}) \leqslant n \text{（比特/符号）} \tag{9.149}$$

则由式(9.143)、式(9.144)和式(9.149)可有

$$n \geqslant KR(D) \tag{9.150}$$

即证得压缩比

$$\frac{n}{K} \geqslant R(D) \text{（比特/符号）} \tag{9.151}$$

这样,定理就得到了证明。

定理告诉我们,在图 9.13 所示数据压缩系统中,若要求满足保真度准则 $\overline{D} \leqslant D(\overline{D}_K \leqslant KD)$,则表示每个信源符号至少需要 $R(D)$ 比特。定理从数据压缩的角度,直截了当地指明了信息率-失真函数 $R(D)$ 的内涵。

用限失真信源编码进行数据压缩的一般机制,如图 9.14 所示。

设离散无记忆信源 $U$ 的信源空间为

$$\begin{bmatrix} U \\ P \end{bmatrix} : \begin{cases} U: & u_1 & u_2 & \cdots & u_r \\ P(U): & p(u_1) & p(u_2) & \cdots & p(u_r) \end{cases}$$

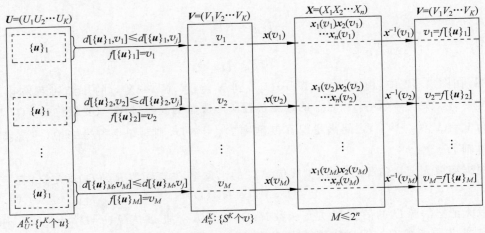

图 9.14　限失真信源编码进行数据压缩

其中，

$$\begin{cases} 0 \leqslant p(u_i) \leqslant 1 \quad (i=1,2,\cdots,r) \\ \sum\limits_{i=1}^{r} p(u_i) = 1 \end{cases} \tag{9.152}$$

离散无记忆信源 $U$ 的 $K$ 次扩展信源 $U=U^K=(U_1U_2\cdots U_K)$ 有 $r^K$ 个长度为 $K$ 的消息，其中，

$$\begin{cases} u_i = (u_{i_1}u_{i_2}\cdots u_{i_K}) \\ u_{i_1}, u_{i_2}, \cdots, u_{i_K} \in U : \{u_1, u_2, \cdots, u_r\} \\ i_1, i_2, \cdots, i_K = 1, 2, \cdots, r \\ i = 1, 2, \cdots, r^K \end{cases} \tag{9.153}$$

这 $r^K$ 个消息组成 $K$ 维集合 $A_U^K : \{u_i(i=1,2,\cdots,r^K)\}$。

设信道的输出符号集合 $V = \{v_1, v_2, \cdots, v_s\}$，则与离散无记忆信源 $U$ 的 $K$ 次扩展信源 $U=U^K=(U_1U_2\cdots U_K)$ 相应的信宿 $V=(V_1V_2\cdots V_K)$ 有 $s^K$ 个长度为 $K$ 的符号序列，其中，

$$\begin{cases} v_j = (v_{j_1}v_{j_2}\cdots v_{j_K}) \\ v_{j_1}, v_{j_2}, \cdots, v_{j_K} \in V : \{v_1, v_2, \cdots, v_s\} \\ j = 1, 2, \cdots, s^K \end{cases} \tag{9.154}$$

这 $s^K$ 个长度为 $K$ 的符号序列组成 $K$ 维集合 $A_V^K : \{v_i(j=1,2,\cdots,s^K)\}$。

在集合 $A_V^K : \{v_i(j=1,2,\cdots,s^K)\}$ 中，选择 $M$ 个长度为 $K$ 的符号序列组成码

$$C : \{v_1, v_2, \cdots, v_M\} \tag{9.155}$$

在集合 $A_U^K : \{u_i(i=1,2,\cdots,r^K)\}$ 中，若有子集 $\{u\}$，满足

$$d[\{u\}_1, v_1] \leqslant d[\{u\}_1, v_j] \quad (j=1,2,\cdots,M) \tag{9.156}$$

则把子集 $\{u\}_1$ 中所有长度为 $K$ 的符号序列都表示为 $v_1$，即

$$f[\{u\}_1] = v_1 \tag{9.157}$$

若有子集$\{u\}_2$,满足
$$d[\{u\}_2, v_2] \leqslant d[\{u\}_2, v_j] \quad (j=1,2,\cdots,M)$$
则把子集$\{u\}_2$中所有长度为$K$的符号序列都表示为$v_2$,即
$$f[\{u\}_2] = v_2 \tag{9.158}$$

以此类推,若有子集$\{u\}_M$满足
$$d[\{u\}_M, v_M] \leqslant d[\{u\}_M, v_j] \quad (j=1,2,\cdots,M) \tag{9.159}$$
则把子集$\{u\}_M$中所有长度为$K$的符号序列都表示为$v_M$,即
$$f[\{u\}_M] = v_M \tag{9.160}$$

一般来说,若有
$$d[\{u\}_i, v_i] \leqslant d[\{u\}_i, v_j] \quad (j=1,2,\cdots,M) \tag{9.161}$$
则
$$f[\{u\}_i] = v_i \quad (i=1,2,\cdots,M) \tag{9.162}$$
其中各子集$\{u\}_i (i=1,2,\cdots,M)$是相互独立、互不相交的子集。

设长度为$n$的随机向量$\boldsymbol{X}=X_1 X_2 \cdots X_n$中任何时刻的随机变量$X_i \in \boldsymbol{X}: \{0,1\}(i=1, 2,\cdots,n)$,则一共可组成$2^n$种长度均为$n$的"0""1"序列,其中,
$$\begin{cases} \boldsymbol{x}_i = (x_{i_1} x_{i_2} \cdots x_{i_n}) \\ x_{i_1}, x_{i_2}, \cdots, x_{i_n} \in X: \{0,1\} \\ i=1,2,\cdots,2^n \end{cases} \tag{9.163}$$
若$M \leqslant 2^n$,则可按某种一一对应的确定函数关系
$$x(v_i) = x[f(\{u\}_i)] \quad (i=1,2,\cdots,M) \tag{9.164}$$
把每一种不同的长度均为$n$的"0""1"序列,与码$C: \{v_1, v_2, \cdots, v_M\}$中每一种不同码字$v_i$ $(i=1,2,\cdots,M)$一一对应,即有
$$\begin{cases} x(v_1) = x[f(\{u\}_1)] = [x_1(v_1), x_2(v_1), \cdots, x_n(v_1)] \\ x(v_2) = x[f(\{u\}_2)] = [x_1(v_2), x_2(v_2), \cdots, x_n(v_2)] \\ \vdots \\ x(v_M) = x[f(\{u\}_M)] = [x_1(v_M), x_2(v_M), \cdots, x_n(v_M)] \end{cases} \tag{9.165}$$
也就是说,可以用$M=2^n$种长度均为$n$的"0""1"序列,分别一一对应地代表$M$种互不相交的信源$\boldsymbol{U}=U_1 U_2 \cdots U_K$的长度为$K$的消息子集$\{u\}_i (i=1,2,\cdots,M)$,即
$$\begin{cases} x(v_1) = x[f(\{u\}_1)] = [x_1[f(\{u\}_1)], x_2[f(u_1)], \cdots, x_n[f(\{u\}_1)]] \\ x(v_2) = x[f(\{u\}_2)] = [x_1[f(\{u\}_2)], x_2[f(\{u\}_2)], \cdots, x_n[f(\{u\}_2)]] \\ \vdots \\ x(v_M) = x[f(\{u\}_M)] = [x_1[f(\{u\}_M)], x_2[f(\{u\}_M)], \cdots, x_n[f(\{u\}_M)]] \end{cases} \tag{9.166}$$
最后,$M=2^n$种长度均为$n$的"0""1"序列可根据确定函数关系
$$v_i = x^{-1}(v_i) \quad (i=1,2,\cdots,M) \tag{9.167}$$
即
$$f[\{u\}_i] = x^{-1}[f(\{u\}_i)] \quad (i=1,2,\cdots,M) \tag{9.168}$$

——对应地还原出相应码字 $v_i(i=1,2,\cdots,M)$，即 $f[\{u\}_i](i=1,2,\cdots,M)$，即有

$$\begin{cases} v_1 = x^{-1}(v_1) = f[\{u\}_1] \\ v_2 = x^{-1}(v_2) = f[\{u\}_2] \\ \quad\vdots \\ v_M = x^{-1}(v_M) = f[\{u\}_M] \end{cases} \tag{9.169}$$

采用式(9.155)所示信源编码 $C:\{v_1,v_2,\cdots,v_M\}$，离散无记忆信源 $U$ 的 $K$ 次扩展信源 $\boldsymbol{U}=U^K=U_1U_2\cdots U_K$ 的每一个长度为 $K$ 的消息序列 $\boldsymbol{u}_i=(u_{i1}u_{i2}\cdots u_{iK})(i=1,2,\cdots,r^K)$，都可由随机向量 $\boldsymbol{X}=X_1X_2\cdots X_n$ 的一个长度为 $n$ 的"0""1"符号序列来表示，即由 $n$ 比特来表示。这时，离散无记忆信源 $U$ 的 $K$ 次扩展信源 $\boldsymbol{U}=U_1U_2\cdots U_K$ 发出的消息序列 $u_i(i=1,2,\cdots,r^K)$ 与信源编码 $C:\{v_1,v_2,\cdots,v_M\}$ 之间的平均失真度

$$\bar{D}(C) = \frac{1}{K}\sum_{i=1}^{M} p(\{u\}_i) d[\{u\}_i, \boldsymbol{v}_i] = \frac{1}{K}\sum_{u\in A_U^K} p(u) d[u, f(u)] \tag{9.170}$$

在 $M=2^n$ 的情况下，数据压缩系统的压缩比就是信源 $\boldsymbol{U}=U_1U_2\cdots U_K$ 发出消息 $u_i(i=1,2,\cdots,r^K)$ 的长度 $K$，与由"0""1"组成的随机向量 $\boldsymbol{X}=X_1X_2\cdots X_n$ 的符号序列长度 $n$ 之比，即

$$\frac{\log_2 M}{K} = \frac{n}{K} = R \quad (\text{比特} / \text{信源符号}) \tag{9.171}$$

设 $R(D)$ 是离散无记忆信源 $U$ 满足保真度准则 $\bar{D}\leqslant D$ 的信息率-失真函数。根据定理9.15，采用满足保真度准则 $\bar{D}(C)\leqslant D$ 的限失真信源编码 $C:\{v_1,v_2,\cdots,v_M\}$，可以把长度为 $K$ 的信源符号序列，压缩到由 $n$ 个比特来表示，每一个信源符号所需的比特数，即压缩比 $\left(\dfrac{n}{K}\right)$ 不能小于 $R(D)$。也就是说，每一个信源符号至少需要 $R(D)$ 个比特来表示。式(9.171) 表明，压缩比 $\left(\dfrac{n}{K}\right)$ 实际上就是信源 $U$ 的信息输出率 $R$（比特/信源符号）。这也就意味着信源的最小信息输出率为 $R(D)$。

【例 9.8】 设离散无记忆信源 $U$ 的信源空间为

$$\begin{bmatrix} U \\ P \end{bmatrix} : \begin{cases} U: & 0 & 1 \\ P(U): & \dfrac{1}{2} & \dfrac{1}{2} \end{cases} \tag{9.172}$$

选用汉明失真度，即失真矩阵为

$$\boldsymbol{D} = \begin{matrix} & \begin{matrix} 0 & \ 1 \end{matrix} \\ \begin{matrix} 0 \\ 1 \end{matrix} & \begin{bmatrix} 0 & 1 \\ 1 & 0 \end{bmatrix} \end{matrix} \tag{9.173}$$

若信源 $U$ 的 $K=7$ 次扩展信源 $\boldsymbol{U}=\boldsymbol{U}^7=(U_1U_2U_3U_4U_5U_6U_7)$ 的限失真信源编码 $C$ 有 $M=16$ 个码字，即

$$
\begin{cases}
v_1 = 0100000 & v_9 = 0010011 \\
v_2 = 1100011 & v_{10} = 0001010 \\
v_3 = 0000101 & v_{11} = 0111001 \\
v_4 = 0110110 & v_{12} = 1010000 \\
v_5 = 0101111 & v_{13} = 1001001 \\
v_6 = 1000110 & v_{14} = 1111010 \\
v_7 = 1110101 & v_{15} = 0011100 \\
v_8 = 1101100 & v_{16} = 1011111
\end{cases} \tag{9.174}
$$

试求限失真信源编码 $C:\{v_1,v_2\cdots,v_{16}\}$ 的平均失真度 $\overline{D}(C)$ 和数据压缩比 $R=n/K$，并与信源 $U$ 的信息率-失真函数 $R(\overline{D}(C))$ 的大小相比较。

**解：** 离散无记忆信源 $U:\{0,1\}$ 的 $K=7$ 次扩展信源 $U=U_1U_2U_3U_4U_5U_6U_7$ 共有 $2^K = 2^7 = 128$ 个互不相同的长度为 $K=7$ 的 "0""1" 序列组成集合 $A_U^7$。信宿 $V = V_1V_2V_3V_4V_5V_6V_7$ 同样有 $2^K = 2^7 = 128$ 个互不相同的长度为 $K=7$ 的 "0""1" 序列组成集合 $A_V^7$。在集合 $A_V^7$ 中选择了 $M=16$ 个长度为 $K=7$ 的 "0""1" 序列作为信源编码 $C:\{v_1,v_2,\cdots,v_{16}\}$，如图 9.15 所示。对于每一个码字 $v_i(i=1,2,\cdots,M=16)$，在 $A_U^7$ 集合中，均有 8 个长度为 $K=7$ 的互不相同的 "0""1" 序列 $\{u\}_i$ 与码字 $v_i$ 的汉明距离是最小的，即等于 1。因为选用的是汉明失真度，也就是说，对于每一个码字 $v_i(i=1,2,\cdots,M=16)$，在 $A_U^7$ 集合中，均有 8 个长度为 $K=7$ 的互不相同的 "0""1" 序列 $\{u\}_i(i=1,2,\cdots,M=16)$，与码字 $v_i$ 之间的失真度 $d[\{u\}_i,v_i](i=1,2,\cdots,M=16)$ 是最小的，即等于 1，即有

$$
d[\{u\}_i,v_i] \leqslant d[\{u\}_i,v_j], \quad j=1,2,\cdots,M=16 \tag{9.175}
$$

则这 8 个 "0""1" 序列 $\{u\}_i(i=1,2,\cdots,M=16)$ 就由码字 $v_i$ 来表示，即有

$$
f[\{u\}_i] = v_i, \quad i=1,2,\cdots,M=16 \tag{9.176}
$$

因为码字数 $M=16$，故可取 $n=4$，即有

$$
M = 2^n \tag{9.177}
$$

这就是说，每一个长度为 $K=7$ 的码字 $v_i(i=1,2,\cdots,M=16)$，可用 $\boldsymbol{X}=X_1X_2X_3X_4$ 的一个长度 $n=4$ 的 "0""1" 序列来表示。$\boldsymbol{X}=X_1X_2X_3X_4$ 的 $M=2^n=2^4=16$ 个 "0""1" 序列为

$$
\begin{cases}
x_1 = 0000 & x_5 = 0100 & x_9 = 1000 & x_{13} = 1100 \\
x_2 = 0001 & x_6 = 0101 & x_{10} = 1001 & x_{14} = 1101 \\
x_3 = 0010 & x_7 = 0110 & x_{11} = 1010 & x_{15} = 1110 \\
x_4 = 0011 & x_8 = 0111 & x_{12} = 1011 & x_{16} = 1111
\end{cases} \tag{9.178}
$$

把每一个 $x_i(i=1,2,\cdots,16)$ 与每一个 $v_i(i=1,2,\cdots,16)$ 一一对应地组成码字对 $(x_i;v_i)(i=1,2,\cdots,16)$，如图 9.15 所示。

显然，由接收到的长度为 $n=4$ 的 "0""1" 序列 $x_i(i=1,2,\cdots,16)$，可以一一对应、唯一确定地还原出相应的码字 $v_i=f(\{u\}_i)(i=1,2,\cdots,M=16)$，再由 $v_i$ 还原出它所代表的 8 个信源 $U$ 的消息序列 $u_i(i=1,2,\cdots,16)$，如图 9.16 所示。

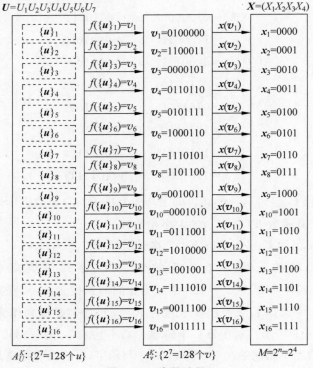

图 9.15  编码过程

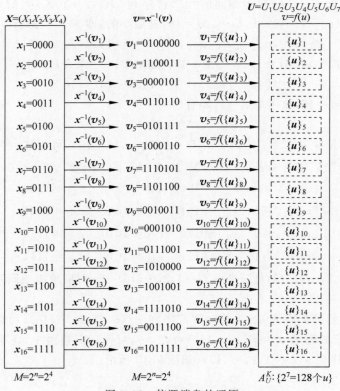

图 9.16  信源消息的还原

　　显然,根据上述失真信源编码方法和数据压缩机制,限失真信源编码 $C$：$\{v_1,v_2,\cdots,$
$v_{16}\}$ 的平均失真度

$$\overline{D}(C) = \frac{1}{K}\sum_{i=1}^{M}p(\{u\}_i)d[\{u\}_i,v_i] \tag{9.179}$$

信源 $\boldsymbol{U}=U^K=(U_1U_2U_3U_4U_5U_6U_7)$ 的 $A_U^7$ 集合中的每一个子集 $\{u\}_i(i=1,2,\cdots,M)$
中含有 8 个长度为 $K=7$ 的互不相同的"0""1"序列,除了其中一个是码字 $v_i(i=1,2,\cdots,$
$M$)本身以外,其余$(8-1)$个序列与码字 $v_i(i=1,2,\cdots,M)$ 之间的汉明距离等于 1,在汉明
失真度下,$\{u\}_i(i=1,2,\cdots,M)$ 中的一个序列与码字 $v_i(i=1,2,\cdots,M)$ 之间的失真度等于
0,其余$(8-1)$个序列与码字 $v_i(i=1,2,\cdots,M)$ 之间的失真度均等于 1,所以

$$d[\{u\}_i,v_i] = \sum_{l=1}^{8}d(u_i,v_i) = 0+1+1+1+1+1+1+1 = 7 \quad (i=1,2,\cdots,M)$$
$$\tag{9.180}$$

由于信源 $U$：$\{0,1\}$ 是离散无记忆等概信源,所以子集 $\{u\}_i(i=1,2,\cdots,M)$ 中的每一个
序列 $u_{il}$ 的概率分布为

$$p(u_{il}) = \left(\frac{1}{2}\right)^K = \left(\frac{1}{2}\right) = \frac{1}{128} \tag{9.181}$$

由式(9.179)、式(9.180)和式(9.181),有

$$\overline{D}(C) = \frac{1}{K}\sum_{i=1}^{M}p(\{u_i\})d[\{u_i\},v_i]$$

$$= \frac{1}{K}\sum_{i=1}^{M}\left\{\sum_{l=1}^{8}p(u_{il})d(u_{il},v_i)\right\}$$

$$= \frac{1}{7}\cdot\sum_{i=1}^{16}\cdot\left\{\frac{1}{128}\cdot0+\frac{1}{128}\cdot1+\frac{1}{128}\cdot1+\frac{1}{128}\cdot1+\frac{1}{128}\cdot1+\frac{1}{128}\cdot1+\frac{1}{128}\cdot1+\frac{1}{128}\cdot1\right\}$$

$$= \frac{1}{7}\cdot16\cdot\frac{7}{128} = \frac{16}{128} = \frac{1}{8} = 0.125 \tag{9.182}$$

若把信源码 $C$：$\{v_1,v_2,\cdots v_M;M=16\}$ 的平均失真度 $\overline{D}(C)=0.125$ 作为允许失真度
$D$,即

$$D = \overline{D}(C) = 0.125$$

再考虑到离散无记忆信源 $U$：$\{0,1\}$ 是一个二元等概信源,则离散无记忆信源 $U$,在满足保
真度准则

$$\overline{D} \leqslant D = 0.125 \tag{9.183}$$

的条件下的信息率-失真函数

$$R(D) = R(0.125) = 1-H(0.125) = 0.4564(比特/信源符号) \tag{9.184}$$

　　另一方面,离散无记忆信源 $U$ 的 $K=7$ 次扩展信源 $\boldsymbol{U}=U^7=U_1U_2U_3U_4U_5U_6U_7$ 的消
息是 $u$,是长度为 $K=7$ 的"0""1"序列,$X=X_1X_2X_3X_4$ 的"0""1"序列长度 $n=4$,由此可
得,限失真信源编码 $C$：$\{v_1,v_2,\cdots v_M;M=16\}$ 的压缩比

$$R = \frac{n}{K} = 4/7 = 0.5714(比特/信源符号) \tag{9.185}$$

由式(9.184)和式(9.185)可得

$$R = \frac{n}{K} > R(D) \tag{9.186}$$

这个结果证实,用限失真信源编码 $C$:$\{v_1, v_2, \cdots v_M; M=16\}$ 对离散无记忆信源 $U$ 进行数据压缩,信源 $U$ 的每一个符号需要的比特数,一定不小于 $R(D)$。

**【例 9.9】** 设离散无记忆信源 $U$ 的信源空间为

$$\begin{bmatrix} U \\ P \end{bmatrix} : \begin{cases} U: & -1 & 0 & +1 \\ P(U): & \dfrac{1}{3} & \dfrac{1}{3} & \dfrac{1}{3} \end{cases} \tag{9.187}$$

选定失真矩阵为

$$\boldsymbol{D} = \begin{array}{c} \\ -1 \\ 0 \\ +1 \end{array} \begin{array}{c} -\dfrac{1}{2} \quad +\dfrac{1}{2} \\ \begin{bmatrix} 1 & 2 \\ 1 & 1 \\ 2 & 1 \end{bmatrix} \end{array} \tag{9.188}$$

离散无记忆信源 $U$ 的 $K=2$ 次扩展信源 $U = U^2 = U_1 U_2$ 的限失真信源编码

$$C: \left\{ \left( +\frac{1}{2}, -\frac{1}{2} \right); \left( -\frac{1}{2}, +\frac{1}{2} \right) \right\} \tag{9.189}$$

试求:限失真信源编码 $C$ 的平均失真度和压缩比 $R=n/K$,并与信源 $U$ 的信息率-失真函数 $R[\bar{D}(C)]$ 的大小作比较。

**解**:因为信源 $U$ 的符号集为 $U$:$\{-1, 0, +1\}$,信宿 $V$ 的符号集为 $V$:$\left\{ -\frac{1}{2}, +\frac{1}{2} \right\}$,所以 $K=2$ 次扩展信源 $U = U^2 = U_1 U_2$ 和信宿 $V = V_1 V_2$ 的序列集合 $A_U^2$ 和 $A_V^2$ 分别为

$$\left. \begin{aligned} u_1 &= (-1, -1) \\ u_2 &= (-1, 0) \\ u_3 &= (-1, +1) \\ u_4 &= (0, -1) \\ u_5 &= (0, 0) \\ u_6 &= (0, +1) \\ u_7 &= (+1, -1) \\ u_8 &= (+1, 0) \\ u_9 &= (+1, +1) \end{aligned} \right\} 9 A_U^2 \qquad A_V^2 \begin{cases} v_1 = \left( -\dfrac{1}{2}, -\dfrac{1}{2} \right) \\ v_2 = \left( -\dfrac{1}{2}, +\dfrac{1}{2} \right) \\ v_3 = \left( +\dfrac{1}{2}, -\dfrac{1}{2} \right) \\ v_4 = \left( +\dfrac{1}{2}, +\dfrac{1}{2} \right) \end{cases} \tag{9.190}$$

其中,$v_2$、$v_3$ 组成限失真信源编码 $C$:$\left\{ \left( +\frac{1}{2}, -\frac{1}{2} \right); \left( -\frac{1}{2}, +\frac{1}{2} \right) \right\}$。

按定义,$u_i$ 与 $v_i$ 之间的失真度

$$d(u_i, v_i) = \sum_{l=1}^{K} d(u_{il}, v_{il}) \tag{9.191}$$

则 $u_i (i=1, 2, \cdots, 9)$ 与码字 $v_2$ 和 $v_3$ 的失真度分别为

| | $v_2=\left(-\dfrac{1}{2},+\dfrac{1}{2}\right)$ | $v_3=\left(+\dfrac{1}{2},-\dfrac{1}{2}\right)$ |
|---|---|---|
| $u_1=(-1,-1)$ | $d(u_1,v_2)=d\left(-1,-\dfrac{1}{2}\right)+d\left(-1,+\dfrac{1}{2}\right)$ $=1+2=3$ | $d(u_1,v_3)=d\left(-1,+\dfrac{1}{2}\right)+d\left(-1,-\dfrac{1}{2}\right)$ $=2+1=3$ |
| $u_2=(-1,0)$ | $d(u_2,v_2)=d\left(-1,-\dfrac{1}{2}\right)+d\left(0,+\dfrac{1}{2}\right)$ $=1+1=2$ | $d(u_2,v_3)=d\left(-1,+\dfrac{1}{2}\right)+d\left(0,-\dfrac{1}{2}\right)$ $=2+1=3$ |
| $u_3=(-1,+1)$ | $d(u_3,v_2)=d\left(-1,-\dfrac{1}{2}\right)+d\left(+1,+\dfrac{1}{2}\right)$ $=1+1=2$ | $d(u_3,v_3)=d\left(-1,+\dfrac{1}{2}\right)+d\left(+1,-\dfrac{1}{2}\right)$ $=2+2=4$ |
| $u_4=(0,-1)$ | $d(u_4,v_2)=d\left(0,-\dfrac{1}{2}\right)+d\left(-1,+\dfrac{1}{2}\right)$ $=1+2=3$ | $d(u_4,v_3)=d\left(0,+\dfrac{1}{2}\right)+d\left(-1,-\dfrac{1}{2}\right)$ $=1+1=2$ |
| $u_5=(0,0)$ | $d(u_5,v_2)=d\left(0,-\dfrac{1}{2}\right)+d\left(0,+\dfrac{1}{2}\right)$ $=1+1=2$ | $d(u_5,v_3)=d\left(0,+\dfrac{1}{2}\right)+d\left(0,-\dfrac{1}{2}\right)$ $=1+1=2$ |
| $u_6=(0,+1)$ | $d(u_6,v_2)=d\left(0,-\dfrac{1}{2}\right)+d\left(+1,+\dfrac{1}{2}\right)$ $=1+1=2$ | $d(u_6,v_3)=d\left(0,+\dfrac{1}{2}\right)+d\left(+1,-\dfrac{1}{2}\right)$ $=1+2=3$ |
| $u_7=(+1,-1)$ | $d(u_7,v_2)=d\left(+1,-\dfrac{1}{2}\right)+d\left(-1,+\dfrac{1}{2}\right)$ $=2+2=4$ | $d(u_7,v_3)=d\left(+1,+\dfrac{1}{2}\right)+d\left(-1,-\dfrac{1}{2}\right)$ $=1+1=2$ |
| $u_8=(+1,0)$ | $d(u_8,v_2)=d\left(+1,-\dfrac{1}{2}\right)+d\left(0,+\dfrac{1}{2}\right)$ $=2+1=3$ | $d(u_8,v_3)=d\left(+1,+\dfrac{1}{2}\right)+d\left(0,-\dfrac{1}{2}\right)$ $=1+1=2$ |
| $u_9=(+1,+1)$ | $d(u_9,v_2)=d\left(+1,-\dfrac{1}{2}\right)+d\left(+1,+\dfrac{1}{2}\right)$ $=2+1=3$ | $d(u_9,v_3)=d\left(+1,+\dfrac{1}{2}\right)+d\left(+1,-\dfrac{1}{2}\right)$ $=1+2=3$ |

从中可明显地看出,对于码字 $v_2=\left(-\dfrac{1}{2},+\dfrac{1}{2}\right)$ 来说,有

$$\begin{cases} d(u_2,v_2)<d(u_2,v_3) \\ d(u_3,v_2)<d(u_3,v_3) \\ d(u_6,v_2)<d(u_6,v_3) \end{cases} \tag{9.192}$$

所以,首先可确定

$$f(u_2)=f(u_3)=f(u_6)=v_2 \tag{9.193}$$

对于码字 $v_3=\left(+\dfrac{1}{2},-\dfrac{1}{2}\right)$ 来说,有

$$\begin{cases} d(u_4,v_3)<d(u_4,v_2) \\ d(u_7,v_3)<d(u_7,v_2) \\ d(u_8,v_3)<d(u_8,v_2) \end{cases} \tag{9.194}$$

所以,又可确定

$$f(u_4) = f(u_7) = f(u_8) = v_3 \tag{9.195}$$

因为

$$\begin{cases} d(u_1,v_2) < d(u_1,v_3) \\ d(u_5,v_2) < d(u_5,v_3) \\ d(u_9,v_2) < d(u_9,v_3) \end{cases} \tag{9.196}$$

所以，对于 $u_1,u_5$ 和 $u_9$ 来说，选择码字 $v_2$ 和 $v_3$ 对平均失真度都是相同的效果，若选择

$$\begin{cases} f(u_1) = f(u_5) = v_2 \\ f(u_9) = v_3 \end{cases} \tag{9.197}$$

同样，得到码字 $v_2$、$v_3$ 和信源序列 $u_i(i=1,2,\cdots,9)$ 的对应关系，如图 9.17 所示。

因为码 $C$ 含有的码字数 $M=2$，故可取 $n=1$，即可有

$$M = 2^n = 2 \tag{9.198}$$

这就是说，每一个长度 $K=2$ 的码字和，都可用长度 $n=1$ 的随机向量 $X=X$ 的 "0" "1" 序列来表示。即可取 $X=$ "0" 代表 $v_2 = \left(-\frac{1}{2}, +\frac{1}{2}\right)$；$X=$ "1" 代表 $v_3 = \left(+\frac{1}{2}, -\frac{1}{2}\right)$。就意味着，离散无记忆信源 $U$ 的 $K=2$ 次扩展信源 $U=U_1U_2$ 的每个长度为 $K=2$ 的消息 $u_i = (u_{i1} u_{i2})$ 都可压缩为 $n=1$ 比特。

显然，由 $X=0$ 或 $X=1$，可唯一确定地、一一对应地分别还原为码字 $v_2 = \left(-\frac{1}{2}, +\frac{1}{2}\right)$ 和 $v_3 = \left(+\frac{1}{2}, -\frac{1}{2}\right)$。$v_2$ 和 $v_3$ 又分别表示子集 $\{u\}_2$ 和 $\{u\}_3$ 中信源 $U=U_1U_2$ 的消息序列和 $\{u\}_2:\{u_2,u_3,u_6,u_1,u_5\}$ 和 $\{u\}_3:\{u_4,u_7,u_8,u_9\}$，如图 9.18 所示。

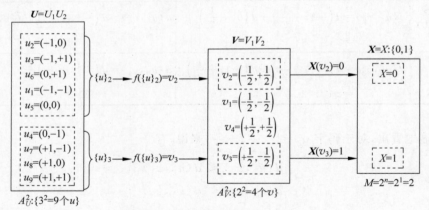

图 9.17　码字与信源序列对应关系

根据上述限失真信源编码和数据压缩机制，有

$$d(\{u\}_2, v_2) = d(u_2,v_2) + d(u_3,v_2) + d(u_6,v_2) + d(u_1,v_2) + d(u_5,v_2)$$
$$= 2 + 2 + 2 + 3 + 2 = 11 \tag{9.199}$$

$$d(\{u\}_3, v_2) = d(u_4,v_2) + d(u_7,v_3) + d(u_8,v_3) + d(u_9,v_3)$$
$$= 2 + 2 + 2 + 3 = 9 \tag{9.200}$$

因为给定信源 $U:\{-1,0,+1\}$ 离散无记忆等概信源，所以 $U$ 的 $K=2$ 次扩展信源 $U=$

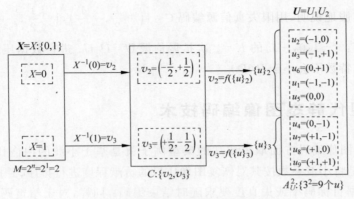

图 9.18　信源消息序列的恢复

$U^2 = U_1 U_2$ 的每一条消息 $u_i (i=1,2,\cdots,9)$ 的概率分布

$$p(u_i) = \left(\frac{1}{3}\right)^2 = \frac{1}{9} \tag{9.201}$$

根据式（9.170）、式（9.199）和式（9.200），可得限失真信源编码 $C$：$\left\{\left(+\frac{1}{2},-\frac{1}{2}\right), \left(-\frac{1}{2},+\frac{1}{2}\right)\right\}$ 的平均失真度

$$
\begin{aligned}
\overline{D}(C) &= \frac{1}{K}\sum_{i=1}^{M} p(\{u_i\})d[\{u_i\},v_i] \\
&= \frac{1}{K}\sum_{i=1}^{M}\left\{\sum_{1} p(u_{il})d(u_{il},v_i)\right\} \\
&= \frac{1}{2}\cdot\left\{\left(\frac{1}{9}\times 11\right) + \left(\frac{1}{9}\times 9\right)\right\} \\
&= \frac{1}{2}\times\frac{20}{9} = \frac{10}{9} = 1.11
\end{aligned}
\tag{9.202}
$$

因为离散无记忆信源 $U$ 的 $K=2$ 次扩展信源 $U=U_1 U_2$ 的每一消息长度 $K=2$，而 $\boldsymbol{X}=X$ 的长度 $n=1$，所以信源编码 $C$：$\left\{\left(+\frac{1}{2},-\frac{1}{2}\right), \left(-\frac{1}{2},+\frac{1}{2}\right)\right\}$ 的压缩比

$$R = \frac{n}{K} = \frac{1}{2} = 0.5（比特 / 信源符号） \tag{9.203}$$

若取信源编码 $C$ 的平均失真度 $\overline{D}(C) = 1.11$ 作为允许失真度 $D$，即 $D=1.11$，对离散无记忆信源 $U$ 的信息率-失真函数

$$
\begin{aligned}
R(D) &= \frac{2}{3}\left\{1 - H\left[\frac{3}{2}(D-1)\right]\right\} = \frac{2}{3}\left\{1 - H\left[\frac{3}{2}\left(\frac{10}{9}-1\right)\right]\right\} \\
&= \frac{2}{3}\left\{1 - H\left(\frac{1}{6}\right)\right\} = 0.2333（比特 / 信源符号）
\end{aligned}
\tag{9.204}
$$

由式（9.203）和式（9.204），有

$$R = \frac{n}{K} > R(D) \tag{9.205}$$

这个结果令人信服地说明，用限失真信源编码 $C$：$\left\{\left(+\frac{1}{2},-\frac{1}{2}\right),\left(-\frac{1}{2},+\frac{1}{2}\right)\right\}$ 对离散无记忆等概率信源 $U$：$\{-1,0,+1\}$ 的 $K=2$ 次扩展信源 $U=U_1U_2$ 进行数据压缩，信源 $U$ 的每一个符号需要比特数不会小于 $R(D)$。

# 9.6 现代静态图像编码技术

小波变换在图像编码方面取得成功的典型例子就是基于小波的内嵌比特平面编码技术，其基本思想是将小波系数按其对恢复图像质量的贡献程度进行排序，并按照比特平面顺序编码，而且根据目标码率或失真度要求随时结束编码；同样，对于给定码流，译码器也能够随时结束译码，并可以得到相应码流截断处的恢复图像。因此内嵌编码能够实现图像的渐进传输和逐步浮现，而且码率控制简单。

## 9.6.1 编码原理

在变换编码中，量化的目的在于使变换系数的熵尽可能减少，从而在后期编码中取得更高的压缩效率，但是量化过程所引起的失真会直接影响逆变换后的恢复图像质量。目前主要使用与主观视觉较为一致的均方误差(MSE)准则来衡量恢复图像的失真程度并指导编码。正交变换具有变换前后欧氏范数的不变性，即

$$\mathrm{MSE}=\frac{1}{N}\sum_i\sum_j(x_{i,j}-\hat{x}_{i,j})^2=\frac{1}{N}\sum_i\sum_j(c_{i,j}-\hat{c}_{i,j})^2 \tag{9.206}$$

其中，$x_{ij}$ 和 $\hat{x}_{ij}$ 分别表示原始图像和恢复图像的像素值，$c_{i,j}$ 和 $\hat{c}_{i,j}$ 为变换产生的系数，$N$ 为图像数据个数。对于双正交小波变换而言，对系数进行能量加权处理后，仍然满足上式。上式表明，在整个编码系统中，正交变换本身不带来任何信息量的变化，而所有的信息损失都来自量化器；同时，如果变换系数 $c_{i,j}$ 被精确地传送到译码端，就将引起译码图像的均方误差的降低，这意味着较大幅度值的变换系数包含较多的信息，在减少恢复图像的失真方面贡献较大，因此这些系数应该首先编码。按照幅值大小对 $|c_{i,j}|$ 进行排序，并将 $c_{i,j}$ 最重要的比特位优先传输，以保证恢复图像与原始图像的最大相似程度，这就是内嵌比特平面编码的基本思想。图 9.19 显示了一个按幅度值大小排序后的变换系数的二进制列表。表中每一列代表一个变换系数幅度值的二进制表示，每一行代表一层比特平面，最上层为符号位(sign)，越高层的比特平面的信息权重越大，对于编码也越重要，内嵌比特平面编码的次序

| | | | | | | | | | | | | | | | | |
|---|---|---|---|---|---|---|---|---|---|---|---|---|---|---|---|---|
| | sign | S | S | S | S | S | S | S | S | S | S | S | S | S | S | S |
| MSB | 5 | 1 | 1 | 0 | 0 | 0 | 0 | 0 | 0 | 0 | 0 | 0 | 0 | 0 | 0 | 0 |
| | 4 | | → | 1 | 1 | 0 | 0 | 0 | 0 | 0 | 0 | 0 | 0 | 0 | 0 | 0 |
| | 3 | | | | → | 1 | 1 | 1 | 1 | 0 | 0 | 0 | 0 | 0 | 0 | 0 |
| | 2 | | | | | | | | → | 1 | 1 | 1 | 1 | 1 | 1 | 1 |
| | 1 | | | | | | | | | | | | | | | → |
| LSB | 0 | | | | | | | | | | | | | | | → |

图 9.19 按幅值排序的系数二进制表示

是从最重要的位(MSB)到最不重要的位(LSB)逐层传送比特位信息,在某个比特平面编码时,传送所有系数的重要位信息,直到达到所需码率后停止。

## 9.6.2　编码效率

由图 9.19 可知,内嵌比特平面编码的输出信息主要包括两部分:排序信息和重要系数的比特位信息。其中,位信息是编码必不可少的有效信息,对应于图 9.19 中箭头所划过的比特位,它直接影响恢复图像的失真大小;而排序信息是辅助信息,反映了重要系数的空间位置。因此,内嵌编码中排序算法的优劣和排序信息的处理决定了整个编码算法的效率。

在内嵌比特平面编码中,变换系数在某个比特平面只产生两种结果:重要和不重要。重要值决定了恢复图像的质量,而不重要值对恢复图像质量不起作用,只用来恢复原始的数据结构,即通过它们确定重要值的位置信息。这样编码的总比特数 $R$ 可表示为

$$R = \sum_n (R_L^n + R_S^n) \tag{9.207}$$

其中,$R_L^n$ 和 $R_S^n$ 分别表示在比特平面 $n$ 时不重要系数(排序信息)和重要系数的编码比特数。可见在同样恢复图像质量下,对不重要系数编码的比特数越少,则编码效率越高。零树编码就是针对不重要系数编码的一种有效编码算法。

## 9.6.3　一般框架

系数 $c_{i,j}$ 在比特平面 $n$ 编码时有下列几种状态:

(1) 首次重要,即在比特平面 $n$ 的比特为第一个非零比特($2^n \leqslant |c_{i,j}| < 2^{n+1}$)。一般在 $c_{i,j}$ 首次变成重要时跟着输出其符号位 $\chi_{i,j}$。

(2) 不重要,即 $|c_{i,j}| < 2^n$。通常在较高的 MSB 比特平面,不重要的系数很多,因此排序算法可以把大量的不重要系数构成一个集合,输出一个"0"比特即可。

(3) 以前重要,即 $|c_{i,j}| \geqslant 2^{n+1}$。对于在前面的比特平面已经重要的系数则要输出其幅度值在当前比特平面 $n$ 的比特位信息 $v_{i,j}^n$,这个过程即称为幅值细化。

根据系数的三个状态,可以描述出内嵌比特平面编码的一般框架如下:

(1) 初始化:确定初始的 MSB 比特平面

$$n = \lfloor lb_2(\max_{\forall(i,j)}\{|c_{i,j}|\}) \rfloor$$

(2) 排序:确定首次变为重要的系数 $2^n \leqslant |c_{i,j}| < 2^{n+1}$ 和不重要的系数,对于重要系数,要输出符号位 $\chi_{i,j}$;对于不重要的系数还可以根据一定的预测原则再划分为可能重要以及可能不重要两类,以提高编码效率。

(3) 幅值细化:对于所有 $|c_{i,j}| \geqslant 2^{n+1}$ 的系数,输出第 $n$ 层比特平面的位信息 $v_{i,j}^n$。

(4) 比特平面更新:返回步骤(2)进行 $n-1$ 比特平面的编码过程。

内嵌比特平面编码产生的符号流可以进一步进行熵编码压缩,如采用自适应算术编码获得更好的压缩性能。

## 9.6.4　EZW 算法

Shapiro 提出的内嵌零树小波编码算法(Embedded Zerotree Wavelet,EZW),其出发点

在于小波变换后各级 $HL_k$,$LH_k$,$HH_k$ 子带系数之间在空间上和方向上所呈现出带间相似性,这种空间相似性可以用一种新型的数据结构,即所谓的"零树"(Zerotree)来描述。EZW 算法就是充分利用这种相似性,获得高性能的图像编码算法,它成为在甚低比特率情况下图像压缩的一个里程碑。

**1. 零树结构**

图像经过小波分解后,能量几乎总是集中在较低频的子带上,并从低频到高频递减分布。在 Mallat 分解下,由不同频率子带、代表同一空间位置的系数构成了一种树型结构,并且高频部分存在大量的零,故称为"零树",如图 9.20 所示。图中箭头表明了节点的父子关系,除了 $LL$ 子带中的根节点具有 3 个子节点以外,其他父节点具有在更高分辨率下的 4 个子节点($HL_1$,$LH_1$,$HH_1$ 子带中的节点没有子节点)。子节点集合 $O(i,j)$ 的数学描述如下:

$$O(i,j)=\begin{cases} \{(i+\omega_{LL},j),(i,j+h_{LL}),(i+\omega_{LL},j+h_{LL})\},(i,j)\in LL_{NL} \\ \{(2j,2j),(2i+1,2j),(2i,2j+1),(2i+1,2j+1)\}, \\ (i,j)\in\{HL_k,LH_k,HH_k\mid k=2,3,\cdots,N_L\} \\ \Phi,(i,j)\in\{HL_1,LH_1,HH_1\} \end{cases} \quad (9.208)$$

其中,$(i,j)$ 表示系数的空间坐标,$\omega_{LL}$、$h_{LL}$ 分别为 $LL$ 子带的宽度和高度,$N_L$ 表示小波分解级数。因此坐标$(i,j)$处的零树 $Z(i,j)$ 可定义为

$$Z(i,j)=(i,j)\bigcup\{Z(m,n)\mid(m,n)\in O(i,j)\} \quad (9.209)$$

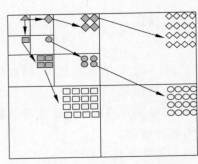

图 9.20 小波系数的零树结构

零树编码是基于如下假设:如果低分辨率的子带系数 $c_{i,j}$ 相对于阈值 $T$ 是不重要的(即 $|c_{i,j}|<T$),那么同样方向上相应空间位置的高分辨率的子带系数相对于阈值 $T$ 也是不重要的。尽管缺乏严格的数学模型描述,但统计结果表明这种假设是成立的。实际上,零树预测就是利用了小波域中系数的能量随分辨率的提高而降低的事实,Lewis 和 Knowles 首先认识到这一点,利用零树结构来描述 Mallat 分解的子带结构,并应用于重要性预测(Significance Predicting)之中。零树的非重要性预测表明其指数增长的系数树,要比前者更有效得多。正是通过这种零树结构,便描述重要系数($|c_{i,j}|\geqslant T$)的位置信息大为减少。

**2. EZW 编码算法**

EZW 算法把系数分为三类:重要系数、孤立零点和零树根。对一个给定的阈值 $T$,则有

重要系数 $c_{i,j}$: $|c_{i,j}|\geqslant T$

零树根$(i,j)$: $|c_{k,l}|<T,\forall(k,l)\in Z(i,j)$

孤立零点$(i,j)$: $|c_{i,j}|<T,\exists|c_{k,l}|\geqslant T,(k,l)\in Z(O(i,j))$

在编码时分别用三种符号与之对应。为了有利于内嵌编码,将重要系数的符号一起进行编码,这样就使用四种符号:零树根(ZTR)、孤立零点(IZ)、正重要系数(POS)和负重要系数(NEG)。当编码到最高分辨率级($HL_1$,$LH_1$,$HH_1$)的系数时,由于它们没有子节点,零树根和孤立零点不再有意义,共用一种符号(比如使用 IZ)即可。为了优先输出低频信

息,子带编码的扫描顺序按分辨率递增顺序进行,如图 9.21 所示。当一个子带中的所有系数编码完成后才进入下一个子带进行编码,编码流程图如图 9.22 所示。

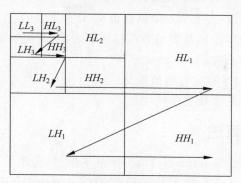

图 9.21　分辨率递增的扫描顺序

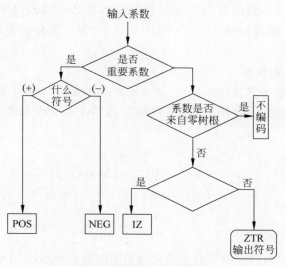

图 9.22　EZW 编码流程

EZW 的核心在于采用了逐次逼近的量化方法(Successive-Approximation Quantization, SAQ)。SAQ 按顺序使用了一系列阈值 $T_0$,$T_1$,$\cdots$,$T_{N-1}$ 来判决系数的重要性,其中,$T_i = T_{i-1}/2$。对于所有系数 $c_{i,j}$,初始阈值 $T_0$ 应当满足条件 $|c_{i,j}| < 2T_0$。

在编(译)码过程中,保持着两个分离的列表:主表和辅表。主表记录不重要的集合(ZTR)或系数(IZ),其输出信息起到了恢复重要系数的空间位置的作用;而辅表记录重要系数,输出为各重要系数的幅度细化时的比特值。编码分为主、辅两个过程:在主过程中,设定阈值为 $T$,按上述流程对主表进行扫描编码,若系数首次变为重要,则将其移到辅表中,然后将该系数在主表中置零,这样当阈值减小时,该系数不会影响新零树的出现(即不会重复编码);在扫描辅表过程中,对辅表中的重要系数进行幅值细化,输出当前比特平面的比特信息。

EZW 算法的详细描述如下:

(1) 确定初始阈值 $T$，使得 $T=2^n$，$n=\lfloor lb_2(\max_{(i,j)}\{|c_{i,j}|\})\rfloor$；将系数节点按扫描顺序加入到主表中，将辅表清空。

(2) 对主表进行扫描，将表中节点依据阈值 $T$ 分为重要值(包含符号信息：正或负)、零树根和孤立零点。将主表中重要系数的节点移至辅表中，零树根的子节点不需继续扫描，而孤立零点的子节点要继续扫描。

(3) 扫描辅表，对重要系数进行幅值细化。

(4) 将阈值减半 $T=T/2$ 跳至步骤(2)。

### 9.6.5 SPIHT 算法

Said 和 Pearlman 根据 Shapiro 零树编码的基本思想，提出了一种新的且性能更优的实现方法，即基于分层书集合分割排序的编码算法(Set Partitioning In Hierarchical Trees，SPIHT)。SPIHT 算法是一种非常实用高效的高性能图像编码算法，其显著特点是极低的计算复杂度和高质量的恢复图像，它打破了传统编码算法中编码效率与复杂度同步增长的界限，并且合理利用了小波分解后的多分辨率特性，获得了优良的编码性能，成为内嵌编码的一个通用基准。

**1. 分层树集合分割排序**

SPIHT 算法是 EZW 算法的改进，它继承了如图 9.20 所示的小波系数的零树结构。在原始 SPIHT 算法中把零树称作"空间定位树"，而且 LL 子带系数的子节点定义如下式所示：

$$O(i,j\mid(i,j)\in LL_{N_L})=\begin{cases}\varnothing,i\%2+j\%2=0\\\{(2m,2n),(2m+1,2n),(2m,2n+1),(2m+1,2n+1)\},\\m=i+(i\%2)(\omega_{LL}-1),n=j+(j\%2)(h_{LL}-1),i\%2+j\%2\neq0\end{cases}$$
(9.210)

式中，% 表示取模运算。

SPIHT 将零树 $Z(i,j)$ 中的节点又划分为不同的集合表示，如 $D(i,j)$ 和 $L(i,j)$，定义如下：

$D(i,j)$：点 $(i,j)$ 的所有后继子节点的集合(即不含 $(i,j)$ 本身)；

$L(i,j)$：点 $(i,j)$ 除了子节点 $O(i,j)$ 以外的所有后继的集合。

因此有

$$\begin{cases}Z(i,j)=\{(i,j)\}+D(i,j)\\D(i,j)=O(i,j)+L(i,j)\\L(i,j)=\sum_{k,l}D(k,l),(k,l)\in O(i,j)\end{cases}$$
(9.211)

图 9.23 直观地显示了上述集合的定义，图中节点内的数字为系数坐标。

集合的分割过程就是对集合中所有系数进行重要性测试。重要性测试函数定义为

$$S_n(\tau)=\begin{cases}1 & (\max_{(i,j)\in\tau}\{|c_{i,j}|\}\geqslant2^n)\\0 & (其他)\end{cases}$$
(9.212)

如果集合中所有系数的赋值都小于某阈值(即该集合是不重要的)，则使用一个"0"比特

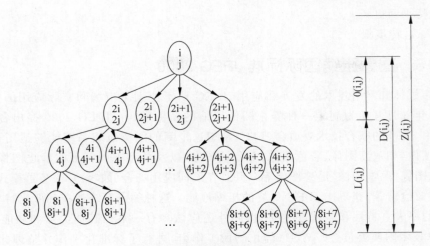

图 9.23　零树中的节点集合表示

表示即可。如果集合是重要的,则将该集合分成 4 个子集再分别对每个子集进行重要性测试。由于变换系数在零树结构中的相似性,因此使用这种集合分割后的排序算法具有高效率的特点。

**2. SPIHT 算法描述**

SPIHT 算法采用了三个链表来记录编码信息,即不重要集合列表 LIS、不重要系数列表 LIP 和重要系数列表 LSP。完整的编码算法描述如下(译码算法将所有的输出改为输入即可)。

1) 初始化

输出

$$n = \lfloor 1b_2 ( \max_{\forall (i,j)} \{ | c_{i,j} | \}) \rfloor \tag{9.213}$$

令 LSP 为空,将 LL 子带中的所有根节点 $(i,j)$ 加到 LIP 中,同时将根节点中的 $D(i,j)$ 加入 LIS 中。

2) 排序过程

(1) 对 LIP 中的每个节点 $(i,j)$:

① 输出 $S_n(i,j)$;

② 如果 $S_n(i,j) = 1$,将 $(i,j)$ 移到 LSP 中并输出 $c_{i,j}$ 的符号 $\chi_{i,j}$。

(2) 对 LIS 中的每个节点 $(i,j)$:

① 如果该节点为 $D(i,j)$,则输出 $S_n(D(i,j))$。如果 $S_n(D(i,j)) = 1$,则对每个 $(k,l) \in O(i,j)$,均输出 $S_n(k,l)$。若 $S_n(k,l) = 1$,则将 $(k,l)$ 加到 LSP 中,并输出 $c_{k,l}$ 的符号 $\chi_{k,l}$;若 $S_n(k,l) = 0$,则将 $(k,l)$ 加到 LIP 的末尾,之后将 $D(i,j)$ 从 LIS 中移去;如果 $L(i,j) \neq \varnothing$,则将 $L(i,j)$ 加到 LIS 的末尾。

② 如果该节点为 $L(i,j)$,则输出 $S_n(L(i,j))$。如果 $S_n(L(i,j)) = 1$,则对每个 $(k,l) \in O(i,j)$,将 $D(k,l)$ 加到 LIS 的末尾,并将 $L(i,j)$ 从 LIS 中移去。

3) 细化过程

对 LSP 中满足 $|c_{i,j}| \geqslant 2^{n+1}$ 的每个节点 $(i,j)$,输出第 $n$ 层比特值 $\nu_{i,j}^n$。

4）比特平面更新

$n=n-1$,转步骤2)。

## 9.6.6　图像压缩国际标准 JPEG 2000

随着多媒体和网络技术的发展和应用,JPEG已不能满足市场和实际应用的要求。于是从1997年5月开始为制定一种静止图像压缩的新标准——JPEG 2000提出各种建议。ISO/IEC和ITU的联合技术委员会(JTC)希望这个新的图像压缩系统能够适用于不同类型的静止图像(如灰度图像、彩色图像、多分量图像)以及具有不同特征的静止图像(如自然图像、合成图像、医学图像、遥感图像等),并且在不同应用场合(如客户/服务器模式、实时传输、数字图像检索等)获得比JPEG更好的压缩性能。这种编码系统能在甚低比特率压缩时提供良好的率失真特性和主观视觉质量,此外还应该具有一系列其他优点和功能。JTC1/SC29(信息技术附属委员会)/WG1(静止图像工作组)进行了标准化工作并整理此标准,于2000年8月推出了国际标准的最后草案(FDIS),这个草案从2000年11月起正式成为国际标准。

JPEG 2000采用了小波变换和率失真优化截取的内嵌码块编码算法EBCOT,支持单分量或多分量的有损和无损编码,还同时支持SNR和分辨率渐进传输、感兴趣区(ROI)编码、码流随机访问,提供灵活的文件格式支持内置用户信息(如版权信息)、图像序列(Motion JPEG),并具有良好的抗误码特性。因此,在图像检索、因特网传输、网络浏览、文本图像、数码相机、医学图像、遥感图像和桌面印刷等多个领域具有巨大的应用价值。

**1. JPEG 2000 编码系统**

JPEG 2000的基本系统结构如图9.24所示。首先对原始图像数据进行离散小波变换,然后在形成输出码流(比特流)之前,对变换系数进行量化和熵编码(EBCOT)。压缩图像数据(即码流)通过存储或传输后,进行熵译码、反量化和逆小波变换,从而恢复图像数据。

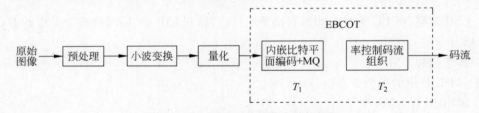

图 9.24　JPEG 2000 的基本结构框图

可见,JPEG 2000改变了传统JPEG标准以DCT变换为核心的变换方法,采用了具有能量特性更为集中的小波变换方法。JPEG 2000基本结构分成以下几部分。

1）预处理

在进行离散小波变换之前,对图像进行一些适当的预处理。

(1)分块处理:"分块"是指将大图像分割成互不重叠的矩形块,矩形块的尺寸不受限制,其上界直至整幅图像。把每块看作一幅完全独立的图像,以"块"为单位独立进行编码。采用分块处理能够减少存储器容量并且易于并行处理,而且在译码端可以只对部分图像进行译码。

(2)电平移位:对于无符号数(设精度为$R_L$比特)要进行电平移位,即减去$2^{R_L-1}$。这和 JPEG 标准类似,电平移位本身并不影响编码效率,只是有利于实现,比如可以防止数据溢出。

(3) 彩色分量变换:对于彩色图像或多分量图像,在小波变换之前还必须逐点进行分量变换。分量变换可以采取不可逆分量变换(ICT)或可逆分量变换(RCT)。不可逆分量变换把图像数据从 RGB 空间变换到 $YC_bC_r$ 空间,适于有损压缩,对应的正变换、逆变换式如下:

$$\begin{cases} \begin{bmatrix} Y \\ C_b \\ C_r \end{bmatrix} = \begin{bmatrix} 0.299 & 0.587 & 0.114 \\ -0.16875 & -0.33126 & 0.5 \\ 0.5 & -0.41869 & -0.08131 \end{bmatrix} \cdot \begin{bmatrix} R \\ G \\ B \end{bmatrix} \\ \begin{bmatrix} R \\ G \\ B \end{bmatrix} = \begin{bmatrix} 1.0 & 0 & 1.402 \\ 1.0 & -0.34413 & -0.71414 \\ 1.0 & 1.772 & 0 \end{bmatrix} \begin{bmatrix} Y \\ C_b \\ C_r \end{bmatrix} \end{cases} \tag{9.214}$$

而可逆分量变换把图像数据从 RGB 空间变换到 YUV 空间,适于无损压缩,变换式如下:

$$\begin{cases} \begin{bmatrix} Y \\ U \\ V \end{bmatrix} = \begin{bmatrix} \left\lfloor \dfrac{R+2G+B}{4} \right\rfloor \\ R-G \\ B-G \end{bmatrix} \\ G = Y - \left\lfloor \dfrac{U+V}{4} \right\rfloor \\ R = U + G \\ B = V + G \end{cases} \tag{9.215}$$

**2) 离散小波变换**

离散小波变换(DWT)可以是不可逆的,也可以是可逆的。不可逆 DWT 采用浮点 (9,7)小波变换,适于有损压缩或近无损压缩;可逆 DWT 采用整数(5,3)小波变换,适于图像的无损压缩。小波滤波可以采用传统的卷积运算,或者采用构造第二代小波的提升算法。提升结构的主要优点是有利于硬件实现,而且能进行快速的原位运算,即不需要额外的存储空间。

**3) 均匀标量量化**

在小波变换后,所有系数都需进行量化,量化使得系数的精度降低。小波子带 $b$ 的每一个变换系数 $s_b[m,n]$ 都要进行均匀标量量化,得到量化值 $q_b[m,n]$,即

$$q_b[m,n] = \text{sign}(s_b[m,n]) \left\lfloor \frac{|s_b[m,n]|}{\Delta_b} \right\rfloor \tag{9.216}$$

其中,$\text{sign}(a)$ 表示 $a$ 的符号,$\Delta_b$ 为子带 $b$ 的量化步长。不同的子带可以采用不同的量化步长 $\Delta_b$。量化步长可以根据人的视觉系统对子带感知的重要程度来确定,或者根据率控制等其他条件来确定。通常选择子带合成滤波器范数的倒数作为基本步长,再通过视觉权系数加以调整。若采用整数(5,3)小波变换进行无损压缩,则量化步长 $\Delta_b$ 应为 1。对于具有低对比度特征的图像,如文本、肤色、道路、服装、水果等,在 JPEG 2000 的扩展部分 Part II 中建议采取 TCQ 量化方法来提高图像质量。

4）熵编码 EBCOT

JPEG 2000 中的熵编码 EBCOT 算法由两个编码引擎构成：$T_1$ 和 $T_2$、$T_1$ 由内嵌比特平面编码和 MQ 算术编码器组成，MQ 算术编码器和 JBIG、JPEG 所采用 QM 编码器基本类似，都是 Q 编码器的改进算法，MQ 编码器也应用于 JBIG-2 标准。而 $T_2$ 部分完成码流率控制和组织。EBCOT 将各小波子带划分为更小的码块，每个码块独立进行 $T_1$ 编码。不同的码块产生的比特流长度是不相同的，它们对恢复图像质量的贡献也是不同的。对于所有码块产生的比特流，$T_2$ 编码器采用率失真优化技术进行后压缩处理，即对各码块的码流按对恢复图像的质量贡献分层，完成码流的率控制和组织。

**2. JPEG 2000 关键技术**

码块比特平面编码。设码块 $B_i$ 中的量化系数为 $q_i[m,n]$，以符号—幅值的形式表示，$\Delta_i$ 为相应的量化步长，$M_i$ 为 $q_i[m,n]$ 的比特平面个数，$\chi_i[m,n]$ 为符号位（0 表示正数，1 表示负数），$\nu_i[m,n]$ 为 $M_i$ 一比特的幅度值。令 $\nu_i^p[m,n]$ 为 $\nu_i[m,n]$ 第 $p$ 层的比特，其中 $0\leq p<M_i$ 且 $p=0$ 对应于 LSB。比特平面编码就是首先传输 MSB：$\nu_i^{M_i-1}[m,n]$，然后传输次重要的比特。

为了有效地对 $\nu_i^p[m,n]$ 进行编码，这里利用了当前样点 $s_i[m,n]$ 和相邻样点以前的编码信息（即上下文）。码块中的每个系数有一个二进制状态变量 $\sigma_i[m,n]$，初始化为 0，表示当前系数是不重要的，在对第一个非零比特 $\nu_i^p[m,n]\neq 0$ 编码时变为 1，表示当前系数是重要的。将 $\sigma_i[m,n]$ 称为 $s_i[m,n]$ 的"重要性状态"。

在比特平面 $p$ 对 $s_i[m,n]$ 编码时，JPEG 2000 使用了四种编码单元："零编码"（ZC）、"符号编码"（SC）、"幅值细化"（MR）和"游程编码"（RLC）。

如果样点是不重要的，即 $\sigma_i[m,n]=0$，则使用 ZC 或 RLC 来编码样点在当前比特平面是否重要；如果样点变为重要的，则使用 SC 来编码符号位并且置 $\sigma_i[m,n]$ 为 1；如果样点在上一个比特平面已经重要，即 $\sigma_i[m,n]=1$，则通过 MR 来编码 $\nu_i^p[m,n]$。在每种情况下，编码单元输出一个二进制符号（0 或 1）和当前的上下文，并传送给算术编码器 MQ 进行压缩。

ZC 编码输出的符号是 $\nu_i^p[m,n]$，其上下文状态是当前样点的 8 个相邻样点 $(H_0H_1V_0V_1D_0D_1D_2D_3)$ 的重要性，如图 9.25 所示，因此当前系数最多可以有 256 种上下文状态。为了降低实现编码复杂度，可以把这 256 种状态简化为 9 种上下文（根据一些特殊的规则聚类）。如果 $\nu_i^p[m,n]\neq 0$，则进行 SC 编码。

| $D_0$ | $V_0$ | $D_1$ |
|---|---|---|
| $H_0$ | $X$ | $H_1$ |
| $D_2$ | $V_1$ | $D_3$ |

图 9.25 上下文模板

SC 编码输出的符号是 $\hat{\chi}\otimes\chi_i[m,n]$，其中，$\hat{\chi}$ 是由 SC 的上下文状态确定的符号预测值。SC 的上下文状态由上下左右 4 个样点 $(H_0H_1V_0V_1)$ 的重要性及其相应的符号 $(\chi_{H_0}\chi_{H_1}\chi_{V_0}\chi_{V_1})$ 组成，因此也有 256 种状态，JPEG 2000 将其简化为 5 个上下文。

MR 编码的输出是 $\nu_i^p[m,n]$，这里引入另一个状态变量 $\tilde{\sigma}_i[m,n]$，用来表示是否第一次使用 MR 编码。通过 $\sigma_i[m,n]$ 和 $(H_0H_1V_0V_1D_0D_1D_2D_3)$ 的重要性状态分成 3 种上下文。

RLC 编码是用来处理同一列连续 4 个样点的，可以减少连续 0 符号的数目。如果该列 4 个系数的 $\sigma_i[m,n]=0$，并且都没有重要的邻居，则采用 RLC 编码。如果 RLC 编码时 4

个系数中至少有一个变成重要,则输出第一个重要系数的位置信息(两个比特),位置的输出采用固定的上下文,其概率模型是均匀分布的。然后对第一个重要系数进行 SC 编码,后面的系数进行 ZC 编码。

量化系数的比特平面编码是按下列三个编码步骤(pass 或者 sub-bitplane)顺序进行编码的,在每个步骤中使用上述四种编码单元中的种或多种操作。三个编码步骤分别为:重要传性传播(Significance Propagation Pass)、幅值细化(Magnitude Refinement Pass)和清理更新(Cleanup Pass)。

令 $P_i^{p,1}$,$P_i^{p,2}$,$P_i^{p,3}$ 是码块 $b_i$ 在比特平面 $p$ 时这三个步骤的编码信息,则图 9.26 所示为比特平面编码的流程结构。由于比特平面 $M_i-1$ 开始编码时,所有状态变量为 0,所以只进行清理更新编码。

| $P_i^{M_i-1,3}$ | $P_i^{M_i-2,1}$ | $P_i^{M_i-2,2}$ | $P_i^{M_i-2,3}$ | $P_i^{1,3}$ | $P_i^{0,1}$ | $P_i^{0,2}$ | $P_i^{0,3}$ |

图 9.26 比特平面编码步骤

在每个编码步骤中,码块中的系数按照每四行组成的条带进行扫描,条带内按照列顺序进行扫描,直到扫遍完码块中的所有系数为止。扫描顺序如图 9.27 所示。

| 0 | 4 | 8 | 12 | 16 | 20 | 24 | 28 | 32 | 36 | 40 | 44 | 48 | 52 | 56 | 60 |
|---|---|---|----|----|----|----|----|----|----|----|----|----|----|----|----|
| 1 | 5 | 9 | 13 | 17 | 21 | 25 | 29 | 33 | 37 | 41 | 45 | 49 | 53 | 57 | 61 |
| 2 | 6 | 10 | 14 | 18 | 22 | 26 | 30 | 34 | 38 | 42 | 46 | 50 | 54 | 58 | 62 |
| 3 | 7 | 11 | 15 | 19 | 23 | 27 | 31 | 35 | 39 | 43 | 47 | 51 | 55 | 59 | 63 |
| 64 | ⋯ | . | | | | | | | | | | | | | |
| 65 | ⋯ | | | | | | | | | | | | | | |

图 9.27 码块中小波系数的扫描顺序

具体的比特平面编码算法如下:

(1) 重要性传播,$P_i^{p,1}$:对于不重要但有重要邻居的系数进行 ZC 编码,如果系数变成重要,则进行 SC 编码。

(2) 幅值细化,$P_i^{p,2}$:对于已经重要的系数,进行 MR 编码。

(3) 清理更新,$P_i^{p,3}$:对于不重要且未编码过的系数进行 ZC 或 RLC 编码,如果有系数变成重要,则进行 SC 编码。这里又引入一个访问状态变量 $\eta_i[m,n]$,来表示 $s_i[m,n]$ 在当前比特平面是否编码过。

(4) $\eta_i[m,n]$ 置 0,返回步骤(1)进行下一个比特平面 $p-1$ 的编码。

**3. 率失真优化截取**

在实际应用中,有很多时候需要同一压缩码流可以提供几幅具有不同恢复质量的图像,即实现渐进图像压缩,这就需要码流具有渐进性。码流渐进性是指允许对码流的部分子集进行译码,然后针对这部分的译码结果恢复图像。渐进性的显著优点是提供了良好的抗误码性能以及实现图像渐进传输和显示。JPEG 2000 最重要的渐进特性分为 SNR(信噪比)渐进性和空间分辨率渐进性。

码流具有分辨率渐进性是指码流中包含明显的子集 $B_l$,表示每个连续的分辨率级别

$l$，由于 EBCOT 是按码块独立编码的，因此按码块的位置顺序输出码流，即可实现分辨率渐进性。而 SNR 渐进性是指码流中包含明显的子集 $B_q$，使得 $U_{k=0}^q B_k$ 表示图像数据在某个图像质量（SNR）下的级别 $q$。

SNR 渐进性是通过率失真优化截取（$T_2$）处理实现的。若码流包含 $B_{l,q}$，则称码流同时具有分辨率渐进性和 SNR 渐进性。渐进图像压缩的优点是在压缩编码时不需要知道目标码率和重构分辨率，也就是说图像不必为了得到不同码速率或分辨率而压缩多次，同一码流即可提供不同码率和分辨率的译码。

率失真优化算法本身在标准中没有明确规定，因为译码端不必知道它的存在与否。$T_1$ 部分产生的内嵌比特流可以按任何顺序和长度进行传输，但利用率失真优化截取算法可以获得最优的压缩性能，在限定码率为 $R$ 的情况下，设码块 $B_i$ 在 $T_1$ 部分产生的内嵌比特流的码率截止到 $R_i^{n_i}$，$n_i$ 是某个截取点（即某个编码 pass 的结束点），则图像总的码率为

$$R = \sum_i R_i^{n_i} \tag{9.217}$$

设码块 $b_i$ 的系数在恢复图像中产生的失真为 $D_i^{n_i}$，假设码块小波系数的失真测度是加性的，即

$$D = \sum_i D_i^{n_i} \tag{9.218}$$

其中，$D$ 表示整幅图像的失真大小。通常失真用加权均方差（MSE）表示，即

$$D_i^{n_i} = \omega_{b_i}^2 \sum_{m,n \in b_i} (\hat{s}_i[m,n] - s_i[m,n])^2 \tag{9.219}$$

其中，$\hat{s}_i[m,n]$ 为恢复的系数值，$b_i$ 称为 $b_i$ 所在的子带，$\omega_{b_i}$ 为 $b_i$ 的 $L_2$ 泛数。如果小波变换是正交的，则均方误差和加权均方误整都是满足加性的；如果每个系数的量化误差是不相关的，则不管小波是否正交的，其均方误差也是加性的。在实际编码中，这两种条件并不要求完全满足，双正交小波变换只是近似正交的，而且量化误差也是近似不相关的，但这种近似已经足够实际采用这种加性失真模型。

现在需要找到一组 $n_i$，使得在满足 $R \leq R_{max}$ 时 $D$ 最小。解决这种条件极值问题可以通过 Lagrange 算法。因此问题等价于使下式最小化：

$$\sum_i (R_i^{n_i} + \lambda D_i^{n_i})$$

其中，调整 $\lambda$ 直到产生一组截取点使得上式在满足 $R = R_{max}$ 时最小。但是有可能找不到这种 $\lambda$，使得实际码流与目标码流完全相等。在这种情况下，一般没有简单的算法来产生全局最优的截取点。但是任意一组截取点 $\{n_i\}$ 在某个 $\lambda$ 时使上式最小，从失真最小的意义上来说，则可以认为在对应的码率下是最优的。如果找到一个最大的 $\lambda$ 时的截取点 $\{n_i\}$，使得上式最小并且产生的码率 $R \leq R_{max}$，则可以确定不可能再有一组截取点使得失真更小而且码流也小于或等于 $R$。在实际编码中，通常能够找到这种 $\lambda$，而且 $R$ 非常接近 $R_{max}$（误差小于 100 字节）。

对于上式最小化问题，很明显可以归结为单个码块的最小化问题，即对于码块 $B_i$ 找到截取点 $n_i$，使得 $(R_i^{n_i} + \lambda D_i^{n_i})$ 最小。简单的查找算法如下：

令 $n_i = 0$（即没有比特流）对于 $k = 1,2,3,\cdots$，计算

$$\Delta R_i^k = R_i^k - R_i^{n_i}, \quad \Delta D_i^k = D_i^{n_i} - D_i^k \qquad (9.220)$$

若

$$\frac{\Delta D_i^k}{\Delta R_i^k > \lambda^{-1}} \qquad (9.221)$$

则

$$n_i = k \qquad (9.222)$$

由于这个算法要对不同的 $\lambda$ 进行查找,因此可以首先剔除一些奇异点,选出一些候选截取点 $N_i$,其率失真斜率 $S_i^k = \Delta D_i^k / \Delta R_i^k$ 是随着 $k$ 严格单调减的,即率失真曲线为严格凹函数,如图 9.28 所示。确定候选截取点算法如下:

(1) 令 $N_i = \{n\}$,即所有步骤都是截止点。

(2) 令 $p = 0$。

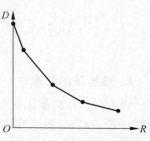

(3) 对于 $k = 1, 2, 3, 4, \cdots$,如果 $k$ 属于 $N_i$,则计算 $\Delta R_i^k = R_i^k - R_i^{n_i}$,$\Delta D_i^k = D_i^{n_i} - D_i^k$,$S_i^k = \Delta D_i^k / \Delta R_i^k$;如果 $p \neq 0$ 且 $S_i^k > S_i^p$,则从 $N_i$ 剔出 $p$ 并返回步骤(2);否则,令 $p = k$。

一旦这些信息预先计算出来,则对于给定 $\lambda$ 的优化的任务是简单地让 $n_i$ 等于 $N_i$ 中的最大值,使得 $S_i^k > \lambda^{-1}$。很明显,$\lambda$ 可以解释为一个质量参数,$\lambda$ 越大对应的失真越小,它的倒数可以作为率失真斜率门限。

图 9.28　优化截取点选择

对优化截取的码流按照确定的渐进性进行码流组织和打包,得到最终输出码流。

## 动手实践:图像的离散余弦变换

利用 MATLAB 工具箱中的离散余弦变换函数,对一个图像实现离散余弦变换,并求出逆变换后重构图像的均方误差。

输入:读入一幅图像。

输出:离散余弦变换结果、逆变换后重构图像和均方误差。

## 本章要点

**1. 定义　信道的失真矩阵**

$$\mathbf{D} = \begin{array}{c} \\ a_1 \\ a_2 \\ \vdots \\ a_r \end{array} \begin{matrix} b_1 & b_2 & \cdots & b_s \\ \begin{bmatrix} d(a_1,b_1) & d(a_1,b_2) & \cdots & d(a_1,b_s) \\ d(a_2,b_1) & d(a_2,b_2) & \cdots & d(a_2,b_s) \\ \vdots & \vdots & \ddots & \vdots \\ d(a_r,b_1) & d(a_r,b_2) & \cdots & d(a_r,b_s) \end{bmatrix} \end{matrix}$$

**2. 离散无记忆信源的限失真编码定理**

若一个离散无记忆平稳信源的率失真函数是 $R(D)$,则当编码后每个信源符号的信息率 $R' > R(D)$ 时,只要信源序列长度 $N$ 足够长,对于任意 $D \geqslant 0, \varepsilon > 0$,一定存在一种编码方式,使编码后码的平均失真度 $\overline{D}$ 小于或等于 $D+\varepsilon$。

**3. 信息率-失真函数 $R(D)$ 的性质**

(1) 给定信源 $X$ 的信息率-失真函数 $R(D)$ 是允许失真度 $D$ 的$\bigcup$型凸函数。

(2) 给定信源 $X$ 的信息率-失真函数 $R(D)$ 是允许失真度 $D$ 的单调递减函数。

(3) 给定信源 $X$ 的信息率-失真函数 $R(D)$ 是允许失真度 $D$ 的连续函数。

**4. 二元离散无记忆信源 $X$ 的信息率-失真函数**

$$R(D) = \begin{cases} H(\omega) - H(D) & (0 \leqslant D < \omega) \\ 0 & (D \geqslant \omega) \end{cases}$$

**5. $r$ 元等概离散无记忆信源 $X$ 的信息率-失真函数**

$$R(D) = \begin{cases} \log r - H(D) - D\log(r-1) & \left(0 \leqslant D < 1 - \dfrac{1}{r}\right) \\ 0 & \left(D \geqslant 1 - \dfrac{1}{r}\right) \end{cases}$$

**6. 数据压缩定理**

设 $R(D)$ 是离散无记忆信源 $U$ 的信息率-失真函数,$\overline{D}$ 是 $U$ 和 $V$ 每一个符号的平均失真度。若 $\overline{D} \leqslant D$,则压缩比

$$\frac{n}{K} \geqslant R(D)$$

第 9 章习题

# 参 考 文 献

[1] 姜丹.信息论与编码[M].合肥：中国科学技术大学出版社,2009.
[2] 斯克拉.数字通信——基础与应用[M].北京：电子工业出版社,2002.
[3] 于秀兰,王永,陈前斌.信息论与编码[M].北京：人民邮电出版社,2014.
[4] 李梅.信息论基础与应用[M].北京：电子工业出版社,2016.
[5] 傅祖芸,赵建中.信息论与编码[M].北京：电子工业出版社,2014.
[6] 马克·凯尔伯特,尤里·苏霍夫.信息论与编码理论：剑桥大学真题精解[M].高辉,吕铁军,译.北京：机械工业出版社,2016.
[7] 赵晓群.信息论基础及应用[M].北京：机械工业出版社,2015.
[8] 田宝玉,杨洁,贺志强,等.信息论基础[M].北京：人民邮电出版社,2016.
[9] 陈运.信息论与编码[M].北京：电子工业出版社,2007.
[10] 龙光利.信息论与编码[M].北京：清华大学出版社,2015.
[11] 岳殿武.信息论与编码简明教程[M].北京：清华大学出版社,2015.
[12] 邓家先,肖嵩,李英.信息论与编码[M].西安：西安电子科技大学出版社,2016.
[13] 田丽华.编码理论[M].西安：西安电子科技大学出版社,2016.
[14] 王育民,李晖.信息论与编码理论[M].北京：高等教育出版社,2013.
[15] 姚善化.信息论与编码[M].北京：清华大学出版社,2011.
[16] Thomas M. Covev Joy A.信息论基础[M].阮吉寿,张华,译.北京：机械工业出版社,2007.
[17] 李敏,邢宇航,王利涛.信息论与编码理论[M].西北：西北工业大学出版社,2018.
[18] 宋鹏.信息论与编码[M].西安：西安电子科技大学出版社,2018.
[19] 陈兴同.信息论与编码简明教程[M].徐州：中国矿业大学出版社,2016.
[20] 孙海欣,张猛,张丽英.信息论与编码基础教程[M].北京：清华大学出版社,2017.
[21] 孙丽华,陈荣伶.信息论与编码[M].北京：电子工业出版社,2016.
[22] 曹雪虹,张宗橙.信息论与编码[M].北京：清华大学出版社,2016.

# 图书资源支持

感谢您一直以来对清华大学出版社图书的支持和爱护。为了配合本书的使用，本书提供配套的资源，有需求的读者请扫描下方的"书圈"微信公众号二维码，在图书专区下载，也可以拨打电话或发送电子邮件咨询。

如果您在使用本书的过程中遇到了什么问题，或者有相关图书出版计划，也请您发邮件告诉我们，以便我们更好地为您服务。

**我们的联系方式：**

地　　址：北京市海淀区双清路学研大厦 A 座 714

邮　　编：100084

电　　话：010-83470236　010-83470237

资源下载：http://www.tup.com.cn

客服邮箱：tupjsj@vip.163.com

QQ：2301891038（请写明您的单位和姓名）

**用微信扫一扫右边的二维码，即可关注清华大学出版社公众号。**

教学资源·教学样书·新书信息

人工智能科学与技术
人工智能|电子通信|自动控制

资料下载·样书申请

书圈